Safety
by
Public Design

본 서적은 어느 페이지부터 읽어도 이해하기 쉽게 구성되었습니다.

SAFETY
BY
PUBLIC
DESIGN

[안전을 위한 공공디자인]

[안전을 위한 의제]

[안전을 위한 공간]

[안전을 위한 혁신]

SAFETY BY PUBLIC DESIGN

발간사

公, 共, 安, 全

공간디자인 향상을 위한 '共和'...

공공의 주제를 통해 연구한 "공공디자인으로 안전 만들기"의 출간을 진심으로 축하합니다. 이 책은 각각의 분야에서 전문가들의 축적된 경험과 연구의 결실로 얻어진 자유로운 의견을 기반으로 만들어졌다는 점에서 그 의미와 가치가 돋보이며, 발간을 위해 노력하신 여러분들의 노고에 격려의 말씀을 드립니다.

한 국가의 안전은 시민의 생존과 안정 그리고 건강을 위한 국력의 척도이며, 도시의 경쟁력과 삶의 질적 향상과 연결되는 핵심 코드로서 그 역할과 기능을 다해야 할 것입니다. 이에 따른 공공디자인의 과정은 인간의 모든 활동의 근본이 되는 행위로서 시작될 것이며, 우리가 소망하고 예측 가능한 행동의 안전성을 증명하기 위해 조직적인 공간 실험들은 지속될 것입니다.

본 학술서의 가치는 도시의 발전과 공공의 환류를 위한 디자인 공-진화(co-evolution)라는 관점에서 현재와 미래의 안전성에 대한 다양한 해법을 공유함으로써 생명, 예방, 건강, 문화가 생동하는 상호동화적 사유의 관계로서 지속되어지길 기대합니다.

'공간·안전·향상·제정'을 위한 공공의 의제로서 발간된 공화(共和)의 장을 다시 한번 환영합니다.

(사)한국공간디자인학회 제9대 회장
이 종 세 건양대학교 교수

SAFETY BY PUBLIC DESIGN

추천사

‘공공디자인으로 바라보는 안전의 개념’

공공디자인은 공공가치를 추구합니다. 공공가치 중 가장 기본은 ‘안전’입니다. 하지만 안전을 주제로 한 디자인 전문서를 찾기 어려운 현실에서 이번 출간은 매우 반갑습니다.

이 책은 대한민국 공공디자인 신진 연구자들의 ‘안전’에 대한 다양한 관점과 디자인 가능성을 살펴볼 수 있습니다.

안전을 기존의 재난과 산업사고의 관점을 넘어서 ‘일상의 정온화’라는 개념으로 바라보는 이 관점은 우리 사회의 안전을 위한 공공디자인의 역할을 확장시킬 것입니다.

(사)한국공간디자인학회 명예 회장
홍익대학교 공공디자인연구센터 소장
김 주 연 홍익대학교 교수

안전을 위한 공공디자인
Safety by Public Design

일반적으로 디자인(Design)이라 함은 '대상물을 만들기 위한 계획(a plan for the construction of an object)을 뜻한다. the Cambridge Dictionary of American English, (Cambridge University Press, 2007) 하지만 이러한 사전적 의미 외에 다양한 해석들이 존재하는데 특히 '계획'과 '과정'에 더 큰 의미들을 두게 되는 경향이 근래 들어 많이 나타나고 있다. 작금의 디자인 트렌드는 유형적 분류범주들 즉, 제품디자인, 건축디자인, 시각디자인과 같은 분류에서 지속가능디자인(Sustainable Design), 유니버설디자인(Universal Design), 인클루시브 디자인(Inclusive Design)과 같은 형이상학적인 개념적 분류로 나뉘며 디자인의 해석이 넓어지고 있다. 이는 디자인의 목적이 대상물의 완성에만 있는 것이 아니라 그 대상물이 영향을 미치게 될 환경, 사용자, 사회, 경제와의 맥락을 고려하는 것이 중요하게 되었다는 의미이기도 하다.

2005년부터 우리나라에서는 '공공디자인'이라는 용어로 이러한 개념들 일부가 발현되었는데 2016년 제정된 공공디자인진흥법에서는 문화적 공공성과 심미성 등 좀 더 형이상학 측면에 가치를 두는 방향으로 정의내리고 있다. 또한 2018년도 공공디자인 진흥종합계획에서는 5대 전략 중 '생활 안전을 더하는 디자인'을 그 첫 번째 전략으로 수립하고 범죄예방 협력체계 디자인, 교통안전 디자인, 재난대비 안전디자인의 3개 과제를 설정하고 마을단위 범죄예방 통합협력체계 디자인, 학교 폭력예방 통합협력체계 디자인, 여성 폭력예방 및 안심디자인, 어린이 교통안전 통합협력체계 디자인, 공영주차장 안전디자인, 재난 대비 공간 및 공공용품 안전 디자인 보급 등의 6개 세부 실천과제를 지정하였다.

공공의 안전과 이익을 위해서 하는 공공디자인의 개념은 한국에서 발현된 디자인에 대한 형이상학적이고 주체적인 해석으로 볼 수 있으며, 우리 일상에서 디자인된 인공물에 대한 좀 더 사려 깊은 관점과 해석을 가질 수 있게 해준 면에서 그 가치를 찾을 수 있다.

‘온전한 정온화’ 개념의 안전

‘안전(安全)’이란 사전적 정의로 ‘위험이 생기거나 사고가 날 염려가 없음. 또는 그런 상태’를 의미하고 있다. 사전적 의미로는 위험하지 않은 것. 마음이 편안하고 몸이 온전한 상태를 뜻하고 일반적 의미로는 사고의 위험성을 감소시키기 위하여 인간의 행동을 수정하거나 물리적으로 안전한 환경을 조성한 조건이나 상태를 뜻하기도 한다.

하지만 산업 환경과 재난에 관련하여 ‘안전’이라는 단어가 자주 사용되면서, 많은 이들이 극단적 상황에서만 안전을 떠올리는 경우가 많다. 안전은 협의의 의미로서 특정 장소에 대한 특히 산업현장에서의 사고예방이나 의약품, 구조·구급품, 도로에서 긴급 상황에 사용되는 삼각대 등 일부 제품이나 특수한 장소에 관련된 것으로 인식되고 있다. 또한 안전한 보행과 안심 주거지 형성과 같은 공간단위의 사고 예방 차원으로 이해되고 있기도 하다.

앞의 사전적 의미에서 봤듯이 안전은 위험이 생기지 않는 온전한 정온화 상태의 의미를 가지고 있다. 지금까지의 디자인이 위험과 사고가 생기는 상황이나 이를 상정하고 ‘사고’중심의 관점에서 좀 더 제안되어 왔다면, 광의의 개념에서 안전을 위한 디자인은 공간환경의 정온화를 유지할 수 있는 다양한 조건들을 마련하는 개념으로 확장되어야 한다.

이를 위해 한국공간디자인학회의 공공디자인 연구자들은 온전한 정온화라는 안전의 확장된 관점을 가지고 의제-공간, 시설, 매체-혁신이라는 세가지 주제로 나누어 본 저서를 공동 집필하였다. 부족하지만 본서를 통해 척박한 국내 안전디자인 연구에 대한 관심과 공공안전디자인이 유니버설 디자인, 인클루시브 디자인과 함께 사람의 사용성을 배려하는 디자인 전략으로 활용되기를 바란다.

공동저자 대표 **이 현 성** 홍익대학교 교수

AGENDA FOR SAFETY

[안전을 위한 의제]

[안전을 위한 도시만들기]
고령자의 안전을 위한 배려 : 모두에게 공정하고 모두를 포용하는 디자인 _ 장주영

[안전을 위한 의제만들기]
사회문제해결을 위한 안전디자인 Agenda 5 _ 권영재

[안전을 위한 원칙만들기]
안전을 위한 공공디자인 8원칙 _ 이현성

고령자의 안전을 위한 배려 :

모두에게 공정하고 모두를 포용하는 디자인

Fair and inclusive design for all

장주영 jychang0731@naver.com

현) 공공공간연구소(Spatial Lab) 소장
현) 경기도·화성시·의왕시 공공디자인 진흥위원
현) 경희대·명지대·수원과학대 겸임교수
홍익대학교 공간디자인 전공 박사
국가공인 실내디자이너

안전한 공간은 인간의 경험에서 시작된다.

-제인 제이콥스(Jane Jacobs)의
《위대한 미국 도시들의 탄생과 죽음 The Death and Life of Great American Cities》

안전(安全)한 공간은 안심(安心)이 되는 공간이다.

'안전'은 설계 및 구조를 통한 물리적 보호를, '안심'은 이러한 보호 위에 세워진 사용자의 심리적 안정을 나타낸다. 사용자가 공간에서 진정한 안심을 경험하기 위해서는, 물리적 안전성이 신뢰에 기반하여 철저히 확보되어야 하며, 이는 공공디자인이 안전 규격을 초월하여 사용자의 편안함을 극대화하는 것을 목표로 해야 함을 의미한다.

우리가 살아가고 있는 건축공간 및 도시환경 내에서 사회적 안전성 확보를 위한 광범위한 조치가 실행되고 있음에도 불구하고, 안심만으로 모든 형태의 안전을 담보할 수 없으며, 물리적 안전의 제공이 반드시 안심을 보장하는 것은 아니다.

안전한 공간에서 안심하며 살아간다는 것은 내가 살고 있는 지역의 생활환경이 살아가는데 큰 불편함없이 만족할만한 수준의 상태라는 이야기이다.

그렇다면 고령자가 안심하며 살 수 있는 안전한 공간은 어떤 공간일까?

@freepik.com

01

고령자가 안심하며 나이 들어갈 수 있는 안전한 도시

왜 고령자를 위한 안전한 공간을 고민해야 할까?

우리나라는 곧 고령자가 주요 사회계층을 이루게 될 것이기 때문이다.

전체인구 2명 중 1명은 고령자

나이가 많아도 청년

인구상황판

우리나라의 고령화는 세계적으로 유례없이 빠른 속도로 진행되고 있다. 국가통계포털을 살펴보면 우리나라는 2024년 현재 전체인구의 19.2%(약 990만명)가 만 65세 이상의 고령자로 구성되어 고령사회에 진입했고, 2025년에는 전체 인구의 20%를 훌쩍 넘어 초고령사회로 진입할 것으로 예상하고 있다.[1] 이러한 현상이 초저출산 현상과 맞물려 2067년에는 50%에 이르면서 국민 2명 중 1명이 고령자가 되는 세계 최고령 국가가 될 것으로 전망되고 있다.[2]
나이가 만 65세가 넘어도 청년이라는 말을 듣게 될 날이 얼마 남지 않았다.

인구상황판, ⓒ국가통계포털, 2024.02.02. 검색

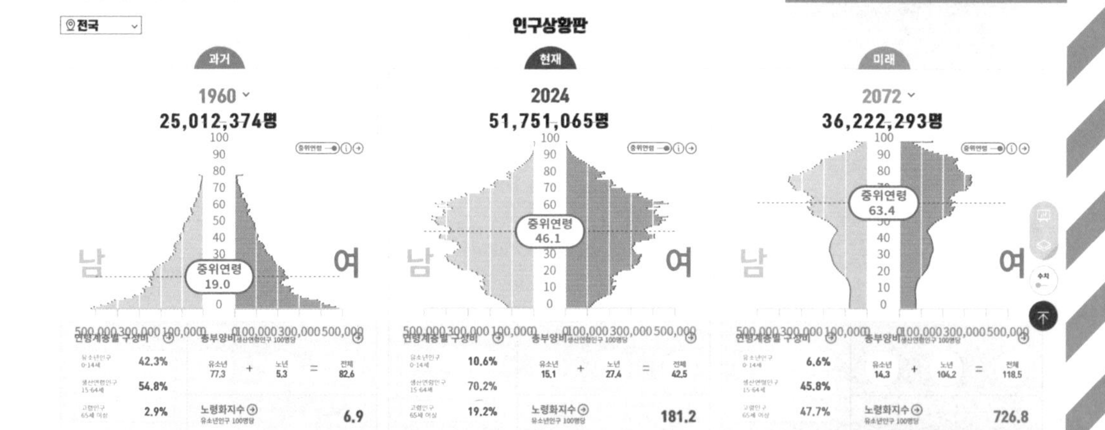

1) 국가통계 포털, 인구상황판, https://kosis.kr/visual/populationKorea/
2) UN 경제사회국, 2005

나라를 이끄는 고령자, 늙어가는 베이비부머

2020년 베이비붐 세대가 고령인구에 본격적으로 유입되기 시작하면서 빈곤한 고령자, 기능 저하 고령자, 혼자 사는 고령자 증가뿐만 아니라 건강하고 활동적인 액티브 시니어(Active Senior), 고소득 고령자 또한 증가하고 있다. 액티브 시니어는 은퇴 이후에도 소비·여가생활을 향유하고 사회활동에도 적극 나서는 중장년 세대를 뜻한다. 1955년부터 1963년 사이 태어난 베이비붐 세대의 본격적인 은퇴가 이어지면서 이들을 정의하는 범위가 기존 50~60대에서 최근 70~80대까지 확대됐다.[4]

액티브 시니어의 특징은 가족, 이웃, 직장 동료, 커뮤니티 구성원들과 관계를 유지하고 있으며 거주지 결정, 활동, 건강관리 등에 있어 스스로 선택하고 개인적 관리와 이동에 있어 타인에게 의존하지 않으며, 질병을 관리하면서 생산적이고 만족스러운 삶을 영위하고 있는 것으로 나타났다.[5] 이러한 새로운 변화에 대응하기 위해 건강, 경제, 돌봄서비스, 여가, 주거, 관계, ICT 기술 등 다양한 차원에서 기존 고령자와 베이비부머 고령자 모두의 삶의 질 향상을 위한 대응 방안을 모색하고 있다.

고령화 사회 · 고령 사회 · 초고령화[3]

고령화 사회(aging society) :
전체 인구 중 65세 이상 인구가
7% 이상인 사회

고령 사회(aged society) :
전체 인구 중 65세 이상 인구가
14% 이상인 사회

초고령화 사회(super-aged society) :
전체 인구 중 65세 이상 인구가
20% 이상인 사회

이러한 현상은 고령자가 더이상 소수의 약자가 아닌 주요 사회계층으로 자리매김하고 있다는 것을 보여주고 있다.

고령자가 활기차게 사회적 활동을 하면서 나이 들어갈 수 있는 안전한 공간의 필요성이 높아지고 있다.

---

3) OECD iLibrary https://www.oecd-ilibrary.org/
4) 매일일보(http://www.m-i.kr)
5) Gensler Research. 2015. Design Strategies for Active Aging. Hong Kong: Gensler Research

안심하고 나이들 수 있는 도시공간

편리하고 안전한 공간으로

국토교통부의 2022년 기준 도시계획 현황 통계에 따르면 우리나라 전체 인구의 91.9% 이상이 도시 지역에 거주하고 있다. 이러한 인구의 도시 집중은 도시에 거주하는 고령인구의 급격한 증가라는 결과로 이어지게 되고, 이에 따라 적합한 서비스 공급, 적절한 노동력 및 재정 부족 등 문제점을 발생시키고 있다.[6] 대한민국 노인의 대다수가 도시에서 노년을 맞이하고 있는 것이다.

고령자의 외출 시 불편 요소 및 요구사항[7]

고령자 10명 중 7명 이상은 주 5회 이상 걸어서 외출
고령자 외출 시 가장 불편한 공간은 보행로
외출 시 휴식이 필요한 고령자에게 쉴 수 있는 공간이 부족한 보행로
고령자에게 여유롭지 않은 횡단보도 보행 시간
벤치, 화장실 등 편의시설 확충이 필요한 공원
앉을 곳이 부족한 대중교통 정류장, 크고 선명하지 않은 안내 표지판
집에서 일상생활에 필요한 지역 생활 편의 시설까지의 적정거리는 도보로 10분 이내

점점 복잡해지는 도시

고령자 안전사고가 일어나는 장소를 살펴보면 '집 안'에서 발생하는 비율이 가장 높고 그 다음으로 '도로 외 교통 지역'이 가장 높은 것으로 나타났다.[8] 고령자 교통사고는 횡단 중 사망자가 많아 상대적으로 취약하며, 고령자 특성상 시야, 청각 등 외부 환경 정보를 입수할 수 있는 지각 능력이 저하되어 사고 위험도가 높다. 고령자가 외출할 때 이용하는 교통수단은 버스가 48.2%로 가장 높았으며, 행안부와 도로교통공단 조사에 따르면, 교통사고 다발 지역 43개소에서 총 313건의 고령 보행자 교통사고가 발생한 것으로 나타났다.[9] 교통약자 중 65세 이상 고령자의 사망률과 부상률이 높고, 보행자 교통사고는 주로 횡단보도, 교차로 일대에서 발생하고 있다.

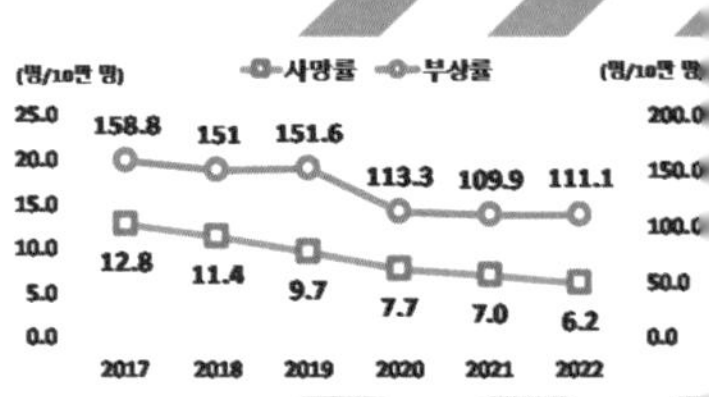

	2017	2018	2019	2020	2021	2022
사망률 (명/10만 명)	12.8	11.4	9.7	7.7	7.0	6.2
부상률 (명/10만 명)	158.8	151	151.6	113.3	109.9	111.1

보행 교통사고 사망 및 부상률, ©2023 고령자 통계

6) 노인을 위한 건강도시 가이드라인, 이진희, 2022, KRIHS(국토연구원)
7) '어르신들이 이야기하는 건축과 도시공간' p.34
8) 서울시 고령자 안전사고 현황은? 2023.09, 서울연구원, https://www.si.re.kr/node/67649
9) 서울시 고령자 안전사고 현황은? 2023.09, 서울연구원, https://www.si.re.kr/node/67649

무단횡단 중인 고령자 ©unsplah

가로 및 보행환경은 고령자 활동 및 이동에 큰 영향을 미치고, 보도 표면이 좋지 않은 환경에서는 그렇지 않은 지역에 비해 4배가량 보행에 어려움을 느끼고 있다.[10] 또한, 고령자는 거주하고 있는 지역이 안전하다고 인식할수록 외부 신체활동에 더 많이 참여하는 것으로 나타났다.[11]

고령자들에게 외부 환경은 가족, 친구, 이웃과 함께 시간을 보내는 장소로서 고령자의 사회적 교류를 증진하고 사회적 고립을 완화하는 역할을 수행한다.[12] 그리고 지역 내 보행환경 및 보행가능성(Walkability)이 개인의 건강과 밀접한 관련이 있는 것으로 나타났다.[13]

사회적 교류와 신체적 건강을 위한 도시공간

고령자는 노화가 진행됨에 따라 젊은 세대에 비해 신체적·인지적 능력이 저하되어 거주하고 있는 지역에 오래 머무르게 되고, 사회적 고립에 대한 위험도가 높아진다. 따라서 고령자는 지역 환경에 더욱 크게 영향을 받게 되고, 도시의 지역 환경은 고령자들의 삶의 질을 좌우하는 결정적인 요소가 된다.

고령자의 사회적 고립을 막고 신체적·정신적 안정을 위하여 고령 친화적인 도시 공간의 조성은 이제 국가적 차원에서 선택이 아닌 필수가 되었다. 고령자의 신체활동과 사회적 교류는 고령자 삶의 질 유지 및 증진을 위해 지속될 필요가 있기 때문이다.

도시의 공간적 복잡성이라는 특성은 초고령사회로의 전환 과정에서 다수의 문제를 발생시킬 수 있지만, 동시에 새로운 기회를 제공하는 요소로도 기능할 수 있다.

10) Clarke 외, 2009
11) Seeley 외, 2009
12) 「Influences on loneliness in older adults; A meta-analysis」, Pinquart & Sorensen, 2001, Basic and applied social psychology, v23(4), pp.245-266
13) Tomey 외, 2013
14) 고령사회 대비를 위한 건축도시환경의 고령친화도 진단 연구, 2018, 고영호, 강현미, 김꽃송이, 오성훈, 기본연구보도서, 건축도시공간연구소(auri), p.5

02
모두의 안전을 위한 디자인

초고령화 시대, 도시의 생존을 결정하는 것

세계은행(WB)에 따르면 도시의 고령화 대비 수준은 도시의 적응력, 생산성, 포용성이라는 세 가지 측면에 의해 결정된다고 하였다. 적응력(Adaptability)은 고령화라는 새로운 과제에 빠르게 적응하기 위해 기존의 인프라를 일부 개조할 수 있도록 능력을 갖춘 것을 말한다. 생산성(Productivity)은 인구 고령화가 진행될수록 제품과 서비스 개발에 혁신을 더하는 것을 말한다.

도시 인구의 고령자 비율 상승으로 도태되기보다 오히려 수요의 변화에 맞춰 경쟁력을 높이는 것이다. 포용성(Inclusivity)은 나이나 신체 능력 등을 이유로 사회에서 배제된 사람들의 존엄성을 높이고, 사회에 참여할 수 있는 능력과 기회를 향상시키는 것을 말한다.

유니버설디자인

유니버설 디자인 Universal Design

유니버설 디자인은 제품, 시설, 서비스 등을 이용하는 사람이 성별, 나이, 장애, 언어 등으로 인해 제약을 받지 않고 모든 사용자가 쉽게 접근, 이용, 참여할 수 있는 디자인을 의미한다.

고령자, 어린이, 임산부를 위한 디자인이면서도, 보다 더 많은 이용자 계층을 고려하는 것으로 더 넓은 범위를 가진 이용자 중심의 디자인 개념으로 이해해야 한다.[15)]

유니버설 디자인의 7가지 원칙[16)]

- 공평한 사용
  Equitable Use
- 유연성 있는 사용
  Flexibility in Use
- 단순하고 직관적인
  Simple and Intuitive
- 인지 가능한 정보
  Perceptible Information
- 오류 혹은 실수에 대한 관용
  Tolerance for Error
- 최소한의 물리적인 노력
  Low Physical Effort
- 사이즈나 공간에서 적합한 접근과 사용성 보장
  Size and Space for Approach and Use

15) 유니버설 디자인, 국립장애인도서관, https://www.nld.go.kr/ableFront/new_standard_guide/universal_design.jsp
16) 「유니버설 디자인」 이연숙, 2005

유니버설 디자인은 1970년대 장애인들이 사회의 모든 영역에서 완전하고 평등하게 참여할 수 있도록 권리를 요구하면서 시작되었다. 유니버설 디자인 개념은 1980년대에 건축가 론 메이스(Ron Mace)에 의해 공식화되었으며, 그는 '유니버설 디자인은 다방면에 적용되어 건축물뿐 아니라 일상 생활용품까지 모든 사람이 사용할 수 있는 통합적인 디자인 방법'이라고 하였다. 장애인을 포함한 모든 사람들이 사용할 수 있는 환경을 창조하는 데 중점을 두고 있다. 페티 무어(Patti Moore)는 노인학 연구를 목적으로 4년간 할머니 복장을 하고 돌아다니면서 고령자들이 직면하는 제품, 생활환경, 사람들의 고령자들에 대한 태도를 경험하였고 이를 통해 '모든 사람의 존엄성을 지키기 위해 디자인이 필요하다'고 주장하였다.

유니버설 디자인은 단순히 장애인 사용자에게만 국한되지 않고, 고령화, 다양한 신체적 조건을 가진 사람들의 증가, 그리고 궁극적으로 모든 사람이 직면할 수 있는 임시 또는 영구적 제약 조건을 고려하여, 보다 포괄적이고 사용하기 쉬운 환경을 창출하는 데 있다. 이는 사회적 포용성을 증진시키고, 모든 사람의 삶의 질을 향상시키는데 기여한다.

배리어 프리

배리어 프리 barrier-free

배리어 프리 디자인, 또는 무장애 디자인은 원래 1970년대에 '장애물이 없는 건축설계'로 정의되었으나. 1990년대에 접어들어 건축 영역에 중점을 두고 장애인 및 고령자가 접근하기 어려운 물리적 장애(예: 출입구, 통로, 화장실 등)를 해소하고자 하는 설계 전략으로 발전하였다. 이는 장애를 가진 개인이나 신체적 기능이 감소된 고령자가 일상에서 겪는 불편함을 최소화하고자 하는 목적을 가지며[17], 장애인의 일상적 삶의 질 향상 및 사회적 포용성 증진에 기여하는 중요한 요소로 간주 된다. 이러한 설계는 단순히 장애인에게만 국한되지 않고, 신체 기능의 자연스러운 감소를 경험하는 고령 인구에게도 일상생활 및 공공시설의 접근성을 개선함으로써, 이들의 불편함과 위험을 감소시키는 필수적 요소로 인식된다.
배리어 프리 디자인은 장애인과 같은 특정 사용자 그룹의 접근성을 개선하는데 집중하는 반면, 유니버설 디자인은 모든 사용자가 환경을 효과적으로 사용할 수 있도록 보장하는 더 포괄적인 접근 방식을 채택한다는 데 차이점이 있으나, 이 두 디자인 철학은 상호 보완적이며, 포괄적이고 접근이 가능한 환경을 조성하기 위해 함께 사용된다.

17) 서울정보소통광장, https://opengov.seoul.go.kr/mediahub/22104925

인클루시브 디자인

인클루시브 디자인 Inclusive Design

다양성이 중시되고 있는 디지털 기반의 현대 사회에서 탄생한 개념인 인클루시브 디자인은 '포용하는' 또는 '포함하는'이라는 뜻 그대로 사람의 다양성을 포용하는 디자인 방법론이다.

신체적 특성, 성별, 나이 등 관계없이 사람들의 다양성을 이해하고 존중할 수 있도록 디자인하는 것을 목표로 하며, 그 적용 범위는 물리적인 제품과 환경에만 제한되지 않는다. 서비스와 시스템적인 영역을 모두 포함하는 개념으로 배리어 프리 디자인이나 유니버설 디자인의 개념까지 모두 포함하고 있다. 이러한 점에서 인클루시브 디자인의 주요 요소는 '사람'이다. 다양한 사람의 사용성이 존중받아야 한다는 것이다.[18)]

인클루시브 디자인 3가지 원칙[19)]

- 배제되고 있던 것들에 대한 인지
  Recognize exclusion
- 다양성에서 배움
  Learn from diversity
- 한 사람을 위한 솔루션이 많은 사람들에게 혜택으로
  Solve for one, extend to many

CPTED

CPTED 범죄예방환경디자인

범죄 예방 환경설계(Crime Prevention Through Environmental Design)의 약어로 범죄를 예방하는 환경을 조성하는 디자인을 말한다. 감시강화, 접근 통제, 영역성 강화, 명료성 강화, 활용성 증대, 유지관리의 6가지 원리를 이용하여 환경설계를 통해 범죄를 예방한다.

주로 공간 배치와 시설계획을 통해 잠재적 범죄를 방지하고, 열쇠가 있는 주민만 샛길을 통과할 수 있는 '방범 대문'과 같은 통제기법을 활용하여 범죄자의 출입을 차단한다. 또한, 물리적 환경개선과 함께 공동체 강화를 통해 지역사회의 안전성을 향상시키는데 중점을 둔다.

---

18) MSV, https://www.magazinemsv.com/Letter/?q=YToyOntzOjEyOiJrZXl3b3JkX3R5cGUiO3M6MzoiYWxsIjtzOjQ6InBhZ2UiO2k6Mzt9&bmode=view&idx=14707092&t=board
19) 마이크로 소프트 Microsoft, https://inclusive.microsoft.design/#InclusiveDesignPrinciples

고령자에게 안전한 도시, 모두가 안전한 도시

안전을 위한 모든 행위는 보편적인 안전을 의미하는 것 같지만, 위험한 상황에 처하는 경우가 사회적으로 약자에 속하는 부류에서 많이 발생하기 때문에 약자의 관점에서 이루어지는 경우가 많다. 이를 미루어 보아 안전에 대한 연구는 사회적 취약성을 보편적 수준까지 상승시키는 긍정적인 수단이라고 할 수 있다.[20]

익숙한 곳에서 독립적으로 나이 들어가기 Aging in Place(AIP)

Aging in place(AIP)의 개념은 '고령자에게 익숙한 장소에서 자율성을 가지고 안전하고 편안하게 자립적인 생활을 할 수 있도록 하고, 지역사회 구성원과 공동의 가치 공유하면서 사회적 관계를 형성하며 원하는 삶의 방식을 유지하는 것'이라고 할 수 있다.[21]

이미 고령사회로 진입한 선진국의 경우 AIP의 관점에서 정책적으로 지원하고 있으며, 우리나라 또한 고령화 문제를 해결하기 위한 우선적 방안으로 도시에서 살아가고 있고 또 계속 살아가기를 원하는 고령자들을 위해 AIP의 관점에서 도시 공간의 물리적 안전에 대한 보장을 위해 노력하고 있다. 이것은 고령자들의 자립적이고 독립적인 경제적, 사회적 및 신체적 활동을 증가시켜 주며, 고령자의 사고로 인해 소요되는 국가적인 비용의 절감 차원에서도 절실한 방안일 것이다.

최근 AIP 이념은 노인이 어디에서 어떻게 나이 들어갈지를 노인 스스로 선택하는 것으로 변화되고 있다. 그에 따라 그 선택에는 다양한 도전이 제기될 수도 있고 삶의 질에 위협을 받을 가능성도 포함되어 있다. 독립성은 환경에 대한 일정 수준의 능력과 통제력을 가지는 것을 말하며 AIP의 전제가 되는 것으로, 독립성을 보장하기 위해 필요한 서비스와 자원 제공이 이루어져야 한다는 개념으로 확대되고 있다.[22]

---

20)「안전디자인으로 디자인하라」, 최정수, 서우출 판사, p.115
21)「시니어의 AIP를 위한 주거환경 계획특성에 관한 연구」, 장주영, 황용섭, 김주연, , 2021, 한국공간디자인학회 논문집, 2021, Vol.16, No.4, p. 98.
22)「AIP를 위한 서비스 결합형 공공임대주거 공간계획에 관한 연구」, 장주영, 2022, 홍익대학교 박사학위논문, p.75

활기찬 고령자를 위해 Active Senior

2020년부터 만 65세가 된 베이비붐 세대의 경우 정년퇴임 후에도 지속적인 생산활동을 하거나 다양한 취미활동 등 활기찬 노후를 보내는 경우가 많으며, 앞으로 이러한 활동적인 고령 인구의 수는 지속적인 증가를 전망하고 있다. 이러한 활동적인 고령자를 가리켜 액티브 시니어라고 하는데 출퇴근 등의 이유로 거주하고 있는 지역사회를 벗어나 활동하는 경우가 많기 때문에 교통시설, 보행 시설 등의 안전에 대한 고려가 더욱 필요하다고 할 수 있다.

고령자는 노화의 진행에 따라 신체적 기능이 더욱 저하되고, 이로 인해 삶의 활력이 감소하여 외출에 대한 선호도가 낮아진다는 것이 우리 사회에서 일반적으로 퍼져 있는 관념이다. 그러나 고령자들이 노화로 인한 제약을 뛰어넘고 여전히 활발한 삶을 추구하며 사회참여에 적극적인 의지를 품고 있는 현상을 통해 더이상 고령 세대를 단순히 나이로 구분하는 것이 아닌 라이프스타일의 차원에서 접근해야 할 필요성이 있다.

고령친화도시

고령 친화 안전 도시 Age-friendly Cities

2007년 WHO는 도시화와 고령화를 세계적 현안으로 인식하여 해결책의 일환으로 고령친화도시의 개념과 8가지의 영역별 체크리스트를 만들어 고령친화도시 가이드「Global Age-friendly Cities : A Guide」를 제공하였다.

고령친화도시의 조성은 고령자들의 독립적인 생활을 향상시켜주며, Aging in Place의 특성에 부합되는 고령화에 대한 정책적 방안이다(WHO, 2007).

WHO의 고령친화도시 정의[23)]

정책·서비스 및 도시구조를 통해 60세 이상 고령자를 가족, 지역사회 및 경제적 자원으로 인식하고 전 생애에 걸쳐 활기차게 나이 들어가는 과정(Active Ageing)을 지원하는 도시

고령친화도시 8개 영역[24)]

옥외공간과 공공건물 / 교통 / 주거 / 사회참여 / 존경과 포용 / 시민참여와 고용 / 소통과 정보 / 지역사회의 지원/보건 서비스

23) WHO(2007a) p.1
24) 고령친화 서울, https://afc.welfare.seoul.kr/afc/about/about.action

고령친화도시는 고령자뿐 아니라 잠재적 고령자인 청·장년층과 어린이까지 모두가 안전하게 사회생활에 참여하면서 활기차게 나이 들어갈 수 있도록 도와주는 여건을 갖춘 도시를 의미한다. 이 중에서 물리적 환경영역인 옥외공간과 공공건물, 교통 및 주거 공간에서 이동 중에 발생하는 위험으로부터의 안전, 부상으로부터의 안전 및 범죄로부터의 안전을 포함한다.

또한, WHO는 2015년 고령자들의 건강과 복지를 촉진하기 위한 도시의 고령 친화도를 측정할 수 있는 핵심 지표(core indicators)를 개발하였다. 이 가운데 물리적 환경의 접근성을 측정할 수 있는 지표로 근린에서의 보행 안전성, 공공장소와 건물의 접근성, 대중교통수단의 접근성, 대중교통 정류장의 접근성 및 주거시설의 접근성을 제시하였다.[25]

우리나라의 경우 2013년 서울이 처음 가입하였고 2022년 기준 국내 40개의 지역자치단체가 고령 친화 도시정책을 앞세워 도시발전계획을 추진되고 있다.

고령 친화 진단[26]

지자체에서 제공하는 통계자료를 활용해서 고령자들이 살기 좋은 환경인지 판단할 수 있는 평가지표이다. 증거 기반의 정책을 만드는 방법으로서 정량적으로 생활환경의 고령 친화도를 진단해 보고, 원하는 사람이면 누구나 공개되어있는 자료로 진단을 해볼 수 있다.

물리적 영역	사회적 영역		서비스 환경	
야외활동 안전성·접근성	도로 및 교통 안전성·접근성	사회참여와 통합의 기회	의료서비스 환경	복지서비스 환경
CCTV 설치 현황 안전 비상벨 설치 현황 대기질 현황 가로등 설치 현황 노인 장애인 보호구역 지정 현황 공원 조성 현황 그늘막 조성 현황 공중화장실 조성 현황	버스정류장 조성 현황 교통사고 발생 현황 노인주거복지시설 현황 공공·민간임대주택 공급 현황	여가복지시설 조성 현황 전통시장 조성 현황 시니어 매장 지정 현황 어르신 무료급식소 설치 현황 평생교육기관 조성 현황 평생교육프로그램 마련 현황	병원·의원 조성 현황 의사 수 조성 현황 건강수준 진단 건강검진 수진률 진단 신체운동 실천 현황 자살생각 경험률 진단	의료복지 서비스 시설 조성 현황 재가복지 서비스 시설 조성 현황 돌봄 서비스 시설 조성 현황

고령친화도 진단항목(시설 관련 영역만 추출),
「고령자 건강 빅데이터 분석과 지역사회 생활환경의 고령친화도 진단」, 2020, 일반연구 보고서, 건축공간연구원, 연구자 재작성

25) 도시공간의 물리적 안전과 고령자들의 계속 거주와의 관계분석, 박종용, Journal of the Society of Disaster Information, Vol. 15, No. 1, March 2019
26) 「고령사회 대비를 위한 건축도시환경의 고령친화도 진단 연구」, 건축도시환경연구원

MoBED

스마트버스정류장

고령자의 안전을 위한 똑똑한 기술

교통사고분석시스템(TAAS)의 통계에 따르면, 대한민국의 교통사고로 인한 보행자 사망률은 OECD 회원국 평균의 약 3배를 넘는다. 특히, 이러한 교통사고 사망 사례 중 약 23%가 횡단보도 내에서 발생하는 것으로 나타났다.[27)]

우리나라 고령자 안전사고 중 교통사고 사망의 가장 큰 비중을 차지하고 있는 것이 '무단횡단'이다. 특히 횡단보도를 건널 때 주의가 요구되는데, 이를 대비하여 '스마트 횡단보도'가 도입되었다. 스마트 횡단보도는 센서, 음성 안내 기기, CCTV 등의 첨단 기술을 활용하여 보행자와 운전자의 안전을 증진하고 교통사고를 감소시키는 시스템으로, 다양한 종류가 있다.

'LED 바닥형 신호등'은 스마트폰 사용으로 발생하는 '스몸비족'에 대응하며, 정지선 위반 차량을 감지하는 신호등과 과속차량 속도를 감지하는 신호등이다. '무단횡단 알림 신호등'은 도로 내 보행자를 감지하여 보행자 보호와 운전자에게 경각심을 유도하는 역할을 하며, '빨간불 잔여 시간 표시 신호등'은 녹색불이 켜질 때까지 남은 시간이 표시된다.[28)] 또한, 차량 우회전 시 사각지대에서 발생하는 사고를 막고자 차량의 접근을 시각적으로 알아차릴 수 있도록 하고 있다.

2021년 국내 자동차 그룹에서 개발한 '모베드(MoBed)'는 소형 모빌리티 플랫폼으로서 플랫폼의 크기를 사람이 탑승이 가능한 수준까지 확장하면 고령자와 장애인의 이동성 개선이나 1인용 모빌리티(Mobility)에서도 다양하게 활용될 수 있다.

IoT 기술을 활용한 보행로 조성
©장주영

소형 모빌리티 플랫폼 모베드(MobED),
©현대차그룹

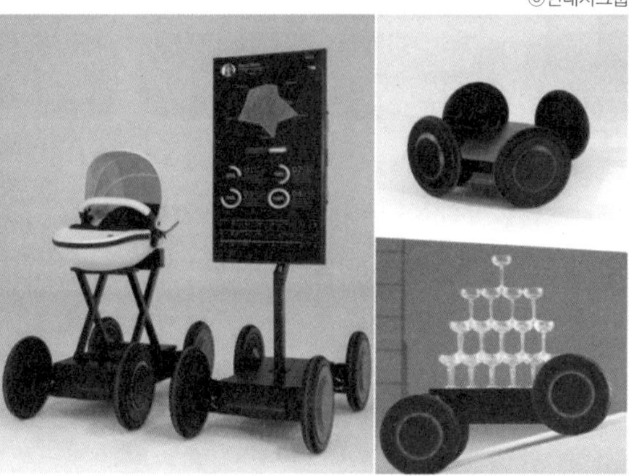

27) 대한민국 정책브리핑(www.korea.kr)
28) 김동욱, 이영아, 김성훈, 김태형, 「스마트 교차로 및 스마트 횡단보도: 교통상황 맞춤형 신호제어 서비스 효과평가」, 2023.02, 대한교통학회, 제88회 학술대회 발표집, p.91~92

'스마트 버스정류장'은 고령자를 포함한 모든 시민들에게 안전하고 편리한 대중교통 접근성을 제공하는 현대적 인프라로서 특히 고령친화도시 구현을 위한 중요한 요소이다. 고령자의 대중교통 정보 이용 격차를 해소하고, 이동 편의성을 높이는 데 기여한다.[29)]

스마트 버스정류장은 저상 버스의 접근성, 앉아서 대기할 수 있는 편안한 좌석, 쉽게 읽을 수 있는 대형 디스플레이를 통한 실시간 교통 정보 제공 등 고령자의 특성을 고려한 설계가 특징이다. 또한, 고령자의 디지털 격차를 줄이기 위한 메타버스 기반 Smart Aging 시스템과 같은 혁신적인 접근 방식도 연구되고 있으며, 이는 고령자의 사회적 연결성과 독립성을 증진시킬 수 있는 잠재력을 지니고 있다.[30)]

이와 같은 스마트 버스정류장은 고령자의 교통안전과 도시 생활의 질 향상에 긍정적인 영향을 미치며, 이들의 사회참여 및 자립 생활을 촉진하는 중요한 역할을 하고 있다.

성동구 스마트 버스정류장 ©조시승(내 손안의 서울)

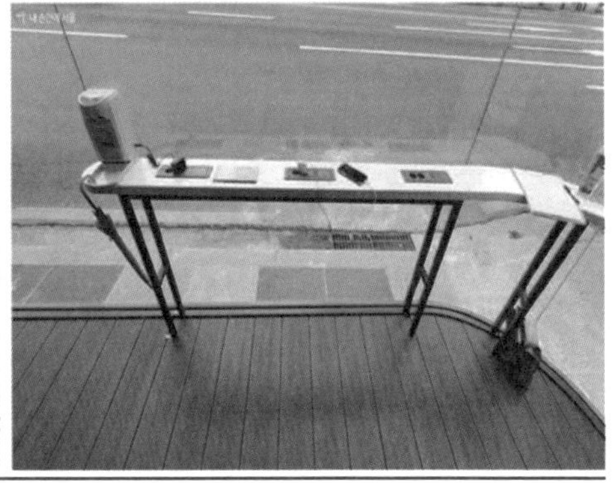

29) 빈미영, 「고령자의 대중교통 정보 이용 격차 해소방안 연구」, 2023, 경기연구원
30) 조면균, 「고령자를 위한 메타버스 기반의 Smart Aging 시스템의 연구, 2022, 한국디지털정책학회, Vol.20 No.2, p.261-268

03
도시 고령자의 안전한 공간 이야기

지역사회는 고령자가 일상생활을 수행하며 애착과 정서적 안정감을 느끼는 곳이다. 따라서 많은 고령자가 가능하다면 자신이 살던 지역사회에서 잘 늙어가기를 희망한다. 고령자가 살던 동네에서 잘 늙어갈 수 있도록 하기 위한 국내외의 다양한 방법들을 살펴보고자 한다.

'모든 사람이 동등하게' 형평성에 대한 고려

일본 도야마시 고령자만 남겨진 도시, 도시를 압축하다

도마야(富山)시는 일본 미야기(宮城) 현에 위치한 도시로, 압축도시(Compact City)[31]의 선도적인 모델 중 하나이다. 압축도시 개념을 실현하여 인구를 밀집시키고 도시 기능을 집적화하여 도시 공간을 효율적으로 활용하고 있다.[32]

도마야 시는 지방 고령화와 인구 감소에도 불구하고, 도시 기능을 집적시켜 활기를 되찾았다.[33] 거주지역과 상업지구를 밀도 있게 축소하고 경량철도를 적극적으로 활용하여 도심으로의 이동성과 접근성을 높여, 젊은 세대가 살기 좋은 도시, 고령자도 매일 외출하고 싶은 도시로 변화하였다.

Toyama City, ©japan-guide.com

Toyama Compact City, ©World Ban

Wago
Iwase
Mizuhashi
Kureha
Toyama
Fujikoshi
Fuchu
Minamitoyama
Oyama
Yamada
Hatsuo
Osawano
Hosoiri
Legend
Railway / Streetcar
Railway service
Bus service
Wide - area hub
Local hub

31) 고령화 사회를 예측하여 마이카가 필요 없는 「걸어서 생활할 수 있는 시가지」로 철도나 버스 등의 공공교통을 이동 축으로 거점이 되는 역이나 버스정거장에서 400m정도의 보행권의 주택, 상점, 공공시설 등의 도시기능을 집약한 것, 출처: 「일본, 일본의 Compact City의 과제와 전망」, 미쓰이물산 전략연구소, 2012
32) 오영환, "늙어가던 도마야시, 도시 철도망 바꾸니 확 살아났다", 중앙일보, 2021.08.20
33) 일본의 Compact City 정책 동향 보고, 주일한국대사관, 2015.6

도시의 기본 계획에 따라, 도야마시는 고령 친화형 도로시설물 설치, 횡단보도의 개선, 그리고 공공교통의 접근성 강화 등을 포함한 여러 조치를 도입했다. 이러한 조치는 고령자가 도시환경에서 보다 안전하게 이동할 수 있도록 설계되었다.

특히, 도야마시는 고령 보행자의 느린 보행 속도를 고려하여 횡단보도에 보행섬과 바닥 신호등을 설치함으로써, 보행자가 보다 안전하게 도로를 건널 수 있도록 지원하고 있다. 이와 더불어, 압축적 도시구조 지향을 목표로 도시 재생계획을 수립하여 고령사회의 요구에 부응하는 도시 인프라를 구축하였다.

이러한 노력은 고령자뿐만 아니라 모든 시민의 삶의 질을 향상시키는 데 기여하고 있으며, 도야마시의 사례는 다른 도시들에게도 고령 친화적 도시 계획과 관리에 대한 중요한 모델을 제공하고 있다.

©Toyama City, the Sustainable Development Goals Report

고령자의 안전하고 편리한 이동을 위한 트램 ©photoAC

‘모든 보행자들에게 안전하도록’ 포용성에 대한 고려

고령자들은 노화가 진행될수록 외출 시 개인 차량이나 대중교통을 이용하기보다는 도보 이용이 빈번해지는데 이러한 고령자의 특성을 고려하여 활동성을 지원할 수 있는 도시를 지향해야 한다. 그러나 도심의 보행로에는 불법주차, 간판, 교통표지판 등으로 인해 실제 보행할 수 있는 폭이 점점 좁아지고 있다.

고령자의 이동에 불편함뿐만 아니라 교통 및 통행 안전을 크게 위협하는 요소들을 제거하는 일이 시급한 실정이다. 또한, 공원이나 길거리에 휴식을 위해 설치해놓은 벤치들의 디자인과 설치 위치가 안전을 위협하고 있는 경우도 쉽게 볼 수 있다. 또한, 건축물 진입로에 자전거, 전동 스쿠터, 전동 휠체어 등의 무분별한 배치는 통행을 방해하며, 이는 안전상의 위험을 초래할 수 있다. 이러한 문제를 해결하기 위해, 전자 울타리 기술을 이용하여 공유 자전거와 같은 이동 수단의 정확한 주차 위치를 지정하고 관리함으로써 무질서한 배치를 효과적으로 줄일 수 있을 것이다.

우리는 주변 공원이나 산책로에서 보행자의 안전한 이동을 위해 설치된 야간 조명이 과도한 눈부심을 유발하여, 보행자의 편안함을 저해하는 사례도 쉽게 볼 수 있다. 눈부심을 줄이기 위해 조명 설계 시 빛의 직접적인 노출을 최소화하도록 하고, 야간 경관과 조화를 이루며 과도한 조명을 제어하고 필요한 조명을 적절한 위치에 배치함으로써 빛 공해를 방지하는 것이 중요하다. 이러한 접근은 조명에 의한 눈부심과 주변 환경에 미치는 영향을 최소화하면서도, 보행자의 안전과 편안함을 증진시킬 수 있다.

보행에 불편과 안전을 위협하고 있는 교통표지판
ⓒ장주영

자동차의 보행로 주차로 인해 차도로 내몰리는 보행자들 ⓒ장주영

건축물 주출입구 진입을 방해하는 요소들 ©장주영

공공공간에서의 벤치 디자인 및 배치는 고령자의 이동성 제약을 고려하여 안전과 편의성을 도모해야 한다. 이를 위해, 등받이가 있는 벤치와 팔걸이가 제공되어 사용자가 앉거나 일어날 때 추가적인 지지를 받을 수 있도록 해야 하며, 평상형 벤치의 사용은 지양되어야 한다.

또한, 자전거 도로와 보행로가 공존하는 공간에서 공간 분리용으로 배치된 벤치는 안전사고의 위험을 증가시킬 수 있는데, 이러한 위험을 최소화하기 위해 벤치를 보행로의 측면에 설치하거나 안전 펜스와 통합된 디자인을 적용하는 것이 바람직하다.

야간 보행 시 눈부심을 일으켜 안전을 위협하는 조명 ©장주영

안전사고를 유발할 수 있는 벤치, ©장주영

불편함 없이 쉴 수 있는 벤치 ©장주영

보행과 자전거 통행 시 불편한 벤치 ©장주영

고원식 횡단보도

고원식 횡단보도는 도로 횡단 시 보행자의 안전을 확보하고 교통의 흐름을 조절하는 시설을 말한다. 도로 노면과의 단차를 주어 차량의 주행속도를 일시적으로 제한하도록 유도하여 보행자가 안전하게 횡단할 수 있도록 한다. 형태는 사다리꼴 모양을 기본으로 하며, 오르막과 내리막은 포물선 형태로 처리한다. 실제 방지턱과 같은 모습으로 만들어 운전자가 인식을 쉽게 할 수 있도록 하거나 삼각형 노면 표시로 턱이 있다는 것을 알려주기도 한다.

고령자, 어린아이뿐만 아니라 보조장치를 이용하는 사람들의 교통사고 예방과 편의를 동시에 고려하였다. 고원식 횡단보도는 보행자 우선도로, 편도 2차로 이하 차로에 적용하도록 하고 있다. 보도의 높이로 높여진 횡단보도 면 전체에 주변 도로와 구분되는 포장재 적용 및 배수 설비를 확보해야 하며, 버스가 통행하는 노선에는 가급적 설치를 지양하고 있다.

고원식 횡단보도 ©장주영

바닥 마감재 활용

횡단보도 주변에 자연석과 같은 거친 질감의 바닥 마감재 사용은 보행자와 운전자의 안전을 향상시키고 교통사고 예방에 도움이 된다. 또한, 보행자들이 횡단보도에 접근할 때 이질감으로 인한 시각적 경고가 되어 안전한 횡단을 돕는다. 이러한 마감재는 미끄럼 방지 효과를 증진시켜, 특히 젖은 날씨나 눈, 얼음이 있는 조건에서 보행자의 발걸음을 더욱 안정적으로 만들어 준다.

고령자는 균형을 잡는데 더 많은 어려움을 겪을 수 있으므로, 이러한 바닥재는 낙상 사고를 예방하는 데 도움이 된다. 또한, 거친 마감재는 시각적으로도 인지하기 쉬워, 보행자가 횡단보도에 접근하고 있음을 인식하는 데 도움을 준다. 이는 횡단보도를 이용할 때 보다 주의 깊게 행동하도록 유도하며, 교통사고 위험을 줄이는 데 기여할 수 있다. 이동에 어려움을 겪는 고령자, 장애인에게 편의성과 접근성이 향상되는 것뿐만 아니라 내구성이 뛰어나 유지보수가 적게 필요하므로 비용 절감 효과도 얻게 된다.

거친 바닥마감재를 활용한 교통 안전디자인 ©unsplash

단차를 제거한 대기 공간

횡단보도의 대기 공간, 차도와의 경계, 차도 횡단 구간은 누구나 안전한 대기 및 이동이 가능하도록 계획하여야 한다. 보행자의 안전을 위해 차로의 수, 차량 이동량, 차량의 속도 등을 종합적으로 고려하여 횡단보도의 단차를 낮추는 방식을 적용하고 있다. 단 차를 낮추거나 제거함으로써 고령자들이 횡단보도를 건널 때 발이 걸리거나 넘어질 위험이 줄어들어 안전한 보행환경을 제공한다. 또한, 보행기를 사용하는 고령자에게 더 쉬운 접근성을 제공하여 도보 이동을 촉진시킨다.
그러나, 이렇게 보행로로의 접근을 용이하게 하는 목적으로 설계된 낮은 단차를 통해 차량이 보행 공간 내로 진입하여 주차하는 상황을 우리는 주변에서 흔히 볼 수 있다. 이는 공공디자인의 실행뿐만 아니라, 지속적인 관리가 얼마나 더 중요한지를 재확인시키는 사례라고 할 수 있다.

단 차를 제거한 대기 공간 ©장주영

코너의 단 차를 제거한 대기 공간 ©photoAC

'보호받고 있다는 심리적 안정을 주도록' 개방성에 대한 고려

부담 없는 장소, 모두가 공유하는 장소

니시산도공중화장실

도쿄 시부야구 우라산도 지역에 위치한 니시산도 공중화장실(西参道公衆トイレ)은 현대적이고 혁신적인 디자인으로 주목받고 있는 일본 건축가 후지모토 소우(Sou Fujimoto)가 설계한 공중화장실로 정식 명칭은 '우츠와(うつわ·그릇, 영문명 water vessel)'이다.[34]

도쿄 토일렛 프로젝트(Tokyo Toilet Project)의 일환으로, 공중화장실에 대한 부정적인 이미지를 없애고 다양성을 인정하는 사회를 실현하기 위한 목표로 설계되었다.[35]

도심 지역에 거주하는 고령인구를 위한 접근성 향상에 초점을 맞춘 니시산도 공중화장실은 현대적이며 위생적인 환경을 제공한다. 이는 넓은 공간 구조로 설계되어 휠체어 사용자 및 이동에 제약이 있는 모든 이용자가 편리하게 사용할 수 있는 환경을 조성한다. 최신 기술을 활용하여 자동 개폐 기능을 갖춘 문을 설치함으로써, 출입구에는 사용자가 쉽게 문을 열고 닫을 수 있는 버튼을 추가하였다. 또한, 하체가 약한 고령자 및 장애인이 변기 사용 시 지지할 수 있는 보조 기구를 설치하여, 다양한 신체 조건을 가진 사용자들이 자신에 맞는 시설을 선택하여 이용할 수 있도록 하였다.

니시산도 공중화장실은 분수 기능을 모티브로 한 디자인을 통해 단순한 기능성을 넘어선 미적 가치의 증진에 기여하고 있다. 화장실의 접근 경로는 공공의 시야에 노출되어 있으며, 이를 통해 지나가는 사람들이 관찰 가능하도록 계획되어 사용자에게 보호감과 심리적 안정감을 제공하도록 설계되어 있다. 이러한 설계는 사용자의 접근성과 심리적 안정성을 동시에 고려한 공공디자인의 우수한 사례라고 할 수 있다.

니시산도 공중화장실 ©https://tokyotoilet.jp/

34) "'은밀한 배설 공간이'이 분수대 됐다...도쿄 도심속 백자기 정체는?"[한지숙의 스폿잇], 해럴드 경제, 2023.04.0232) 오영환, "늙어가던 도마야시, 도시 철도망 바꾸니 확 살아났다", 중앙일보, 2021.08.20
35) [도쿄의 도시 브랜딩] - THE TOKYO TOILET PROJECT #2-4편, 디자인dB, 해외리포트, 2023. 12.26, designdb.com,

‘사용자 관찰과 경험을 중심으로’ 직관성에 대한 고려

장수 의자

장수의자

이 의자가 만들어지게 된 계기는 ‘고령자 무단횡단 사고’라는 문제에서 출발하였다. 행정안전부에 따르면 2017년 전국 교통사고 사망자 4,185명 중 고령자 보행 사망자가 22%(906명), 이 중 37%(335명)가 무단횡단을 하다 사고를 당한 것으로 나타났다.

장수 의자는 포천 경찰서 경무과장이었던 유창훈씨는 사비를 들여 개발하였고, 그 우수성을 인정받아 〈2022 대한민국 공공디자인 대상〉 특별상을 수상하였다. 무단횡단을 하지 못하게 하는 것이 아니라 무단횡단을 하지 않을 환경 만들자라는 사용자의 입장에서 어려움을 해결하고자 하는 목표를 가지고 교통약자를 위한 혁신적인 공공시설물을 탄생시켰다.

장수 의자는 고령자의 입장에서 바라본 문제를 발굴하고, 그 문제를 집념을 가지고 솔선수범하여 직접 해결하였으며, 확신을 가지고 빠르게 그 해결 방법을 도입하였다. 장수 의자는 고령자뿐만 아니라 장애인, 임산부 등 다양한 교통약자에게 편의를 제공하고 있다.

장수 의자 ©유창훈

04

고령자의 안전하고 주체적인 삶을 위하여

도시 고령자 비율의 증가는 주요한 도시 이용 대상군으로서 중요성이 강조되고 있다. 도시 고령자의 안전을 도모하기 위한 공공디자인은 해당 지역사회 내에서 심리적 안정감을 제공하고, 개인의 존엄성을 존중하는 동시에 위기 상황을 예방하는 기능을 통합해야 한다는 요구가 대두되고 있다.

공공디자인은 고령자가 지역사회 내에서 안전하고 존엄하게 생활할 수 있는 환경을 조성함으로써, 사회적 통합을 촉진하고 삶의 질을 향상시키는데 기여할 수 있어야 한다.

고령자에게 안전한 미래, 모두가 안전한 미래

안전은 두 가지 요건이 충족될 때 완성된다. 첫째는 심적으로 안정된 상태를 의미하는 주관적 요건이며, 둘째는 위험 요소가 없는 환경을 나타내는 객관적 요건이다. 안전한 공간은 시각적으로 위험 요소가 없음을 인지할 수 있을 뿐만 아니라, 사고가 발생한 상황에서 대피할 때 보호를 받을 수 있는 확신을 가질 수 있어야 한다.

도시환경에서의 개인 경험은 단순히 인간의 감각에 의존하는 것이 아니라, 다양한 환경적 요소들 간의 상호작용에 기반을 둔다. 시각장애인이 안정적으로 보행할 수 있도록 설계된 보행로는 적절한 폭과 필요에 따라 신호등의 음성 안내 기능을 적용해야 한다. 단 차가 없는 보행로는 넘어짐 사고를 방지하고 안전한 이동을 보장함으로써, 보행 경험을 향상시킨다. 이러한 설계는 유모차를 이용하는 영유아 동반자, 고령자, 그리고 휠체어 사용자 등 다양한 이동 수단을 사용하는 사람들에게도 긍정적인 영향을 미칠 것이다.

안전은 모든 사람에게 보장되어야 하는 기본 권리이다. 특히, 안전 취약계층을 대상으로 한 문제 해결 접근은 포괄적 디자인 원칙의 출발점으로 간주되어, 광범위한 인구 집단에 대한 보다 나은 디자인의 첫걸음이 된다.

공공디자인은 아이부터 고령자까지 모든 연령과 유형의 사람이 이용가능하도록 폭넓게 디자인이 되어야 한다. 아무리 멋진 건물을 지었다고 해도 누군가 그 건물에 접근할 수 없다면 매우 제한적인 경험을 제공하는 것이기 때문이다. 공간 또는 제품의 설계와 개발 과정 전체를 포용적인 관점으로 바라봐야 한다.

누구나 행복하게 늙어갈 수 있는 도시

아프리카 속담에 '노인 한 사람이 죽으면 도서관 하나가 불타는 것과 같다.'라는 속담이 있다. 오랜 인생 역경을 통해 터득한 경험과 지혜가 도서관의 많은 책과 같은 가치를 지닌다는 뜻이다.

가장 먼저 우리는 고령자에 대한 보편적인 편견을 버려야 한다.
그리고 고령자의 입장에서 상상해볼 수 있는 공감 능력이 필요하다.

새로운 안전 시설물과 공간을 제공하는 것만이 고령자에게 반드시 안전한 것일까?
고령자에게 익숙한 안정감을 주는 것이 바로 안전한 디자인 아닐까?

고령자 스스로 자기 주도적으로 활동할 수 있는 능력을 유지하며, 공동체 안전에 기여하는 역할의 기회를 주어야 한다. 예를 들어, 독립적으로 활동이 가능한 고령자들로 '고령자 안전조사단'을 구성하여 공공의 안전을 증진하는데 기여하도록 한다. 현장 조사를 통해 안전 문제를 발견하고, 스마트폰 애플리케이션을 통해 사진과 상세 보고를 실시간으로 전송함으로써 문제 해결에 기여하도록 하는 것이다.

이러한 참여는 고령자들이 사회적으로 유용한 역할을 수행함으로써 자아존중감과 사회적 참여감을 높이며, 삶의 만족도를 증진시킬 수 있을 것이다.

지역사회에서 잘 늙어가기란, 고령자들이 살기에 적합한 환경을 조성하여 상호 관계를 형성하고 서로 돕고 배우며 함께 성장할 수 있는 곳을 만들어가는 것을 의미한다.

고령자뿐만 아니라 돌봄이 필요한 사람들에게도 도움을 제공하고, 다양한 세대 간의 상호작용을 통해 청년들이 노후에 대한 준비를 할 수 있는 환경을 제공한다. 그 결과, 모두가 보람을 느끼며 삶을 함께할 수 있는 공동체가 자연스럽게 형성된다.

출발은 고령자에 대한 인식의 전환부터 시작되어야 한다.
누구나 잘 늙어갈 수 있는 도시를 만들기 위해
모두가 힘을 모아야 할 때이다.

누구나 고령자가 된다.
지금 고령자가 걷고 있는 그 길을 우리도 곧 걸어가게 될 것이다.

인간의 경험이 디자인의 중심이 되어
모두에게 공정하고
모두를 포용하는 디자인이 되어야 한다.

불평등을 평등으로 만드는 디자인의 힘

[안전을 위한 의제만들기]

사회문제해결을 위한 안전디자인 Agenda 5

권영재 kdk9923@gmail.com

호서대학교 실내디자인학과 교수, 공간디자인 Ph.D
서울시 사회문제해결디자인 2차 기본계획 책임총괄
2008~2013 Foster and Partners, 노먼포스터 London 본사 Space Design&Planner
2020~2024 서울시 공공디자인 진흥위원회 위원
2017 대한민국 공공디자인 대상 학술연구부문 우수상
2017 International Contest of Design of Architectural Space SPECIAL PRIZE

사회문제해결을 위한 안전디자인의 관점

도시의 다양한 관점의 사회문제를 해결해가는 안전(安全) 디자인은 도시민의 안심(安心)을 유도하여 도시의 안정(安定)으로 이어진다.

다양한 위험과 새로운 도전에 직면하고 있는 도시 환경은 인구 밀집, 기후변화로 인한 자연재해 위험, 경제적 불평등, 사회적 갈등과 인권문제, 정신건강 문제 등의 모습으로 우리 주변에 일상적 사회문제로 나타나고 있다.

- 회복적 안전디자인은 재난 시스템의 효율성과 신속한 대응을 통해 도시 인프라의 유연성을 강화하여 재난 상황에서의 피해 최소화를 목표로 한다. 이를 통해 사회적 고립과 인프라 파손을 예방하고, 도시민의 안전과 안정성을 제고하는 것이 핵심이다.

- 사회적으로 포용적인 도시 디자인은 모든 사람들이 도시 공간을 안전하게 이용할 수 있도록 한다. 이는 소수자와 다양한 사회적 계층을 고려하여 사회적 갈등을 완화하고 안전한 도시 환경을 조성한다.

- 지속적 안전디자인은 도시 환경에서 안전성과 친근성을 동시에 유지하면서도 도시 주민들의 심리적 안정과 삶의 질을 향상시킨다. 이에, 도시민의 신경 다양성을 존중하는 디자인은 갈등과 스트레스를 줄이고 삶의 안락함을 증진시키는데 중요한 역할을 한다.

- 공감적 안전디자인은 정서적 공감 특화 디자인을 통해 사회적 약자 및 정서적 소외층을 위한 지원을 강화함으로써, 편향되고 중독된 일상활동에 대한 공감적 안전디자인을 적용하여 사회적 회복을 추구하는 데에 중점을 둔다.

- 공헌적 디자인은 기업을 비롯한 다양한 사회적 주체의 참여와 협력을 촉진하여 도시의 안전을 유지하고 발전시키는 데 중요한 역할을 한다. 이는 지속 가능한 도시 발전을 위한 필수적인 요소이며, 도시민의 주체적 참여는 자신의 안전에 대한 책임감을 높이는 데 도움이 된다.

A Safety Design Perspective on Social-Problems Solving

안전을 위한 사회문제 해결디자인

이러한 다양한 특성들이 사회문제해결 측면에서 현재 도시민의 안전과 안심, 안정을 위해서 꼭 고려되어야 하는 이유는 사회 전반에서 소외되었던 다층적 요구의 절실한 반영이 필요한 시점임은 물론 지속가능한 사회적, 경제적, 문화적, 환경적 책임을 실행하기 위해 사회 진화적 관점에서 전략을 수립해야하기 때문이다. 이를 위해서는 회복적, 포용적, 신경다양성, 정서적, 그리고 공헌적인 관점의 공공디자인 전략이 필요하다.

이 주요 개념을 설명하는 몇가지 사례를 통해서 흔히 지나가던 우리 사회의 일상 문제를 바라보는 우리의 관점과 자세가 실행주체로서 보다 적극적이고, 실험적이며, 도전적인 태도로 형성되길 기대한다.

사회문제해결을 위한 안전디자인 Agenda 5

회복적 안전디자인	**회복 활동 증진 시설** : 엔데믹 시대에 회복 활동 증진 **공공성 활성 장소** : 도시 공공공간과 사회적 공간의융합을 통한 '사회적 기능' 특화 **회복적 공동체 강화** : 공공공간의 활성화와 안전한 커뮤니티
포용적 안전디자인	**약자의 일상적 포용** : 사회적 약자의 심리적, 생리적 안정과 안심 추구 **다양성 포용** : 지속가능한 도시를 위해 다양성 존중
지속적 안전디자인	**지속적 갈등 예방** : 흡연, PM 등 일상 속 사회갈등요소의 사전 예방의 디자인 전략 **지속적 안심 예방** : 일상 재난과 범죄로부터 예방을 지원하는 안전 예방 공공시설 및 용품 **지속적 멘탈(정신)케어** : '일상활동'을 통해 정신과 신체의 건강을 유도할 수 있는 디자인
공감적 안전디자인	**사회적 소외 해소** : 사회적 약자 및 정서적 소외층을 위한 공감 특화 공간 및 시설 구축 **디톡스 디자인** : 편향되고 중독된 일상 활동의 디자인적 처방을 통한 공감과 회복 전략
공헌적 안전디자인	**ESG 협력 공헌** : 사회 공공공헌형 민간과 공공의 공동디자인 모델 **시민 참여 공헌** : 시민의 전 주기적 참여 기반의 도시 디자인 거버넌스 **지역 협력 공헌** : 협력적 거버넌스 기반의 공동디자인을 통한 지역 공공가치 구현

사회문제해결을 위한 안전디자인 Agenda 5

회복적 안전디자인

펜데믹과 같은 시대적 재난에 따른 사회적 활동의 고립을 해소하기 위한 회복적 안전디자인

회복적 도시

회복력 있는 도시를 위한 세계적 움직임인 'Resilient Cities Network'(2013, R-Cities)는 자연재해, 기후변화, 사회적 및 경제적 위험에 대응하여 도시의 회복력을 증진하기 위한 지식과 경험을 공유하고 지원하며, 100개의 회복력 있는 도시 (100RC) 이니셔티브를 기반으로 구축된 네트워크로 도시의 회복력을 강화하는 매우 중요한 접근 방식을 제시한다.

록펠러 재단(Rockefeller Foundation)에서는 'Resilient Cities Network'를 통해 도시에서 CRO(Chief Resilience Officer)를 고용하도록 하고 복원력 전략을 개발, 민간부문 및 NGO 파트너의 무료 서비스에 액세스하고, 아이디어와 혁신을 공유하는 등 도시가 다양한 위험에 대응하고 회복하는 과정에서 협력하고 지원할 수 있는 플랫폼을 제공하였다.

이 네트워크는 도시 회복력 전략 개발을 통해 회원으로 가입한 도시를 지원하고, 도시의 복원력 전문가가 주도적으로 참여하며, 도시 복원력 프레임워크와 도시 복원력 지수를 사용하여 도시 내 위험과 취약성을 식별하여 평가하는 프로세스를 통해 회복력이 강화된 도시를 구축하고, 사회적 및 경제적으로 더 강력한 도시를 만들기 위해 전략적 파트너십을 형성하고 있다.

이러한 이니셔티브는 도시를 단순히 위기에서 빠르게 회복시키는 것을 넘어서, 더욱 건강하고, 안전하며, 사회적으로 포용적인 공간으로 변모시키는 데 기여할 수 있다고 보며, 이는 단순한 위기 관리가 아니라, 미래 세대를 위한 지속 가능한 도시 구축이라는 더 큰 목표에 부합하는 접근이다.

"POP!로 지역의 매력을 UP한다"

Public Outdoor Plaza (POP!) program

안전하고 매력적인 공공공간 구축을 통한 지역 활성화 프로젝트

2022년 초에 시작된 시카고시 기획개발부의 공공 야외 광장(POP!) 프로그램은 지역사회가 모일 수 있는 안전한 공간을 구축함으로써 코로나19 팬데믹 기간 동안 어려움을 겪고 있는 기업을 지원하기 위해 만들어졌다.

이는 지역사회 기반 조직이 인근 소매 통로를 따라 활용도가 낮은 공간을 지역 커뮤니티가 활용할 수 있도록 디자인하는 민관협력 프로젝트이다. 프로그램은 지역 주민, 쇼핑객, 통근자 및 인근 방문객을 위한 목적지 지점 역할을 하는 전략적 커뮤니티 모임 공간을 만들기 위한 제안을 모색했다. 제안된 광장 위치는 공공 또는 개인 소유일 수 있지만 중간 또는 저소득 지역에 위치하는 것을 기준으로 최대 500,000달러를 지원하며, 기존 광장과 모임 공간에 대한 개선 제안도 고려되었다.

2020년 파일럿 프로젝트를을 통해 POP Courts!를 만든 후 2023년 7개인 POP! 광장은 2024년 봄까지 4개 더 개장할 예정이다. POP! 프로젝트에는 놀이 코트 , 모임 공간, 잔디밭, 야외 좌석, 소매점 팝업 및 푸드 트럭 공간을 포함한 유연한 편의 시설 구역이 포함된다.

“POP!로 지역의 매력을 UP한다”

Public Outdoor Plaza (POP!) program

안전하고 매력적인 공공공간 구축을 통한 지역 활성화 프로젝트

Mahalia Jackson Court

이 프로젝트에서 돋보이는 컨셉인 대중문화와 상업문화를 반영하는 Pop아트는 주로 선명하고 생동감 있으며 때로는 유머러스한 이미지와 색채를 사용하는데, 이는 비활성화된 공간에 활력을 불어넣고 주변 환경과 상호작용하며 사람들의 관심을 끌 수 있는 집객 공간으로서 장소적 에너지를 강화하는데 큰 역할을 큰 역할을 하였다. 따라서 POP 광장은 지역사회의 중심으로 자리를 잡고, 그들의 독특한 정체성을 지원하며, 대중들이 안전하고 아름다운 야외 환경에서 즐길 수 있도록 도울 뿐만 아니라 도시 인근 지역의 경제적 발전에도 기여한다.

POP Court는 엔데믹시대에 공공공간의 활성화와 안전한 커뮤니티, 공평한 경제 회복 및 지원을 위한 시카고 공공공간의 야심찬 회복 복구 전략의 일부이며 새로운 공공공간의 디자인 방식이다. 이 프로젝트는 2022년 AIA시카고 로버타 펠드먼 사회정의 건축상 수상 (AIA Chicago Roberta Feldman Architecture for Social Justice Award Honoree)을 비롯해 사회적가치를 인정을 받으며 수많은 수상을 이어가고 있다.

이 곳은 79번가와 State Street에 위치한 다채롭고 매력적인 8,500sf 규모의 공공 광장이자 커뮤니티 공간으로, 이 POP Court는 비어 있는 모퉁이 부지를 지역의 풍부한 문화 역사를 기념하고 예술 공연, 지역 사회 행사 및 교육 프로그램을 위한 장소를 제공하는 활기 넘치는 모임 장소로 탈바꿈시켰다.

출처 : https://www.chicago.gov/city/en/sites/dpd-recovery-plan/home/Public-Outdoor-Plaza-POP-program1.html
https://www.chicago.gov/city/en/depts/dcd/supp_info/Public-Outdoor-Plaza-program.html
https://www.wightco.com/work/mahalia-jackson-court/

사회문제해결을 위한 안전디자인 Agenda 5

포용적 안전디자인

사회적 약자를 비롯한 다양한 계층과 상황을 포용하는 안전디자인

포용적 도시

UN이 2015년에 채택한 2030년까지의 지속 가능한 발전을 위한 글로벌 목표인 SDGs(지속가능 발전목표)는 'Sustainable Cities and Communities' 안전하고 접근 가능하며 포용적이고 지속가능한 도시화를 위한 모든 사람들의 참여 강화는 물론 'Reduced Inequalities' 소득, 사회적 지위, 나이, 성별, 장애, 인종, 출신 국가, 성 등 지위에 상관없이 모든 사람들의 평등을 보장하며, 'Good Health and Well-being' 불안, 심리적 질병, 중독 및 다른 건강 문제를 방지하고 치료하기 위한 안전하고 지속가능한 도시 및 지역 커뮤니티 조성 등의 내용을 통해 지속가능한 도시를 위한 포용적 자세를 강조하고 있다.

지속가능한 발전 목표(SDGs)를 추진함으로써 얻는 다양한 추가적 가치는 경제적, 사회적, 환경적 변화에 크게 기여한다. 새로운 산업과 기술의 도입은 경제적 기회를 확장하고, 이를 통해 모든 사람이 교육, 건강, 고용 기회에 공평하게 접근할 수 있도록 하는 사회적 포용성을 증진한다. 또한, 자연자원의 보호와 지속가능한 사용은 환경적 지속가능성을 강화하여 생태계를 보전한다. 사회와 경제 시스템의 레질리언스를 강화하는 것은 자연재해나 경제적 충격에 빠르게 대응할 수 있는 능력을 향상시키고, 세대 간 평등을 보장함으로써 미래 세대의 권리를 보호한다. 마지막으로, 글로벌 평화와 협력은 공동의 목표를 달성하기 위한 국제적 협력을 통해 더욱 강화되며, 이는 모두 SDGs의 달성을 넘어 광범위한 변화를 촉진하는 데 중요한 역할을 한다.

SDGs의 이러한 목표들은 우리가 직면한 글로벌 문제들에 대한 균형 잡힌 해결책을 제공하며, 모든 국가와 커뮤니티가 공동의 책임으로서 이를 달성하기 위해 노력해야 한다. 이는 단지 정책적 노력뿐만 아니라, 우리 모두의 의식과 행동의 변화로 각 개인의 책임감과 참여를 필요로 하는 글로벌 목표로서 가치를 가진다.

“더위로부터 시민의 안전을 지킨다”

Beat the Heat Barcelona

사회 약자의 더위 예방을 위한 바르셀로나 선도 프로젝트

Climate Shelter Project

바르셀로나는 습한 기후를 지닌 지중해 도시로서 오전 10시밖에 되지 않아도 도시가 이미 가지고 있는 열섬 효과가 더해져 체감 온도는 매우 높다. 지중해의 대부분의 도시와 마찬가지로 2050년의 바르셀로나 기후는 현재보다 기온이 2.8~3.2도 더 높을 것으로 예상된다고 한다. 이것은 30도 이상의 더운날이 20일이상 추가되는 것을 의미하며 잠재적으로 건강에 심각한 영향을 미칠 수 있는 불리한 기후 조건이 시민과 관광객에게 노출된다는 것이다. 특히 6세 미만과 65세 이상의 취약한 시민은 과도하게 높은 도심 온도에 노출되어 건강에 부정적인 영향을 미친다.

기후 변화로 인한 환경 문제를 해결하기 위해 바르셀로나는 기후 변화에 적응하기 위한 통합 도시 정책을 추진중이다. 주목할만한 계획으로는 the Barcelona Climate Plan, the Energy, Climate Change and Air Quality Plan, the Barcelona Green Infrastructure and Biodiversity Plan, the Tree Master Plan(2017-2037) and the Action Plan for Preventing the Effects of Heat Waves on Human Health등이 있다.

바르셀로나 더위와 관련한 대응 계획은 기후 변화의 영향을 완화할 수 있도록 도시를 적응시키며 시민 참여를 촉진하는 것을 목표로 한다. 특히 계획의 중요한 과제는 도시의 무더위로부터 시민들을 보호하는 동시에 도시의 전반적인 기후 회복력을 향상시키는 것이다.

"더위로부터 시민의 안전을 지킨다"

Beat the Heat Barcelona

"도시 주변의 기후 대피소 네트워크 : Climate Shelters Project"

Climate Shelters 프로젝트는 도시 더위에 대응할 수 있는 다양한 시설을 위해 학교(운동장)내의 공간을 활용 공유하는 프로젝트이다. 학교를 다니는 어린 학생들에게 더위로 인한 피해를 줄이는 기능과 함께 학생이 없는 기간은 많은 시민들이 기후 대피소를 지속적으로 사용한다. 바르셀로나의 160개 학교 중 45개 학교가 참여하겠다는 의지를 표명하였고 10개의 학교가 선택되어 Escola Villa Olimpica와 함께 Climate Shelters 프로젝트는 11개 학교 네트워크가 형성되었다.

Beat the Heat Barcelona

"도시 주변의 기후 대피소 네트워크 : Climate Shelters Project"

Climate Shelters 프로젝트의 세 가지 주요 전략

* Blue Solution _ 음수기능 또는 물을 가지고 놀 수 있는 별도의 물 시설 공간 설치

* Green Solution _ 녹지, 녹색벽, 정원 공간, 그늘진 지역을 만드는 나무, 녹색 울타리 및 파고라 등을 통한 그늘 공간의 증대

* Grey Solution _ 지붕, 차양 및 교차 환기를 통해 단열을 개선하는 건축공간 개조

이 프로젝트를 통해 약 1,000제곱미터의 녹색공간을 복원했으며, 2,213제곱미터의 새로운 그늘 공간을 만들었다. 또한, 총 74그루의 나무와 26개의 새로운 급수장도 설치되었다.

또한 다양한 설문지와 인터뷰를 통해 새로운 공간과 관련된 취약계층 및 학생, 시민의 편안함과 웰빙에 관한 내용을 분석하였다. 이로써 기후 대피소로 전환된 모든 학교는 반복적인 피드백 프로세스를 통해 건강에 미치는 영향을 모니터링하는 "살아있는 실험실" 역할도 하고 있다. 다양한 설문지와 인터뷰를 통해 새로운 공간과 관련된 취약계층 및 학생, 시민의 편안함과 웰빙에 관한 내용을 분석하였다.

출처 : https://www.researchgate.net/figure/Figura-3-Refugi-Cilmatic-a-lescola-Vila-Olimpica-Figure-3-Climate-Shelter-at-Vila_fig3_365883699
https://uia-initiative.eu/fr/news/11-schools-barcelona-project-are-now-climate-shelters
https://uia-initiative.eu/fr/news/final-countdown-barcelonas-climate-shelters-project-final-journal

“장애인의 해양안전을 지킨다”

Suma UBP(Universal Beach Project)

해변 사용 약자의 안전한 바닷가 접근을 위한 Universal Beach Project

Suma UBP(Universal Beach Project)는 일본의 특정 비영리활동법인(NPO) 스마 유니버설 비치 프로젝트가 운영하는 고배 스마 해변가를 장애가 있는 분이나 가족, 어린 아이, 노인 등 모두가 부담없이 안전하게 안심하고 바다를 즐길 수 있게 하는 유니버설 디자인 프로젝트이다.

이 프로젝트는 효고 유니버설 사회 만들기 상, IAUD 국제 유니버설 디자인상 2019 금상, 2021년도의 중학교 교과서에는「지속 가능한 미래를 목표로 하는 사람들」이라고 제목을 붙여, SDGs 달성을 향한 선진 사례로서 게재되었다.

이 프로젝트는 "휠체어에서는 바다는 즐길 수 없다"는 고정 개념을 깨고 싶하는 고베·스마의 12명의 지역 멤버로부터 시작되었다. 스마를 장애가 있는 사람이 그 가족이 함께 즐길 수 있는 멋진 유니버설 비치로 하는 것을 목표로 하였다.

첫 번째 프로젝트로서 휠체어가 스마 비치에 접근할 수 있는 ‘매트 길’을 만들기 위해 클라우드 펀딩에 도전하였고 167명부터 지원을 받았다. 2017년 5월 스마의 모래 해변에서 해안을 향해 뻗어있는 푸른 매트길을 설치하여 휠체어의 사람도 가족이나 동료와 함께 해변에 갈 수 있게 되었다.

비치 매트의 성공 이후 바다에 들어갈 수 있게 하는 디자인 프로젝트가 시행 되었고, 수륙 양용 아웃도어 휠체어 히포 캠프를 도입하기로 결정하였다.

이 또한 기부를 통해 수행 되었으며, 히포 캠프의 몸체는 알루미늄으로 만들어져 바다에서도 떠 있는 것이 최대의 특징이다. 이를 장애인의 해변 안전을 지키며 인생 최초의 해수욕을 제공하고 처음으로 가족 모두 해수욕을 즐길 수 있는 기회를 제공하였다.

유니버설 메가 SUP(Stand Up Paddle)를 통해 장애에 상관없이 누구나 모두 SUP를 즐기는 액티비티를 실시하고 있으며 누구나 바다를 즐길 수 있는 안전한 공간환경을 구축하는 것을 목표로 협력적 거버넌스 구축을 통해 유니버설 비치를 조성해 나가고 있다.

스마 유니버설 비치 프로젝트가 추진하는 「바다의 유니버설화」 실현에 필요한 조건

① 휠체어의 동선 확보(비치 매트), 이동 수단,

② 즐길 수 있는 툴(수륙 양용 아웃도어 휠체어),

③ 도구나 설치에 수반되는 스탭의 보편화된 지식정보(매뉴얼)

출처 : https://sumauniversalbeach.com/about/history.html
https://kobe.keizai.biz/photoflash/5076/
https://exidea.co.jp/ethicalchoice/ethical-picks/suma-universal-beach-project/
https://prtimes.jp/main/html/rd/p/000000038.000074318.html

사회문제해결을 위한 안전디자인 Agenda 5

지속적 안전디자인

현 사회의 신경다양성을 인정하고, 부정적 행동을 방해하여
긍정적 행위로 유도하는 공공환경디자인을 통해
일상적 안정을 유도하는 안전디자인

신경다양성 도시

"신경다양성"이라는 용어는 주로 자폐스펙트럼장애(ASD), ADHD(주의력결핍과잉행동장애), 우울증, 조현병 등과 같은 신경적, 정신적 차이를 가진 사람들의 다양성을 포괄하는 용어로 사용된다. 이 용어는 신경적, 정신적 다양성을 인정하고 존중하는 사회적 운동과 이론의 핵심 개념이다.

신경다양성 이론은 자폐증 활동가인 주디 싱어(Judy Singer)에 의해 1990년대에 제안되었다. 주디 싱어는 사회학자이자 자신도 자폐 스펙트럼 장애를 가진 인물로, 신경다양성 이론을 통해 다양한 신경 발달 조건들이 단순한 장애가 아니라 인간 다양성의 한 형태로 인식되어야 한다고 주장하였다.
이 이론을 대중에게 보다 널리 알렸고, 신경다양성 이론의 핵심 개념들을 촉진하는데 기여했다.

신경다양성(Neurodiversity) 이론은 인간의 뇌와 마음의 다양성을 인정하고 존중하는 개념이다. 이러한 개념은 다양한 신경 발달 형태와 신경 특이성을 가진 사람들이 사회적으로 필요한 다양한 관점과 능력을 제공하며, 교육과 직장 등에서의 혁신을 촉진 시킬 수 있고, 자기 인식 및 자기 수용을 증진하여 정체성 형성에 긍정적 영향을 미친다고 본다. 이러한 가치들은 사회가 모든 구성원의 잠재력을 최대한 발휘할 수 있는 환경을 조성하고, 더욱 건강하고 조화로운 공동체를 구축하는 데 필수적이다. 신경다양성은 단순한 이론이나 개념을 넘어서, 사회적 인식을 변화시켜 정신적, 신경적 차이에 대한 부정적인 편견을 줄이고, 모두가 차별 없이 살아갈 수 있는 개방적이고 수용적인 더 나은 사회를 위한 중요한 단계이다.

"신경 다양성을 디자인으로 존중하다"

Restorative Ground
대중의 신경다양성을 인정하고 다양한 선택이 가능한 풍경 도시 프로젝트

이 프로젝트는 디자인 트러스트의 최신 제안요청서인 복원 가능한 도시(The Restorative City)의 우승작으로, 공공공간을 통해 지역 사회 복지 구축을 주제로 하고 있다.

Design Trust, Verona Carpenter Architects, WIP Collaborative 및 장애인 옹호 네트워크(Network of disability advocates)가 함께하여 뉴욕시의 공공 공간 - 거리, 놀이터, 광장 등을 재구상하여 신경 다양성을 통합적으로 고려하여 지원하는 새로운 계획을 세우고 있다.

신경 다양성은 우리 세상에 존재하는 인간 정신의 다양성을 말한다. 자폐 스펙트럼 장애, 주의력 결핍 과잉 활동 장애, 운동 장애, 난독증, 지적 장애 및 불안, 우울증, PTSD와 같은 정신건강 상태를 가진 사람들을 포함한 신경적으로 다양한 사람들은 종종 우리의 도시 계획 및 건설에서 배제된다.

공공공간은 모든 사람이 의미 있게 사용할 수 있는 경우에만 접근 가능해야 한다. 따라서 신경적으로 다양한 도시는 넓은 파트너 연합을 구축하고, 신경 포괄적 공간을 식별하고 평가하는 방법을 찾으며, 이러한 아이디어를 적용하고 확대할 수 있는 핵심 영역에서 정책 변화가 필요하다.

“신경 다양성을 디자인으로 존중하다”

Restorative Ground

대중의 신경다양성을 인정하고 다양한 선택이 가능한 풍경 도시 프로젝트

Focused	Active	Calm
encourages: creativity collaboration community gathering concentration	**encourages:** spontaneity tactility energetic movement high stimulation	**encourages:** relaxation lounging restorative activities low stimulation
appeals to: youth programs professionals elderly small social circles	**appeals to:** children adults families group recreation	**appeals to:** teens individuals neurodiversity outdoor yoga

뉴욕시 Hudson Square 도로변 공공공간인 ‘Restorative Ground’ 프로젝트는 허드슨 스트리트(Hudson Street)와 킹 스트리트(King Street) 모퉁이에 약 7.32m x 24.38m의 스케일로 디자인된 공간으로 낮잠 코너의 기능과 동시에 놀이터와 점심 장소로 사용되도록 디자인되었다.

Restorative Ground 프로젝트를 설계한 WIP Collaborative의 멤버인 Bryony Roberts는 "다양한 '선택할 수 있는 풍경'을 조성하는 것"과 "하루, 주, 일년 내 모든 순간에 다양한 이들을 위한 공간이 마련되는것"이 이 다채로운 구조 뒤에 숨은 아이디어라고 설명한다.

지금의 사회는 다양한 대중의 특성을 존중하고 그들의 경험과 사회적 활동을 지원 할 수 있는 공공적 장소가 필요하며, 때로는 놀이터이자 조용한 피난처이고, 친구를 만날 수 있는 장소이자 탐험할 수 있는 풍경이 되어 새로운 만남과 공감의 시작이 되는 신경 다양성 존중의 장소적 가치가 도시의 정서적 안정화에 주요한 부분이다.

이 공간은 다양한 감각 경험을 지원하는 환경을 조성하기 위해 높은 자극과 낮은 자극, 촉각적인 소재와 질감 등 다양한 공간적 특성을 제공한다. 일률적인 접근 방식이 아닌 다양한 조건을 활용하여 집중되고, 활동적이며 차분하면서도 독특한 경험 영역을 만들어 개인 및 집단의 참여형 레크리에이션, 치유를 위한 장소로서 역할을 하고 있다.

출처 : https://www.curbed.com/2021/08/restorative-ground-public-space-design-neurodiversity.html
https://www.designtrust.org/projects/neurodiverse-city/overview/
https://wip-designcollective.com/Restorative-Ground

"공공공간의 음성적인 행동을 방해한다"

Hostile Design

안전을 위해 행동을 유도 또는 제한하기 위해 공공디자인 요소를 계획

방어적, 배타적 도시 디자인으로 알려진 Hostile Design개념은 특정 행동을 안내하거나 제한하기 위해 건축, 공간, 시설의 요소를 사용하는 디자인 유형이다.

특히 안전에 저해되는 사람들이 부정적인 행동을 사전에 막기 위한 요소 관련된 것이 많다. 근래 적용되는 Hostile Design 형태는 자연 감시, 접근 통제, 영역성 강화의 세 가지 전략을 통해 범죄를 예방하거나 재산을 보호하는 환경 디자인을 통한 범죄 예방 (CPTED)의 디자인 전략과 유사한 부분이 많다.

곡선으로 디자인된 벤치는 공공장소에서 벤치에 눕는 행위 및 노숙자들의 수면 을 방해하는 기능을 가진다. 런던의 Camden Borough Council이 만든 콘크리트 블록 벤치(Camden Bench)는 스케이트보드 타기, 스티커 붙이기, 쓰레기 투기, 마약 거래, 낙서 및 절도를 방지하도록 설계된 디자인이다. 또한 벤치가 평탄하지만 눕기에는 너무 짧거나 여러 개의 팔걸이가 중간에 배치되는 Hostile Design이 적용된 사례를 우리는 주변에서 볼 수 있다.

Court of Rotterdam 주차와 적치를 심리적으로 방해하는 공공시설물

시애틀의 데니 트라이앵글(Denny Triangle) 지역에 있는 테리 애비뉴(Terry Avenue)에는 "스케이트 방지 바" 기능을 갖춘 화분과 수면을 방지하도록 세심하게 설계된 벤치 등 Hotile design 특징이 있다.

공공디자인은 사회적 상호 작용과 연결을 촉진하는 공공 장소와 시설을 만든다 . 이러한 대부분의 디자인은 긍정적인 행동을 유도하고 촉진한다. 하지만 공공의 안전에 저해되는 일부의 부정적인 행동을 방해할 수 있는 요소를 디자인을 통해 계획하여 공공의 안전을 도모할 수 있다.

출처 : https://www.theurbanist.org/2023/12/11/urbanism-101-hostile-architecture/

사회문제해결을 위한 안전디자인 Agenda 5

공감적 안전디자인

사회적 소외와 편향되고 중독된 일상에 의해
고립된 심리적 문제를 해결하는 안전디자인

정서적 도시

'정서적 도시'라는 개념을 알린 인물 중 한 명으로 조셉 벤 프레스텔(Joseph Ben Prestel)의 저서인 Emotional Cities: Debates on Urban Change in Berlin and Cairo, 1860-1910는 19세기 후반부터 20세기 초반에 걸쳐 베를린과 카이로의 도시 변화가 그곳 주민들의 정서적 경험에 어떻게 영향을 미쳤는지를 탐구하였으며, 이 책에서 도시의 건축, 도시 환경, 도시 문화적 변화가 사람들의 감정에 미친 영향을 논의하였다. 도시 환경이 사람들의 정서적 상태와 삶의 질에 미치는 영향 분석을 통해 도시가 단순히 건축물과 도로의 집합이 아니라 사람들의 감정과 관계에도 영향을 미친다는 새로운 시각을 제시했다.

이 이론은 도시 환경이 우리의 정서적 상태에 미치는 영향을 이해하고, 이를 통해 보다 풍요로운, 안전하고 쾌적한 도시를 조성하는 것을 목표로 한다.

결국 정서적 도시 관점은 도시 환경이 단순한 건축적 구조로서 유틸리티를 넘어서 인간의 복잡한 정서적 요구를 충족시키는 중요한 수단으로써 개인의 정서뿐만 아니라 광범위한 사회적 관계와 공동체의 질을 향상시키는데 중요한 역할을 하며, 그 안에서 살아가는 사람들의 정서적 경험을 형성하는 살아있는 장소적 가치임을 알려준다.

“소외되어도 괜찮은 사람은 없다”

Alexandria Park Tiny Home Village

안전을 위해 사회적 공평성과 소외를 예방하는 공공장소디자인

'버릴 수 있는 공간은 없다'는 철학을 가지고 있는 Lehrer Architects에 의해 디자인 된 Alexandria Park Tiny Home Village는 노숙자들의 임시 거주지촌이다. 접근하기 어렵고 사용되지 않던 170번 고속도로 진입로 근처의 가장자리 완충 공간에 좁고 긴 형태로 자리잡고 있다.

Alexandria Park Tiny Home Village는 103개의 소형 노숙자 주택과 최대 200명을 수용할 수 있는 규모이다. 색채디자인이 매우 화려한 것이 특징인데 안전색채로 주로 사용되는 노란색, 파란색, 빨간색 등 채도 높은 원색의 대각선 패턴 등으로 구성된 환경색채는 경각심을 불러일으키는 매력적인 효과를 만들어낸다. 이러한 디자인은 이 곳에 살 사람들이 겪어온 트라우마를 고려한 디자인으로 노숙자 보호소가 아닌 젊고 활력있는 대학 기숙사와 같은 환경적 분위기를 형성했다는 긍정적 평가가 높다.

"소외되어도 괜찮은 사람은 없다"

Alexandria Park Tiny Home Village

안전을 위해 사회적 공평성과 소외를 예방하는 공공장소디자인

접근하기 어렵고 사용하기 어려운 고속도로 진입로 근처의 완충 공간에 좁고 긴 형태로 자리잡은 노숙자촌

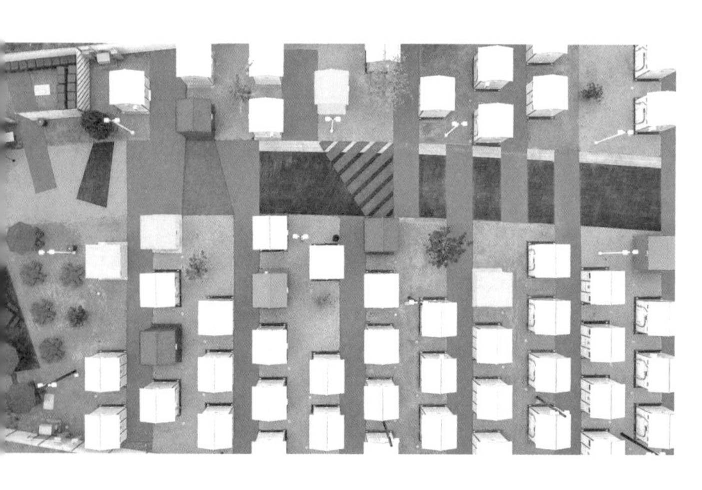

이 주택촌의 비용 약 10~15%는 민간 협력을 통해 이루어졌고 Hope of the Valley의 기부 및 지역 중고품 상점에서 수익의 일부와 작은 가정용 가구들을 협조 받았다.

출처 : https://www.lehrerarchitects.com/project/alexandria-tiny-home/
https://richmondmagazine.com/news/news/thinking-small/

"반려인과 비반려인은 버퍼존이 필요하다"

Hamacho Dog Fest

에어리어 매니지먼트를 통한 반려인과 비반려인을 위한 공유존 솔루션 프로젝트

반려견을 통해 지역 공동체의 친밀감과 공동체 의식을 향상 시켜 지역 안전을 도모

일본 국토교통성 도로심의회의 제안 정책으로 시작된 '사회실험 Social Experiment' 제도는 사회적으로 크게 영향을 미치는 정책에 있어 새로운 패러다임의 변혁 수단에 대한 합의형성을 추진하는 수단으로 활용되고 있다.

특히 사회실험의 운영주체는 주로 에리어 매니지먼트(Area Management)인데 Nihonbashi Hamacho Area Management에 의한 Hamacho Dog Fest는 개도 사람도 안전하게 안심하고 살 수 있는 거리를 만들고 유지하면서 동시에, 개를 기르고 있는 사람도 기르지 않는 사람도 서로의 이해를 깊게 하는 프로그램이다. 지역의 안전을 위해 서로 갈등구조에 놓일 수 있는 주제에 대해 서로간의 이해를 높이고자 하는 전략이다.

Hamacho Dog Fest

관련 프로그램

- 동물 전문가들의 개를 대상으로 하는 다양한 대처법을 공유하는「독 세미나」
- 트레이너와의 훈련을 거쳐, 모든 상황을 판단해, 소리를 듣고, 물건을 구별해 주인을 서포트하는 강아지 시연
- 「후렙 동물병원」의 이노우에 류타 원장에 의한 개의 감염증에 관한 강좌
- 「동물과 살기 쉬운 마을 만들기회」의 오야마 사치코 회장에 의한 애완동물 방재에 대한 강좌
- 「SKYWAN! DOG SCHOOL」의 아이 컨택이나 포상을 사용하면서 강아지를 교육하는 방법을 강의.
- 강아지와 주인이 함께 달리면서 장애물을 클리어 해 나가는「미니 어질리티 체험 코너」
- 「시츠케 상담회」 짖거나 분리 불안, 산책에서 다른 강아지와의 커뮤니케이션을 도모하는 방법
- (주)긴비스의 협찬에 의한「타베코 도부칠 색칠 공작 워크숍」

출처 : https://areamanagement.hamacho.jp

사회문제해결을 위한 안전디자인 Agenda 5

공헌적 안전디자인

다양한 사회주체의 연계를 통해
솔루션을 모색하고 안전을 추구하는 디자인

공헌적 도시

지속가능한 디자인은 기존의 생산성과 장식적 디자인의 관점을 사회 Society, 경제 Economy, 환경 Environment의 3가지로 확대하여 디자인이 사회적 공헌에 대한 고민을 해야 한다는 것을 일깨워 주었다. 디자인이 시대정신(Zeitgeist)을 구현하는 전략이자 수단으로서 그리고 E.S.G의 가치구현 수단으로까지 확대되어가는 중에 있으며 그 가능성을 공공디자인을 통해 구축해 나가고 있다.

공공디자인은 공공가치를 위해 디자인하는 것이다. 새로운 시대정신에 맞춘 가장 적합한 디자인 모델이다. 디자인이 문제를 해결하는 과정과 양식이라는 정의를 통해 우리가 당면한 환경문제, 사회문제, 거버넌스 문제를 공공디자인을 통해 구현해 나갈 수 있다. 디자인이 전문성을 가진 사람만이 하는 어려운 전문영역이 아니라 사람들이 체감할 수 있는 작동기제로써 역할을 하며 가장 가까이 사람과 사회 속에 들어올 수 있는 기회가 온 것이다.

디자인을 통한 사회적 공헌은 다양한 사회적 문제에 대한 해결책을 찾고 기업의 협력을 강조하여 우리 사회의 안정을 촉진하는 가장 중요한 전략으로 추진 되어야 한다.

"공공장소의 온전하고 안전한 사용 지원하다"

STATION WORK

JR 동일본의 공공 공유공간 사회공헌 프로젝트

현대사회의 네트워크 통신은 디지털 시대의 급변하는 일상 환경은 물론 장소의 한계를 넘어선 연결성을 통해 일상적, 즉시적 대응이 가능한 사회적 네트워크 형태를 만들어 내고 있다. 더욱이 코로나 팬데믹 이후 급속도로 그 필요성이 증대한 비대면 사회활동 영역의 유무형적 성장이 새로운 공공 오피스 유형으로 시도되고 다양화 되고 있다.

현재 코로나로 인한 비대면 업무환경이 보편화 되고 스마트 기기를 활용하여 업무를 진행, 엑세스 하는 기업의 비율도 약 87%에 이른다. 공공영역에서도 이러한 사회의 변화에 발맞추어 엔데믹 이후에 적합한 일상회복을 지원하는 디자인의 형태가 나타나고 있으며, JR동일본이 추진하는 사회공헌형 공공공간 STATION WORK 프로젝트가 바로 그 대표적 사례이다.

JR동일본이 추진하는 공공 공유디자인 STATION WORK는 역구내에서 개인 업무용 공간을 지원하는 프로젝트로 전화박스 정도 크기의 업무용 부스 STATION BOOTH는 쉐어오피스인 STATION WORK 중 한 타입이며, 이외에도 코워킹 스페이스 타입의 STATION DESK, 호텔 등과 제휴해 라운지나 객실을 오피스로 이용할 수 있는 HOTEL SHARE OFFICE 등 이용자를 고려한 다각적 형태로 발전시켜 나가고 있다. JR동일본이 기획한 본 프로젝트는 코로나로 인한 텔레워크와 웹 회의 등의 수요증가로 그 이용률은 앤데믹 이후에도 지속적으로 증가하고 있으며, 현재는 동일본 지역뿐만 아니라 홋카이도와 서일본 지역에도 확대 진출하여, 회원수는 약 42만명을 넘어섰고 2019년 8개소를 시작으로 2023년 1,013개소를 달성하고, 2027년까지 1,400개소 확대를 목표로 진행하고 있다.

사회변화에 맞추는 공공공헌

'STATION WORK' 프로젝트는 JR 동일본의 경영 이념을 '인간을 기점으로 한 가치서비스의 창조'로 전환을 내세우며, 코로나 이전인 2018년 여름 기획하여 11월부터 실증 실험을 시작하고 검증하여 2019년 8월에 정식 서비스로 실행 구현되었다.

도쿄, 신주쿠, 시나가와의 3군데의 역에서 진행된 STATION BOOTH의 실증 실험시 가장 많았던 의견은 실험 후 지속적 설치를 원하는 반응이였다고 할 만큼 실효성이 큰 결과를 거두었다. 이렇듯 긍정적인 반응으로 현재까지 급격히 확대된 본 공헌 사업이 순조롭게 성공할 수 있었던 배경은 시의적 측면에서 코로나로 인해 일하는 방식과 사회활동 관계 방식의 변화이지만, 무엇보다 전형적인 형식과 기준에 머무르지 않고 본질적인 사회적 문제해결을 위한 고민과 변화에 대한 혁신적 대응 자세가 그 성공 원인이 된 것으로 보인다.

첫째, 사회적 변화에 따른 이용자의 니즈에 대한 즉시적 대응자세,

둘째, JR이 가지는 기본적 가치인 퍼블릭을 넘어선 퍼스널한 가치까지 고려한 혁신적 대응 솔루션의 제시,

셋째, 실행력을 강화시키는 실증 실험을 통한 검증과 피드백,

넷째, 이용자 안전, 회원관리, 예약시스템, 유료운영구조 등 지속가능한 온라인 시스템 관리체계 구축,

다섯째, 지속적으로 진화 발전할 수 있도록 사회와 이용자의 니즈를 반영한 적극적 변화와 수용의 태도를 그 성공의 기반으로 볼 수 있다.

공헌을 통한 일상안정

이러한 시도와 실행은 BYOD(Bring Your Own Device) 공간을 필요로 하는 도심 속 수요증가 현상의 반영으로 공공영역에서 접근성 높은 업무 활동지원 편의공간 마련을 통해 우리의 일상 회복과 편의 증진을 사회적 공헌을 통해서 추구한 주요한 선진 사례이다.

STATION BOOTH는 STATION WORK의 메인 서비스로는 개별 책상, 의자, 디스플레이와 같은 기본 장비를 비롯해 보완 Wi-Fi, 냉난방, anti-바이러스 시설 등을 완비하였으며, 대부분 역구내에 설치되었으나 소음이 적고 안정적인 실내공간으로 설계되었다. 이용은 웹 회의나 일에 관한 작업을 하는 사람이 약 90%인데 온라인 영어 회화 공부, 유튜브, 휴식, 상담 등에 사용되는 등 다양한 용도로 확장되어 가고 있다.

STATION WORK는 보다 다양한 기존의 장소적 특성과 융합을 고려한 대상지 선정, 'WeWork'등과 같은 다른 주체와의 협업 그리고 여러 이용 목적을 가진 이용자의 수요를 고려해 지금은 그 개념이 더욱 확장하여 우체국이나 관공서, 카페에서도 웹 회의 수요 및 각 상황에 맞는 수많은 이용자로 그 수가 점차 증가하고 있는 추세이다. 최근에는, 피트니스 짐이나 편의점에도 두고 있으며, 센다이역 편의점에 있는 워크 부스는 런치 타임에 거의 만석으로 이용자의 관심과 수요가 높게 나타나고 있다.

또한 STATION WORK는 향후 의료 서비스가 필요한 지방의 원격 의료 부스, 메타버스 부스 등 시대 변화와 요구에 즉각적으로 대응할 수 있는 다양한 전개를 모색하고 있으며, 새로운 삶과 일의 방식에 대한 이해와 실천으로 사람들의 행복한 삶에 기여하기 위해 지속적이며 긍정적 변화를 이어가고 있다.

출처 : www.stationwork.jp

JR의 'STATION WORK'는 사회문제 해결을 위한 솔루션 관점에서 다음과 같은 사회적 기여 특성을 가진다.

업무 접근성 향상 : 대중 교통 시스템의 일환으로 설치되어 도심의 다양한 지역에 위치하고 있으며, 이는 교통 이동성이 낮은 사람들에게도 업무 활동을 할 수 있는 기회를 제공하여 경제적인 격차를 줄이는 데 도움이 된다.

다양성과 포용성 확대 : 다양한 사람들이 모여 업무를 수행하고 휴식을 취할 수 있는 공간으로, 다양한 인구 집단에게 열려 있는 공간이다. 따라서 사회적으로 소외된 그룹이나 취약한 계층에게도 지원과 자원의 접근을 허용하여 사회적 포용성을 증진 시킬 수 있다.

편의시설과 서비스 제공 : 충전 시설, 안전한 Wi-Fi, 휴식 공간 등 다양한 시설과 서비스를 제공하여 사용자들이 편리하게 업무를 수행하고 휴식을 취할 수 있도록 하며, 지역 사회의 필요에 맞추어 제공되는 서비스로서 사회문제에 대한 해결책으로 기여한다.

지속 가능한 모델 구축 : JR 그룹의 교통 시스템 및 대중 교통 시스템과 연계되어 운영되며, 지역 커뮤니티와의 협력을 통해 지속 가능한 모델을 구축하고 있으며, 이는 지역 사회의 발전과 지속가능한 환경 보호에 동시에 기여하여 사회적 책임을 다하는 모델로 평가될 수 있다.

지역사회의 공헌 : 지역사회와의 협력을 강화하여 지역사회의 요구에 맞추어 운영되며, 이는 지역사회의 발전에 기여하고 지역 주민들에게 혜택을 공헌하는데 중점을 두고 있다.

이러한 특징은 JR의 STATION WORK가 기존의 유사한 시설들과 차별화되며, 지속 가능한 도시와 지역사회에 기여하는 것이다.

The 8 Criteria for Safety by Public Design

안전을 위한 공공디자인 8원칙

이현성 armula@hongik.ac.kr

홍익대학교 공공디자인전공 부교수
L.A.F.A. Luxun Academy of Fine Arts 객원교수
에스이디자인그룹 SEDG 대표소장
(사)한국공간디자인학회 부회장

安全

위험이
생기거나
사고가 날
염려가 없음

Something that is
safe does not
cause physical
harm or danger.

The 8 Criteria for Safety by Public Design

안전을 위한 공공디자인 8원칙

'안전(安全)'이란 사전적 정의로 '위험이 생기거나 사고가 날 염려가 없음. 또는 그런 상태'를 의미하고 있다.

사전적 의미로는 위험하지 않은 것. 마음이 편안하고 몸이 온전한 상태를 뜻하고 일반적 의미로는 사고의 위험성을 감소시키기 위하여 인간의 행동을 수정하거나 물리적으로 안전한 환경을 조성한 조건이나 상태를 뜻하기도 한다.

하지만 산업 환경과 재난과 관련해서 '안전'이라는 단어나 많이 사용되다보니 극단의 상황과 관련해서 안전을 떠올리는 경우가 많다. 안전은 협의의 의미로서 특정 장소에 대한 특히 산업현장에서의 사고예방이나 의약품, 구조·구급품, 도로에서 긴급 상황에 사용되는 삼각대 등 일부 제품이나 특수한 장소에 관련된 것으로 인식되고 있다. 또한 안전한 보행과 안심 주거지 형성과 같은 공간단위의 사고 예방 차원으로 이해되고 있기도 하다. 국회 안전디자인 포럼 자료집에서는 안전디자인의 영역을 크게 재해/재난 방재디자인, 소방방재 디자인, 생활안전 디자인, 치안/예방 디자인, 구급/구간, 매체, 정책 등으로 구분하여 제시하고 있는 것을 볼 수 있다.

Something that is safe does not cause physical harm or danger.

앞의 사전적 의미에서 봤듯이 안전은 위험이 생기지 않는 온전한 정온화 상태의 의미를 가지고 있다. 지금까지의 디자인이 위험과 사고가 생기는 상황이나 이를 상정하고 '사고' 중심의 관점에서 좀 더 제안되어 왔다. 광의의 개념에서 안전을 위한 디자인은 공간환경의 정온화를 유지할 수 있는 다양한 조건들을 마련하는 개념으로 확장되어야 한다. 공간, 시설, 매체들은 자연스러운 사용속에서 부정적 이벤트의 발생을 억제할 수 있는 기능을 가지고 있어야 한다. 즉, 안전디자인의 개념은 범죄와 재난의 직접적 대안의 제시 외에 아무것도 일어나지 않는 정온화상태를 유지할 수 있는 상황의 조성을 갖추어야 한다.

이를 통해 유니버설 디자인, 인크루시브 디자인과 함께 사람의 사용성을 배려하는 디자인 전략으로 활용될 수 있을 것이다.

안전을 위한 공공디자인

CPTED

Crime Prevention Through Environmental Design

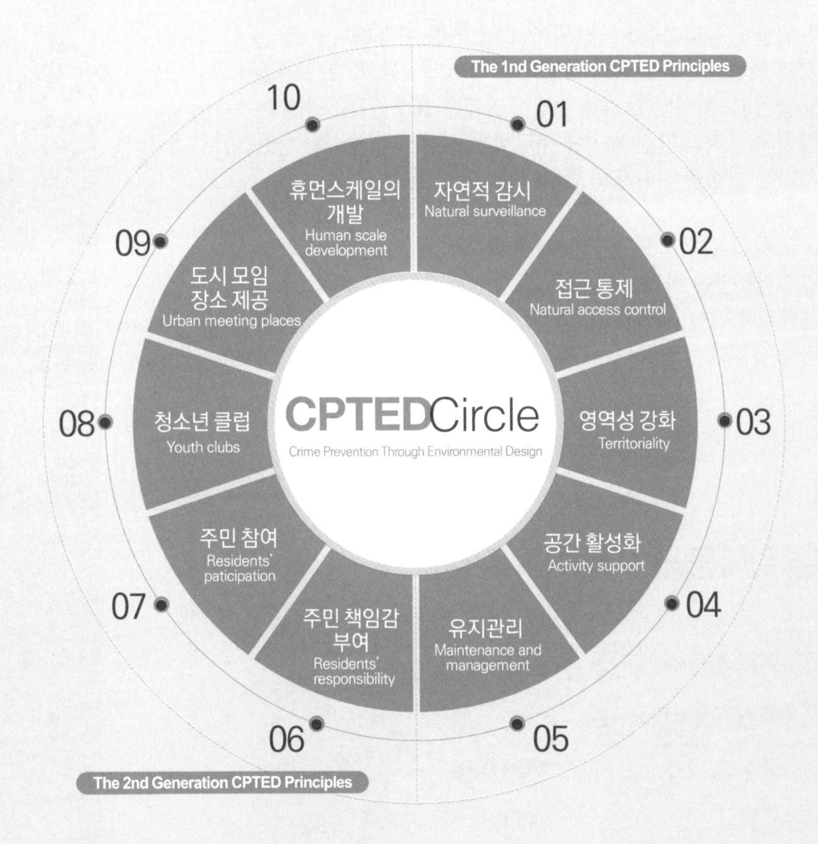

01	자연적 감시 Natural surveillance	가시성 최대화를 통한 심리적, 정서적 안정감 제공
02	접근 통제 Natural access control	접근 제한을 통한 공간 위험 요소의 차단, 안전확보
03	영역성 강화 Territoriality	영역성 구분을 통한 소유감 강화, 공적 소유가치 확립
04	공간 활성화 Activity support	공간프로그래밍을 통한 공간의 사용성 및 활력 증대
05	유지관리 Maintenance and management	유지관리체계 개선을 통한 지속가능한 환경 구축
06	주민 책임감 부여 Residents' responsibility	공공운영방식에 의한 사회적 연대감, 책임감 강화
07	주민 참여 Residents' paticipation	참여프로그램을 통한 자율성 증진, 사회적 비용 절감
08	청소년 클럽 Youth clubs	젊은세대의 도시 유입을 통한 새로운 문화 형성 유도
09	도시 모임 장소 제공 Urban meeting places	커뮤니티 공간 제공에 의한 도시의 활동성 향상 도모
10	휴먼스케일의 개발 Human scale development	휴먼스케일의 적용으로 지속가능한 사용환경 구축

The 8 Criteria for Safety by Public Design

안전을 위한 공공디자인 8원칙

안전을 위한 공공디자인 8원칙은 '안전을 위한 공공디자인'을'공공 환경의 위험요인을 일상적 차원에서 사전적, 간접적으로 자연스럽게 줄이고, 잠재된 안전과 건강상의 위험요소를 최소화하는 예방 차원의 물리적 안전과 이에 부가하여 사용자의 활발한 사용을 고려하는 관점을 기반으로 한다.

이렇듯 입체적 관점에서 온전한 정온화(Whole Calming) 개념으로 안전디자인을 바라보는 것은 '생활환경에서의 신체적·정신적 위해요소에 대한 물리적·비물리적 차원의 디자인적 대응'이라는 광의적 관점에서 공공디자인의 확장성을 추구하고자 함이다.

안전을 위해 공공디자인하기 8가지

01 **공간적 투명** Show-Through Clearance
02 **시각적 압박** Visual Pressure Point
03 **인지적 정보** Cognitive Information Face
04 **심리적 유도** Psychological Inducement Effect
05 **양성적 사용** Positive Use Support
06 **순차적 배치** Highlight & Lowlight Order
07 **공간적 활성** Spatial Activation Program
08 **협력적 관리** Safety Cooperative Governance

안전을 위해 공공디자인하기 8가지

01 공간의 투시율을 강화하면 안전해진다.
"공공공간을 보여지게 하자"

02 시각적 익명성을 강화하면 안전해진다.
"공공공간을 보고있다고 느끼게 하자"

03 여기는 어떤 곳이라고 알려주면 안전해진다.
"공공공간의 영역에 채우기를 하자"

04 지시하지 말고 유도하면 안전해진다.
"간접적으로 숨겨서 알려주자"

05 사용자 행동에 맞춰 지원하면 안전해진다.
"공공공간을 사용자 행태에 맞추자"

06 먼저 보아야 할 것을 강화하면 안전해진다.
"강조색과 배경색의 질서를 정하자"

07 공간의 사용율이 올라가면 안전해진다.
"공공공간이 활용되게 하자"

08 협력을 강화하면 안전해진다.
"많은 사람들이 함께하게 하자"

공간적 투명 Show-Through Clearance

공간의 투시율을 강화하면 안전해진다.

"공공공간을 보여지게 하자"

공공공간의 투명성을 확보하는 것은 공간을 온전히 정온화하는데 큰 효과가 있다. 물론 프라이버시가 보장되어야 할 조건도 있지만 공공공간의 투명을 위한 장애물들의 제거는 그 공간을 사용하는 사용자에게도 심리적 영향을 미친다.

공간적 투명 Show-Through Clearance은 공공공간에서의 익명의 다수에게 특정한 노력이 없어도 자연스럽게 노출되는 공간의 투명성 확보를 뜻한다. CPTED의 자연감시(Natural surveillance)와 유사하지만 '감시(Surveillance)'라는 개념보다는 공간의 배치에 있어 투명성을 위한 '제거(Clearance)'의 확보에 중심을 둔다.

범죄라는 상황을 상정하고 그것을 막기위한 개념보다 포괄적으로 도시 공공의 영역에서 투명성을 디자인한다.

투명하고 가로타입의 육교 휀스는 보행자를 잘 보이게 하여
주변으로부터 안전 투시의 기능이 향상될 수 있다

공공공간을 보여지게 하자

도시의 안전이 필요한 공공공간은 시각 투시율이 90%이상으로 보여져야 한다. 육교의 디자인에 있어서도 플랜카드나 식재, 구조물에 의해 이동하는 사람이 보여지지 않게 하는 것을 방지해야 한다. 공공공간의 투명도는 주변 구조물과의 형태적인 혼란도 방지함을 포함한다. 예컨대 가로형 패턴은 세로형 보행자를 대비하여 잘 보이게 하는 반면 세로형 패턴은 보행자의 수직형태와 겹치게 보이게 할 수 있다.

세로형의 휀스 디자인은 각도에 의해 소재의 시각적 밀도감이 올라가 내부 보행자가 보이지 않는 차폐를 만들 수 있다. 반면 가로형 디자인은 상대적으로 차폐감이 적다.

도시공간의 광고매체 또한 투명성을 통해 주변 상황에 대해 예측가능하게 해야 한다.
투명도가 있는 광고판은 후면의 트럭이 접근하고 있음을 예측할 수 있게 한다.

스쿨존 교차로 휀스의 플랜카드 뒤로 아이의 모습이 보인다.

1m 높이의 플랜카드는 초등학교 아이들의 키높이와 비슷하다.
훌륭한 스쿨존의 첫 조건중 하나는 아이들이 가려지지 않게 투명성을 확보하는 것이다.

세로형의 휀스 디자인은
각도에 따라 시각적 차폐도 증가

후면의 자동차 움직임까지 보이는
투명도가 높은 광고물

시각적 압박 Visual Pressure Point
익명적인 시각원점을 늘리면 안전해진다.

"공공공간을 보고있다고 느끼게 하자"

공공공간에서의 활동을 관찰할 수 있도록 "거리의 눈(eye of street)"을 의도하여 설계하는 개념은 제인 제이콥스(Jane Jacobs)가 제시한 것이다. 시선 원점이 다양하게 존재하여 그것에 내가 노출되어있다고 생각하면 자신의 익명성은 사라진다. 그에 따른 행동은 공적이며 절제되고 많은 신경을 쓰게 된다. 그에 따라 공공공간에서의 불필요한 부정적 활동이 감소하게 되는 개념이다.

밀폐되고 어둡고 좁은 골목에서 주변 사람들 그리고 CCTV 등의 요소와 시각적으로 단절되면 잠재적 범죄자의 심리에도 영향을 미친다. 또한 보행자 입장에서는 타인의 도움을 받기 어려운 상황에 놓여졌다고 생각이 들기 때문에 스트레스가 증가할 것이다. 내가 하는 행동이 다른 사람들에게 보일 수도 있다는 시각적 압박감을 통해 안전을 유도하는 것이다.

공공공간에 의도적으로 시각적 압박을 느끼게 할 수 있는 공간, 시설, 매체의 배치와 디자인은 거리의 눈을 늘리고 다양한 익명성의 시선으로 정온화된 공공환경을 조성한다.

공중화장실 입구가 공공공간 이용자가 많은쪽으로
입구가 배치됨으로써 다양한 시각적 압박에 노출된다.

공공시선의 힘

아파트는 형태적 특성상 높은 곳에서 아래를 내려다 볼 수 있기에 단지 내 배치를 고려한 아파트에 둘러싸여진 놀이터는 안전에 취약한 어린이들이 노는 동안 내부에 제3의 눈들로 보호관찰을 할 수 있다.

이는 이웃이라는 개념으로 입주민들이 서로 보호해줌으로써 문화적인 연결과 유대감을 통해 어린이들이 자라 어른이 되고 또 다시 이웃을 챙기는 지속가능한 문화적 가치로 사회에 선한 영향력을 행사해 줄 수 있음을 말한다.

아파트의 베란다에서 놀이터를 볼 수 있는
다양한 시각의 잠재성은 놀이터의 정온화를 만들어 낸다.

은행의 안전을 위해서 경비원과 CCTV를 배치하는 방법도 좋지만 부가적으로 은행 전면을 70%이상 투명도를 주는 것도 좋은 디자인다. 그리고 주변에 카페와 편의점을 설치하여 개방적 시선이 은행쪽으로 향하게 배치한다. 이러한 디자인 요소들은 은행 입구와 내부에 다양한 시각적 압박을 줄 수 있다.

횡단보도 앞 푸드트럭. 횡단보도 방향으로 늘 문을 열어두어 무단횡단이나 불법주차 및 과속 등을 자연감시하는 역할을 한다. 불법행위를 방지하고 감시하기 위해 무수히 많은 CCTV들이 도로에 설치됐지만 보행자나 운전자 입장에서 CCTV가 가시거리에 노출되지 않아 큰 경각심을 주지 않는 상황에서 사진속 개방형 푸드트럭은 불법행위를 저감시키는 환경을 조성한다.

보행로 방향으로 테라스를 활용한
개방적 공공시선의 노출의 효과는 거리의 안전을 유도한다.

공공거리의 푸드트럭은 항상적인 시각적 압박을
주변에 줄 수 있는 긍정적 역할이 가능하다.

출처 : pracinha oscar freire
www.zoom.arq.br
https://depostalesurbanas.com

인지적 정보 Cognitive Information Face

공간의 정보를 알려주면 안전해진다.

"공공공간의 영역에 정보 채우기를 하자"

공공공간에 대해 영역의 인지성을 강화하면 공간의 기능이나 사용자가 명확해지고 지켜야할 의무나 사용자의 권리가 암묵적으로 전달된다. 공공공간에 관한 정보를 쉽게 인지시키는 디자인으로 공간의 장소성을 각인시켜줌으로써 안전을 확보할 수 있게 하는 디자인이다. 스쿨존과 같이 특정 공간에 상징적인 암적색 아스팔트로 영역의 정보를 표현하는 것이 좋은 예이다.

영역에 관한 인식 강화로 책임의식을 유발할 수 있다는 점에서 CPTED5대 원칙 중 하나인 영역성강화(Territoriality Reinforcement)와 유사한 개념이지만 공공공간, 시설, 매체의 특성을 시각적 정보로 제공하고 이해함으로써 입체적인 안전한 디자인 가치를 제공한다.

어린이보호구역의 암적색 아스팔트의 포장은
이곳이 스쿨존이라는 정보를 알리는 영역정보를 전달하는 예이다.

투명하고 가로타입의 육교 휀스는 보행자를 잘 보이게 하여
주변으로부터 안전 투시의 기능이 향상될 수 있다

공공영역의 힘

자동차 전용 영역에 사용하는 아스팔트에 대한 인지를 바꾸는
보행로 통합 패턴의 공유공간(Shared Space) 개념은
차량의 속도를 자연스럽게 정온화 시킬 수 있다.

어떤 규제 정보도 없지만 어느 아파트단지의
주차장에서 차량속도가 더 느릴까?

샌프란시스코의 레드 카펫이라는 버스 대중교통 전용 정보의
강화는 24% 교통사고를 감소시켰다.
Red carpet San Francisco Corridors with "red carpets"
for buses saw 24 percent fewer crashes.

CityLab 출처 : www.bloomberg.com

심리적 유도 Psychological Inducement Effect

지시하지 말고 유도하면 안전해진다.

"간접적으로 숨겨서 알려주자"

사용자들에게 규제나 금지에 관한 직접적인 지시정보들은 항상 받아들여지는 것만은 아니다. 심리적 관점에서 행동을 유도하는 넛지 디자인(Nudge Design)의 핵심은 은유(隱喩)적 방법을 적용하는 것이다. 은유란 숨겨서 가르쳐주다란 뜻이다. 직접적인 직유가 아닌 간접적인 방법이다.

시각적 정보나 색채요소를 통해 공공공간에서 우선시 해야할 행동에 대해 간접적으로 유도하는 것이 심리적 유도(Psychological Inducement Effect)이다.

심리적 유도디자인으로 디자인을 통해 정온화를 위한 의도된 어떠한 특정행동을 유도할 수 있도록 하는 디자인이다.

골목에서 나오던 사람은 잠시 멈추어서
충돌을 주의하라는 메시지를 간접적으로 갖게 된다.

은유적 정보가치

계단의 진입부에 있는 패턴은 시각적으로 촉각적으로 단차가 있다는 것을 간접적으로 알려줌으로 급격한 높이로 인한 사고를 예방한다.

반복되는 패턴과 연속되는 요소에 따라가는 심리적 성향을 은유적으로 이용하여 안전한 방향으로 유도한다.

양성적 사용 Positive Use Support

사용자 행동에 맞춰 지원하면 안전해진다.

"공공공간을 사용자 행태에 맞추자"

양성적 사용 Positive Use Support은 공간을 안전한 정온 상태로 만들기 위해 사용자 행태를 양성적으로 유지하거나 지원 및 유도하는 역할을 한다. 또한 안전을 유도하는 행태를 지원함으로써 긍정적인 공공 안전디자인 환경으로 만드는 것을 말한다.

사용자의 행동은 공간의 형태나 구조에 따라 맞추게 된다. 위험을 유발할 수 있는 행동을 억제시키기 위해 양성적 행동을 예상하고 지원하는 어포던스 디자인(Affordance Design)의 개념을 통해 안전을 유도한다.

버스정류장의 대기자들은 버스가 오는 것을 기다리기 때문에 신체의 방향이 버스가 오는 방향으로 대기한다. 이러한 특징에 맞춰 벤치의 배치와 시선축의 확보는 안전한 대기의 양성적 행동을 유도한다.

버스가 오는 방향에 사선으로 배치된 벤치는
버스를 기다리는 사용자들이 편하게 사용할 수 있게 지원한다.

사용자 안전을 배려하는 지원하는 디자인

바퀴달린 이동 수단을 가지고 왔다면 어디로 갈것인가?

사용자를 배려하는 양성적 행동을 사전 예측하고 지원하는 디자인은 안전을 만든다.

양성적 사용(Positive Use Support)은 사용함에 있어 불편이 없도록 긍정적 사용 지원이 가능하도록 환경을 디자인하는 것이다. 유니버셜디자인과도 유사한데 누구나 잠재적 장애를 가질 수 있는 점을 감안하여 모든 시설을 보다 편리하게 사용할 수 있는 배려의 디자인 방법이다.

순차적 배치 Highlight & Lowlight Order

먼저 보아야 할 것을 강화하면 안전해진다.

"강조색과 배경색의 질서를 정하자"

순차적 배치는 색채사용에 있어 강조색과 배경색의 대비를 통해 중요한 안전시설을 강조하는 디자인이다. 강조색과 보조색을 통한 명도차이 및 대비를 통한 주목성, 명시성 강화로 보여야 하는 강조체(Figure)는 고채도로 잘 보이게, 배경이 되는 배경체(Ground)는 무채색으로 강조체가 더욱 돋보이게함으로써 안전을 유도하는 디자인이다.

정보전달과 안전을 위해 보여져야할 하이라이트를 위해 무채색의 로우라이트를 배치해 공간을 구성한다. 안전관련 정보를 우선시 보여줌으로써 명확한 정보전달을 통해 사용자들이 보다 안전하게 시설물을 이용할 수 있도록 한다. 또한 최소한의 저비용으로 장기적으로 안전사고 예방을 통한 경제적 효율성을 통한 지속가능한 공공 안전디자인 가치를 실현시켜 준다.

도시공공공간에서의 배경이 되는 저채도의 배치와
먼저 보여야 하는 안전시설, 안전색채 중심의 유채색의 구성

강조(Highlight)되어야 할 안전색채와 배경(Lowlight)이 되어야 할 부분의 배치가 혼란스러워 안전정보가 잘 보이지 않는 예와 잘 적용된 예

안전색채를 위한 배경색의 양보

안전색채를 우선하고 배경의 무채색 배치로 시각적으로 먼저 보여할 것에 대한 명확한 배치를 디자인한 사례

산업안전보건법에 근거한 안전색채의 적용과 우선시 보여야 할 정보를 위해 배경색채의 절제된 사용

공간적 활성 Spatial Activation Program

공간의 사용율이 올라가면 안전해진다.

"공공공간이 활용되게 하자"

공간적 활성(Spatial Activation Program)은 디자인관점에서 공간활성화 프로그램 개념으로 비활성화된 공공공간에 사람들을 모이게 함으로써 유동인구를 늘리고 안전을 유도한다. 나아가 지역거점으로 공간을 활성화 시키고 좀 더 효율적인 안전가치를 함양할 수 있도록 한다.

공간의 물리적 조성이 소프트웨어적 특징과 어울어져 사용성이 극대화되고 특히 슬럼화되기 쉬운 공간을 안전하게 개선하는데 중요한 요소이다. 특히 단순한 프로그램 차원을 넘어 지역의 거버넌스나 공동체 강화의 요소로도 활용된다.

공간의 기능적 차원이 조성된 이후 활발한 사용을 유도하는 디자인 전략으로 공공공간의 사용율이 올라가면 지역의 안전도 함께 향상된다. 안전을 위한 디자인의 무형적 수단으로 유지관리 체계 개선 등을 통한 관리 시스템 개념은 지속가능한 안전공간을 구축하는데 매우 중요하다.

출처 : NL architects www.nlarchitects.nl

공간활성화를 통한 안전

네덜란드 잔(Zaanstad)이라는 도시에서는 교각하부공간의 슬럼을 방지하고 활성화 하기 위해 슈퍼마켓, 생선가게, 꽃가게등 주민들이 원하는 소매시설을 조성하고 시민들의 레져와 편의시설을 확충하였다. 이를 통해 교각 하부의 슬럼과 음성화를 자연스럽게 방지하고 공간의 사용성을 증대하여 커뮤니티 공간으로서 가치를 갖도록 하였다.

런던 중심부의 사우스뱅크 템즈강변의 공연장 공간 하부 공간을 스케이트 보드장으로 양성화 하여 슬럼이 되기 쉬운 음성적 공간을 독특한 지역문화의 공간으로 만들어 커뮤니티 형성과 방문객의 증가효과를 보았다.

출처 : Southbank Skatepark www.skateparks.co.uk

지역 유휴 시설의 슬럼화를 막기 위해 공공레저와 관련한 시설로 복합활용하고
프로그램 운용을 통해 다양한 사람들의 외부 활동 시간을 늘려 지역의 안전을 확보하는 활성화 디자인

출처 : Climbing tunnel in Tara, Gran Canaria, Spain

협력적 관리 Safety Cooperative Governance

협력을 강화하면 안전해진다.

“많은 사람들이 함께 하게 하자”

협력적 관리(Safety Cooperative Governance)는 안전 협력 거버넌스로 지역에 안전에 대한 목적성을 실현시키기 위해 집합적인 협력구조를 통해 안전에 관한 관리를 추구하는 거버넌스 디자인이다.

안전을 위한 협력 거버넌스는 무형적인 요소들을 통하여 만들고 가꾸어 가는 안전체계라고 볼 수 있다. 과거의 안전디자인이 사각지대에 CCTV를 설치하는 유형의 디자인이었다면, 이제는 녹색어머니회, 스쿨존 안에서의 걸음버스 커뮤니티, 골목운동회 등 다양한 협력적 거버넌스를 통하여 함께 만들어가는 안전 공동체를 조성하는 것이 새로운 안전디자인의 패러다임이라고 할 수 있다.

작게는 공공시설의 공동관리부터 지역주민과 주민협의체 NGO(Non Government Organization) 비정부기구 전문가들이 규합해 지속가능한 거버넌스 계획을 구축하는 범위까지 포함된다.

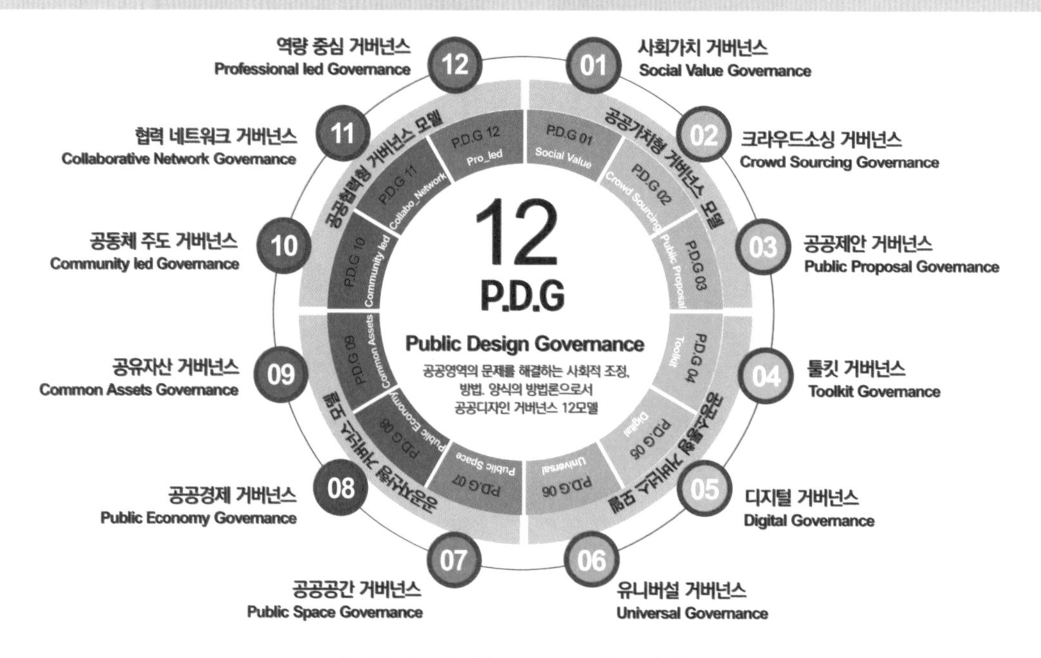

Public Design Governance Model 12

거버넌스를 통한 안전

캐나다 Kitchener시는 King Street 시내에 3일 동안 팝업 공원을 거버넌스 기반으로 디자인하여 설치하는 행사를 진행하였다. 토론토에 기반을 둔 회사인 Eight Eighty Cities, 무슬림 커뮤니티와와 집합적 협력 거버넌스를 통해 이 공원을 지역 사회 구성원들에게 공공공간의 필요성과 의식개선 그리고 참여시킬 수 있는 방법으로 팝업 파크를 전략으로 활용하였다. 지역의 이민자들과 원주민들간의 갈등을 공원을 조성하는 거버넌스의 조성을 통해 예방한 협력적 관리(Safety Cooperative Governance)의 좋은 예이다.

사진출처 : Kitchener Pop-Up Park www.880cities.org

SPACE FOR SAFETY

[안전을 위한 공간]

[안전을 위한 공공시설만들기]
安全安心, 다정한 공공디자인 _신재령, 이영재

[안전을 위한 진료공간만들기]
펜데믹, 생존을 위한 디자인 - 선별진료소 _ 권성은

[안전을 위한 치료공간만들기]
공간이 주는 힘, 힐링 _ 김세련

[안전을 위한 주거공간만들기]
화재로부터 안전한 아파트를 만드는 세 가지 방법 _ 김상아

[안전을 위한 건축만들기]
전부가 사라질 수 있는 재난에 대처하는 안전한 도시공간 _ 김경은

[안전을 위한 도로만들기]
지하공간 안전 디자인 : 안전과 예술이 공존하는 공간_ 강영진

[안전을 위한 정보만들기]
대한민국 원자력발전소 안전디자인 _ 표승화, 최서윤

Safety & Relief

안전(安全) 안심(安心)

신재령 land0430@naver.com

㈜팍스아이앤디 이사
홍익대 공간디자인 박사
홍익대, 목원대, 한양사이버대 겸임교수
2022 대한민국공공디자인대상 연구부문 최우수상

Heartful Public Design

다정한 공공디자인

theme90@naver.com **이영재**

㈜팍스아이앤디 대표
울산도시재생센터 도시재생활동가 양성 교육
삼성화재 교통박물관, 한국마사회 등 전시·축제공간 조성
AT센터 해외한식당 태국지점 자문위원

01

모든 날, 공간디자인이 주는 행복

더 좋은 도시 공간이 필요한 이유

현 시대는 기후변화로 인한 집중호우, 극심한 가뭄, 이른 열대야와 불볕더위 등에 의한 재해가 점차 잦아지고 있다.[1)]
모여야만 살 수 있다고 여겼던 인간사회는 코로나19로 사람 간의 물리적 거리가 멀어지면서 시스템도 사회도 바뀌었다. 팬데믹으로 경험한 일상 파괴의 충격은 이전과 다른 삶을 요구하게 된 것이다. 사람들은 모이면 위험에 노출된다는 정반대의 경험에 익숙해져 개인화된 여가를 선호하게 되고 개인 간 접촉이 최소화되는 방향으로 움직인다.[2)] 두려움의 정도가 점차 심화하면서 사람들은 일상에서 개인의 정서적 안정을 더욱 중요하게 생각하게 되었다.

인간의 행복은 어떤 공간에 들어가는 가에 따라 달라진다.[3)] 인간을 둘러싸고 있는 공간환경은 인간의 정서 형성과 삶에 영향력이 크다. 환경을 경험하고 적응하면서 발생하는 긍정적인 정서는 생명을 연장하고 삶의 질을 높여 행복이 증진되는 데 이바지한다. 좋은 디자인이 통일성 있게 만들어내는 공간은 사람들의 건강과 인지, 사회적 관계 등에 좋은 영향을 미치는 장소가 된다.[4)]

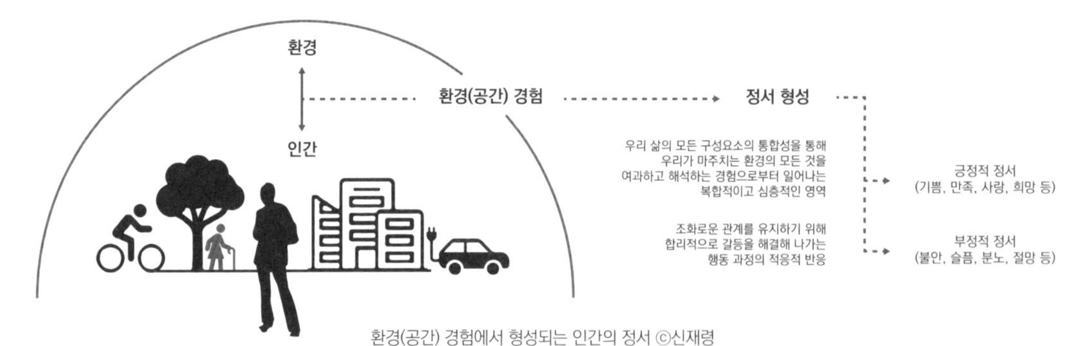

환경(공간) 경험에서 형성되는 인간의 정서 ©신재령

1) 가상청, 『2022년 이상기후보고서』, 2023
2) 유현준, 『공간의 미래』, 을유문화사, p.9
3) Alain de Botton, (정영목 역), 『행복의 건축』, p. 131
4) Sarah Williams Goldhagen, (윤제원 역), 『공간혁명: 행복한 삶을 위한 공간심리학』, 다산북스, 2019. pp.44-45

오늘날 도시 인구는 2022년 8월 현재 약 79억6천7백만이 넘으며[5] 세계 도시 거주자의 약 25%가 메가시티와 백만 이상 대도시에 거주한다.[6] 도시는 수천 이상의 인구가 집단 거주하면서 거래의 개념이나 시장이 형성된 개념이며, 서로 다른 생활방식을 조율하기 위해 법·제도와 시스템을 규범으로 확립한 사회, 정치, 경제, 문화의 중심이다. 도시공간에는 수많은 체계와 시설과 영역이 존재하고 이들은 서로 복잡하게 얽혀 영향을 미친다. 대다수 인간 삶의 질은 결국 인간을 둘러싼 수많은 객체와 인간이 맺는 관계의 바탕이 되는 공공환경의 수준에 영향 받을 수밖에 없는 것이다.

거주지와 근로 장소의 물리적, 시간적 제약이 상쇄되는 시대가 되자 사람들이 머무르고 싶은 도시 선택의 기준이 변화하고 있다. 도시경쟁력의 개념은 도시가 가진 확장적 포용과 협조의 역량으로 평가되기 시작했다.[7] 사람들은 도시가 불안, 불편, 두려움이 없도록 제공하는 다양하고 질 높은 일상의 공간환경이 자신에게 정서적 안정을 가져다주는 좋은 장소가 된다는 것을 깨닫게 되었다.[8] 개인에게 주는 행복감과 더불어 그 장소들이 서로 연계되어 내는 시너지는 현지인과 관광객 모두에게 도시의 탄력성을 보여줄 수 있다. 이를 통해 함께 영위하는 삶과 개인의 가치가 포용적으로 실현되고 시대 흐름에 맞는 혁신의 인상을 주어 도시브랜드를 긍정적으로 인식하게 할 수 있다. 도시공간은 인간이 경험할 수 있는 다양한 사물과 사건의 장소로서 가치 있게 브랜딩 될 수 있는 인상의 기술 중심에 있는 것이다.[9]

도시는 인간의 사회적 관계와 정서를 건강하게 해줄 수 있는 장소를 조성하기 위해 다양한 인지 자극 요인을 제공하는 공공환경을 디자인해야 한다. 좋은 인상을 주고 행복감이 드는 일상의 장소로서 공공공간은 사용자에게 앉을 만한 곳, 즐길 만한 놀이터, 닿을 수 있는 예술, 듣고 싶은 음악, 먹고 싶은 음식, 경험하고 싶은 역사, 만나야 할 사람들 등 다양한 이유를 제공하는 장소가 되어야 한다.[10]

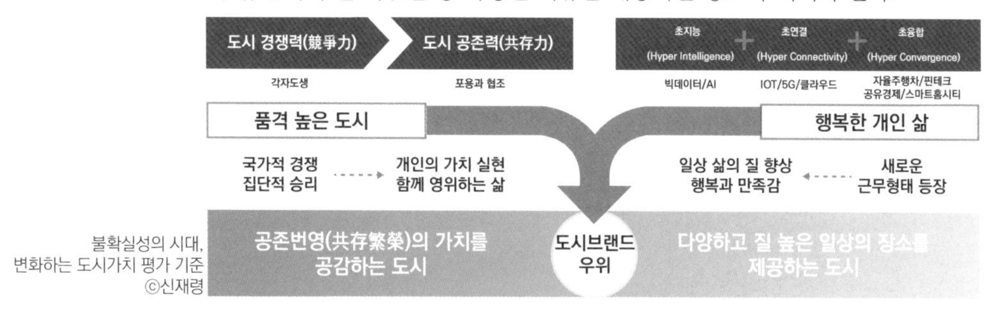

불확실성의 시대,
변화하는 도시가치 평가 기준
ⓒ신재령

5) https://www.worldometers.info/
6) 유럽연합집행위원회(JRC) 『인간 행성 지도책(Atlas of the Human Planet 2020)』
7) 최재천, 장하준, 최재붕, 홍기빈, 김누리, 김경일, 『코로나사피엔스 인플루엔셜』, 2020, pp.160-161
8) 신재령, 「정서적 적응성 환경 특성 기반 산업유산 재생(IHR) 공간디자인 전략 연구」, 2022, 홍익대학교 박사논문
9) 김주연, 『스페이스 브랜딩』, 2020, p.9-11
10) https://www.pps.org/

공공디자인이 등판했다

다음의 그림은 디자인과 관련된 일련의 법 제정 시기와 산업발전 및 국내외 디자인의 흐름을 함께 보여준다. 국내 디자인 진흥의 움직임이 본격화된 것은 1960년대 이후 생존의 시대이다.

산업발전과 수출 경쟁력 강화를 위해 디자인·포장 진흥법(1977)이 제정되었고, 새로운 밀레니엄을 준비하며 1990년대부터 2000년대까지 생활의 시대에는 산업디자인진흥법(1997)이 제정되었다.

1995년 본격적인 지방자치 시대가 열리면서 지방자치단체들은 도시이미지를 강화하는 수단으로 2000년대 초기부터 공공디자인 개념을 도입하였다. 그들은 도시의 차별적 이미지를 형성하기 위해 공공재나 기반 시설을 정비하는 등 '보여주는 것'에 집중했다. 시대가 빠르게 변화하면서 2010년 이후 상생의 시대에는 가치 중심의 서비스디자인을 포함한 산업디자인진흥법 개정(2015)이 이루어졌다. 공공디자인의 진흥에 관한 법률이 제정(2016)되며 사회를 위한 디자인의 문화적 책임이 제도화되고 강조되기 시작했다.

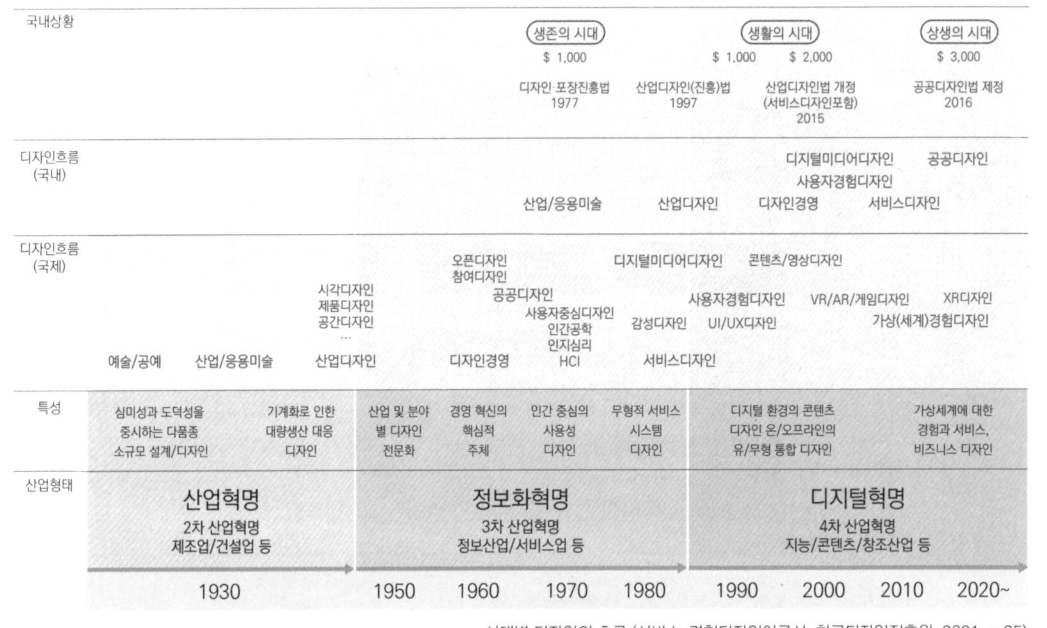

시대별 디자인의 흐름 (서비스·경험디자인이론서, 한국디자인진흥원, 2021, p.25)

11) 『서비스·경험디자인이론서』, 한국디자인진흥원, 2021, p.25

약 20여 년 동안 국내에서 공공디자인은 제도적 기초 마련과 함께 시민의 행동 변화를 유도할 수 있는 참여와 경험의 기회를 제공하기 위해 노력해왔다. 다양한 논의와 무수히 많은 실천을 이어 왔고 이는 우리 사회에서 삶의 양식과 삶의 환경, 사회적 관계의 틀을 바꾸었다.[12] 보이는 것뿐만 아니라'경험하는 것'에 집중하도록 사람들의 시야와 사고를 전환하였다. 최근 기업들의 사회공헌프로젝트들과 지역에서 전해지는 다양한 공공프로젝트들은 우리 삶에서 공공가치 추구의 중요성이 더욱 강조되고 있음을 보여준다. 가치 중심시대로의 변화 속에서 지속 가능한 공공서비스와 공공공간 제공은 사회구성원 모두의 행복하고 더 나은 삶의 질 실현을 위한 중요한 요구사항이 되고 있다.[13] 도시 공공디자인의 역할은 시간의 흐름 속에서 인간 삶의 흔적을 남길 충분한 공간을 풍부하게 제공하는 것이다.

수준 높은 공공환경의 조성은 많은 시간과 비용 등 물리적 투입뿐만 아니라 좋은 환경이 지속될 수 있도록 사회구성원이 끊임없이 공동으로 노력해야 가능해진다. 이는 많은 이들이 도시의 공공환경이 공평하고 안전하며 쾌적해야 한다는 것을 인식하고 공감하여 행동하게 하는 것까지 의미한다.[14] 행복한 삶을 위해서 더 좋은 환경의 도시공간이 요구되어야 하며, 도시를 이해하려 하고 각자의 시각을 갖는 사람들이 많아져야 한다.[15] 다각적인 관점에서 문제를 발견하는 사람들, 다양한 사회 주체가 그들의 동기와 기대를 바탕으로 하여 새롭게 작동하는 해결방안을 제시할 수 있다.[16] 여기에 공공디자인 전문가의 무한한 가능성과 사회적 책임에 대한 고민이 함께 존재한다. 전문가는 누구에게나 잠재되어 있지만 적절하게 활용되지 못하는 개인의 디자인 능력이 프로젝트를 진행하면서 최대한 발휘될 수 있도록 계발해 줄 수 있다. 한편으로는 부적절하거나 잘못된 결과를 초래하지 않도록 개인마다 지닌 디자인 능력의 발휘 방식을 조절하는 역할을 통해 진정한 사회변화를 육성하고 촉진해야 한다.[17]

2013년 1월 포항시 송도동.
포스코1%나눔재단은 노인보호 쉼터
해피 스틸하우스를 건립하였다.
고령화 시대 학대 피해 노인의 문제에 주목하여,
고독으로 인한 우울 등을 해소하고
심리 정서적 회복을 돕기 위한 해피스틸하우스는
노인 신변보호 및 심리치료를 지원한다.

어르신들의 행복한 쉼터 포항
'해피 스틸하우스'
ⓒ포스코 1퍼센트나눔재단
10주년 기념백서 p.60

12) 한국공공디자인학회, 「공공디자인 2.0 선언문」, 2018년 4월 13일
13) 한국도시설계학회 공공디자인연구회, 『공공디자인으로 대한민국바꾸기』, 2020, p.10
14) 한국공공디자인학회, 「공공디자인 2.0 선언문」, 2018년 4월 13일
15) 유현준, 『도시는 무엇으로 사는가』, p.18
16) 에치오만치니, 『모두가 디자인하는 시대』, p.37
17) 에치오만치니, 『모두가 디자인하는 시대』, p.21

일상에 안정감을 주는 디자인의 개입

현대의 불확실성은 급격하고 광범위한 사회와 기술시스템의 변혁에 기인한다.[18] 현대인의 불안은 매우 복잡하고 다양해진 삶의 방식들이 예상치 못하게 만들어 내는 낯선 문제들에 맞닥뜨리면서 커지고 있다. 이를 해결하기 위한 디자인과 기술의 개입은 일상의 도시 공공공간을 모두가 함께 잘 이용할 수 있도록 정서적 안정을 목표로 하여야 한다. 도시는 이러한 사람들의 삶을 돌보기 위해 여러 각도와 차원에서 사회문제를 해결하는 방식으로써 디자인을 개입시켜 일상의 안정감 제공에 접근하고 있다.[19]

진화론적으로 인간은 자신이 처한 환경에서 심리적 안정감을 형성하는 물리적 단서가 제공되기를 원한다. 그 단서란 자신에게 유용한 자원을 효과적으로 관찰하도록 개방된 시야와 몰입감을 주는 조망(眺望)적 시각환경이며, 위험요인을 빨리 발견할 수 있고 자신만의 개별적 활동이 가능하도록 방어 간격을 유지하며 에워싼인 은신(隱身)적 이용환경이다.[20] 따라서 실질적인 안정감 강화를 위해 공공공간 환경조성에 있어 가장 기본이 되는 실천철학은 인간중심의 물리적 안전(安全)과 심리적 안심(安心)이라고 할 수 있다. 우리가 도시를 그 자체로 더욱 매력 있고 안전하게 느끼는 것은 경험되고 인식된 안전감에 바탕을 두기 때문으로, 사람들에게 안심한 곳으로 여겨지면서 동시에 실제 경험된 안전은 일상적인 도시 생활을 위한 필수요건이다.[21]

서울시 사회문제 해결 디자인의 구조(좌),
동대문역사문화공원역 스트레스프리디자인(우)
©서울시 사회문제 해결 디자인 백서, 2021

범죄
학교폭력
치매
스트레스
비만
디지털 과의존
고령화
환경
서울시 사회문제해결 디자인

서울시 사회문제 해결 디자인은 8가지 범주로 나뉜다. 우측의 사례는 스트레스프리디자인으로 혼잡도가 높아 이용자의 스트레스가 상당한 지하철 역사에 적용되었다. 지하철 이용자 행태분석 및 여정별 스트레스 요인 발굴을 통해 도출한 디자인 솔루션들이다.

18) 에치오만치니, 『모두가 디자인하는 시대』, p.62
19) 서울시 「사회문제 해결 디자인 백서」, 2021, p.150-157
20) 최민석, 「조망과 은신이론 기반 수변공원 조망환경계획에 관한 연구」, 2021. 홍익대학교 박사학위논문, p.37-39
21) 얀겔, 『사람을 위한 도시』, pp.91-97

안전(安全)은 정온화(靜穩化)를 바탕으로 도시공간을 이루는 다양한 요소 간에 문제가 발생하지 않는 최적의 이상적인 상황이다.[22] 안전은 직접적인 위해(危害)나 불편으로부터 보호받는 장치적 성격이 강해 그 디자인 결과는 대체로 인지가 쉽고 작동이 편리한 장치물과 운영 체계로 나타난다. 전 세계적으로 도시 안전에 관한 관심이 높아지면서 국제적 인증 기반의 안전도시(Safe Communities) 사업이 진행되고 있다. 내용은 사고(accident)로 인한 손상(injury)을 줄이고 안전을 증진하기 위한 도시의 노력에 관한 평가이다. 그 지역사회를 이루는 각계각층 구성원들의 능동적 참여가 지속될 수 있는 기반을 갖추었다는 것을 국제적으로 인증받는 것이다.[23] 이는 지역사회가 이미 사고나 손상이 없는 상태로 완전히 안정되었다는 것을 의미하지는 않는다. 지속가능한 안전을 위해 도시가 얼마나 관심을 두고 노력하는 과정에 있는가를 판단한다는 뜻이다.

안심(安心)은 심리적 두려움이나 조마조마한 마음 또는 불안에서 벗어나는 느낌을 의미하며 주변 분위기를 향유하고 몰입할 수 있도록 안정된 심리 상태이다. 2007년 도시정책에 디자인을 도입한 서울시는 2012년부터는 생활 안심 디자인 사업 추진을 통해 시민의 삶에 영향을 미치는 다양한 중소규모의 문제들에 개입하였다. 서울시의 생활 안심 디자인은 원도심 등지의 취약지역을 대상으로 하였으며, CPTED(Crime Prevention Through Environmental Design)와 DAC(Design Against Crime)를 결합한 방식이다.[24] 이는 각각 물리적 개선에 바탕을 둔 범죄예방환경설계 이론과 디자인 사고에 기반한 제품 분야 범죄예방 솔루션 이론이다. 이러한 디자인의 개입을 통한 일상 환경개선은 지역의 안전을 전체적으로 강화할 수 있다는 물리적 경험을 제공해 주었다. 이와 함께 생활권 주민 간 적극적인 소통과 관심은 범죄를 줄이고 두려움을 감소시켜 안심 요인으로 작용하는 중요한 요소임을 보여주었다.

Summary

1. 좋은 디자인의 공간은 사람들의 건강과 인지, 사회적 관계에 영향을 미쳐 삶의 질을 높이고 행복이 증진되도록 할 수 있다.
2. 도시는 다양한 인지 자극 요인을 제공하는 공공환경 조성을 통해 인간의 사회적 관계와 정서를 건강하게 해줄 수 있다.
3. 공공디자인은 우리 사회에서 삶의 양식과 환경, 사회적 관계의 틀을 바꾸어왔고, 보이는 것에서 경험하는 것으로 공공디자인에 대한 사람들의 인식을 변화시켰다.
4. 수준 높은 공공환경 조성을 위해 사회구성원 공동의 노력이 필요하다. 더 좋은 공간을 요구하기 위해 도시를 이해하려는 사람들이 많아져야 하며, 프로젝트 과정 전반에서 전문가는 개인에게 잠재한 디자인 능력을 발휘하게 하고 조절하는 역할까지 함께해야 한다.
5. 현대의 불확실성 속에 예상치 못한 사회문제로 증가하는 두려움과 불안에 대해 도시는 디자인과 기술의 개입을 통해 실질적으로 경험된 안전감을 제공하며 정서적 안정을 도모할 수 있다.
6. 실질적인 안정감 강화를 위해 공공공간 환경조성에 있어 가장 기본이 되는 실천철학은 인간중심의 물리적 안전(安全)과 심리적 안심(安心)이다.

---

22) (사)한국도시설계학회 안전디자인연구회, 『안전디자인으로 대한민국바꾸기』 미세움.P.4
23) 1989년 스웨덴 스톡홀름에서 개최된 국제안전도시 헌장(Manifesto for Safe Communities)을 기초로 '제1회 사고와 손상예방 세계학술대회(First World Conference on Accident and Injury Prevention)'에서 채택된 세계와 도시 7호 특집 부록 국제안전도시
24) 서울시 사회문제 해결 디자인 백서, 2021, p.11

02

안전 안심, 공공디자인 프로젝트 실무

공공디자인 프로젝트는 어떻게 진행되나

2016년 제정된 공공디자인의 진흥에 관한 법률에서 정의하는 공공디자인 프로젝트(사업)란 국가기관, 지방자치단체, 공기업, 공공기관 등에 의해 시행되는 공공디자인 구현사업이다. 이는 시설물과 용품, 시각이미지와 그것들이 속한 공간을 대상으로 하며, 공공디자인 관련 기획(조사 · 분석 · 자문)부터 설계 및 제작, 설치와 관리 등을 내용으로 한다.[25] 세부적으로 살펴보면 기관의 추진 내용은 주민요구를 담아 사업을 발굴하고 계획을 수립하는 과정, 관련 부서와 사전 협의를 하고 용역을 발주하는 과정, 시민참여 프로세스 준비 등의 행정 실무가 해당한다. 전문기업의 추진 내용은 공고 확인과 제안서를 준비하고 계약 및 전개하는 과정, 심의 등 절차를 이행하는 과정과 제작 · 시공 · 조성하는 과정 등 실행 실무가 해당한다. 이처럼 공공디자인 프로젝트는 행정조직과 전문가와 일반인이 연대하여 수행하는 구조다. 우리는 집에서 나온 그 순간부터 공공시설물이 있는 공공공간에서 타인들과 함께하는 공동의 사회를 물리적으로 마주하게 된다. 이로 인해 우리는 때로는 주체로, 때로는 수혜자로, 또 때때로 진행 과정상의 참여자로 공공디자인에 깊은 이해관계자가 되는 것이다. 공공디자인 프로젝트는 모든 이해관계자가 생활에서 체감할 수 있는 삶의 질 향상 동력을 발굴하고 확산하는 매개이다. 이는 다른 지역사회와도 네트워킹될 때 지속가능한 사회형성의 도구로 더욱 가치와 의미가 커진다.

지역 공공디자인 프로젝트 목적 ©신재령

25) 공공디자인 진흥에 관한 법률, 법제처

공공디자인 프로젝트는 국민 일상과 관련된 다양한 영역에서의 공공가치 향상을 목표로 하는 제도적 지원책이다.[26] 방법적으로는 첫째, 디자인을 수단으로 국민이 주도하여 국민 일상 삶의 질 향상과 문화적 경험 증진을 가능하게 하는 의사결정 과정을 경험하게 한다. 둘째, 그 경험이 정착되고 지속가능하도록 실현된 협력체계와 공동작업 결과물을 통해 공감을 확산한다. 참여자는 디자인 프로세스를 바탕으로 한 도전과 실험 과정을 경험하며 우리 공공환경이 이전과 달라질 수 있음을 깨닫게 된다. 여기에 활용되는 것이 이미 존재하던 자원과 사람의 능력을 창조적으로 재해석하고 재조합하는 디자인적 방식(design mode)이다. 디자인적 방식의 도입은 사회의 변화에 따라 발생하는 이전에 없던 문제들을 해결하기 위해 다차원적인 아이디어를 논의하고 실천하는 등 더 새로운 사회변화를 촉진할 수 있고 이미 구축된 관행적 사고의 틀을 벗어나 혁신을 추구할 수 있다.[27] 공동의 디자인 과정에 참여하는 개별주체들은 서로의 역량과 에너지를 자극하여 공통의 비전을 확립할 수 있게 된다. 참여자 간 신뢰감에 기초한 소통 관계는 협력과 연계의 힘이 될 수 있는 문화적 풍토를 형성하기 때문이다.

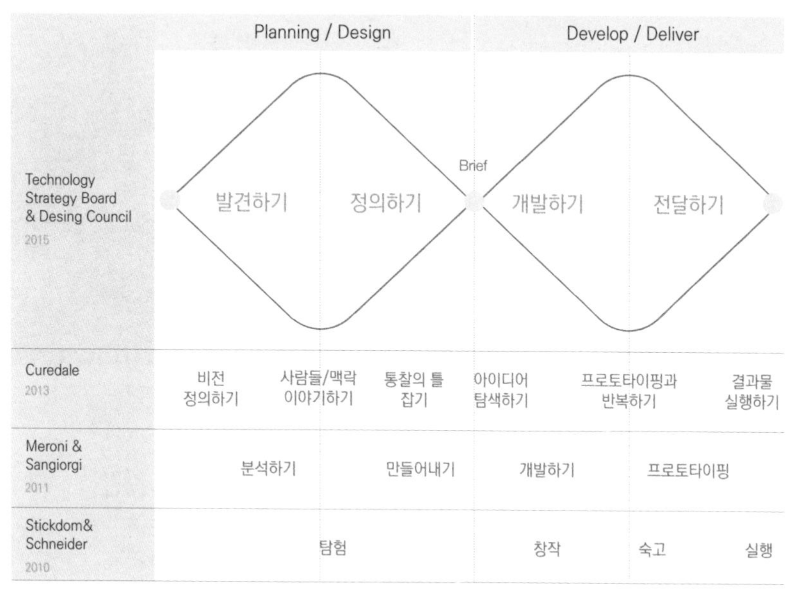

종합적 서비스 경험 디자인 프로세스로서의 더블 다이아몬드 프로세스 모델
ⓒKIDP 서비스 경험디자인 이론서, p.93

26) 최성호, 「제1차 공공디자인 진흥종합계획」, 2018, 문화체육관광부
27) 에치오만치니, 『모두가 디자인하는 시대』, 2016, p.36, p.64
28) 「서비스경험디자인 이론서」, 한국디자인진흥원, 2021, pp.89-93

공공디자인 프로젝트 전개 방식과 체계는 지역 상황과 지역민 정서, 규모와 시기 등의 편차가 상당 부분 존재하므로 정형화하기가 어렵다. 다양한 주체가 관여하다 보니 문제 대상을 한정하기도 어렵지만, 해결을 위한 다각적인 관점 또한 요구되기 때문이다. 이에 널리 차용되는 방법이 서비스 경험 디자인 프로세스이다. 발견하기, 정의하기, 개발하기, 전달하기까지의 과정은 공공디자인 프로젝트의 성격이나 목적 및 상황에 따라 변형 가능한 적용모델들을 제시한다. 이는 최종사용자의 참여를 체계화하고 공감할 수 있는 기반이 되는 도구로서 유용하다.[28] 자신들의 작은 문제발견으로부터 출발한 아이디어들이 실제 시설물의 설치나 공간 개선, 환경조성이라는 결과물로 이어져 새롭게 가시화되는 것은 참여자에게 실현 가능성과 참여의 의미를 배가하는 매개체가 될 수 있다. 공공디자인의 의미는 지역민의 합의 과정에서 소통의 가치를 경험하고 그 경험이 유의미함을 깨달으며 발현되는 시민성에 있는 것이다. 삶의 질은 근사한 건축물을 짓는 것보다 자신이 속한 공동체 안에서 아늑함과 안정감을 느끼며 소소한 즐거움을 함께 나누는 시간 속에서 높아진다.[29]

2019년 진행된 양주시의 봉암리 안전마을은
방치된 빈집들을 마을의 불안 요소로 정의하고
이로 인해 낮아지는 주민의 활동성을 중심으로 해결방안을 도출하여
안심모둠, 문화모둠, 봉암보듬, 건강모둠이라는 주민활동 공간을
조성하였다.

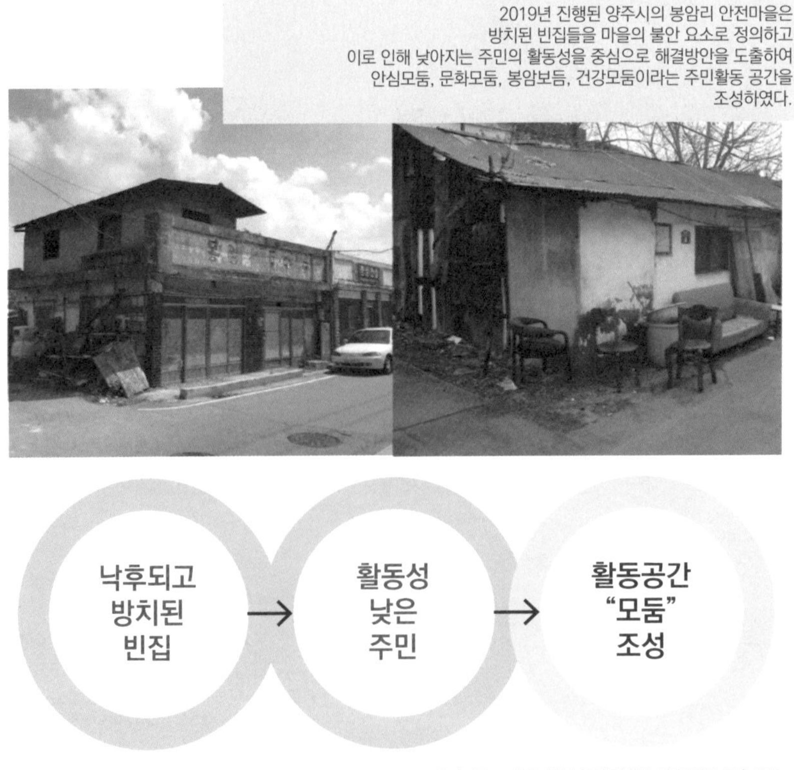

안전마을 조성을 위한 문제정의와 해결방안 도출하기
ⓒ봉암리 안전마을 환경개선 스토리북, 2019

29) 『나는 시민 디자이너, 오이도의 내일을 디자인한다』, 2012, 오이도 오션프런트 시민디자이너 그룹, 시흥시, p.6

공공디자인 프로젝트는 다양한 공공영역에서 안전하고 안심할 수 있는 삶을 위한 개입과 확산을 통해 사회변화를 촉진할 수 있는 씨앗 역할을 하고 있다. 공공디자인 프로젝트는 주체 측면으로는 공동 창작을 시도할 수 있도록 다양한 참여자에게 열린 기회를 제공해야 한다. 과정 측면으로는 아이디어 전개와 참여자 간 협력을 조율·조절할 수 있는 전개 방식 구축과 체계화가 요구된다. 결과 측면으로는 물리적 실체나 사회적으로 형성된 공감이 네트워킹되어 확산할 수 있도록 파급력을 갖추어야 한다.[30] 이것이 공공디자인이 태생적으로 내포한 이타심(利他心)과 그에 따른 사회적 책임이며 동시에 우리 사회를 지속가능하게 할 수 있는 가치 있는 혁신 동력이 된다. 공동체의 합리적 의사결정과정을 기반으로 한 디자인 계획 및 실행, 그 결과는 공동체의 현재 삶과 활동에 보편적인 만족을 도출해 낼 수 있기 때문이다.

다음에서는 지역민 삶의 질 향상을 위해 추진된 공공디자인 프로젝트 중 안전과 안심을 주제로 전개된 세 가지 사례를 소개한다. 하나는 해안 제방 공간에서 모두가 시각적 혼란 없이 편안하게 휴식할 수 있도록, 다른 하나는 등하교하는 어린이의 안전과 즐거움을 위해, 마지막은 어둡고 삭막한 구조물 사이로 시민들이 안심하고 걸을 수 있도록 공공디자인을 도입한 사례이다. 이렇게 대상과 내용이 각기 다른 공공디자인 프로젝트 추진과정을 살펴보는 것은, 모든 이가 디자인하는 시대를 사는 우리에게 새로운 영감과 동기를 부여할 것이다. 독자는 프로젝트들의 전반적인 흐름과 과정을 봄으로써 자신의 관심 분야에 접목할 방식과 가능성을 찾을 수 있을 것이다. 이와 더불어 프로젝트 기획 및 사전 준비와 진행방식, 제작과 현장 설치, 결과 확산 과정에 대한 수행내용은 공공디자인 분야의 행정전문가와 전문기업 디자이너를 꿈꾸는 예비디자이너들의 실무적 이해를 높일 수 있을 것이다.

30) 신재령, 「국내 공공디자인의 혁신성 평가 기준 연구」, 한국공간디자인학회논문집 제18권 4호, 2023, pp. 97-108

나는 시민 디자이너, 바람 부는 날엔 오이도에 가자

경기도 시흥시 해안에 있는 오이도는 고대부터 근현대까지 전형적인 어촌마을이었다. 다수가 어업과 염업에 종사하던 오이도 주민의 삶에 큰 변화가 찾아온 세 번의 계기는 한국전쟁, 수산업법 제정(1953년), 시화호 개발 정책에 따른 방조제 착공(1987)이었다. 오이도는 갯벌과 염전의 매립 이후 25년이 지나는 동안 시대와 환경이 변화하여 관광을 중심으로 하는 해양단지로 불리게 되었고, 외지 유입인구가 약 70%로 증가하며 기존 주민들과의 불협화음이 이어졌다. 2011년 오이도 오션프런트 사업을 준비할 당시 약 0.4㎢ 면적인 오이도 내에는 12개에 달하는 주민단체가 각자의 목소리를 내고 있었다.

시는 오이도의 미래와 지속가능한 발전을 위해서는 새로운 초석을 다질 수 있는 공동체 형성이 절실하다는 점에 주목하였다. 오이도 오션프런트 사업은 주민이 계획 초기 단계부터 직접적으로 참여하고 자율적인 참여 방안을 모색하는 과정에 중점을 두어 기획되었고, 이점이 좋은 평가를 받아 당시 국토해양부 도시활력증진지역개발사업에 선정될 수 있었다. 이전에 진행되어온 많은 관 주도 프로젝트에서 주민은 다소 형식적이거나 단순한 보조자에 지나지 않았었지만, 이 프로젝트에서는 거주민, 상가번영회, 어촌계, 어시장 조합, 직판장, 청년회, 방범대, 교사, 학부모, 학생 등이 모두 '시민 디자이너'라는 새로운 이름의 공동 추진 주체로 활동하게 되었다.

오이도 전경(1996년) ©오이도 오션프런트 히스토리북

오이도 전경(2010년) ©오이도 오션프런트 히스토리북

오이도 오션프런트 히스토리북, ©시흥시

초기 제안서에 따르면 본 사업의 목적은 오이도 해안의 어메니티 요소 개발 및 확장, 이를 통한 지역 정체성의 재구성 및 확산이었고 사업대상지는 제방과 선착장에 한정되어 있었다. 이는 주민들의 적극적인 아이디어 제시와 다양한 방식의 의견 교환을 통해 중심가로까지 확장될 수 있었다. 또한 공공시설물 정비와 가로경관개선 등 외부관광객에게 보이는 부분에만 치중하기보다 주민들 삶터로서 오이도 환경에 대한 공동의 노력을 중시하는 풍토가 조성될 수 있었다. 더불어, 공공디자인 프로젝트의 실제 집행에 있어서 행정적으로 관련 부서 간의 사전 조율과 긴밀한 협업체계 조직화는 주민의 주체적 참여만큼 매우 중요했다. 공공시설물의 설치와 관리를 담당하는 다양한 부서와의 원활한 소통과 다각적인 검토는 주관부서와 주민이 소통해 온 내용의 가시화에 더없이 필요한 부분이었다.

오이도 시민디자이너그룹 활동 ⓒ시흥 오이도 오션프런트 히스토리북 2012

오이도 오션프런트 프로젝트는 다양한 세부 사업을 포함하고 있다. 그 중 안전 안심을 주제로 진행되었던 제방 계단과 통합가로등 및 전망대 개선 사례를 알아보자. 먼저, 오이도 제방은 서해안 조수간만의 차로 인한 해일 등에 대비해 주민들의 피해를 줄일 목적으로 설치되었다. 처음 오이도 제방이 축조되던 때에는 계단이 6개 남짓 되었다. 세월이 흐르면서 제방 앞 도로변은 조개구이와 해물칼국수, 횟집이 성행하게 되고 이 상가들은 고객 유치와 편의 제공을 목적으로 경쟁적으로 계단을 설치했다. 그 모양과 재료도 각양각색이었지만 설치만 해두고 관리가 되지 않아 흉물이 되어갔으며 안전사고가 발생하고 점차 심각한 문제가 되어갔다. 프로젝트 초반 이 문제에 대해 모든 이해관계자가 공감대를 형성하고 있었지만 어떤 것을 얼마나 없애고 줄이고 남길 것인지에 대해서는 팽팽한 의견대립이 이어졌다. 20회차가 넘는 길고 깊었던 여러 차례의 토론은 현장 확인, 상가번영회의, 주민 회의 등 조율을 거치며 공동디자인 결과물로 가시화될 수 있는 최적의 대안을 마련하는 기반이 되었다.

두 번째, 1.5km의 제방 상부는 자연스럽게 주민들의 산책과 운동공간으로 활용되고 있었는데 여러 가지 방해 요소들을 이리저리 피해 걸어야 할 만큼 안전하지 않았다. 바닥은 여기저기 파손된 탄성포장이었고 오래된 스테인리스 재질의 가로등은 기울어지기도 하고 위쪽에 달린 조형물은 노후화되어 산책길을 밝혀주지도 못했다. 보행등도, 띄엄띄엄 있는 벤치도, 막구조 그늘막도 시민들이 오가는 데에 불편을 주는 시설물로 인식될 뿐이었다. 게다가 산책하는 사람들은 도로의 가로등 불빛까지 시야에 담을 수밖에 없었고 매우 혼잡한 보행환경은 주민들이 안심하고 걸을 수 없게 했다. 이러한 문제를 해결하고자 제방의 도로 측에 설치되어 있던 가로등과 제방 위 보행등을 통합하여 52개로 수량을 조정하면서 새롭게 디자인하는 것이 제안되었다. 도로와 제방로를 동시에 비추는 양팔형 가로등은 태풍에도 꺾이지 않도록 안전하게 접합부 없는 단일 폴대로 설계하였다. 연결 부속물의 노출을 최소화한 간결한 형태의 통합가로등은 방문객의 쉬운 현위치 파악 및 길찾기 시스템을 결합한 안심디자인을 구현하였다. 가로등에 숫자로 위치 정보를 표기하여 사고 발생 시에 자신의 위치를 인지하고 알리기 쉽게 하였고, 콤팩트한 크기의 음향시스템을 도입해 위급 시 긴급재난방송과 평상시 사운드스케이프를 느낄 수 있도록 하였다. 절전형 LED램프를 적용하고 가로등 전체색채는 순백색으로 하여 서해의 갯벌과 노을과 하늘빛을 배경으로 쾌적한 산책로를 조성할 수 있었다.

2011년 당시 오이도 제방 시설물 현황
ⓒ오이도 오션프런트 디자인개발 보고서

계단 개선 조감도 ⓒ오이도 오션프런트 디자인개발 보고서

Light Up ; Ocean-Front

오이도 제방 특화 가로등 디자인

Philosophy : 효율적인 통합

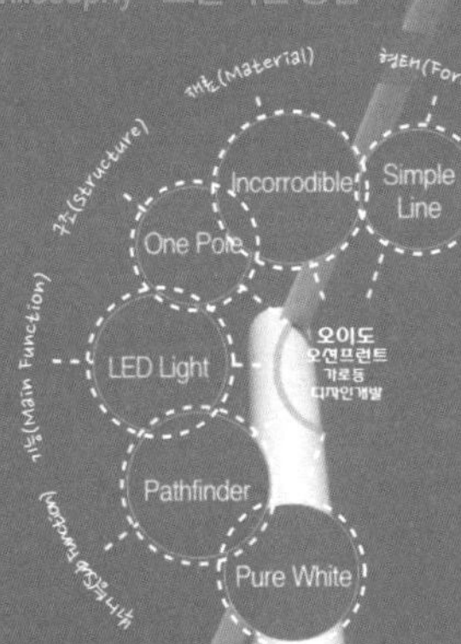

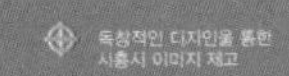

- 독창적인 디자인을 통한 시흥시 이미지 제고
- 제방산책로 경관 향상 및 편의증진
- 특화된 가로등 디자인을 통해 지역경쟁력 강화
- 아름다운 서해안 관광명소의 이미지 확립
- 앞서가는 공공디자인으로 주민의 자긍심 고취
- "생명도시 시흥" 컨셉에 부합한 절전형 가로등 기구 적용

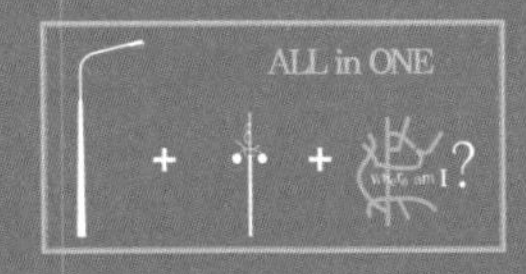

i) 가로등 디자인:

- 염분에 강하며 부식방지를 위해 용융 아연도금 위 분체도장 방식을 취함.
- 하부와 상부의 연결부가 없도록 등주의 접합부분을 없애 꺾어짐 등의 파손 방지와
- 태풍에 견딜만한 강도를 유지할 수 있도록 함.
- 볼트등 연결 부속의 노출을 최소화하며 간결한 라인의 디자인 추구.
- 민머리형태의 스텐볼트를 사용하여 녹스는 것을 방지.
- 전체적으로 순백색칼라를 적용하여 서해바다와 하늘, 노을을 배경으로 특화된 장소성을 줌.

디자인방향

- 오이도만이 가지고 있는 특색있는 자연경관을 있는 그대로 즐길 수 있도록 시각적 장애요소를 최소화
- 오이도 오션프런트 해안 산책로를 명소화 시킬 수 있도록 특화된 해안관광도시 정체성 표출
- 주변 상가의 복잡한 입면부와 대비되는 단순하고 군더더기없는 형태 추구

ii) 길 찾기 시스템 디자인:

- 3면 위치정보표기 / 후면 음향시스템
- 오이도 오션프런트 전체 디자인컨
- 해안가의 관광지역 특성을 고려한 ... 맞는 심플한 디자인.
- 오이도 오션프런트 방문 관광객에 ... 계열의 컬러도색 지정함.
- 3면에 위치 정보 표기를 통해 이용자의 편의성을 높이고자 ... 쉬운 길찾기 시스템 디자인.
- 후면 음향시스템을 통해 긴급재난방송 및 평시에는 방송 및 음향서비스 가능
- Meterial: 갈바늄, 아크릴, 스피커

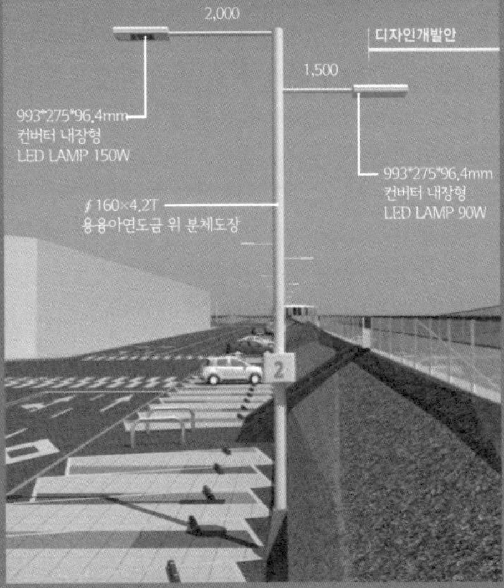

설치완료

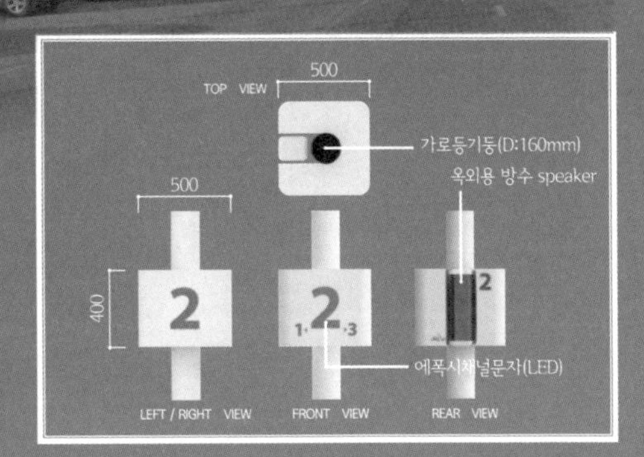

마지막으로, 해안전망대는 기존의 불편하고 불안한 천막구조에서 벗어나 조형적 인상을 구현하여 아름다움을 드러낼 수 있도록 구상되었다. 오이도 해안은 서해안이 갖는 군사적 특수성으로 인해 철조망이 설치되어 있는데 조금이라도 시야에 들어오지 않게 정서적으로 안정감 있는 공간환경을 제공하고자 하였다. 디자인 개발 초기에는 제방에 나무를 심으면 좋겠다는 주민 의견이 많았다. 그러나 자연을 그대로 가져오는 것은 뿌리가 자라나 제방의 고유한 안전 기능을 상실할 수 있음을 설명하고 마을 어귀에 있을 법한 보호수의 이미지를 담는 인공나무로 계획할 수 있었다.

해풍의 영향을 최대한 고려하는 것도 잊지 않았고 이를 반영하여 절단한 스테인리스 파이프를 공장에서 하나하나 용접하였다. 녹방지 처리 후 도장한 설치물은 몇 개의 부분으로 나누어 설계·제작되었고 현장에 이동하여 대형크레인으로 운반, 조립하여 안정감 있는 생명의 나무 전망대가 탄생하였다. 노을의 노래 전망대는 상대적으로 더 편안하게 자연 풍광을 느낄 수 있도록 바람을 쉽게 모으고 흩어주는 커다란 원형 천창을 계획하였다. 이 전망대는 안전 펜스를 설치하고 자재를 반입하여 현장에서 제작 시공되었다. 이곳을 지날 때 벤치에 앉아 담소하는 노부부나 유모차를 잠시 세워두고 바람을 느끼는 아기 엄마들을 자주 볼 수 있다.

생명의 나무 전망대 디자인개발안
ⓒ오이도 오션프런트 디자인개발 보고서

노을의 노래 전망대 디자인개발안
ⓒ오이도 오션프런트 디자인개발 보고서

코내 전망대 설치 완료 사진
ⓒ신재령

안전하고 즐겁게 학교가는 길

시흥시는 경기도가 도내 시군의 공공디자인 진흥을 위해 책정하는 예산을 지원받아 2019년 어린이 안심유니버설디자인 사업을 추진하였다. 응모를 위해 작성된 최초 사업계획서는'안전하고 즐겁게 학교 가는 포리초 아이들'이라는 제목이다. 대상지는 신현동이다.

사업계획은 주거지와 동떨어져 학교까지 공공 스쿨버스를 타고 등교하는 포리초등학교 어린이 안전이 중심이었으며 어르신, 사회적 약자 등 모든 계층이 함께 사용할 수 있는 안전한 환경을 조성하는 것까지 목표로 하였다. 궁극적으로는 원도심 시민들의 상대적 소외감 해소 및 세대를 아우르는 편의성 제고를 통해 자연 감시가 가능하도록 마을의 활력을 일으키고자 하였다.

아래의 내용은 당시 담당자에 의해 작성된 사업계획서 내용이다. 사전 타 지자체의 관련 자료 조사와 데스크 리서치를 진행한 후 작성하였다. 이 사업계획서는 경기도 지원 대상에 선정된 후에 디자인기업을 선정하기 위한 제안서 평가 등 입찰 절차를 진행할 때 기초자료로 활용될 수 있었다.

" 안전하고 즐겁게 학교 가는 포리초 아이들 "

교통사고 없이 안전한 통학로 조성

1. 포리초 ~ 신현로 입구 200m 보행도로 조성
2. 포리초 승하차 대기 공간 조성
3. 신현동 주민센터 주차장(스쿨버스 정류장) 개선

이용자 중심의 편리한 디자인 개발

1. 스쿨버스 정류장 마련
2. 스쿨버스 타는 곳 안내표지 개선
3. 포리초 아이들과 함께 하는 픽토그램 개발

주민과 함께 즐거운 만남의 장소 조성

1. 포동 입구 " 만남의 장소 " 조성
2. 주민협의체 구성 및 운영
3. 사업 관련 부서 및 포리초 TF팀 운영

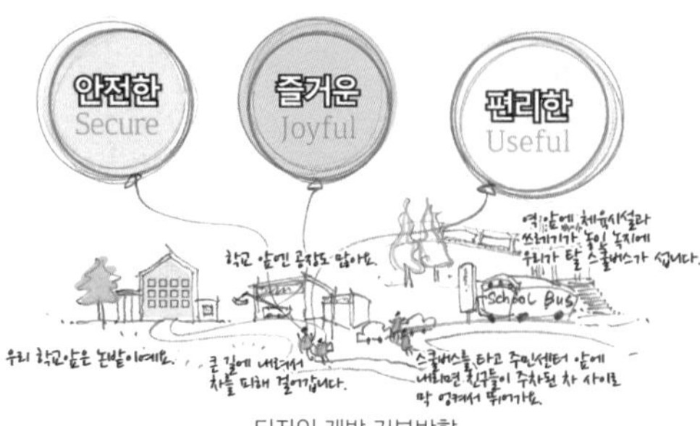

디자인 개발 기본방향

○ 대상지 개요

- 위치 : 경기도 시흥시 신현동
- 공간적 범위 : 신현로 202번길 31 포리초등학교 ~ 신현역 일원 2.5km

○ 대상지 공간적 특성

- 현황 : 해당 지역은 노후된 아파트와 자연부락이 결합된 도농복합지역으로 전체 면적은 5.9㎢이며, 인접한 지역의 다양한 개발에 따른 상대적 박탈감, 소외감이 증대되고 있는 지역임.
- 주요시설 : 2018년 7월 1일 서해선 개통에 따라 신현역이 오픈하였고 지역 안에는 신현동 주민센터, 포리초등학교, 은행 1개소만이 점적으로 분포되어 있으며 주민센터와 인접한 건물에 1층은 어린이집, 2층은 도서관이 있음.
- 인구특성 : 총인구 10,953명으로 미취학 아동 446명, 초등학생, 476명, 청소년 605명, 70세 이상 고령자 1,078명, 일반인 8,300명이 거주하고 있는 지역임.

○ 대상지 문제점

- 등교불편 : 포리 초등학교는 시민들이 거주하는 포동 입구에서 2㎞, 신현동 주민센터에서 1.4㎞ 떨어진 곳에 있어 초등학생 476명이 스쿨버스로 등·하교, 학교 앞길 입구에서 신현로까지(거리:200m)의 보·차도 분리가 없어 보행에 불편.
- 보행혼잡 : 신현동 주민센터 앞마당에 있는 정류장은 주민센터와 어린이집 방문 차량 및 주정차 차량과 체육시설, 정자 등 커뮤니티 장소가 혼잡하게 섞여 있어 아이들이 한꺼번에 스쿨버스에서 하차하는 시간에는 매우 혼란스러움.
- 안전취약 : 학교 입구에 버스 차고지가 있어 하루일 7개 노선이 400회 운행.

스쿨버스 정류장은 포동 입구와 신현동 주민센터 앞에 있는 기존 버스 정류장을 활용 중, 포동 입구 정류장은 4차선 차도 옆 쓰레기가 버려진 녹지에 표지판으로 세워져 있음.

본 사업의 추진체계는 총괄계획자(Master Planner)를 중심으로 한 전문가단의 자문과 디자인 전문기업의 디자인 개발 및 설계, 주관부서의 주민협의체 운영, 관계부서와 협력하는 구조이다. 프로젝트는 어린이 안전에 관한 사전 조사를 바탕으로 대상지의 문제를 구체적으로 정의하고 주민들과 함께 현장 확인 및 협의를 거쳐 신현동 진입부, 주민센터 앞 스쿨버스 승하차장, 포리초등학교 정문 및 후문 등 3개소로 좁혀졌고, 이를 대상으로 심도 있는 주민인터뷰 및 통행량 조사 등을 진행하였다.

안전·안심에 관한 주민 설문 결과(신현동 진입부 신현역 주변)

이 프로젝트는 기본적으로는 어린이 안심 유니버설디자인을 표방하지만, 지역의 사회약자를 모두 포괄하는 포용적 안전·안심 디자인으로 가치를 확산하고자 계획하였다. 이를 위해 물리적으로는 안전을 위한 세 가지 특성에 주안점을 두었다. 첫째는 보행성으로 보차도 분리, 차도로부터 보도의 최대 이격, 야간 보행자를 위한 조명 적용 및 설치기준 마련 등이다. 둘째는 쾌적성으로 보이는 것의 정리, 통행의 편리함을 위한 구조, 보행사고를 줄이기 위한 단차 부분 적용 등이다. 셋째는 연결성으로 시각적인 연속성을 가지는 경로, 횡단보도의 적정한 배치를 통한 동선 단축 등이다. 이와 함께 안심을 위해 중시했던 비물리적 특성은 다음과 같다. 첫째 사업 완료 후 개선된 통학로의 사용 방법에 대한 원아, 아동, 어린이가 참여하는 실제적이고 실천적인 교육이다. 둘째는 사인 시스템 계획을 통해 안심 지역으로서 공동체 의식을 발휘하고 자발적으로 안전한 환경을 유지하기 위한 캠페인의 실시다. 마지막은 학부모, 할아버지 할머니 등 어린이에게 친근한 마을 교통안전 교육자를 육성하여 지속적으로 활동하도록 돕는 것이다.

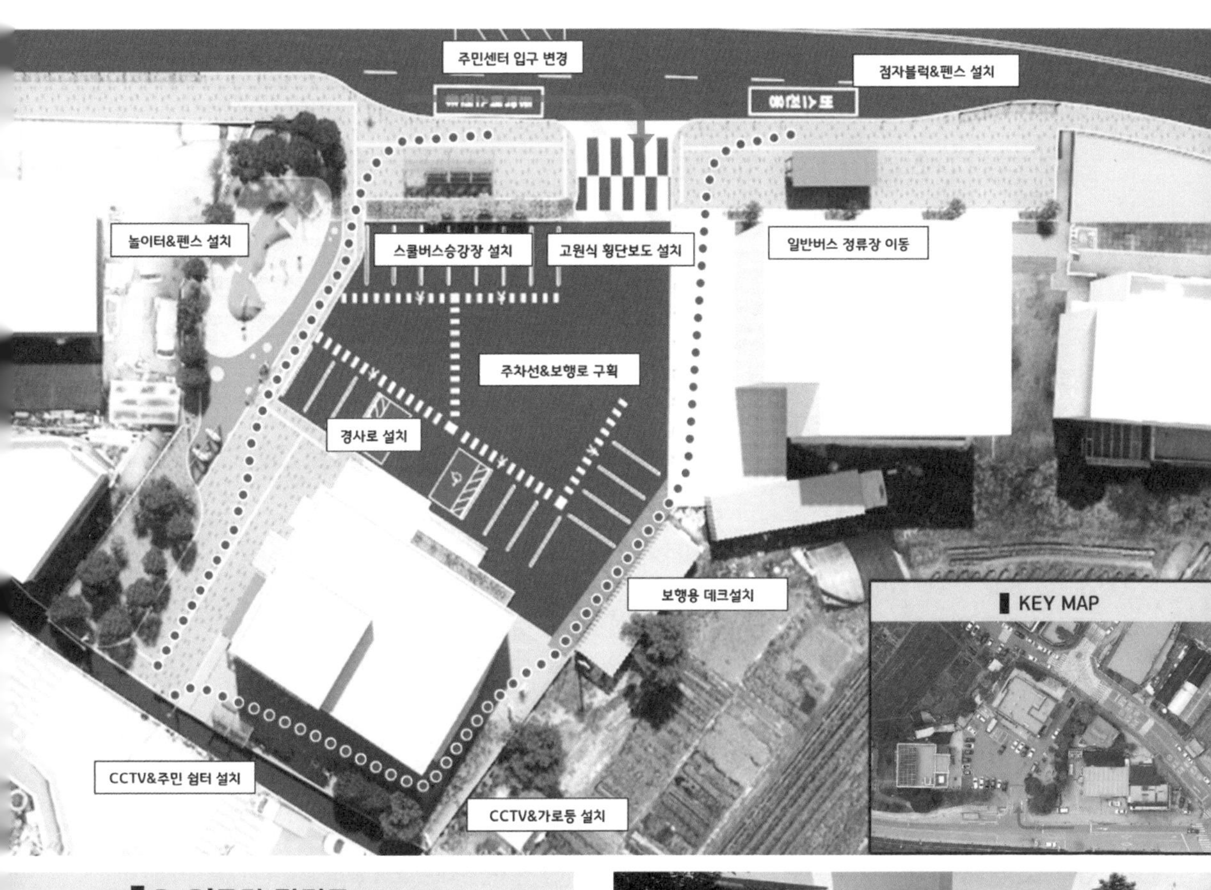

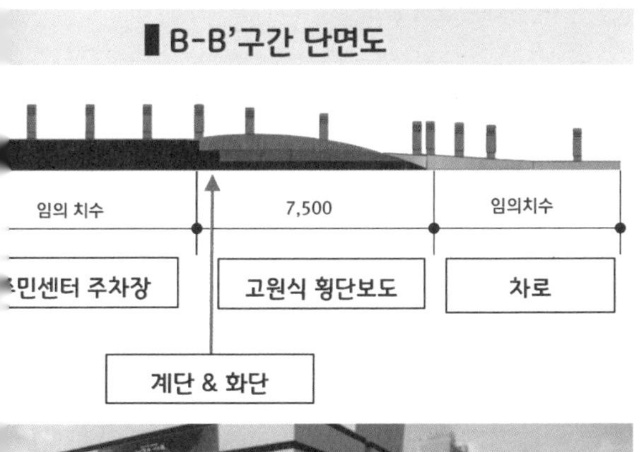

녹지와 승강장의 자연스러운 조화 및 주차장과의 분리

교통약자를 위한 보행로 연계

아이들의 동선유도 및 대기공간 활용

낡은 도시구축물이 다정하게 다가왔다

디자인 전문기업은 발주처의 입찰공고문과 제안요청서, 과업내용서를 숙지하여 제안서를 준비하게 되는데 프로젝트 추진 기획 의도를 파악하는 것이 가장 중요하다. 가장 먼저 입찰 참가 자격에 충족하는지 공고에 기재된 모든 요건을 반드시 검토한다. 그다음 제안사는 제안요청서의 내용을 명확하게 이해한 후, 사업의 목적, 범위, 전제 조건, 요구사항 등에 대해 기술해야 한다. 이와 함께 명확한 디자인(안)과 자사만의 특징 및 장점, 기술적 역량을 어필할 필요가 있다. 제한 경쟁입찰은 보통 14일~20여 일의 제안서 준비기간이 주어진다. 정량적 평가자료 및 정성적 평가자료, 가격 제안자료로 구성된 제안서의 제출 이후에는 발주처가 제안평가위원회를 구성하여 지정하는 일자에 참석하여 제안서를 발표한다. 제안서 평가결과에 따라 선정된 기업은 용역수행사가 되어 발주처와 계약 절차를 진행하게 되고, 앞서 제안했던 내용이 용역 기간 내에 최대한 실제화될 수 있도록 주관부서와 긴밀히 협력하며 검토, 수정하게 된다. 이후의 절차는 전문가 자문, 협의 및 보고회, 주민 의견 청취 등이며 이를 반영한 디자인(안)을 마련하는 과정이다. 수행사는 어느 정도 합의된 디자인(안)이 수립되면 공공디자인 진흥에 관한 법률에 의거 공공디자인진흥위원회의 심의 절차를 수행해야 한다. 심의를 통해 재심 또는 (조건부) 승인 등의 결과를 받게 되며, 필요한 경우 심사위원들의 수정 및 보완에 관한 의견을 토대로 재정비하여 지자체의 조례에 따라 재심을 거친다. 심의 위원회 통과 후 사안에 따라 주민설명회 등을 거치기도 한다. 다음 절차는 최종적으로 심의 통과 후 공정표에 따라 제작, 설치, 시공 후 사용자 평가 등이 이어지는 순이다.

지역 특성을 고려한
디자인 개발을 위한
사전 조사분석 항목

상위계획 검토

도시 디자인 방향
정합성 확인

생활 정주 공공생활가로 특성화
문화예술 공공콘텐츠 특성화
권역별 특성화 전략에 맞춘 적용

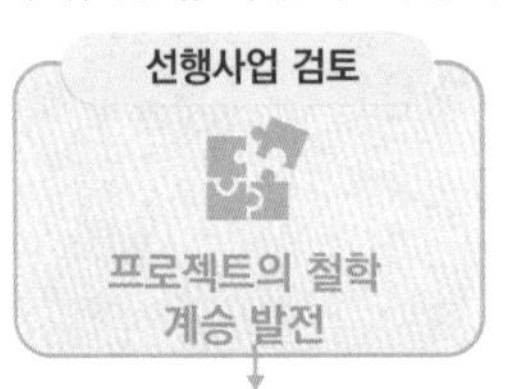

지난 사업결과를 교훈으로
미비점 보완 및 유지관리
계획하여 지속가능한 장소 만들기

불안감 감소 및 지루함 해소 요인
반영을 위한 색상, 질감, 패턴, 소재,
시설, 조명 등 디자인 요소 활용

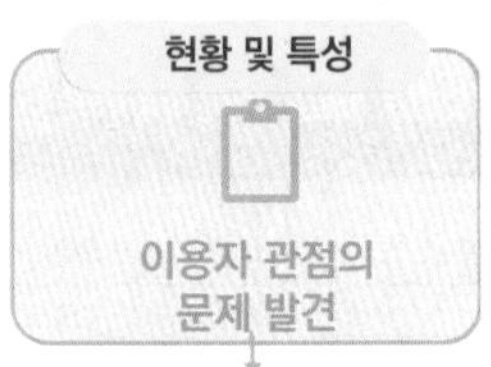

주변과 산책으로 연결될 수 있도록
보행자의 쉼 행태를 지원하기 위해
이동 간의 재미요소와 휴식처 적용

어번캔버스는 서울시 서초구 공공디자인 진흥사업의 프로젝트 브랜드라고 할 수 있는 도시갤러리 조성사업이다. 2018년부터 지속 추진되어온 이 프로젝트는 외진 골목길, 옹벽, 교각 하부 등 노후화되거나 외진 공간환경이 지역 주민 불편과 불안의 원인임에 주목하여 추진되고 있다. 이 프로젝트에서 공공디자인 기법은 기본적으로 안전 사각지대 해소를 위한 구조적 보강에 활용되며 더 나아가 시각적 재미와 위트를 가미하여 매력 있는 문화예술 도시 구현까지 꾀하는 데 쓰인다. 그 수단은 향유할 수 있는 예술적 벽화, 오브제, 아트조명 등의 적절한 도입을 포함하는 환경개선이다. 2023년에 수행한 서문여고 주변 옹벽 개선사례와 서초 1교 하부 보행로 개선사례를 통해 낡은 도시 구축물이 어떻게 다정한 모습으로 다시 다가올 수 있었는지 살펴보자.

[발주처 요구 프로젝트 추진 방향]

○ 대상지 개요

- 장소성 반영, 주변 경관과의 조화를 고려하여 다양한 환경개선 방법 혼합 제안
- 디자인 개발 시 안전성, 사용성, 내구성, 유지 관리성 확보
- 수목, 동물, 사람 등 직관적이며 사실적인 표현지양, 공공 미술적 접근방안 제시
- 유지 보수 용이성을 위해 단순 벽화 및 오염이 쉬운 마감재 지양
- 보행에 지장을 주지 않는 오브제 계획, 시공
- 구조적 안전 확보, 반달리즘 대응 및 유지관리가 용이한 형태의 시설물설계

○ 대상지 공간적 특성

- 디자인 개발적용시 저작권에 문제가 없도록 진행
- 대상지 관리기관 및 관련 부서 등과 사전 협의
- 자동차 이동, 보행과 자전거 이용자 통행에 지장 없도록 진행
- 매연, 낙서, 충격 등에 강한 내구성 있는 공법 및 자재 선정
- 사용 자재 등에 대하여 설치비 및 유지관리비 고려한 경제성 검토
- 설치에 필요한 일체 사항과 예상되는 모든 제반 사항을 고려하여 설계, 제작, 시공
- 인적, 물적 안전에 유의하여 철저한 사고 예방
- 작업 시 안전 장구를 착용하는 등 개인 안전에 대한 대비 철저

○ 대상지 문제점

- 장소성을 반영하고 주변 경관과의 조화를 고려하여 다양한 환경개선 방법 혼합 명소화.
- 쉬기 불편한 공원, 노후화된 옹벽과 계단, 어둡고 불안한 교각 하부 보행로 등 도시 내 주민 생활과 밀접하지만 등한시되었던 공공공간의 경관 개선 및 안전 사각지대 해소를 위해 안전성, 사용성, 내구성, 유지관리성 확보에 초점.
- 일상 환경개선을 통한 주민 자긍심 제고를 위해 경관 저해 요소를 개선하고 예술성을 더하는 심미적, 조형적 디자인을 추구.
- 도심 속에 예술적 오브제, 벽화, 조명 등 다차원적 디자인 기법을 도입하여 노후 공간의 특화된 공공디자인을 구현하고 시각적, 체험적 환경을 제공.

도시경관 시각적, 체험적 쾌적성 개선

서초형 문화예술 공간 조성

안전 사각지대 보완을 통한 불안 해소

이 프로젝트의 대 주제는 보행자에게 심리적 안정감을 주며 도심 속 지속가능한 예술공간 구현에 두었다. 이에 발주처에서 제시한 디자인 개발 방향을 바탕으로 수행사는 생활 정주 및 문화예술 콘텐츠의 도입, 안전하고 매력적인 장소 제공, 심리적인 안정감 요인 반영, 휴식처 제공 및 보행 연결성 확보 등 4가지 지향점을 설정하였다. 대상지인 옹벽 및 교각 하부에 시각적 조화성과 이용적 쾌적성을 높여 안전하고 안심할 수 있는 환경으로 개선하고자 하였다.

먼저, 옹벽 및 교각 하부와 관련한 이용자 심리와 행태 자료를 살펴보았다. 보행자는 옹벽 옆을 걸을 때 옹벽이 높거나 가까이 있으면 그 위험성을 느낄 수 있다. 가까이 있는 높은 옹벽을 따라 걷는 경우 높은 곳에서 추락하는 물체에 대한 불안감에 노출되는 것이다. 이를 해결하고자 보행자에게 지지할 수 있는 튼튼함을 제공하고 위해 자극으로부터 보호받는 느낌, 옹벽 높이의 시각적 부담을 상쇄하는 방향으로 구상하였다.

다음, 지하보도 보행자의 일반적인 주시 특성을 살펴보면 시각, 청각, 인지적 요소 등이 중요한 역할을 한다. 시각적 영향 요소는 보행자 시야의 범위와 방향, 밝기 등이며 어두운 공간이기 때문에 보행자들은 빛의 방향이나 세기, 빛의 차이 등을 중요하게 인지하게 된다. 시설물이나 광고물 또는 간판 등에 대해서도 주시하는 경향을 보인다. 청각적 영향 요소는 주변 소리나 소음 등과 타인의 발소리, 목소리 울림, 자전거 이동 소리 등에 반응한다. 인지적 영향 요소는 지하보도 내부의 방향 표지판, 안내판 등의 물체나 사람들을 통한 목적지 파악 및 위험 요소 경계 등이다. 이에 따라 노후하고 불필요한 장애물을 제거하고 방치된 빈 곳을 활용한 흥미 유발 요소를 도입하며, 쾌적한 보행을 돕는 야간 연출을 계획하였다.

서문여고 앞 옹벽 대상지 디자인 초기 시안

서문여고 후문 앞의 도로에 면한 방배동 1514-3일대 450m의 긴 옹벽은 구간에 따라 차이는 있지만, 최대높이 4.5m까지로 높은 편이다. 하부의 노상 주차장과 상부의 주차장을 연결하는 중앙부 계단이 있고 기존의 노후화된 벽면과 펜스 등의 시설물 개선작업을 시행한 상태였다.

발주처와 수행사는 벽화를 지양하고 담장 하중에 부담을 주는 재료를 배제하고자 하였다. 초기에 중앙계단 벽체는 콘크리트 블록과 콘크리트 브릭 타일을 활용한 조명 인입으로 계획되었으나, 전문가들이 자문하고 심의하는 과정을 거치며 위험 요소에 관해 다양한 관점에서 제시한 의견들이 적용되고 수정되었다.

최종적으로 구조 안전 계산을 마치고 주변과 조화로운 색채의 포인트 오브제가 탄생했다. 집 모양의 구조물이 기존의 계단 앞에 서고 야간에는 내부에서 샹들리에 빛이 새어 나오는 따뜻한 가정의 이미지를 연출하였다.

서문여고 앞 옹벽 중앙 계단부 디자인 최종 시뮬레이션

서초1교는 반포IC부터 서초IC까지 이어진 4km의 길마중길 구간에 있으며 교각 하부에는 왕복 6차로 변에 길이 35m, 폭 7m의 보도가 있다. 교통량이 많고 소음이 60~80 db로 강도가 센 편이며 조도는 183Lux로 비교적 밝은 편이었다. 2022년 여름 폭우로 인한 침수피해가 일어났던 지역으로 발주처에서도 이 부분을 가장 많이 신경 썼고 수행사도 이를 바탕으로 재료선정과 구조 설계에 집중했다. 초기 시안은 산책에 초점을 두어 산책하는 시민들에게 편안한 머무름을 제공하고자 조형물과 벤치를 결합하였으나 협의 과정을 거치면서 수정되었다. 어두운 교각 하부에 단순해 보이지만 텍스처가 밋밋하지 않은 판형 조형물을 설치하고 인조 잔디로 바닥 패턴을 적용했다. 발광다이오드 간접조명이 시공되어 야간에 안심하고 걸을 수 있는 매력적인 아트월 산책길로 주민들에게 사랑받고 있다.

서초1교 하부 보행로 디자인 초기 시안

서초1교 교각 하부 보행로 우천 시 침수 시뮬레이션 단면도

서초1교 교각 하부 보행로 디자인 최종 시뮬레이션

Summary

1. 공공디자인 프로젝트는 행정조직과 전문가와 일반인이 연대하여 수행하는 구조다. 우리는 때로는 주체로, 때로는 수혜자로, 또 때때로 진행 과정상의 참여자로 공공디자인에 깊은 이해관계자가 된다.
2. 공공디자인 프로젝트는 모든 이해관계자가 생활에서 체감할 수 있는 삶의 질 향상 동력을 발굴하고 확산하는 매개이다. 이는 다른 지역사회와도 네트워킹될 때 지속가능한 사회형성의 도구로 더욱 가치와 의미가 커진다. 공공디자인의 의미는 지역민의 합의 과정에서 소통의 가치를 경험하고 그 경험이 유의미함을 깨달으며 발현되는 시민성에 있는 것이다.
3. 공공디자인 프로젝트 전개 방식과 체계는 지역 상황에 따라 상당 부분 다름이 존재하므로 문제 대상을 한정하거나 해결을 위한 다각적인 관점이 요구되므로 진행체계를 정형화하기가 어렵다. 이에 프로젝트의 성격이나 목적 및 상황에 따라 변형 가능한 모델을 제시하는 서비스·경험 디자인 프로세스가 널리 차용된다.
4. 공공디자인 프로젝트는 다양한 공공영역에서 안전하고 안심할 수 있는 삶을 위한 디자인의 개입과 공감 확산을 통해 사회변화를 촉진할 수 있는 씨앗 역할을 하고 있다. 타 공공디자인 프로젝트의 전반적인 흐름과 과정을 보는 것은 자신의 관심 분야에 접목할 방식과 가능성을 탐색하고 기획 및 사전 준비와 진행방식, 제작과 현장 설치, 결과 확산 과정에 대한 수행내용을 이해함으로써 공공디자인 실무에 상당한 도움이 된다.
5. 오이도 오션프런트 사업은 주민이 계획 초기 단계부터 직접적으로 참여하고 자율적인 참여 방안을 모색하는 과정에 중점을 두어 기획되었고, 제방 계단과 통합가로등 및 전망대 개선을 통해 지역민의 일상에 정서적 안정감을 확고히 하고자 하였다.
6. 시흥시 어린이 안심 유니버설디자인 프로젝트는 주거지와 동떨어져 학교까지 공공 스쿨버스를 타고 등교하는 포리초등학교 어린이 안전을 중심으로 하되 어르신, 사회적 약자 등 마을의 모든 계층이 함께 사용할 수 있는 안전한 환경을 조성하는 것이 목표이다.
7. 서초 어번캔버스 프로젝트는 지역 주민의 불편과 불안에 원인이 되는 골목길, 옹벽, 교각 하부 등 노후화되거나 외진 공간환경을 중심으로 공공디자인 기법을 적용하여 개선하였다. 기본적으로 안전 사각지대 해소를 위한 구조적 보강 설계에 더 나아가 시각적 재미와 위트를 가미하여 매력 있는 문화예술 도시를 구현하는 것까지 꾀한다.

03

공공(公共)을 상상(想像)하라

해외 많은 국가와 도시들은 도시 환경 개선, 시민 편의성 증진, 도시브랜드 제고 등을 위해 공공영역에 디자인을 활용해 왔다. 지방자치제도가 일찍 정착된 유럽, 미국, 일본에서는 도시공간을 중심으로 디자인을 발전시켰고, '어번디자인'이란 용어가 통용되었다.

우리나라에서 사용하기 시작한 용어 '공공디자인(Public Design)'은 이전에 해외에서 사용되어온 '어번디자인(Urban Design)'과 대상 및 내용 면에서 매우 유사하다. 이 둘은 모두 건축물이나 시설물, 이들이 부속된 공간 등을 대상으로 하며 문제를 개선하는 데에 디자인적 방식을 활용하고, 이를 이끄는 데에 민관 협력이 중요하게 작용한다.

다만 어번디자인이 물적 대상을 용어의 중심에 둔 것과 달리, 공공디자인은 공공을 위해 공공이 하는 공공적 결과를 바탕으로 용어가 생성되었다. 이는 일반적으로 사용되는 디자인 영역의 분류가 디자인 활동의 최종 결과물(사물)을 기준으로 하여 가구디자인, 조명디자인, 패션디자인, 광고디자인, 인테리어디자인, 자동차디자인, 건축디자인 등으로 조합되었던 것과는 다른 개념에서 출발한 것이다. 즉 공공을 용어에 담아 표출함으로써 대중이 주체로서 할 수 있는 활동의 의미와 모든 이의 삶이 질 높아지는 사회적 가치를 함께 내포하는 것이다.

동탄 호수공원, 군포지하철역, 장충체육관, 고속국도 휴게소, 인천공항 등 최근 공공디자인 ©신재령

공공(公共)의 사전적 의미는 국가나 사회의 구성원 여러 사람에게 두루 관계되는 것으로, 공공디자인에서는 주체이자 가치로서의 의미를 지닌다. 이는 공동의 소유, 공동의 이익, 공개와 개방, 공평한 협력, 과정적 정의, 대중적 영향을 바탕으로 표출된다. 이러한 공동(共同), 공개(公開), 공평(公平), 정의(正義), 대중(大衆) 등에 담긴 공공성(公共性)의 의미는 시대와 사람들의 인식 변화에 따라 달라질 수밖에 없는 개념이다. 왜냐하면 삶의 방식은 기술 발전에 따라 변화하며 이에 따라 우리가 속하는 공동체의 범위나 우리가 마주하게 되는 사회적 문제의 양상도 급속히 달라질 수 있고 불확정적이기 때문이다.

전과 다른 삶의 방식에 적응하지 못해 공동체로부터 이탈하거나 우울감, 고립감을 호소하는 등 정서적으로 불안정한 개인이 증가하고 있다. 따라서 공공서비스는 사회의 변화나 사람들의 취향, 기술 트렌드와는 먼 불변의 영역이라는 고정관념과 일방적으로 제공되는 것이라는 기존의 관행에서 벗어나야 한다. 공공에서 제공되는 서비스는 변화하는 사회 속에서 사람들이 어떻게 안정감을 경험하고 느끼게 할 것인지에 집중해 디자인되어야 한다. 즉 때에 따라, 장소에 따라, 상황에 따라 다각적 관점에서 유연한 해석이 요구되며 동시대인들의 인식이 새롭게 반영되어야 한다는 뜻이다.

현재 사회와 우리 삶에 영향을 주는 가장 큰 이슈는 인공지능일 것이다. 이에 대해 기대도 있지만, 무수히 많은 두려움이 공존한다. 챗GPT는 헤아릴 수 없이 많은 정보를 찾고 정리해서 수초 내에 내 질문에 답을 주고 보고서를 만들어 준다. 이미지 생성형 AI는 원했던 것 이상의 환상적인 그림을 내놓는다. 우리는 사람 대신 키오스크에 주문하고, 눈앞에서 로봇이 제조해준 커피를 마시고 있으며 웬만한 일은 웹페이지나 앱 환경에서 처리하고 있다. 그러니 공공서비스는 시스템에 접속해 스스로 처리하는 방식 정도의 제공으로는 이제 점점 더 사람들을 만족시키기 어려워질 것이다.

그렇다면 무엇을 해야 할까. 우선, 사람들이 가치를 두는 곳을 파악하기 위해 생각과 취향을 들여다봐야 한다. 트렌드 코리아 2024는 분초사회, 호모 프롬프트, 육각형 인간, 버라이어티 가격 전략, 도파밍, 요즘 남편 없던 아빠, 스핀오프 프로젝트, 디토 소비, 리퀴드 폴리탄, 돌봄 경제를 최근 우리 사회의 소비 경향을 보여주는 10개의 키워드로 정의하고 있다.[31)]

사람들은 시간의 가성비를 중시하고 포기를 놀이화한다. 또 최적가와 기발한 재미에 몰입하며 취향 동반자를 따라 소비한다. 각 키워드가 내포한 사회현상의 내용으로 볼 때 정주보다는 관계가 중요한 이 시대를 살며 공공서비스는 우선적으로 인구감소나 광역교통 문제해결, 자유롭게 이동하고 흐를 수 있는 유연한 공공공간의 마련, 정교한 돌봄 시스템 등을 지원해야 한다. 이를 위해 삶 속에서 액체처럼 흐르는 사람들이 어떤 상황과 환경을 불편하고 불안해하는지 적시에 파악해야 한다.

키워드	내용	특징
분초 사회	시간의 가성비 중요, 가속의 시대 소유에서 경험경제로 이동→시간의 밀도상승	효율성
호모 프롬프트	뛰어난 AI기술을 다루는 건 사색과 해학을 겸비한 인간만의 것	인간성
육각형 인간	완벽함에 대한 강박의 표현, 어차피 되지 못할 완벽함에 대한 포기를 즐기는 놀이	유희성
버라이어티 가격 전략	시간, 장소, 채널에 따라 다른 일물N가의 세상. 최적가의 중요함공간분리	취향 편향
도파밍	도파민 도는 일 탐색. 무의미하지만 엉뚱하고 기발한 재미를 추구, 자극적인 숏폼 콘텐츠	유희성
요즘 남편 없던 아빠	퇴근 시간이면 변신하는 신데렐라 아빠 평등한 동반자 남편이자 친근한 아빠	인간성
스핀오프 프로젝트	실패의 부담 적고 성공 시 예상 밖의 성과, 산업전반에서 실험적 새로운 비즈니스의 시도	유연성
디토 소비	복잡한 구매의사결정을 대신해 자신의 취향과 가치관이 동일한 사람(콘텐츠 등) 선택 따름	취향 편향
리퀴드 폴리탄	정주 인구보다 관계 인구에 방점, 인구감소와 광역교통 발달, 이동하고 흐르는 유연한 공간	유연성
돌봄 경제	초개인화, 분초사회, 우리 조직과 사회의 경쟁력으로써 정교한 돌봄 시스템 필요	인간성

31) 신재령, 방치된 주유소의 적응적 재사용을 위한 생활플랫폼 사례연구, 2023, 한국공공디자인학회논문집,공공디자인연구 3(4) P.7-19 ; 김난도,전미영,최지혜,이수진,권정윤,한다혜,이준영,이향은,이혜원,추예린,전다현,『트렌드코리아 2024』, 미래의 창, 2023

다음으로, 우리는 상상(想像)해야 한다. 상상은 실제로 경험하지 않은 현상이나 사물에 대하여 마음속으로 그려 보는 것이다.[32] 새로운 아이디어는 그 자체만으로 혁신이라 인정되지 않는다. 도시 차원에서의 혁신적 디자인은 기술적, 디자인적 혁신성을 총체적으로 담아낸 장소가 기능적·감각적·인지적·사회적 혁신의 도시 이미지로 창출될 때 인정받는다. [33]

아이디어가 실행에 옮겨져 사회와 인류 전체에게서 부여받게 되는 새로운 가치가 창출되고 그로 인한 혜택을 나눌 수 있으면 진정한 혁신이 될 수 있다.[34] 혁신은 현실에 존재하지 않는 그 무엇의 가능성을 상상하는 과정과 행동하는 방법과 그 결과물을 통틀어 의미한다.

지금은 전기차가 생산되고 내가 손대지 않아도 자율적으로 주행하는 차들이 도로 위를 달리지만, 머지않은 미래에 하늘을 달리는 자동차가 퍼스널 모빌리티가 된 때에도 교차로는 존재할까. 그때의 안전사고는 어떤 형태일까, 공원에서 반려 로봇의 주인이 지켜야 할 에티켓은 지금과 얼마나 다를까. 사람들의 세계관은 얼마나 흥미롭게 변할 것인가. 그로 인해 공공의 의미는 또 어떻게 변할까. 우리가 안전하고 안심하며 삶을 영위한다는 것의 의미는 새롭게 정의될 것이다.

이제, 자신에게 외쳐보자.
현재에 머무르지 말고
미래의 공공을 상상하라!
담대(膽大)하고 다정(多情)하게.

32) 표준국어대사전
33) 신재령, 국내 공공디자인의 혁신성 평가 기준 연구, 한국공간디자인학회논문집 제18권 4호 통권 89호 2023, pp. 97-108.
34) 윤현덕, (2005), 혁신(Innovation)에 대한 근본적 이해, 서울경제, 서울경제연구센터 서울시정개발연구원. pp. 2-7.

[안전을 위한 진료공간만들기]

팬데믹, 생존을 위한 디자인

선별진료소

권성은 stare255@naver.com

현) 서울특별시 서초구청 공공디자인팀장
현) 홍익대학교 대학원 겸임교수
홍익대학교 공간디자인 전공 박사

@Freepik

01

팬데믹시대, 디자인으로 해법을 찾다

코로나 팬데믹이 시작되다

2020년 1월, 새해 벽두부터 공포의 바이러스가 전 세계를 덮쳤다. 코로나19로 명명된 이 바이러스가 무섭게 확산되자 세계보건기구(WHO)는 팬데믹을 선포했고 전 세계는 패닉에 빠졌다. 국내외 언론에서는 길거리나 냉동 트럭에 시신이 무더기로 방치되고 있는 충격적 장면을 연일 보도하였다. 피해가 특히 컸던 나라에서는 모든 국가기능이 마비되었다. 1년이 지나면서 확진자가 1억 명이 넘기 시작하더니 2백만 명이 사망하였다.
그나마 다른 나라에 비해 선진화된 의료체계를 갖추었다는 우리나라에서도 코로나19는 1.7%의 치명률을 가진 1급 감염병이었다. 80세 이상 확진자 치명률이 21.4% (질병관리청, 2020년 10월 기준)[1]에 달해 특히 노약자에게 대재앙으로 다가왔다. 병원, 요양원을 중심으로 집단감염이 일어났고 자식들은 부모의 임종을 지키지 못했다.

각국의 의료진, 공무원, 자원봉사자들은 보호장구가 부족해 쓰레기봉투를 뒤집어쓰고 감염병 전장에서 사투를 벌였다. 투철한 사명감과 봉사정신으로 무장한 그들도 감염병 앞에서는 약자였다. 수 주일을 스스로 혹사시킨 다음에도 가족에게 옮길 수 있다는 생각에 집에 돌아가지 못했다.
방역대책본부에서는 2020년부터 2년간 코로나19로 인한 국내 의료진 사망이 12명이라고 밝혔으나 자발적 신고된 수치일 뿐 의료진 피해 집계조차 못한 것으로 드러났다[2]. 2020년 5월 기준 미국의 의료진 감염이 10~20%, 스페인이 16.6%, 영국이 14%에 이를 정도로 심각했던 것을 보면(2020.5.3. 조선일보), 우리나라 경우도 예외는 아니었을 것이다. 특히 선별진료소 의료진은 일반인 감염 확률에 비교도 할 수 없을 정도로 위험한 상황에 노출될 수밖에 없으며, 의료진 감염은 전체 의료체계의 마비로 이어질 수 있는 만큼 치명적 사안이라 할 수 있다.

---

1) 질병관리청, https://www.kdca.go.kr
2) 이, 동환, (2023, 9월 5일). 코로나 헌신했는데… 정부, 의료진 피해 '몰라요'. 국민일보. https://www.kmib.co.kr/article/view.asp?arcid=0018637450&code=61111511&cp=nv

지역 선별진료소의 힘겨운 사투

지역 선별진료소는 의료기관에서 운영하는 것과 지자체 보건소에서 운영하는 것이 있다. 지자체 선별진료소는 감염병 의심 환자의 검사를 분담하여 과중한 의료기관의 부담을 더는 한편, 지역방역의 최전선에서 확산을 저지하는 역할을 한다. 감염자를 조기에 발견하고 행동 지침을 안내하는 한편, 때로는 공권력을 이용하여 치료소에 격리하는 등 적극적 조치로 지역주민을 보호하는 역할을 한다.
2021년 1월 코로나19 유행의 정점에 있던 당시, 전국 보건소에서 운영하는 선별진료소는 240개소에 달했다.
선별 진료는 주로 야외에 지어지는 가설 컨테이너나 몽골 텐트에서 이루어진다. 폐쇄된 실내의 경우 감염자와 같은 공간에 있게 되어 더 취약하며, 환기구, 배관을 통해 건물 전체에 바이러스가 전파될 위험도 있다.
그러나 야외 선별 진료라고 안전하지는 않다. 접촉식 진료 절차로 인한 의료진과 검사를 받는 사람들(검사자)의 대면, 그리고 검사자 간의 동선상 교차나 접촉이 계속된다. 공기 중 전파가 되는 바이러스는 수십 미터를 날아가기도 하므로 위험은 상존한다고 볼 수 있다.
그나마 컨테이너를 활용한 선별진료소는 워킹스루 방법이 도입되어 투명벽을 사이에 두고 검체 채취를 할 수 있지만 몽골 텐트를 활용한 선별진료소는 그마저도 불가능하다. 신분증을 확인하고 증상을 말하고 체온을 재고 검체채취를 하면서 대면 접촉이 계속된다. 방호복은 한번 벗으면 폐기처분하고 새로 입어야 하기 때문에 화장실을 가기조차 어렵다. 방호복이 모자라니 먹고 마시는 것도 자제한다.

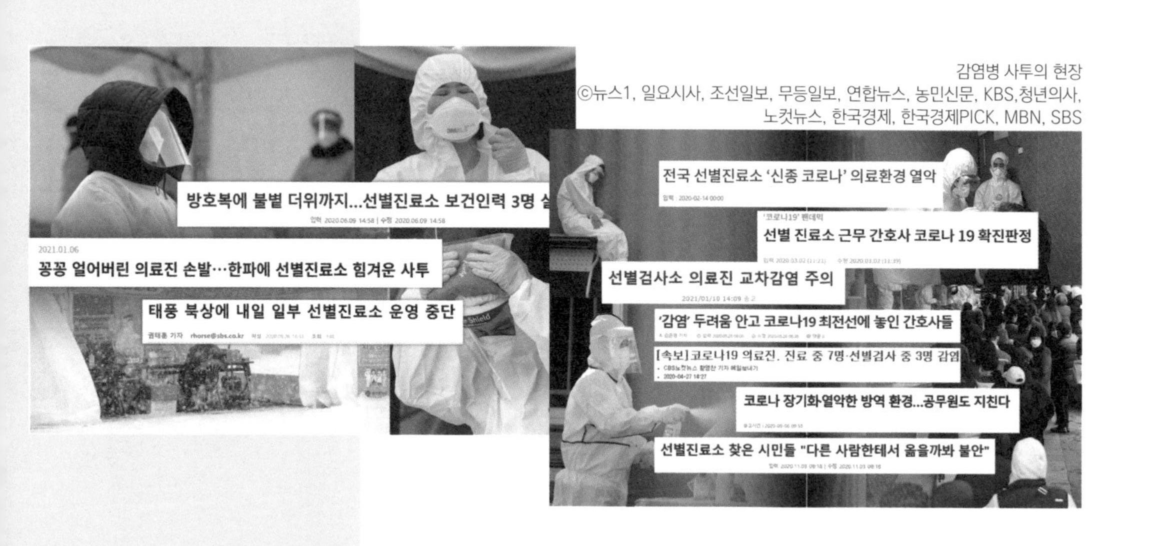

감염병 사투의 현장
©뉴스1, 일요시사, 조선일보, 무등일보, 연합뉴스, 농민신문, KBS,청년의사, 노컷뉴스, 한국경제, 한국경제PICK, MBN, SBS

날씨나 기후 역시 문제였다. 혹한기, 혹서기, 태풍이나 비바람, 눈보라가 치는 날에도 야외진료는 계속되어야 했다. 선별 진료 의료진은 부직포보호복, 보호고글, 방역마스크, 보호장갑, 덧신 세트로 구성된 D등급[3] 방호복을 입는다. 몸 전체를 커버하지 못하기 때문에 바이러스를 완전 차단한다고 볼 수는 없다. 최소한의 호흡기, 피부 보호장치이다. 한여름 부직포 방호복과 비닐가운을 겹쳐입고 N95 마스크와 페이스쉴드, 니트릴 장갑을 끼면 10분만 있어도 온몸이 땀으로 젖는다. 뙤약볕에서 일사병으로 실신하기도 한다. 영하 10도로 내려가는 한겨울에는 저체온증, 동상과의 싸움이다. 인적사항을 받아적고 검체키트에 스티커 작업을 하기 위해서는 니트릴 장갑 외에 낄 수 없다. 손, 발은 핫팩에 기댈 수 밖에 없으며 페이스쉴드는 내뿜는 숨에 앞이 안 보이고 습기가 흘러내려 고드름이 달린다. 감염병과의 싸움에 극악한 기후환경과의 싸움이 더해진다. 더욱이 코로나가 장기화되고 감염자가 기하급수적으로 늘어나니 고충은 배가된다.

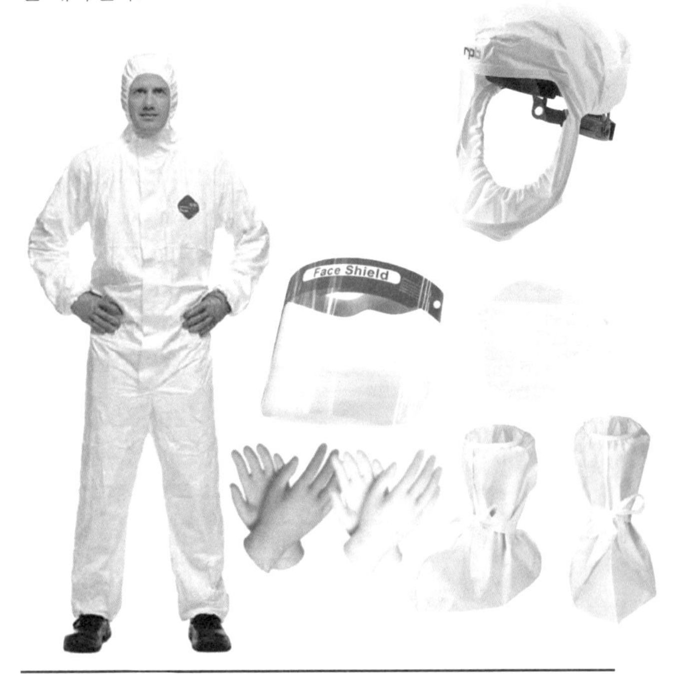

에어로졸 발생 처치 시
전동식호흡기보호구(PAPR)
ⓒ kdefense

[Level D 개인보호구]
N95마스크, 이중장갑,
전신보호복, 덧신, 고글,
ⓒ DUPON

3) 코로나바이러스감염증-19 대응지침(지자체용) 제9-2판 (2020. 8월20일). 질병관리청.
http://www.cdc.go.kr.

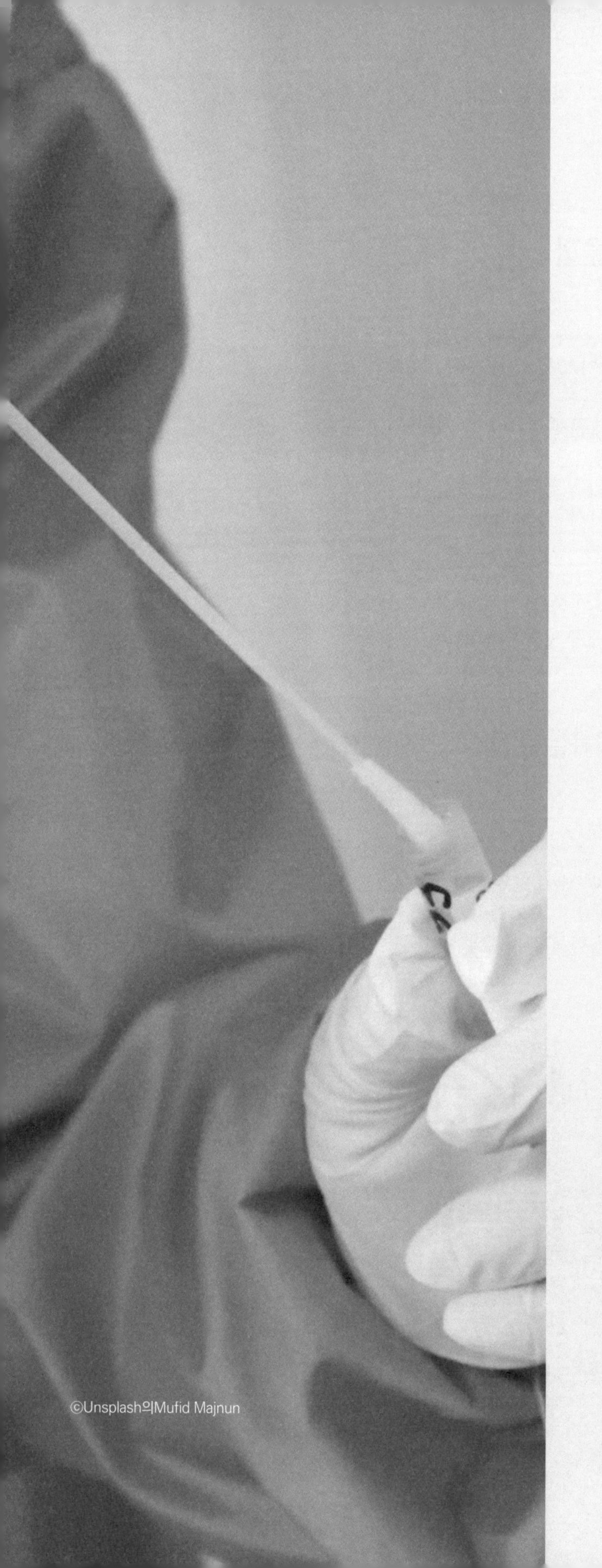
©Unsplash의Mufid Majnun

사람들의 불안을 증가시키는 COVID 19

검사를 위해 선별진료소를 찾은 사람들 또한 괴로운 것은 마찬가지였다.

모든 사람이 얼굴에 걱정이 가득하였다. 혹시 양성(확진)일까에 불안해하고 부모님, 남편과 아내, 자식들에게 옮기지는 않을까, 학교, 회사는 어떻게 하나, 며칠 전 만난 친구들과 동료들에게 옮기지는 않았을까, 치료는 어떻게, 나을 수 있을까, 마주하게 될 수 많은 상황과 이제부터 무엇을 어떻게 해야 할지 모르는 패닉상태에 빠진다. 그리고 우왕좌왕하게 된다. 줄을 서 있는 동안 다른 사람에게서 옮을 수도 있다는 교차 감염에 대한 불안감이 때로 의료진에게 분노로 표출된다. 입을 벌리고 입과 코를 휘젓는 검사방법에 눈물, 콧물이 범벅이 되고 연방 기침을 하다 보면 수치심이 기어 올라온다. 그리고 이를 보는 대기자들은 두려움에 심장이 쿵쾅댄다. 이런 과정이 반복되면 트라우마가 된다. 기하급수적인 감염병 확산세에 검사 대기시간이 길어져 어린이, 임산부, 잘 걷지 못하는 노인들도 부축을 받으며 오랜 시간 줄을 섰다. 치명률이 높은 감염병 앞에서 신체적 불편함과 심리적 어려움은 당연히 감수해야 하는 것으로 받아들여졌다.

디자인으로 무엇을 할 수 있을까

이런 전시상황에서 디자인은 사치일지 모른다. 예쁘게 하는 장식쯤으로 치부되어 온, 그리고 아직 대다수 사람들이 그렇게 생각하는 '디자인'이 생존의 문제에 관여할 수 있을 것인가.
국가는 국민의 생명과 안전을 지키는 것이 존재 이유이고, 팬데믹과 같은 전시상황에서는 어느 때보다 정부와 공공기관의 역할이 중요하다. 그리고 지자체 공공기관은 그 역할을 지역민과의 접점에서 수행하는 사명을 지닌다. 그렇다면 공공기관 내에 디자인부서, 전문 디자이너가 할 수 있는 일은 무엇인가?
팬데믹 시대 최전선에 있는 선별진료소는 의료시설이므로 의학적으로 전문성을 가지지 않은 자들의 영역이 아니라고 한다. 그러나 의학적 지식으로 동선체계, 공간설비전략, 운영체계에 대한 것까지 해결할 수 있을까?

각 분야를 연계하고 아우르는 것, 공간의 기능성과 효율성을 극대화하는 방법을 도출하는 것은 디자인이 해왔던 일이 아닌가?

디자인적 접근법과 전략으로 선별진료소의 기능성, 안전성을 높인다면 감염병을 빠르게 차단하고 확산을 저지하는 데에 도움이 되지 않을까? 그리고 여기에 의학적 소견을 줄 수 있는 의료진, 부지와 예산, 전문업체의 기술력이 더해진다면 효과적인 다분야 융합을 끌어내어 시너지까지 낼 수 있을 것이다.

선별진료소 설치공사 ©서초구청

그렇다면 어떻게 접근해야 할까? 보통 디자인 프로젝트를 시행하기에 앞서 이용자의 요구도 조사를 한다. 불편한 점을 듣고 원하는 것을 묻는다. 그러나 이전엔 없었던 시설을 구축해야 할 때는 이용자 자신도 미처 생각 못 하거나 굳이 얘기하지 않는, 즉 설문조사로는 나타나지 않는 니즈를 파악할 필요가 있다. 팬데믹이라는 전례 없던 상황을 맞아 선별진료소에 온 사람들은 신체적 불편함이나 불안감, 마음의 상처에 대해 말하지 않는다. 생존의 문제가 걸렸을 때 그러한 것들은 중요하지 않게 여겨질 수 있다. 그리고 확실한 것은 선별진료소에서는 설문조사 자체가 애초에 불가하다. 따라서 기존 선별진료소의 운영상황과 이용자에 대한 관찰조사를 병행하여 문제점을 발굴하고 현재와 미래의 어려움을 예측하여야 한다.
이용자 관찰조사를 하면서, 그리고 그들을 대응한 의료진들을 대상으로 비대면 질의를 통해서 강하게 드러난 점이 어두운 표정, 불안과 걱정에 대한 부분이다. 선별진료소의 물리적 안전 확보에 치중하느라 후순위로 밀렸던 편의성이나 심리적 안심, 안정성에 대한 고려가 요구되는 이유이다.

문제발굴, 전략, 기획을 바탕으로 새롭게 실행되는 설치물은 프로토타입의 개발 및 시범 설치 후 수차례에 걸쳐 보완하는 것이 최선이겠지만 감염병이 급속히 확산하는 때이니만큼 단계를 꼼꼼히 거칠 시간적 여유가 충분하지 않다.
더욱이 기존 활용되던 방식에 문제가 있어 획기적 개선이 필요할 때는 다른 분야, 기술에서 해결책을 찾아내어 도입할 필요가 있다. 생각의 전환, 창의적 다분야 연계가 요구된다. 다양한 설비와 기술에 대한 전문가 자문을 지속해서 받고 일어날 수 있는 경우의 수에 대한 선제적 판단이 필요하다.

효과적 방법을 찾아내어 구현할 때는 설계와 제작이 프로젝트의 목적에 어긋남이 없는지, 설치공사가 적재적소에 문제없이 추진되고 있는지 감독해야 하며 설치 후에는 사용성을 테스트하고 이용자 행태를 조사하고 문제가 생겼을 때 이를 개선할 대안을 마련하는 것도 필요하다.

감염병을 막는 언택트(UNTACT)

바이러스는 어떻게 전파되나

감염의 종류는 숙주에 상재하는 균이 원인이 되어 일어나는 내인성 감염과 외부로부터 병원체가 체내로 전파되어 일어나는 외인성 감염으로 구분할 수 있다. 호흡기 바이러스 전파경로인 비말감염, 공기감염, 접촉감염은 외인성 감염의 종류로 코로나19와 같은 호흡기 감염병의 전파경로이다[4].

호흡기 비말은 지름이 5μm보다 큰 침방울로 기침이나 대화로 전파되며 2m까지 분사된다. 코로나19 초기, 세계보건기구(WHO)와 정부에서는 비말로 전파되는 것으로 판단하였고 마스크 등을 갖추도록 고지하였다. 당연히 마스크 대란이 일어났다. 마스크 잔여분을 표시해주는 앱이 개발되면서 약국마다 문열기 전부터 줄을 서는 진풍경이 연출되었다. 앱이나 인터넷 쇼핑을 하지 못하는 노약자들은 실시간으로 변하는 정보를 알 수 없어 새벽부터 약국을 전전할 수밖에 없었다. 때문에 정부에서는 인당 개수를 제한하는 등 마스크 수요공급을 통합관리를 하기에 이르렀다.

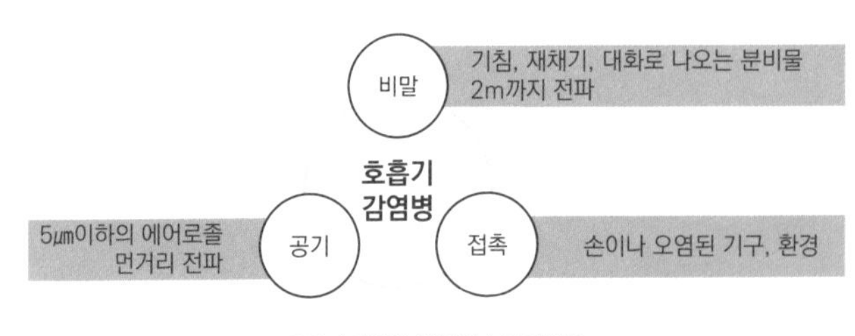

호흡기 감염병 바이러스 전파경로

4) 이, 종민, (2020, 4월 13일). 비말감염? 공기감염? 감염의 차이는?. 서울성모병원 포스트. https://m.post.naver.com/viewer/postView.nhn?volumeNo=27977062&memberNo=5266975&vType=VERTICAL

문제는 바이러스가 수시로 변이한다는 것이다.

때문에 백신 개발이 어려우며 재유행이 반복된다. 수년간 이어져 온 코로나 팬데믹을 완전히 극복하지 못한 이유이다.

접촉전파는 바이러스에 오염된 중간 매개체를 만진 후 눈, 코, 입을 만졌을 때 일어나는 감염이다. 코로나19 바이러스는 플라스틱, 금속, 유리 등 일반적으로 물체의 표면에서 수일을 생존하는 것으로 조사되었고 구리에서는 4시간을 생존하는 것으로 밝혀져 아파트와 빌딩 엘리베이터 버튼마다 구리 필름을 붙이기도 하였다. 에탄올이 섞인 소독제로 사멸시킬 수 있어 소독제 또한 품귀현상이 일어났다.
공기 중 전파는 5μm 미만의 에어로졸 형태로 공기 중에 떠다니기 때문에 먼 거리까지 이동하며 대규모 감염으로 이어진다. 코로나19 확산이 본격화되면서 공기 중으로 감염된다는 것이 입증되었다. 이는 마스크만으로는 막을 수 없다는 것을 의미한다. 때문에 코로나 확진자들은 전염률이 높은 5~7일 동안 격리되었다. 초반에는 별도의 시설에 격리되었으나 이후 확진자가 많아지면서 자가격리 원칙으로 제도가 정비되었다.

언택트(untact)는 접촉을 뜻하는 콘택트(contact)에 언(un)이 붙어 접촉하지 않는다는 비대면, 비접촉을 뜻하는 신조어로 언컨택트(Uncontact), 논컨택트(Non-contact), 컨택트리스(Contactless)와 같은 의미로 쓰인다. 언택트 문화는 최근 1인 가구 증가에 의한'혼코노미[5]'트렌드와 관련하여 부상하고 있었으나 코로나19시대를 맞아 필수 행동지침이 되었다(김, 2020, pp. 7-12, 86-95). 코로나19 이후 경제, 사회, 문화, 공간계획 등 전 방위적 일상에 언택트가 도입되었고 디지털환경의 진화는 이의 기술적 기반이 되었다.

선별진료소는 바이러스 감염자가 모이는 장소이므로 대면차단, 거리이격, 동선과 공간분리, 공기차단 등 모든 언택트 방법이 동원되어야 하며, 건축계획, 설비를 첨단 방역시스템으로 고도화하여 긴 싸움에 지속해서 관리될 수 있어야 한다. 그리고 이를 위해서는 기술인프라에 대한 조사와 언택트의 정도와 범위, 방법, 예산에 대한 고려가 제때 이루어져야 하며 가장 중요한 점은 그 과정을 수행할 전문적 조직, 인력의 투입 여부이다.

---

5) 1인과 경제를 뜻하는 economy의 합성어로 김난도 서울대 교수가 만든 신조어.
https://terms.naver.com/entry.nhn?docId=3549601&cid=43659&categoryId=43659

03

언택트 선별진료소 디자인방향

언택트(UNTACT) 디자인 계획

선별진료소라는 전문 분야의 공간전략 수립을 위해서는 감염병에 대한 이해와 더불어 정부 지침의 확인과 문헌 등 학술 조사, 그리고 의사 등 전문가 자문이 반드시 선행되어야 한다. 더불어 앞서 언급한 이용자 관찰조사가 이루어져야 한다.

그간 발표된 선별진료소 관련 학술 자료에서는 감염 방지를 위한 건축과 설비 조건에 중점을 맞추고 있어 검사과정의 효율화나 이용자 행동, 심리 중심의 연구는 이루어지지 않았다. 정부 및 상위기관의 선별 진료 관련 지침 역시 동선 분리와 필수 공간 설비의 필요성 제시에 그치고 있었고, 구체적인 공간조성 및 실행에 관한 내용은 없었다.

선별 진료의 과정은 접수, 역학조사 및 문진, 검체채취, 주의사항 안내 및 귀가로 이어진다. 전 과정에 언택트 시설과 바이러스 제어시설을 갖추어 감염을 방지하는 것이 최우선 과제이며 공간, 동선, 지원시설, 재료, 구성, 외관 등 안전을 더하고 기능을 지원하는 요소를 동시에 고려해야 한다.

선별진료소에는 성별, 국적, 연령, 신체적 조건과 심리적 상태가 다 다른, 다양한 사람이 방문한다. 진료목적이 바이러스 검사이기 때문에 여느 병원과 같이 모두에게 맞춤형 치료 서비스를 제공하지는 않으나 신체적 조건으로 검사를 받기 힘든 약자를 위한 대책은 별도로 마련될 필요가 있다.

○ 비말, 접촉, 공기 감염 등 감염병 전파경로를 전면 차단하는 동선계획 및 공간 구성, 각종 언택트 지원장비 구축
○ 기후, 날씨의 영향을 최소화한 쾌적한 진료 환경 구축
○ 최적의 첨단장비를 갖춘 모듈식 가설건축
○ 장애인·노약자를 위한 별도공간 조성 및 유니버설디자인으로 물리적, 심리적 안정 도모
○ 선별진료 프로세스를 고려한 시인성 높은 안내체계

6) 코로나바이러스감염증-19 선별진료소 운영안내. (2020, 7월 2일). 중앙사고수습본부·중앙방역대책본부. http://ncov.mohw.go.kr ; 서울형 선별진료소 서비스디자인가이드 Ver.1. (2020). 서울시 보건의료정책과, 서울의료원 시민공감서비스디자인센터.

궁극적으로, 물리적 시설은 검사과정의 감염'안전성'과 진료 운영의'효율성'을 확보하는 것을 목표로 하여 분리와 차단을 기본으로 한 동선계획 및 건축, 설비가 요구된다. 거기에 직접 대면이나 접촉을 하지 않고도 의료행위가 가능하도록 언택트 지원 장치를 추가 구성하는 방안이 필요하다. 또한 선별진료소를 찾은 사람들을 위한 따뜻하고 배려있는 계획도 필요하다.

'유니버설 디자인'은 다양한 사용자를 포용하는 디자인으로, 장애인, 노약자의 신체적 편의와 밀접한 개념이다. 선별진료소에서는 이 개념이 더욱 확장될 필요가 있는데 신체적인 불편함의 해소뿐 아니라 불안과 혼란의 감소, 프라이버시 확보와 같은 심리적 측면에서도 접근해야 한다. '편의성'과 '안정성'을 모두 고려해야 하는 것이다. 이용자 배려는 사인 시스템과 공간 이미지, 추가로 설치되는 각종 장치로 지원할 수 있다.

목적	분류	공간조건	고려사항
안전성 효율성	동선계획	동선분리	의료진과 검사자 동선분리/폐기물 동선분리
		거리두기	일방향동선으로 교차감염 방지/의료진과 검사자 간 거리두기
	건축 및 설비	동선분리	동선분리를 위한 공간구획/진료순서별건축모듈 배치
		공간분리	실외 독립공간 설치, 의료진과 검사자 공간분리/증상자, 추가 검사자 공간분리
		위생시설	건축모듈별 위생시설 설치
		공조시설	환기 및 공기정화 설비
		음압시설	의료진 공간, 검사자 공간 차압
		소독시설	천정 분사형소독장치, 배수정화
		지원시설	직원휴게실, 탈의실, 폐기물실
	진료지원장치	언택트 지원 장치	출입문, 소독장치 비접촉식센서 / 검체보관장치 / 차단막, 소통장치 등 비대면 문진, 검사 지원
편의성 안정성	유니버설 디자인	이용편의	노약자·장애인 전용 검사공간, 슬로프, 자동문/ 주·야간, 기후 대비 지원시설
		불안감소	흰색 기반의 깨끗하고 안전한 의료공간 이미지 형성 따뜻한 분위기의 대기공간 조성/ 대기 및 검사 시 프라이버시 확보
	사인시스템	혼란방지	정확한 정보의 적정 위치설치/시간, 순서, 동선 정보 사전제공 개인별 맞춤형 정보제공 가능한 디지털 시스템 도입
		불안감소	방범 CCTV 설치 및 운영 고지

대상지 특징

서초구청 본관과 보건소 사이 T자 골목형 부지는 평상시 이용되지 않는 죽은 공간이다. 코로나19는 다른 사람과의 마주침을 최소화해야 하며 실내 확산 위험이 큰 감염병이므로 몽골 텐트와 컨테이너를 급하게 이곳에 설치하여 선별진료소로 운영하고 있었다. 건물 외벽을 따라 화단이 조성되어 있었는데 이를 철거할 경우 건물 외벽 마감이 추가로 필요하여 그대로 존치한 채 조성해야 하는 상황이었다. 골목의 길이는 45m 정도였고 폭은 화단을 제외하고 5.5m 정도로 협소하였다.

그러나 장점이 훨씬 많은 부지였다. 보행로로 활용되지 않는 외진 부지라는 점, 부지의 폭이 좁아 한 방향 동선이 강제된다는 점, 그리고 보건소와 구청 건물이 인접해있어 직원 및 의료진의 편의성이 높다는 점과 검사자만 이용할 수 있는 화장실이 건물 측면에 붙어있다는 이점이 있었다.
그리고 골목 뒤편 갈림길에서 왼쪽으로 가면 지하철역 쪽으로, 오른쪽으로 가면 주차장으로 나갈 수 있어 자연스러운 귀가 동선이 확보될 수 있었고, 특히 진료 물품 수송 및 증상자 이송을 위한 긴급차량이 들어올 수 있어 물품과 인력의 지원이 원활히 이루어질 수 있다는 것이 가장 중요한 장점이었다.
이 약 500㎡의 부지 내에 진료소, 대기 공간, 공조 등을 위한 중앙제어실까지 포함하여 구성하는 것이 전제조건이었다.

선별진료소 설치위치 ©카카오맵

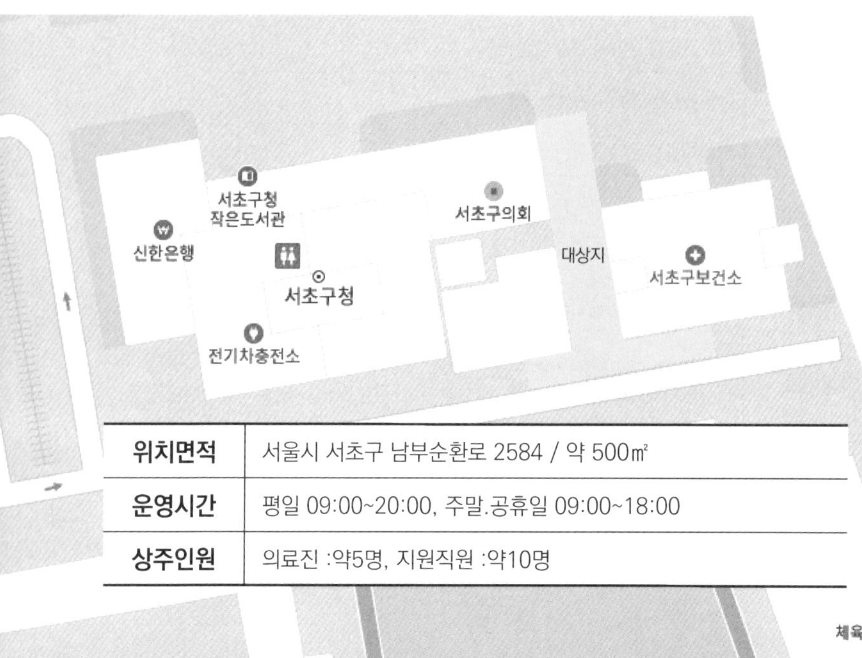

위치면적	서울시 서초구 남부순환로 2584 / 약 500㎡
운영시간	평일 09:00~20:00, 주말.공휴일 09:00~18:00
상주인원	의료진 :약5명, 지원직원 :약10명

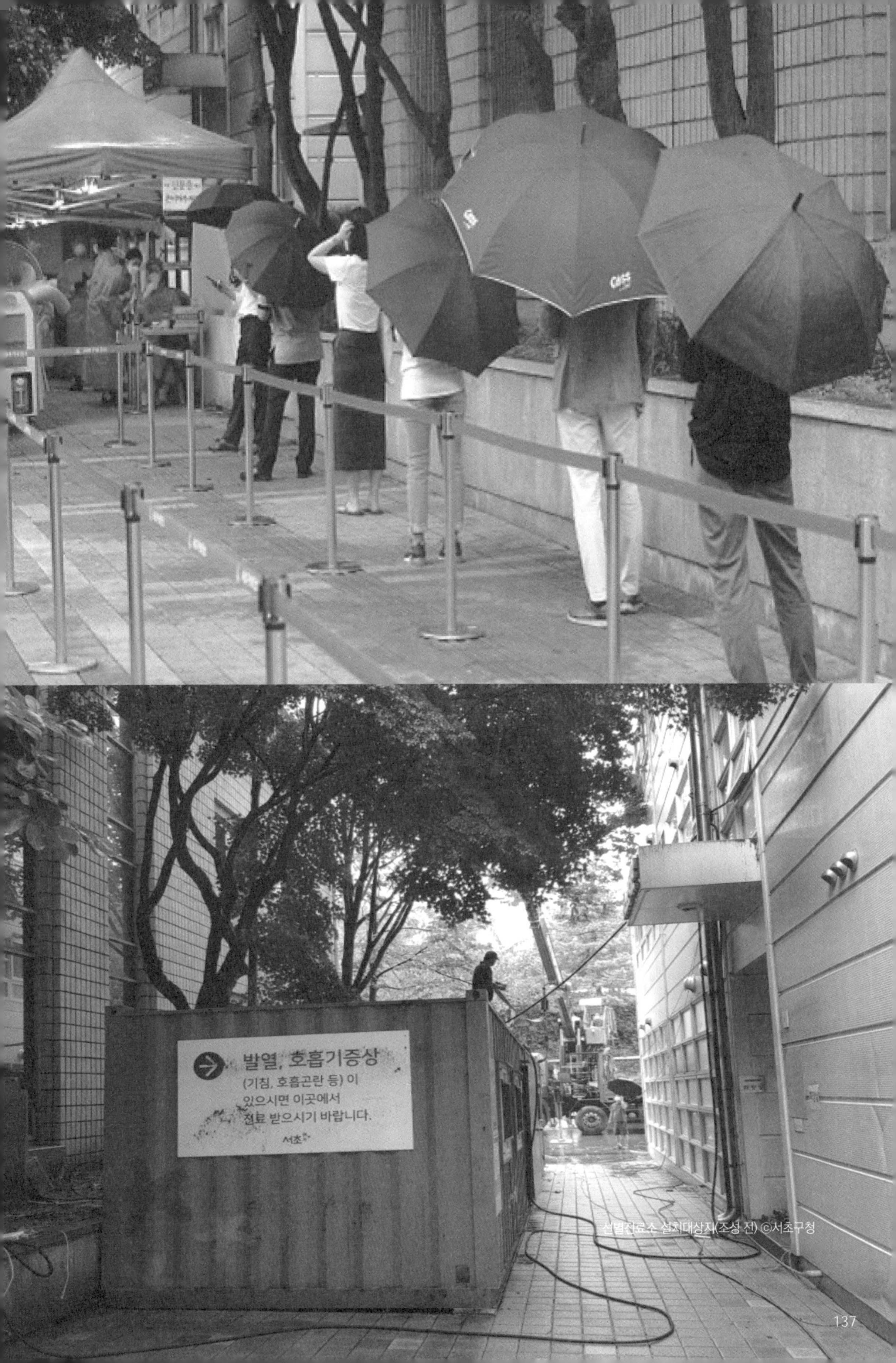

선별진료소 설치대상지(조성 전) ©서초구청

동선 및 공간 배치

감염확산을 막기 위한 동선계획 시 고려해야 할 사항은 크게 3가지로 언택트를 위한 의료진(직원)과 검사자의 동선 분리 및 검사자 간의 교차감염 방지, 폐기물 동선 분리이다. 따라서 검사 동선의 입구와 출구를 분리하고 진료순서에 따른 검사자의 일방향 동선을 구축하되, 의료진 및 직원의 공간을 그와 평행으로 배치하여 동선 교차를 최소화하였다.
대면이 필수인 안내 단계의 체온측정 및 유인물 배포가 이루어지는 귀가 안내는 개인보호구를 갖추고 실외에서 하도록 하고, 접수부터 검사는 직접 대면 및 접촉이 없이 이루어질 수 있도록 공간구획과 지원장치로 동선을 분리하였다. 방호복 등의 오염폐기물은 음압이 적용된 해당 공간에서 밀봉하여 폐기물 창고로 배출하도록 동선을 분리하였다.

감염 방지를 위한 각종 설비를 구축하기 위해서는 기존 건물보다 가설건축물이 효율적이다. 특히 모듈식 가설건축물은 부지 형태에 맞추어 배치할 수 있고 비교적 저렴한 비용으로 단시간 내에 설치할 수 있으며 확장 및 변형이 가능하다는 장점이 있다.
대상지가 골목형 부지이므로 공간구획은 가설건축 모듈을 진료순서별로 배치하였다. 검사자는 진료소 전면을 일방향 이용하도록 하고 의료진은 실내와 진료소 뒤편으로 모듈 간을 이동할 수 있도록 하여 동선을 완전 분리하였다.
의료진은 검사자와 투명차단벽을 사이에 두고 대면 할 수 있다. 실내인 의료진 공간은 양압장치를, 의료진 공간으로 들어가는 전실과 검사자 공간은 음압장치를 설치하여 차압을 통해 실내·외 공기의 흐름을 제어하도록 하였고, 불가능할 경우 환기가 용이한 오픈 공간으로 계획하였다.

검사자는 실외 안내데스크에서 번호표를 배부받아 역시 실외인 캐노피 공간에서 접수대기를 하게 된다. 번호가 호출되면 A동 접수 및 역학조사, B동 문진, C동 진료대기, 다시 B동 검체채취 및 D동 추가 진료 순으로 이동하면서 진료를 받게 된다. 의료진 지원시설인 휴게실, 탈의실 등은 D동과 E동에 배치하였다.
공조, 배수, 음압장치 등의 제어실은 선별진료소 뒤편 화단 공간에 설치하여 좁은 부지 내 배치의 효율성을 높였으며 폐기물실 및 창고는 탈의실 앞 별도 모듈로 분리하였다. 실외 공간과 동선 등을 제외한 시설 총면적은 151.5㎡이다.
선별 진료 순서에 따라 각 공간에 필요한 세부 조성계획은 공간 조건별 고려사항에 따라 설치하였다.

진료 순서에 따라 각 공간에 필요한 세부 조성계획은 공간 조건별 고려사항에 맞춰 설치

진료순서에 따른 건축모듈 배치계획

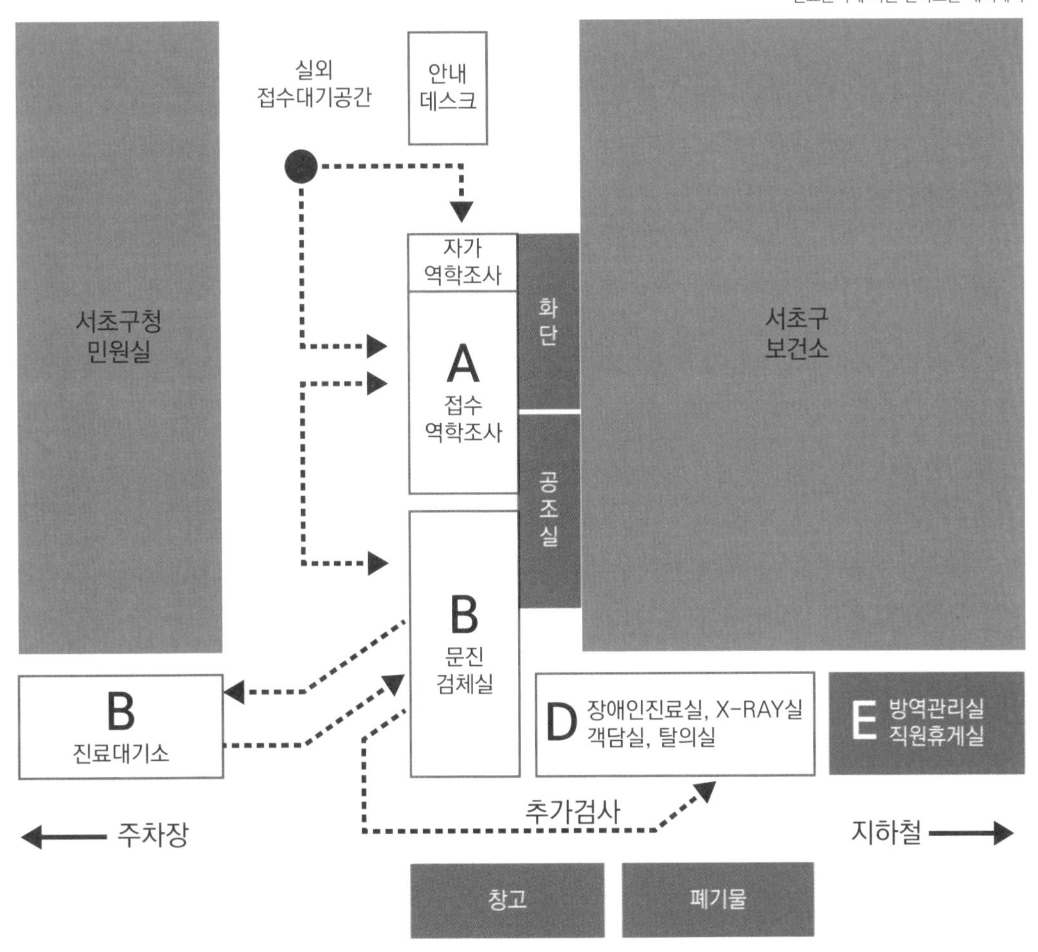

① 번호표 배부 후 체온측정 (캐노피공간에서 접수 대기)
② A동: 접수 및 역학조사
③ B동: 문진 후 C동으로 이동
④ C동: 검체채취대기
⑤ B동: 검체채취 (추가검사 시 D동으로 이동)
⑥ 안내받은후 귀가

03

진료순서별 공간 조성방법 - 안전한 선별진료소 만들기

접근_동선을 정확히 알린다

선별진료소는 보건소 등 의료기관 건물과 분리하여 실외 독립된 공간에 설치하므로 접근이 용이하도록 입구 표시가 명확해야 한다. 그리고 진료동선을 쉽게 인지할 수 있도록 해야 한다. 한눈에 보이는 일자형 동선과 적정위치에 설치된 이용 안내 사인, 동선 정보를 알려주는 유도사인은 이용자의 혼란과 불안을 감소시킬 수 있으며 진료소에 접근할 때 헤매지 않고 최단 직선거리로 접근하게 하여 다른 검사자들, 보행자들과의 교차 감염 위험을 낮춘다.

안내/접수대기_최대한 이격시킨다

안내 및 체온측정은 의료진 및 직원과의 대면이 필수이므로 안내데스크를 설치로 거리두기를 유도하여 의료진을 보호하고 차단막을 설치하여 비말을 차단해야 한다.
실외 접수대기 시는 교차 감염 방지를 위한 검사자 간 이격이 가장 중요한 요소이므로 좌석 간 거리는 최소 1.5m 이상 이격시켜 마련하고 착석을 유도하여 이동범위를 제한한다. 개인별 대기번호를 호출하는 DID(Digital Information Display)는 이격 배치된 좌석에서 잘 보일 수 있는 위치에 설치하고 인지가 쉬운 시각 정보를 제공하여 질문 등 대화와 이동을 제한할 수 있다.

대기 공간 캐노피와 동절기의 환기가 확보되는 방풍막 설치는 날씨 및 기후로 인한 편의를 증진시킬 수 있으나, 냉난방의 경우 오염공기를 확산시킬 수 있는 선풍기, 온풍기보다 냉감의자나 발열좌석을 활용함이 안전하다. 서초구의 경우, 동절기 대기 공간에 난로를 설치하면서 오염된 공기가 바로 밖으로 빠져나갈 수 있도록 방풍막 하단과 상단을 오픈하여 공기 흐름을 계획하고 유도하였다.

©권성은

혼란방지
직관적 정보를 제공하는 사인시스템 디자인 및 경로 결정지점 설치

거리두기
안내데스크와 차단막설치로 물리적 거리확보, 좌석간 거리 이격

이용편의
대기동선 캐노피설치로 우천 대비, 동절기 방풍막 적용하여 편의 향상

©권성은

접수/역학조사 [A동]_분리하고 차단한다

접수/역학조사는 검사 순번표를 뽑고 최근 수일간의 동선을 확인하는 과정이다. 검사자가 직접 접수 및 셀프 역학조사를 작성할 수 있는 키오스크를 운영하는 한편, 키오스크 이용이 불가능할 경우 조사 직원들과 직접대면 없이 투명차단막을 두고 스피커폰으로 상담할 수 있어야 한다.
검사자 공간은 전면이 오픈된 개별칸막이 형태로 설치하여 환기가 용이하면서도 옆 칸과 분리하여 감염 위험을 낮추었다. 가설 컨테이너이기 때문에 하부에 단이 있으므로 장애인, 노약자 역학조사가 가능하도록 한 칸을 지정하여 슬로프와 휠체어가 들어갈 수 있는 충분한 면적을 구성하였다.
직원 공간은 비접촉 출입 센서 및 음압장치가 설치된 전실을 통해 출입하며, 실내는 양압을 걸고 헤파필터가 장착된 공기 정화시설을 설치하여 감염위험을 차단하였다. 그리고 고정 자리에서 근무하는 역학조사 특성상 다른 모듈에 비해 내부 공간이 여유로워 CCTV 제어에 공간 일부를 할애하였다.
역학조사를 하는 A동과 의료진이 있는 B동 사이는 투명창으로 계획하고 서류이동을 위한 양쪽 개폐식 항균 아크릴박스를 매입, 설치하였다.

©권성은

©권성은

©서초구청
©권성은

언택트
셀프역학조사 키오스크설치, 투명차단벽, 스피커·마이크 설치, 역학조사공간(A동)과 검사 공간(B동)과의 서류 이동통로 및 항균투명박스 매입

공간분리
접수/역학조사실 개별 분리된 칸막이 공간으로 디자인

음압시설
전실 음압시설, 직원공간 양압시설적용

공조시설
검사자 공간 환기에 용이한 오픈공간으로 디자인
직원공간 헤파필터 설치, 흡기, 배기구 이격

이용편의
직원 공간 냉난방장치,
장애인 공간 진입부휠체어 슬로프 적용

문진/검사 [B동]_가장 위험한 과정, 첨단기술을 집약한다

B동은 문진과 검체채취가 이루어지는 공간이다. 문진은 증상에 대한 의료 상담 과정으로 검사자 공간을 오픈된 개별칸막이 형태로 설치하고 스피커폰을 활용하는 등 A동 역학조사실과 동일한 기준을 적용하였다.
문진 후 이루어지는 검체 채취는 코, 입 안쪽의 점막에서 분비물을 긁어내는 과정이다. 바이러스가 공기 중에 노출되어 감염 우려가 가장 높은 과정이므로 언택트 및 공기흐름 제어, 강도 높은 소독이 요구된다.
따라서 의료진 공간과 검사자 공간을 분리하고, 의료진 공간은 역학조사 직원 공간과 동일하게 비접촉 센서 출입문, 음압 전실, 실내 양압, 오염차단 공조시설을 적용하였다. 의료진은 냉난방이 되는 쾌적한 공간에서 투명차단막의 스피커, 마이크를 통해 검사자와 문진 후, 수평 이동하여 글로브월로 검체채취를 하게 된다. 검사자와 직접 대면 및 접촉을 전면 차단할 수 있으며, 문진과 검사를 동일한 모듈 안에서 할 수 있어 의료진 동선을 최소화하고 업무의 효율성을 높일 수 있다.
검사자는 문진이 끝나면 바로 옆 검사실로 이동한다. 검체채취를 위한 검사실은 음압이 적용된 1인용 격리실로 총 6개 공간이다. 역시 비접촉 센서로 출입한다. 출입문은 부분 반투명 필름으로 외부 시선을 차단하여 검사 중 프라이버시 침해를 막으면서도 햇빛이 충분히 유입되도록 하여 폐쇄성을 감소시켰다. 검사실은 한 사람이 검사하고 나간 뒤마다 철저한 멸균을 하여 다음 검사자의 안전을 도모한다. 의료진 공간에서 버튼을 누르면 검사실 천정에서 자동분사식 소독약이 뿌려지며 자외선 조명이 켜지게 된다. 이렇게 실내를 소독한 후 30초간 헤파필터를 장착한 공조시설을 통한 환기가 이루어져야 문을 열 수가 있다. 채취된 검체는 검사자가 음압검사실에서 밀봉해서 가지고 나와 외부 검체 냉장고에 넣는다.

ⓒ서초구청

공간분리
검체채취실별 독립공간으로 분리, 의료진 공간 및 검사자 공간 분리

위생시설
직원공간 세면기,
검사자 공간
비접촉식손소독기설치

불안감소
반투명 출입문으로 채광을 유지하면서 검사 중 외부 시선 차단

언택트
비접촉문열림센서,
글로브월(Glove Wall),
스피커·마이크 설치,
검사자가 직접 넣을 수 있는 검체냉장시설 설치

음압시설
검사실과 전실 음압시설,
직원공간 양압시설적용

소독시설
천장분사식소독→음압환기→UV살균소독, 의료진 공간 세면기 배수 정화시설 및 오수관배수

이용편의
의료진 공간 냉난방장치,
장애인 문진실 휠체어 슬로프 적용

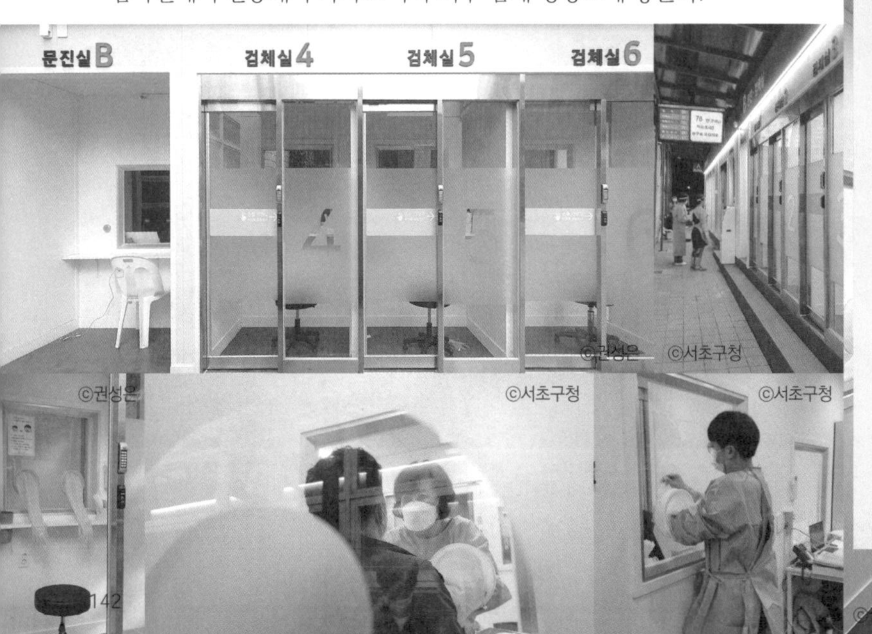

ⓒ권성은 ⓒ서초구청 ⓒ권성은 ⓒ서초구청 ⓒ서초구청 ⓒ권성은

©권성은

진료대기 [C동]_마음을 정리하는 익숙한 공간

진료대기실은 문진 후 검체채취 대기자가 많을 경우 잠시 머무는 공간으로, 진료 동선에 인접하여 설치한다. 다수의 사람이 이용하는 공간이므로 교차감염이 일어나지 않도록 입구, 출구를 분리하여 대각선상에 배치함으로써 검사자 간 교차를 최소화할 수 있다. 좌석은 1인용으로 설치하였고, 대기자 간 좌석거리 1m 이상을 확보가 필요하며 차단막 개별좌석 사이는 반투명 차단막을 설치하면 시선, 비말을 막을 수 있다. DID는 대기실 좌, 우측 양쪽에 설치하여 좌석에서 이동하지 않아도 즉각적 정보를 얻을 수 있도록 하였다.
폐쇄된 실내 공간에서 냉난방 장치를 이용할 경우 공기와류로 감염위험이 증가하므로 냉난방 장치는 출입문이나 창문으로 바람이 나갈 수 있도록 문을 연 상태에서 송풍 방향을 위쪽으로 하되 공기 와류가 생기지 않도록 해야한다.[7]

공간의 자연환기를 위해서 접이식 창문을 2면 전체에 설치하고 휠체어가 들어갈 수 있도록 공간을 확보하여 슬로프 등 관련 시설을 설치하였다. 가구 및 인테리어를 목재 마감하고 대기실 외곽을 따라 밖을 보는 방향으로 테이블을 설치하는 등 카페와 같은 익숙하고 따뜻한 공간으로 구성하였다. 대기하는 동안 검사자는 이곳에서 생각을 정리하고 심리적 안정을 도모할 수 있다.

---

7) 코로나바이러스감염증-19 선별진료소 운영안내. (2020. 7월 2일). 중앙사고수습본부·중앙방역대책본부. http://ncov.mohw.go.kr

©권성은

진료대기실

동선분리
입구 및 출구를 분리하여 교차감염 차단

언택트
대기좌석 1m이상 이격배치, 좌석분리 차단막설치, 비접촉자동문

이용편의
자동문 및 휠체어 슬로프 설치, DID 설치하여 편의 확충, 에어컨설치

불안감소
카페분위기를 연출하여 심신의 안정감 도모

추가검사-[D동](장애인·노약자/X-Ray/객담실/탈의실) _별도 안전 공간을 마련한다

일반 검사실에서 진료가 불가능한 장애인, 노약자, 임산부는 보호자가 같이 있어야 하는 경우가 많으므로 별도의 대면검사실(진료실)이 필요하다. 의료진을 직접 만나 진료받을 수 있는 대면진료실을 B동 옆 D동에 별도로 조성하였다. 일반인 검사 공간인 B동과 장애인 및 노약자 검사 공간이 있는 D동은 수시로 의료진 이동이 이루어지므로 건축모듈 뒤편에 전용 동선을 별도 구성하였다. D동 진료실은 다른 호흡기 질환으로 의심될 때도 이용되는데 코로나 증상자들과 분리할 수 있도록 외부 접수창구를 따로 마련했으며 추가검사를 위한 객담실과 X-RAY실을 설치하였다. X-RAY실은 방사능 차단을 위한 납벽, 납창문, 납문 등으로 피폭에 대한 안전을 확보하였다. D동 역시 음압, 공조, 소독, 냉난방기를 전체적으로 적용하였다. 진료실과 탈의실에서 배출하는 오염폐기물은 음압이 적용된 실내 공간에서 밀봉하여 폐기물 창고로 옮겨지게 된다.

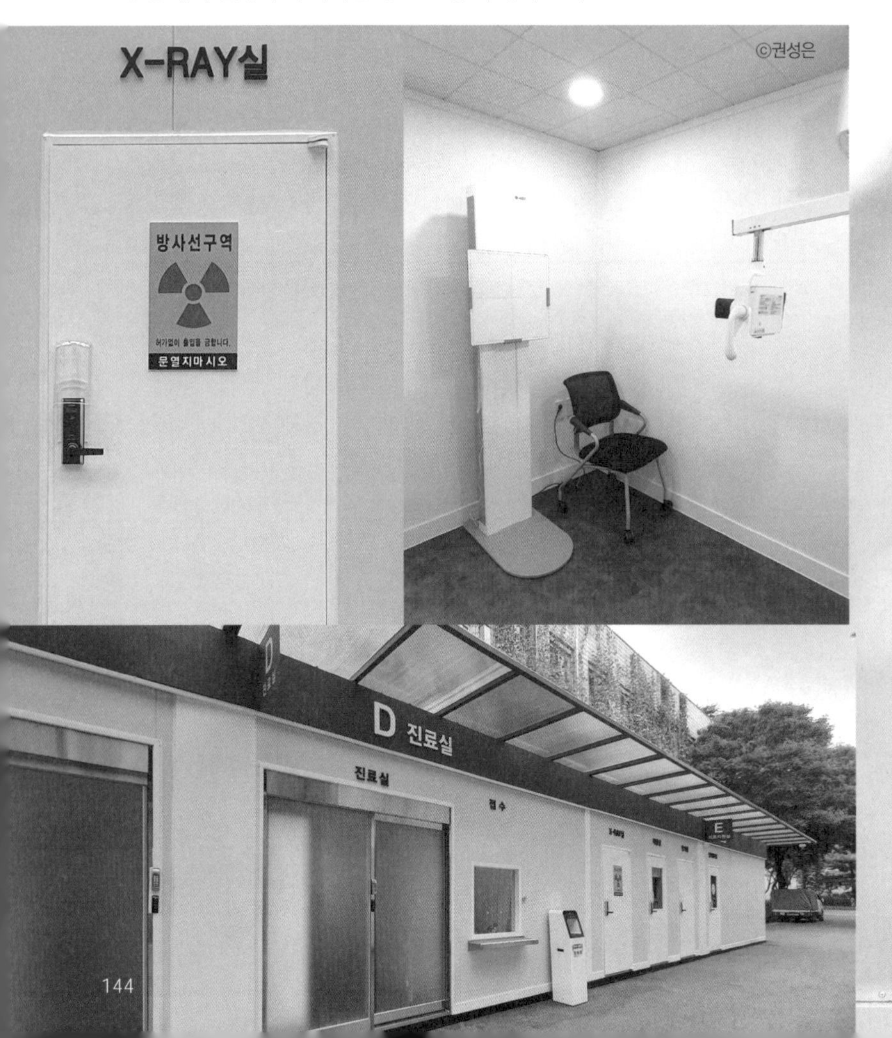

©권성은

공간분리
가검사실(X-Ray실, 객담실), X-Ray실 및 조정실 방사능차단을 위한 납벽, 납문

언택트
비접촉문열림센서, 외부 접수창구

불안감소
반투명 출입문으로 채광을 유지하면서 검사중 외부 시선차단

음압시설
진료실과 전실 음압시설

위생시설
료실 세면기, 비접촉식손소독기설치

공조시설
헤파필터설치, 흡기, 배기구 이격

소독시설
진료실 세면기 배수 정화시설 및 오수관배수

이용편의
진료실 냉난방장치, 장애인·임산부·노약자전용 별도검사실 및 휠체어 슬로프 적용

귀가안내 [실외]_대중교통은 이용금지

검사 후 주의사항과 긴급 연락처 등이 명시된 유인물 전달 등 귀가 안내를 한다. 실외에서 이루어지며 안내 직원은 방호복, 페이스쉴드, 마스크 등을 갖추고 대응한다. 검사 후 귀가는 대중교통 이용 금지를 주지시키고 개인차량을 이용할 것과 부득이한 경우 방역택시를 권한다.

기타 지원시설 [E동]_직원도 쉬어야 한다

일반적으로 지자체에서 운영하는 선별진료소는 직원을 위한 휴게공간이 마련되어있지 않다. 이 때문에 방역복을 입은 채로 여름과 겨울 혹독한 기후에도 야외에서 쉬는 상황이다. 직원과 의료진의 피로도는 업무의 집중도와 효율을 떨어뜨려 검사오류 등 실수를 유발할 수 있으며 스스로의 감염 위험을 높이게 된다.
E동은 D동과 이어져 있는 소형 모듈로, 1일 2회 선별진료소 전체를 방역하는 직원을 위한 대기실, 직원휴게실을 배치하였다. 방호복과 장비를 착용하는 공간이며 오전 일정 후 휴게, 식사에 이용되는 공간이다. 휴게실 또한 세면기, 공조시설, 음압장치를 설치하여 검사수요가 증가할 때 추가 검사 공간으로 사용이 가능하다.

기타 지원시설 [폐기물동]_밀폐해서 따로 둔다

폐기물 창고는 검체키트, 방역복 등 검사실에서 나오는 오염폐기물을 모아두는 공간이다. D, E동 맞은편에 별도 컨테이너로 분리하여 안전, 효율성을 높였다.
중앙제어실은 선별진료소 뒤편 화단 공간에 배치했으며 출입문은 검사자의 동선에서 보이지 않는 위치에 설치하였다.

©권성은

음압시설
방역관리실, 직원휴게실, 폐기물동 음압시설

위생시설
방역관리실, 직원휴게실 세면기, 비접촉식손소독기설치

공조시설
헤파필터설치, 흡기, 배기구 이격

소독시설
세면기 배수 정화시설 및 오수관배수

언택트 지원 및 기타장치_첨단기술이 안전을 돕는다

언택트 지원 및 기타 장치는 건축설비와는 별개로 진료 동선 곳곳에 설치되어 직접 대화, 접촉의 대안으로 소통, 편의를 돕는 역할을 한다. 또한 사람들의 행태를 유도 또는 제한하여 질서를 도모한다.
비접촉 출입 센서는 인근을 지나는 사람의 움직임으로 출입문이 열리는 것을 막기 위해 센서의 민감도를 수 cm이내 근거리로 제한함이 필요하다. 건축 모듈마다 설치된 양방향 스피커는 내, 외부 직원과 의료진의 소통을 돕는다. 각 방향 CCTV와 디지털정보 사인은 불안과 혼란으로 일어날지 모르는 돌발행위를 사전에 차단하고, 범죄를 대비하기 위해 요구되는 시설이다.

건축 모듈마다 실내외 설치되는 지원 장치는 감염 안전을 돕는 역할을 한다. 선별진료소 전체 의료진 공간에 설치된 세면기와 검사자 동선에 일정 간격으로 배치된 자동 분사식 손 소독기는 접촉에 의한 감염위험을 줄이는 방법이다. 세면기의 물은 정화시켜 외부 노출 없이 오수관으로 배출하도록 하고 우천 시 역류하지 않도록 배수관의 높이를 고려하였다. 헤파필터를 장착한 공조시설은 선별진료소 전체 실내 공간에 적용되어야 하며 검사자 동선으로 흡기, 배기가 이루어지지 않도록 건축 모듈 뒤편에 흡기구와 배기구를 설치하되 최소 1.5m 이상 이격하여야 한다.

또한 기후와 날씨를 대비한 각종 편의시설은 진료의 효율성을 높일 수 있다. 실내에는 냉난방기를 설치하였고 검사자가 대기하는 장소 위주로 방풍막과 난로, 온열의자, 에어컨으로 편의를 높였다. 전체 검사자 이동 동선에는 반투명 캐노피를 설치하여 우천에 대비하면서도 채광은 확보하였으며 전체 조명시설을 하여 야간진료 편의를 높였다. 적절한 조명은 낮에도 동선 유도와 불안 감소에 효과적이다. 다만 설치 시 눈부심이 발생하지 않도록 간접 조명을 기본으로 한다.

©권성은

위생시설
검사자 검사동선
전체 비접촉손소독기

언택트
근거리 비접촉센서 출입장치,
내외부직원 소통을 위한
스피커폰

불안감소
범죄, 일탈행위
예방을 위한 CCTV

혼란방지
DID 화면
(Digital Information Display)

공간색채와 심볼_신뢰의 메시지

지자체마다 선별진료소 컨테이너 색상을 다양하게 적용한다. 컨테이너 기본 제작 색상인 회색을 그대로 쓰는 경우도 있으나 지자체 CI의 색을 쓰기도 한다. 색상으로 기관의 정체성을 표현하고 홍보하고자 하는 의도일 것이다. 그러나 선별진료소의 본질은 의료시설이다. 환자들은 의료진에 대한 무한 신뢰를 갖고 낫기 위해 병원에 간다. 즉, 불안함과 착잡함을 가지고 방문하는 검사자들에게 선별진료소가 던져야 하는 메시지는 병원과 다르지 않다. 믿음, 청결, 나을 수 있다는 희망, 괜찮을 거라는 위로의 메시지이다.

흰색과 가로세로 비율이 동일한 십자가는 의료기관의 상징으로 여겨진다. 이 때문에 전체적인 외관은 의료시설 이미지를 살려 흰색으로 조성하고 심볼과 사인은 채도가 낮은 딥핑크를 적용하여 시인성을 높였다. 딥핑크는 서울시에서 고지한 '선별진료소 서비스 디자인 가이드'를 반영한 것이다.

©서초구청

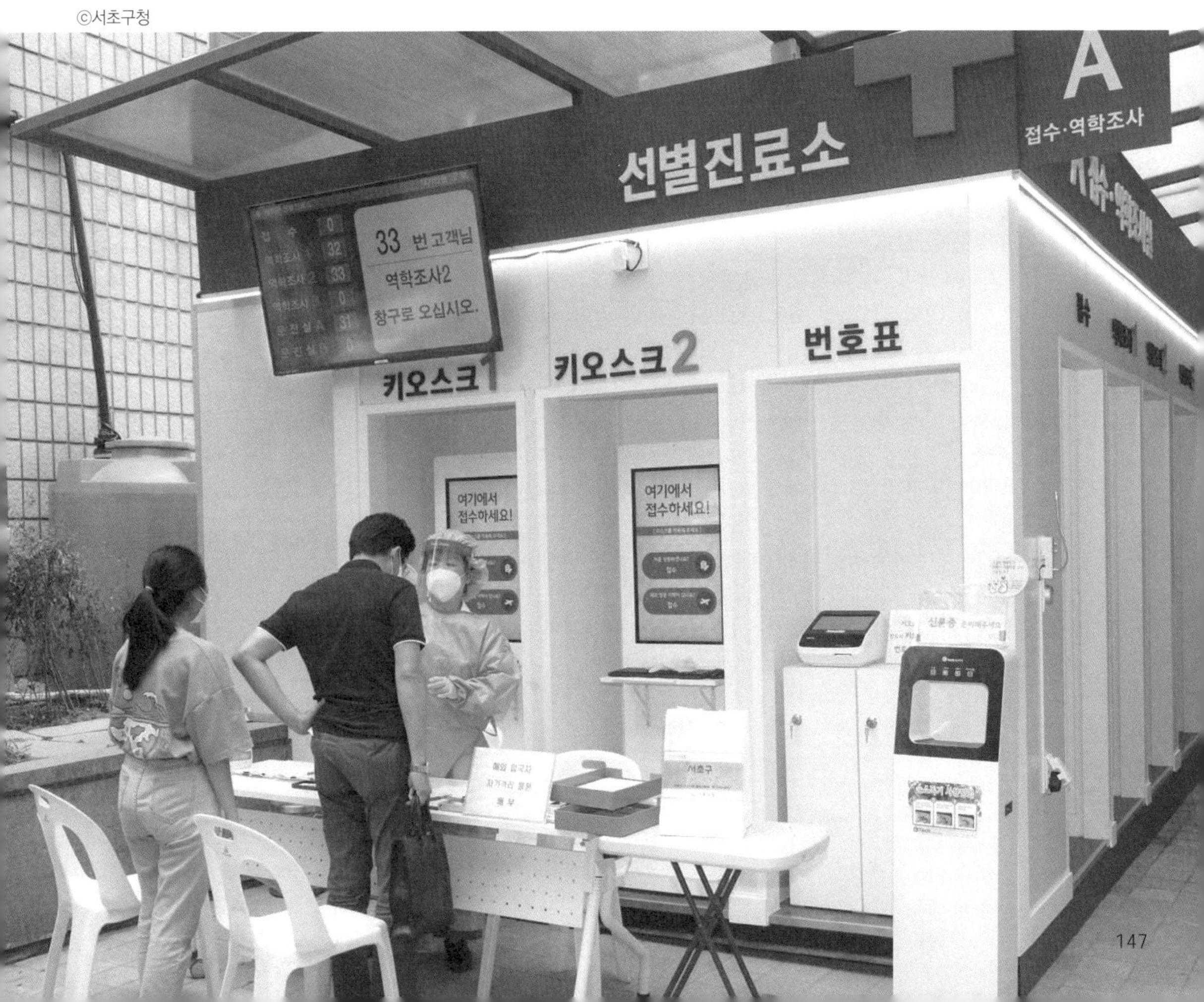

04

선별진료소 디자인, 그 이후

언택트 선별진료소 성과와 평가

서초구에 설치된 이 선별진료소는 역학조사부터 검체채취까지 전 과정이 비접촉 워킹스루로 이루어지는 전국 최초의 언택트 선별진료소이며 비말감염, 교차감염, 접촉감염 등 호흡기 감염병 전파경로를 전면 차단한 프로젝트이다. 직원과 의료진은 쾌적하고 안전한 공간에서 D등급 방호복을 입지 않고도 진료할 수 있으며 검사자 또한 불안 감소와 프라이버시 확보 등 심리적 안정을 얻을 수 있다.
6개 검체실과 추가 검사실, 소독, 살균 등 자동화시스템으로 하루 1000명 이상 검사가 가능한 고도화된 선별진료소이며(2020.12.11. 당일 939명 검사 실시), 호흡기 클리닉으로 전환이 가능하여 향후 다른 어떤 감염병에도 대응할 수 있는 확장성을 가진 선별진료소이다.

국내외 언론보도
©서초구청, YTN,아리랑TV

서초구 언택트 선별진료소는 조성 완료 시점부터 국회, 국무총리실, 질병관리청, 서울시 등 정부부처와 30여 개의 지자체의 벤치마킹 대상이 되어 'K-방역세계표준모델'로 회자되었다. 시민과 언론의 호평 또한 이어졌는데 국내 방송, 언론사 수십 곳에 꾸준히 보도되었고 CNN, ABC, 프랑스 국영라디오방송, 르몽드, 덴마크일간지 등에서 견학하고 인터뷰 취재를 해갔다. 사우디에서는 수출 제의가 들어오기도 했다.
그리고「2020 대한민국 공공디자인대상」에서 대상을 수상하는 기염을 토하고 「제5회 대한민국 지방자치정책대상」에서 최우수상을 수상하는 등 공공디자인의 선제적 프로젝트로 자리매김했다.

‘디자인을 문제해결의 수단’으로 보게 되면 공공디자인의 영역은 무한히 확장된다.

공공디자인의 진화와 확장

법에서 명시하는 공공디자인은 ‘공공기관이 조성, 제작, 설치, 운영, 관리하는 공공시설물 등에 디자인하는 행위 및 결과’를 말하며, 두산 백과사전에서는 ‘공공장소의 여러 장비, 장치를 보다 합리적으로 꾸미는 일’이라고 하고 있다. 공공 시설이나 공간에 지자체 등 공공기관에서 편의성과 기능성이 높은 시설을 개발, 설치하고 쾌적한 환경을 조성하는 것을 말하고 있다. 그러나 현재 공공디자인은 물리적 영역을 벗어나 범죄예방, 상권활성화 등 고질화된 사회문제들에 대한 해결책으로도 활용된다.

영국의 디자인카운슬(Design Council)의 정의처럼 ‘디자인을 문제해결의 수단’으로 보게 되면 공공디자인의 영역은 무한히 확장된다. 사회구성원의 삶을 지원하는, 공익을 위한 모든 행위와 정책이 공공디자인과 관련될 수 있다. 더 나아가 문화적, 역사적, 인본적 가치를 보는 창으로, 기후, 환경, 기술이 급속도로 변화하는 미래에 대응하는 도구로 활용될 수도 있다.

이 프로젝트는 기초 지자체에 국한되어 있지만 5개 부서가 TF를 구성하여 정보를 공유하고 민간 전문가를 포함한 협업체계를 구축, 수개월간 최선의 해결책을 찾아가는 과정을 거친 결과물이다. 그리고 디자인이 그 중심에 있었다. 국민의 생명, 안전을 지켜내야 한다는 시대적 사명 앞에 부서 간의 벽, 분야의 경계는 중요하지 않았다. 선별진료소 프로젝트에서 디자인의 역할은 한 영역에 국한되지 않는 통합된 전략을 수립하는 것이었다. 공공의 문제에 대하여 해결 방향을 제시하고 다분야를 연계하고 구체적 실현 방안을 도출하여 구현하는 최적의 방법론으로, 공공디자인은 무한한 가능성을 지닌다.

주, 야간 전경 ©권성은

공간이 주는 힘, 힐링

HEALING

김세련 goof27@hanmail.net

홍익대학교 공공디자인 석사
전 서울아산병원 간호사
2020 대한민국 공공디자인 학술부문 최우수상

이 장에서는 감염을 주축으로 한 의료 환경의 물리적·심리적 안전을 고려한 사례에 대해 이야기하고자 한다.

시대의 흐름에 따라 정치·경제·사회·문화의 요소는 서로 영향을 받으며 변화를 가져온다. 그리고 그 변화에는 선도하는 누군가가 항상 존재하였다.

의학의 발전과 시대의 변화에 따라 의료공간의 구조와 역할 또한 변화한다. 중세시대 이전에는 지금과 같은 병원의 건축양식이 없이 가정에서 치료를 받거나 신전, 당시의 건축물에서 의료행위가 이루어졌다. 또한 병사들은 전장에서 치료를 받거나 전염병 환자들은 치료를 위한 보호 차원이 아닌 사회격리를 위해 식민지로 보내졌다.

중세시대에는 수도원을 중심으로 의료행위가 이루어졌으며 교회양식의 건축물 유형을 보여준다. 이 시기에도 치료보다는 관찰, 격리, 자선의 행위 느낌이 강하였다.

이후 전 유럽에 확산된 문화 예술의 부흥기인 르네상스 시대에는 물리학, 수학, 지리학, 철학 등 다양한 학문의 발전과 더불어 의학의 눈부신 발전성과를 이룬다.
이 때부터 병원은 환자를 진단·치료하는 공간으로써 기능하기 시작하고 병원 건축 양식의 변화 또한 일어난다.
그러나 이 시기에 유럽 전역을 휩쓰는 대유행이 일어나는데, 인류 역사상 최대로 목숨을 앗아간 흑사병이었다. 당시를 반영하는 기록이나 자료를 보면 병원 환경의 위생상태가 열악함을 알 수 있다. 지금은 의료기관 뿐만 아니라 일상생활에서도 감염예방의 중요성을 알지만 세균학이 의미 있게 받아들여진 때는 19세기가 되어서였기 때문이다

Paimio Sanatorium
©Paimio Sanatorium
출처: https://paimiosanatorium.com/

01

등잔을 든 여인, 나이팅게일
The Lady with the Lamp, Florence Nightingale

나이팅게일은 대부분의 사람들에게 숭고한 간호 정신과 헌신의 이미지로 알려져 있다. 그러나 그것은 주로 선의 이미지로 대변되는 그녀의 성품에 대해서만 소개되고 전해져 내려왔기 때문이다.

우리가 주로 아는 나이팅게일의 업적은 1853년부터 1856년까지 이루어진 크림전쟁에서의 활약이다.
백의의 천사로 알려진 나이팅게일은 헌신의 이미지로 우리에게 인식되어 있지만 실제 성격은 대범하고 담대하며 어떠한 부분에서는 독선적일만큼 고집스러운 모습을 보였다고 한다.
전쟁 당시에 군에서 필요한 물자를 보급해주지 않으면 직접 창고에 망치를 들고 찾아가 강제로 가져왔었던 대장부 같은 모습은 우리에게 잘 알려져 있지 않다.

당시 전쟁에서는 전쟁으로 인한 직접적 부상으로 사망하는 병사보다 부상을 치유하지 못해서 사망하거나, 전염병이 돌아 사망하는 경우가 훨씬 많았다. 지금은 손 소독제의 사용이나 손위생의 중요성을 팬데믹을 겪고 교육을 통해 누구나 알지만, 세균이 감염을 일으킨다는 것을 이론적으로 받아들이기 전이었던 시절이라 심각하게 불량한 위생상태와 상처 감염, 파상풍 등에 의해 전사자보다 전투 후 사망자가 더 많았다.
병실은 빛이 없고, 공기도 통하지 않고, 환자들 침대 머리 위로는 쥐가 지나다니고, 침대 시트는 피와 배설물로 지저분하며 배설물 위에 누워있는 채로 상처가 방치되는 등 지금의 청결·위생개념으로는 상상할 수 없는 환경이었다.

이러한 상황으로 인해 나이팅게일은 보건 위생을 강조하고 열악한 군위생을 개선하기 위해 영국 정부에 병사들의 사망률과 사망 원인을 쉽게 전달하기 위해 장미 도표를 그려 보고서로 제출한다. 이것이 우리가 아는 파이 차트의 시초이며 나이팅게일은 이로 인해 1859년 왕립통계학회의 첫 여성회원으로 선출되기도 한다.

플로렌스 나이팅게일 (Florence Nightingale)
Florence Nightingale. Photograph. Wellcome Collection. Public Domain Mark. Source: Wellcome Collection.
©Wellcome Collection
https://wellcomecollection.org/works/c4tktqrb

문제의 원인과 해결을 위해 숫자와 시각적인 자료로 분석하고 이를 정부 및 정책결정자에게 끊임없이 알리고 설득하여 문제 해결을 위한 시스템을 개혁하고자 하였다. 이러한 나이팅게일의 노력 덕분에 영국 정부의 지원을 받아 위생의 실천을 도입하게 된다. 나이팅게일은 일조와 통풍, 감염방지를 고려한 환경이 환자가 빠른 시일 내에 회복할 수 있는 최상의 환경이라고 보았다.[1]

병원의 구조와 배치, 환기와 채광 유지, 교차감염을 줄이기 위한 적절한 공간 확보와 구성 등 전체적인 병원 시스템을 개선하고자 하였다.

간호사들이 깨끗한 천으로 병사들의 몸을 닦아주었고, 시트를 깨끗하게 유지하기 위해 수시로 삶고 소독했으며, 침대 간격을 넓히고, 자연광인 햇빛·신선한 공기의 통풍과 환기의 중요성을 일깨워 깨끗한 환경을 유지하고 자연치유력을 증진시키기 위한 최적의 환경을 제공하였다. 이로써 Scutari 야전병원에서 다친 병사들의 사망률은 42%이었으나 1855년에 Renkioi 야전병원에 이를 개선하는 디자인을 적용한 병원에서 3%보다 적은 사망률을 기록[2]하게 된다.

"Diagram of the causes of mortality in the army in the East"
Notes on matters affecting the health, efficiency, and hospital administration of the British Army
: founded chiefly on the experience of the late war(1858) 315p.
/ by Florence Nightingale ; presented by request to the Secretary of State for War. Public Domain Mark. Source: Wellcome Collection.

출처: https://wellcomecollection.org/works/jxwtskzc/images?id=ub3n8egf

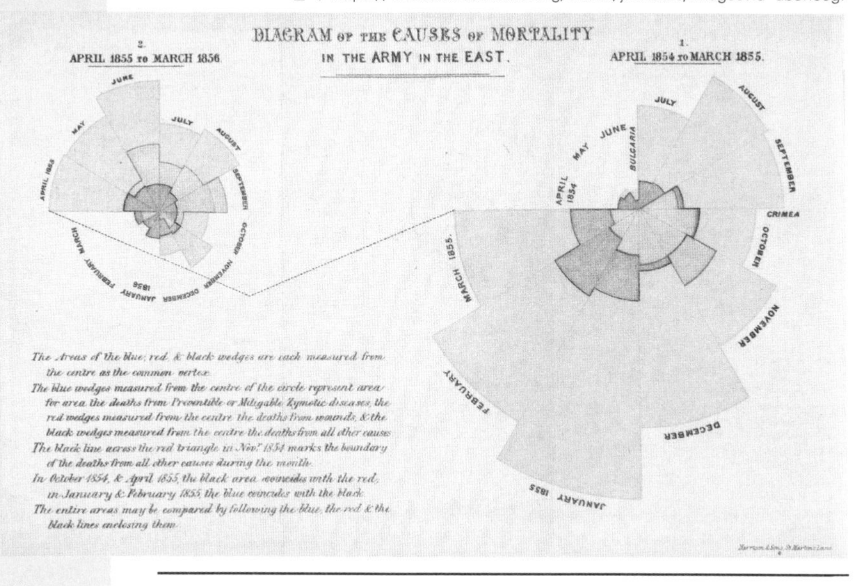

1) 한국의료복지시설학회. (2010). 22.; Pevsner, N. (1976). 154.
2) Hamilton, K. (1993). Unit 2000: Patient beds for the future: Watkins CarterHamilton Architects. 16. 재구성.

전쟁이 끝나고 난 뒤 나이팅게일은 병원 내 감염예방을 위한 병원 환경 설계에 적극적으로 참여하게 된다. 긴 복도를 따라 큰 창을 내어 통풍과 환기가 잘 되게 하고, 위생시설을 환자들의 주 공간에서 떨어져 있게 하며, 침상간 거리를 넓혀 환자를 감염원으로부터 차단하고 보호하며, 병동의 채광과 환기를 최적화하여 환자의 안전을 위한 감염예방과 건강관리 및 회복을 위한 치유환경을 설계한다.
이는 병원의 주 유형인 '파빌리온식 병동 구조'이다.

파빌리온 유형은 개방병동을 가로와 세로방향으로 여러 동을 배열하는 것으로 건물별로 같은 증세를 보이는 환자들을 분리 수용하여 감염을 줄이고자 하였다. 초기유형은 분관형이었으나 각 동을 연결하는 연결 복도형으로 발전하였다.[3)]

파빌리온 유형의 Paris Hopital De Larisboisiere
Notes on hospitals(1863) 36p. / by Florence Nightingale. Public Domain Mark. Source: Wellcome Collection. ©King's College London
출처: https://wellcomecollection.org/works/mb4h6m85

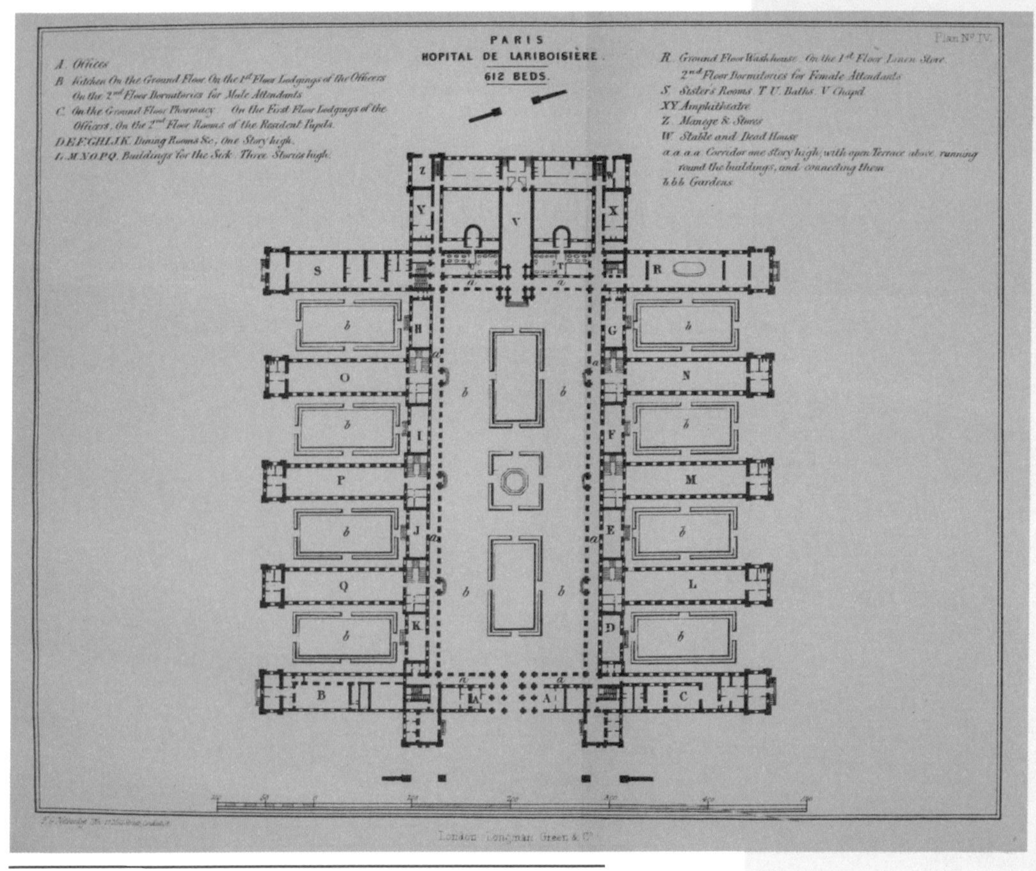

3) 한국의료복지시설 학회. (2010). 22.

1872년에 문을 연 St. Thomas 병원의 새 건물은 웨스트민스터 다리와 램버스 다리 사이의 템즈강 남쪽 강변에 위치해 오늘날의 모습을 갖추고 있다. 플로렌스 나이팅게일은 통로로 연결된 7개의 대형 건물로 이루어진 혁신적인 '파빌리온 유형'으로 St. Thomas 병원의 디자인에 큰 영향을 미쳤다. 그녀는 위생과 건강을 개선하기 위한 디자인의 중요성을 인식하고 병원의 크기와 효율적인 공간 활용에 대해 세심하게 계산하였다. 통풍, 환기, 햇빛을 강조한 파빌리온 유형으로 병동에 일정한 간격으로 전체 높이의 창문을 설치하고 그 사이에 침대를 배치하여 환기를 촉진하고 외풍 없이 공기가 순환할 수 있도록 제안하였다. 또한 깨끗한 구역과 더러운 구역을 구분하여 병동 입구에는 음식과 깨끗한 린넨을 보관하고 다른 쪽에는 세탁 및 위생 시설을 갖추도록 규정하였다.

파빌리온 병동 구조는 19세기 이후 서구에서 현대 병원의 모델로 자리 잡았고 병동 사이에 중정을 배치하여 감염과 전염의 확산을 방지하고 깨끗한 공조환경을 조성한다. 또한 병원 내 정원으로 자연에서 얻는 회복력의 중요성을 강조하였다. 이는 환자 및 보호자의 신체적 정신적 건강에 긍정적인 영향을 미치는 것은 물론 의료진들의 피로도 감소와 능률 향상을 통해 양질의 간호와 진료를 지속적으로 제공하는데 도움을 주는 요소이다.

St. Thomas's Hospital on the Albert Embankment
St. Thomas's Hospital, Lambeth: from the north bank of the river Thames, in front of New Scotland Yard, traffic on Westminster Bridge in the foreground. Wood engraving, 1871. Wellcome Collection. Public Domain Mark. Source: Wellcome Collection. ©Wellcome Collection
출처: https://wellcomecollection.org/works/rdrfrjq8

20세기에 들어서 의료기술의 발달과 병원의 기능 다양화, 대도시 중심의 병원 설립 등으로 인해 넓은 대지를 필요로 하는 파빌리온 유형은 투자 대비 기능 및 효율을 중시하는 오늘날의 변화에 맞춰 수직동선체계 유형 위주로 변화하였다. 하지만 나이팅게일의 연구에 기초한 파빌리온 유형은 일조, 통풍, 감염방지를 고려하여 과학적인 근거에 기반을 둔 병원 건축양식으로 병원 개혁에 중대한 영향을 미쳤음을 보여준다.

이처럼 나이팅게일은 그 시대의 우리 주변의 사회문제를 해결하고자 그간의 데이터 분석과 근거기반디자인[4]을 구축하여 환자 중심의 안전하고 회복 향상을 위한 병원 개혁에 앞장섰다.

오늘날 근거기반디자인(Evidence Based Design, EBD)은 과학적이고 객관적인 관찰, 정량적인 실험과 근거를 통해 환자의 치료와 치유를 위한 요소를 도출하며 이를 공간에 적용하는 방법론으로 의료공간을 계획할 때 강조되고 있다.[5]

'간호는 질병을 간호하는 것이 아니라, 병든 사람을 간호하는 것이다.'

나이팅게일의 간호 이념에서 알 수 있듯이 그녀는 인간 중심의 전인적인 관점에서 근본적이고 총체적인 접근으로 사회적 문제를 해결하고 공공의 이익을 위해 끊임없이 노력하는 삶을 살았다.

우리가 몰랐던 플로렌스 나이팅게일은, 간호사이자, 작가, 수학자, 통계학자, 데이터 과학자로 알려져 있지만 그녀는 사실, 어둠에 가려져있던 사회문제를 등불로 밝혀내어 더 나은 사회로의 변화를 일으킨 근대 영국 사회를 개혁한 여성 최초의 공공디자이너이다.

4) '근거기반디자인'의 개념을 최초로 만든 Texas A&M의 Hamilton 교수에 의하면 '근거기반디자인'이란 각계의 학식 있는 전문가들이 각각의 프로젝트에 대한 필수적인 의사결정 과정에서 과학적이고 정량적인 연구 결과 및 사례를 통하여 가장 효과적인 근거를 명백하고 명료하며 분별력 있게 사용하여 디자인 과정에 적용할 수 있는 총체적인 프로세스로 정의하였다. 김대진, 근거기반 디자인을 고려한 치유환경 계획에 관한 연구 : 노인전문병원을 중심으로, 연세대학교 석사논문, 2010, p. 19.
5) 박선하, 치유공간 유형에 따른 효과 분석, 전북대학교, 박사논문, 2014, p. 17.

Florence Nightingale
Photograph by Millbourn. Wellcome Collection. Public Domain Mark. Source: Wellcome Collection. © Wellcome Collection
출처: https://wellcomecollection.org/works/cv8a4rz7

02

Alvar Aalto의 인간중심의 Paimio Sanatorium

현대인들이 자연을 찾는 것은 스스로를 치유하기 위한 본능적인 이끌림이다. 자연광 즉, 햇빛을 쬐는 행위는 장시간 인공조명에 노출됨으로 인한 스트레스를 감소시키고, 시각적인 자연의 풍경과 색상이 주는 감정반응은 정서상태를 변화시킨다.

이는 오늘날 신경건축학, 근거중심디자인 등의 영역이 탄생하게 된 배경이 되어준다.

감염 최소화를 우선적으로 생각하는 병원 공간에서는 폐쇄된 환경일수록 식물이 주는 근원적인 상징인 생명의 접근성은 떨어지며, 고립된 삭막함과 기계적인 접근이 지배적이다. 과거 의료 공간은 의료서비스 제공자 기준으로 기능주의적으로 구성되어 획일적이고 단조로우며 의료장비나 동선 효율을 위한 물리적인 공간으로 계획되는데 주축을 이룬다.

어느 해 12월에 방문한 핀란드에서는 해가 10시 넘어서 뜨더니 2시면 어둠이 내려앉았다. 잠시나마 해가 뜬 시간마저도 해가 머리 위에서 내리쬐는 밝은 빛이 아닌 멀리서 가로로 비추듯이 그 빛마저 약하였다.

북유럽인 핀란드는 지역 특성상 고위도로 인해 긴 겨울동안 짧은 일조 시간을 겪으면서 자연스레 자연광이 중요시되었다. 1900년대 초반에 인공조명과 별도로 자연광을 어떻게 디자인해야 할지 교육이 이루어질 정도로 지역적 특성을 대변해주는 동시에 핀란드의 건축에서도 이를 느낄 수 있다.

알바 알토 (Alvar Aalto)
©Alvar Aalto Foundation
출처: https://www.alvaraalto.fi/en/contacts/

'건축에서 중요한 것은 무엇보다 인간적이어야 한다는 것이고, 인간을 위한 건축이지 않으면 안 된다.'

모더니즘의 선구자, 인본주의 건축가인 알바 알토는 핀란드의 화폐에도 얼굴이 새겨질 만큼 핀란드인이 가장 사랑하고 자부심을 느끼는 건축가이자 디자이너이다.

핀란드 여행 시 꼭 방문할 곳 중 하나인 알토하우스와 알토 스튜디오를 방문하면 창문을 통해 빛과 자연을 중요시 했던 그의 철학을 몸소 느낄 수 있다.

알토 스튜디오1 ©김세련

알토 스튜디오2 ©김세련

알토 스튜디오3 ©김세련

알토 하우스1 ©김세련

알토 하우스2 ©김세련

그가 자연광을 얼마나 중요시 여겼는지는 해가 짧은 핀란드 겨울에 그의 건축물에 들어서면 느낄 수 있다. 사람들의 눈높이에 맞춘 큰 창으로 개방감을 주어 자연과의 경계를 최소화하고, 자연광을 최대한으로 끌어들여 안락함과 편안함을 넘어 오늘날의 에너지 절약과 같은 지역적 특성으로 인한 자원으로의 역할을 하게 한다.

자연광에 대한 알바 알토의 관심은 그의 지역적 배경으로 자연스레 이루어졌지만, 이는 알바 알토의 건축에 있어 중요한 요소로 기여한다.

1929년 1월 공모전에서 우승하게 되는 알바 알토의 디자인을 기반으로 한 파이미오 요양소(Paimio Sanatorium)는 설계의 출발점으로 삼은 것이 건물 자체가 치유 과정에 기여하도록 만드는 것이었다. 당시에는 주로 폐에 영향을 미치는 결핵에 대한 치료법이 없었다. 휴식, 보살핌, 공동체, 신선한 공기가 회복을 위한 처방의 일부였다. 그는 건물을 말 그대로 환자의 재활을 돕는 숨 쉴 수 있는 공간을 제공하는 '의료 기기'라고 불렀고 파이미오 요양소를 설계하면서 결핵을 치료하고 예방하기 위해 교차 환기와 광선치료를 활용하였다.
파이미오 요양소는 설계 당시부터 의자와 싱크대부터 옷장과 침대에 이르기까지 모든 것을 고려하였다. 각진 세면대가 있는 싱크대는 물 튀는 소리를 최소화하도록 설계하였고, 비다공성 바닥재와 곡면은 청소하기가 쉽다. 베란다는 야외에서 휴식을 취할 수 있도록 디자인되었고, 색감과 조명은 환자들의 마음을 편안하게 해주는데 사용되었다.[6)]

Patient wing with sun terraces altered to interior spaces.©Alvar Aalto Foundation

Room for patients in 1993.
Photo: Gustaf Welin ©Alvar Aalto Foundation
출처: https://www.alvaraalto.fi/en/architecture/paimio-sanatorium/

noiseless wash-basin

No noises, no water splashes when washing your hands in running water, because the basin-chine is in position of 45 degrees.

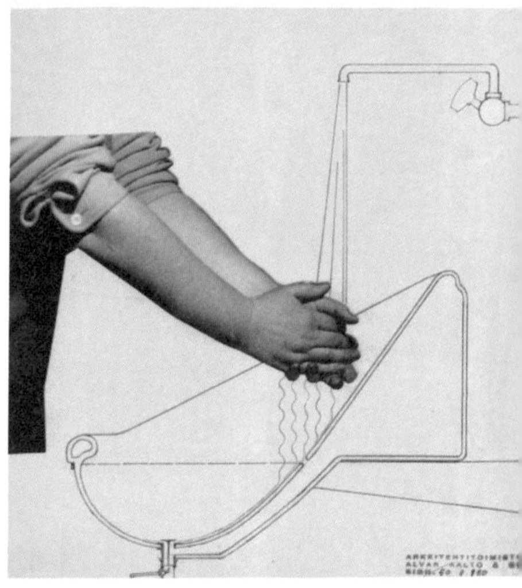

"A noiseless wash basin" Drawing
©Alvar Aalto Foundation

6) https://paimiosanatorium.com/sanatorium/history/ 재구성

파이미오 전체에 걸쳐 가구와 비품에 이르기까지 모든 디테일이 전형적인 알토 스타일로 세심하게 고려되었다. 램프는 먼지가 덜 쌓이고 청소가 용이하도록 맞춤 설계되어 높은 수준의 위생을 유지하였다. 병실의 둥근 옷장은 청소가 용이하고 먼지와 오물이 덜 쌓여 폐의 피로를 덜어주었다. 소음이 없고 물이 튀지 않는 혁신적인 세면대는 2인실에서도 한 환자가 손을 씻는 동안 다른 환자가 방해를 받지 않도록 청결함과 예의를 지킬 수 있도록 하였다. 화장실 문 잠금장치를 위해 특별히 설계된 손잡이는 의사의 가운 소매가 실수로 레버에 걸리는 것을 방지하였다.[7]

둥근 모서리와 가구는 디자인 측면을 넘어 환자들이 안전하게 다치지 않고 이용할 수 있도록 설계된 것이었다.

파이미오 요양소의 환자 병실
©Paimio Sanatorium
출처: https://paimiosanatorium.com/wp-content/uploads/2023/08/PaimioSanatorium_5572.jpg

7) https://paimiosanatorium.com/the-architecture-of-empathy/ 재구성

파이미오 요양소의 로비의 노란색은 한겨울에도 햇살처럼 느낄 수 있으며 알바 알토의 비전은 모든 사람의 평등과 접근성이라는 북유럽의 가치에 따라 모든 환자의 회복 과정에서 자연과의 연결성을 발산할 수 있는 건물을 짓는 것이었다. 건물의 B동 꼭대기에는 상징적인 옥상 테라스가 있는데, 자연 환경의 신선하고 깨끗한 공기가 결핵 환자의 기도를 강화하는 데 도움이 되도록 이곳에서 환자들은 따뜻한 담요가 깔린 라운지 의자에 앉아 하루 몇 시간씩 휴식을 취하였다.[8]

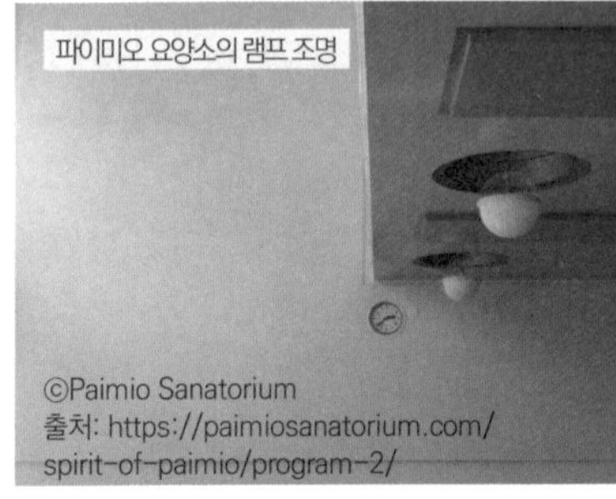
파이미오 요양소의 램프 조명
©Paimio Sanatorium
출처: https://paimiosanatorium.com/spirit-of-paimio/program-2/

Top floor sun terrace
©Paimio Sanatorium
출처: https://paimiosanatorium.com/experiences/architectural-path-5/

파이미오 요양소의 로비
©Paimio Sanatorium
출처: https://paimiosanatorium.com/experiences/guided-tours/

오늘날까지도 Artek에서 생산하고 있는 암체어 41 또는 파이미오 의자는 요양소의 공용 공간에서 사용하도록 설계되었다. 대부분을 누워서 생활하는 환자를 고려하여 앉은 사람이 더 쉽게 숨을 쉴 수 있도록 등받이를 경사지게 하여 편하게 기댈 수 있도록 하였다. 이 의자의 디자인은 노트북이나 컴퓨터에 구부정한 자세로 오랜 시간을 보내는 현대의 디지털 작업자에게도 효과적이며, 가슴 위쪽을 열어 심호흡을 용이하게 하는 앉은 자세의 이점을 누릴 수 있다. 또한 환자들에게 따뜻한 요소를 제공하도록 금속이 아닌 핀란드 자작나무로 만들어져 심리적으로 안정감을 준다.

Paimio chair
Photo: Maija Holma, Alvar Aalto Museum
©Maija Holma, Alvar Aalto Museum
출처: https://www.alvaraalto.fi/en/work/paimio-chair/

Paimio chairs in Paimio tuberculosis sanatorium in 1930-su.
Photo: Gusaf Welin, Alvar Aalto Museum
©Gusaf Welin, Alvar Aalto Museum
출처: https://www.alvaraalto.fi/en/work/paimio-chair/

8) https://paimiosanatorium.com/the-architecture-of-empathy/ 재구성

1950년대 결핵약이 개발되고 더 이상 결핵은 치료가 불가능한 질병이 아니게 되었다. 이로 인해 파이미오 요양소는 결핵 환자의 수용이 불필요해지면서 1960년대부터 종합병원으로 전환된 뒤 현재 개보수를 거쳐 방문객들을 위한 핀란드의 문화유산의 형태로 남아있다.

이처럼 파이미오 요양소는 모든 구성 하나하나가 의도를 가지고 디자인 되어있다. 결핵으로 격리 수용된 환자들이 배려 있고 편안함을 느낄 수 있게 신체적·심리적 안정감과 안전함을 느낄 수 있도록 한 알바 알토의 인간 중심의 대표적 건축물이다.

Paimio Sanatorium Forest
©Paimio Sanatorium
https://paimiosanatorium.com/experiences/sanatorium-forest-walk/

03

COVID-19 이후의 모듈형 의료 공간

2020년 전 세계가 COVID-19를 겪으면서 팬데믹이 선언되었다.
각 나라에서는 안전 공간을 확보하기 위하여 감염 환자를 모니터링하고 치료하기 위한 신속한 시스템과 필요에 따라 응급 시설을 즉시 운용할 수 있는 수요가 증가하여 이에 따른 프로젝트들이 탄생되었다.

이탈리아 북부 토리노에는 새로 설립된 임시 병원에 첫 번째 CURA가 설치되었다. 컨테이너를 이용해 plug-in 중환자실(ICU)를 만드는 CURA(Connected Unit for Respiratory Ailments)는 병원 텐트처럼 빠르게 설치할 수 있으며 일반 격리 병동처럼 안전하게 사용될 수 있도록 장비들을 갖출 수 있는 환경을 만든다.[8)]

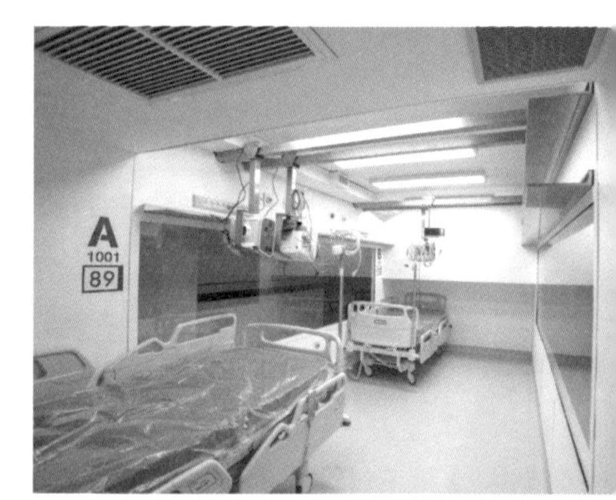

CURA (Connected Unit for Respiratory Ailments)
©Carlo Ratti Associati
출처: https://carloratti.com/project/cura/

CURA (Connected Unit for Respiratory Ailments)

9) https://carloratti.com/project/cura/ 재구성

이에 우리나라에서도 단기간에 효과적으로 운반, 구축, 보관할 수 있는 모듈식 음압 격리 병동인 KARE MCM(Mobile Clinic Module)을 선보였다. 음압 프레임, 에어텐트, 기능성 패널을 결합하여 안전한 음압 격리 병동을 신속하게 구축할 수 있고 사용자의 정서적 니즈를 반영하였다. 모듈형 설계로 기능, 비용, 효율성을 충족하고 에어 텐트를 사용하여 비상시 병동 전체를 비행기로 운송할 수 있는 장점이 있다.[9]

이처럼 단시간에 의료 환경을 구축하고, 경제적이며 효과적인 이동이 가능한 사례는, 공공의료의 새로운 모델이자 국가 비상사태에 신속하게 대비할 수 있는 방역모델의 지원체계의 역할로 기능하여 국민의 안전한 보건환경을 이루어낼 수 있음을 보여준다.

KARE MCM

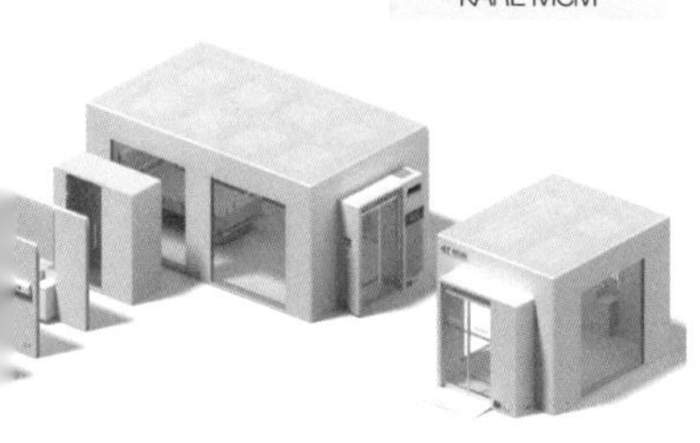

앞서 예시로 살펴본 열악한 환경의 전쟁터, 치료법이 없던 결핵을 치료하기 위한 요양소, 팬데믹에서의 모듈형 의료 공간을 통해 공간은 시대에 걸쳐 그 자체만으로도 인류의 건강을 위한 것이 되기도 하고, 건강을 위한 일이 일어날 수 있는 자리의 역할로써 기능하였다.
'힐링(Healing)'은 사전적 의미로 '누군가/어떤 것이 다시 건강해지거나 건강해지는 과정'을 말한다.
힐링, 그것은 공간이 주는 힘이자 세계이다.

KARE MCM
©KAISTKARE MCM Team
출처: https://ifdesign.com/en/winner-ranking/project/kare-mobile-clinic-module/318256

9) https://ifdesign.com/en/winner-ranking/project/kare-mobile-clinic-module/318256 재구성

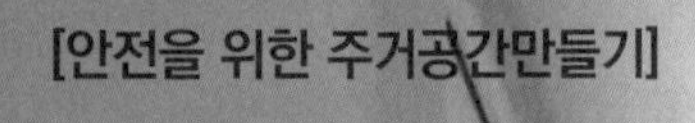

화재로부터 안전한 아파트를 만드는 세 가지 방법

김상아 tbcksa@naver.com

엠아이제이오 대표
홍익대학교 공공디자인 연구센터 선임연구원
공공디자인 전문뉴스레터 『The Public Design 365』 에디터
2023 대한민국 공공디자인대상 학술부문 최우수상

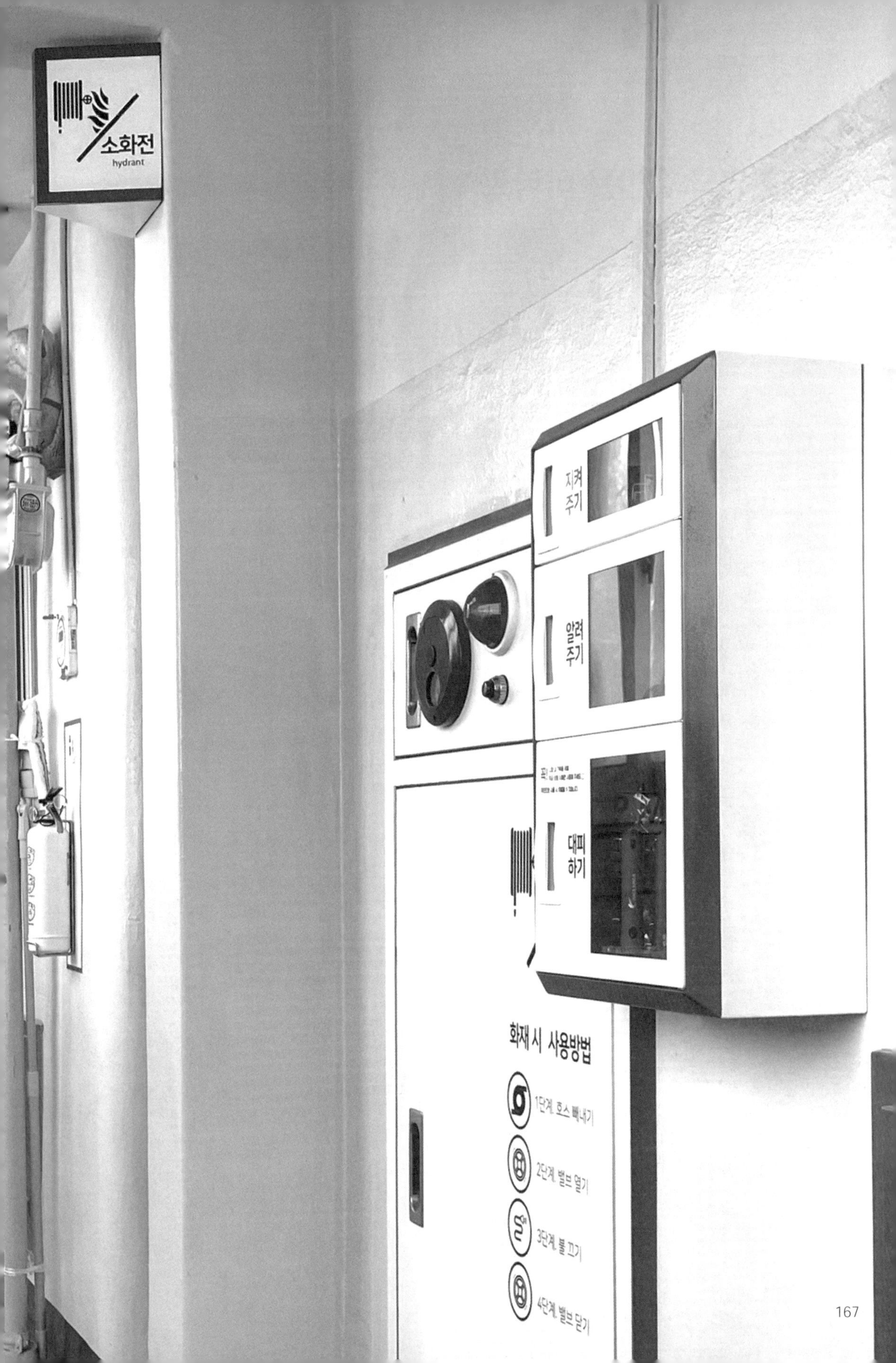
소화전
hydrant
지켜 주기
알려 주기
대피 하기
화재 시 사용방법
1단계. 호스 빼내기
2단계. 밸브 열기
3단계. 불 끄기
4단계. 밸브 닫기

01

대한민국 절반은 아파트

국토교통부가 발표한 '2022 주거실태조사'에 따르면 우리나라 전체 가구 중 아파트 거주 비율은 51.9%에 이른다. 지속적으로 증가하는 아파트 거주 비율은 2019년부터 현재까지 계속해서 과반수 이상을 차지하고 있다. 한국에서는 인구수가 가파르게 증가하던 1960년대 이후 아파트라는 주거 형태가 생겨나기 시작하였다.

초창기에는 5층가량의 저층형이었지만 산업화와 도시화가 본격화된 1970년대 민간이 세운 첫 아파트인 '여의도 시범아파트'가 건설되었다. 12층 높이로 지어진 여의도 시범아파트는 엘리베이터, 냉·온수 시스템, 난방 시설 등 현대식 아파트의 형태를 갖춘 국내 첫 고층 아파트로 불려진다.

1977년 9월 6일 촬영된 여의도 시범아파트의 모습 ©서울역사아카이브

구축 고층 아파트의 안전성

오랜 세월 한국의 주거 형태 중 하나로 자리 잡아 온 아파트. 그 긴 역사만큼 간과할 수 없는 문제가 있다. 각종 재난으로부터 취약한 '구축 고층 아파트의 안전성'이다.

소방청이 2023년에 발표한 데이터에 따르면, 같은 해 아파트 화재는 2,993건으로 역대 최다를 기록하였다. 그중에서도 '구축 아파트 화재'는 유독 큰 희생으로 이어질 때가 많다. 일반적으로 30년 이상 된 아파트를 구축 아파트로 분류하는데, 이러한 아파트는 고층 아파트라 할지라도 준공 당시 건축법을 기준으로 지어져 스프링클러조차 없는 경우가 많다. (관리법상 2004년 이전에 승인된 구축 아파트는 화재 안전 시설물이 부족한 실정이다.)

2024년 새해 첫날 전해진 군포시 아파트 화재의 경우에도 '1993년 지어진 구축 아파트 화재 사고로 당시 소방 안전시설이 미비하여 더 큰 인명피해를 낳았다.'고 보도되었다. 이처럼 구축 고층 아파트는 대부분 2000년대 건축된 신식 아파트와 비교할 때 기계화, 자동화된 화재 안전 시설물과 시스템이 부족한 경우가 많다. 이러한 특성을 고려한 근본적이고 특화된 안전디자인 적용이 필요하다.

30년 이상 된 구축 아파트는 안전 시설물과 시스템이 부족한 경우가 많다. 근본적이고 특화된 안전디자인 적용이 필요하다.

구축 아파트 화재 후 외관 ©중앙일보

오랜 세월의 흔적과 짙어진 안전 불감증

한국공예·디자인문화진흥원은 공공디자인을 통한 안전하고 편리한 생활공간 구축을 위해 2021년 '생활안전 및 생활편의를 더하는 공공디자인 사업'을 추진하였다. 수원시와 미술과조형은 '생활안전을 더하는 공공디자인' 사업으로 구축아파트 화재 안전디자인 적용을 위한 '아파트 화재 안전 프로젝트, 하나로 안전함'을 추진하였다.

사업 대상지인 '우만 주공아파트'는 1992년 준공된 수원시 팔달구 우만동에 위치한 구축아파트로서, 당시 주변 산업시설 노동자와 서민들을 위해 지어진 영구 임대 아파트이다. 우만 주공아파트는 영구 임대 아파트 특성상 대부분의 주민이 오랜 세월 정착하여 살아가고 있다.
그만큼 건물 곳곳에는 주민들이 함께 살아온 많은 흔적이 자리하고 있었다. 그러나 이러한 세월의 흔적 이면에는 구축 고층 아파트가 지닌 다양한 안전 문제들이 공존하고 있었다. 고층 아파트임에도 불구하고 화재 발생 시 탈출을 위한 대피용 경량 칸막이나 스프링클러와 같은 안전시설이 미비한 상황이었다.

낡고 색 바랜 희미한 비상구 표시는 어두운 계단실에서 제 기능을 다하지 못하고 있었다. 뿐만 아니라 각종 광고물과 홍보용 스티커에 가려진 소화전과 소화기는 방치되거나 구석으로 밀려 눈에 띄지 않았다.

미비한 안전 설비만큼 눈에 띄는 또 다른 문제는 무뎌진 주민들의 '안전의식'이었다. 10세대가 한 층에 거주하며 긴 복도식으로 이루어진 구조의 대상지. 그곳의 유일한 비상로는 좁고 어두운 계단실 한 곳뿐이었다. 그러나 계단실마다 자리한 각종 생활 폐기물과 무심코 적치한 물품들은 유사시 대피로를 가로막을 수 있는 위험한 장애 요소였다.

현장조사를 통해 환경적, 물리적 현황을 파악한 결과 적치물로 인한 대피문제, 안전 시설물 활용을 방해하는 각종 불법 광고물, 스티커, 비상대피로 관리 미흡, 소방시설물의 시인성 결여, 비상대비 안내 체계가 미비한 것으로 조사되었다.

우만 주공아파트 ©미술과조형

적치물로 인한 통행의 문제 형성

불법 광고물, 스티커, 부착물

비상대피로에 방치된 쓰레기와 관리 미흡

인지성이 낮은 비상계단 입구

소방시설물 시인성 결여

비상대피 안내 체계 미비

©미술과조형

02

안전 디자인을 위한 현장 관찰과 실험

주민 일상 들여다보기

안전한 아파트를 만들기 위해 대상지에 거주하는 주민들의 생활을 자세히 들여다보기로 하였다. 우만 주공아파트는 전체 주민 중 65세 이상 노인이나 장애인이 속한 세대가 과반수를 차지할 만큼 이동 약자의 비중이 높게 나타났다. 이 같은 대상지 특성을 고려하여 본격적인 디자인 과정에 앞서 주민들과 관계자들에 대한 사전 인터뷰를 진행하였다.

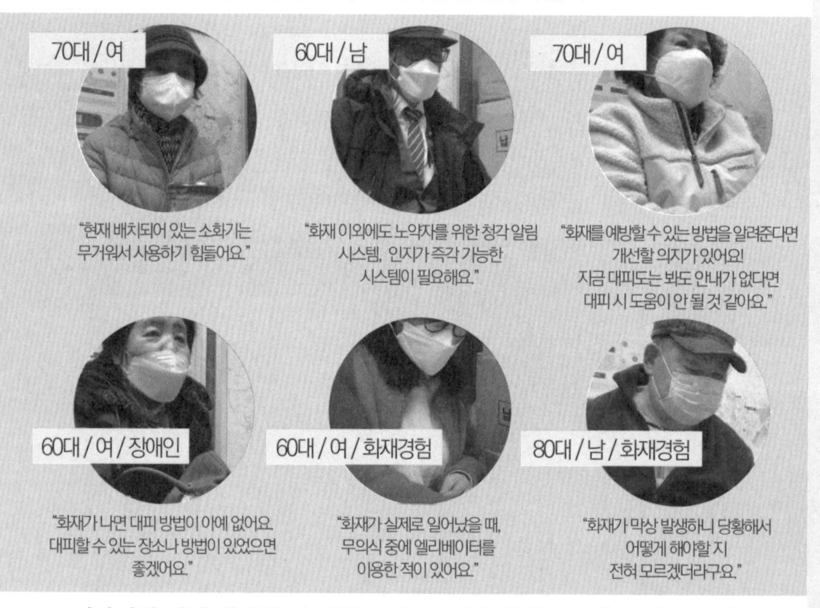

대상지의 화재 안전을 관리하는 관리사무소에서는 혹시 모를 화재에 대비하여 각 층마다 3.3kg 소화기를 비치하고 있었다. 그러나 실제 화재가 발생하였을 때 주민들은 '당황해서 정작 어떤 대처를 해야 할지 몰랐다.'고 답하였다. 주민들을 인터뷰하면서 실제 아파트 복도에 비치된 소화기를 사용할 수 있는지 테스트하였다. 그러나 대부분 주민들은 소화기 사용법을 정확히 알지 못하였고, '막상 화재가 발생하면 사용하기 어려울 것 같다.'고 답하였다.

"현재 배치된 소화기는 무거워서 사용하기 힘들어요"

"장애가 있어 불이 나면 대피할 방법이 없어요"

"현재 대피도는 글씨도 너무 작고 아무리 봐도 어려워요"

다음으로 아파트 관리자를 대상으로 대상지의 화재 안전 관련 상황을 파악하였다. 안전디자인 적용을 위한 대상지의 안전 이슈들을 파악하기 위해서였다. 시청 관계자와 부서 담당자와의 인터뷰, 관할 소방서 재난예방과 소방민원팀 담당자와의 인터뷰를 통해서도 현장에 필요한 법적, 전문적 검토 사항을 확인하였다.

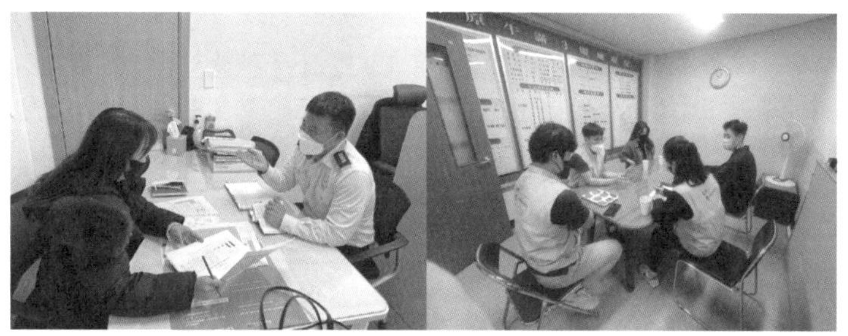

전문가 및 관계자 인터뷰 ©미술과조형

인사이트 도출

주민인터뷰	화재경험 주민인터뷰	이해관계자 및 관련 전문가 인터뷰
Insight 1.	Insight 1.	Insight 1.
예방 행동 의지	심리적 위축으로 인한 혼란	시인성이 높은 소방 시설물이 필요
Insight 2.	Insight 2.	Insight 2.
무분별하게 부착된 주민 요구 사항 및 광고 스티커	소방 시설물 사용의 어려움	간단 명료한 안내 정보가 필요
Insight 3.	Insight 3.	Insight 3.
안전하게 이동하기 어려운 공용 공간	평상시 교육과 훈련 필요	안전 예방 교육 부족
Insight 4.	Insight 4.	Insight 4.
대피가 어려운 피난약자	구조 요청의 어려움	시각, 청각을 통해 인지성을 높이는 방법 필요

실제 화재가 발생한다면 주민들은 어떻게 행동할까?

현장에 디자인이 반영될 경우 주민들의 안전과 직결되기 때문에 디자인 도출 과정에 더 많은 과정과 시간이 필요하였다.

디자인 도출에 앞서 실증 실험을 계획하고 현장에 관찰 카메라를 설치하여 평소 주민들의 동선과 시선이 머무는 곳을 파악하였다. 주 활동이 일어나는 아침과 저녁, 통행량이 많은 공공공간을 중심으로 시간대에 따라 주민들의 일상을 관찰하였다. 또한 실제 화재가 발생할 경우를 가정하고 주민들이 어떤 경로로 대피하는지, 어떤 행동을 취하는지 사전 실험을 진행하였다.

포그 머신(Fog Machine)을 활용하여 복도에 연기를 퍼뜨리고 화재 상황을 연출하였다. 각 세대 현관에서 공용 복도를 지나 계단실을 따라 1층 공용현관까지 이르는 길은 연기로 자욱해졌다. 실험 이후 주민들을 대상으로 진행한 설문조사에서 주민들은 '소방시설물을 어떻게 활용할지, 어디로 대피할지 막막하고 두려웠다.'고 답하였다.

사전 실험 관찰과 설문조사 ©미술과조형

데이터와 관찰에 기반한 인사이트

아파트 화재 및 피난행동 특성에 관한 기초조사와 사전 실험을 통해 주민의 일상 행태, 화재 발생 시 행동 패턴 및 현황을 파악하였다. 그리고 조사와 인터뷰, 관찰과 실증 실험 데이터를 기반으로 인사이트를 종합하여 화재 안전에 관한 8가지 이슈를 도출하였다.

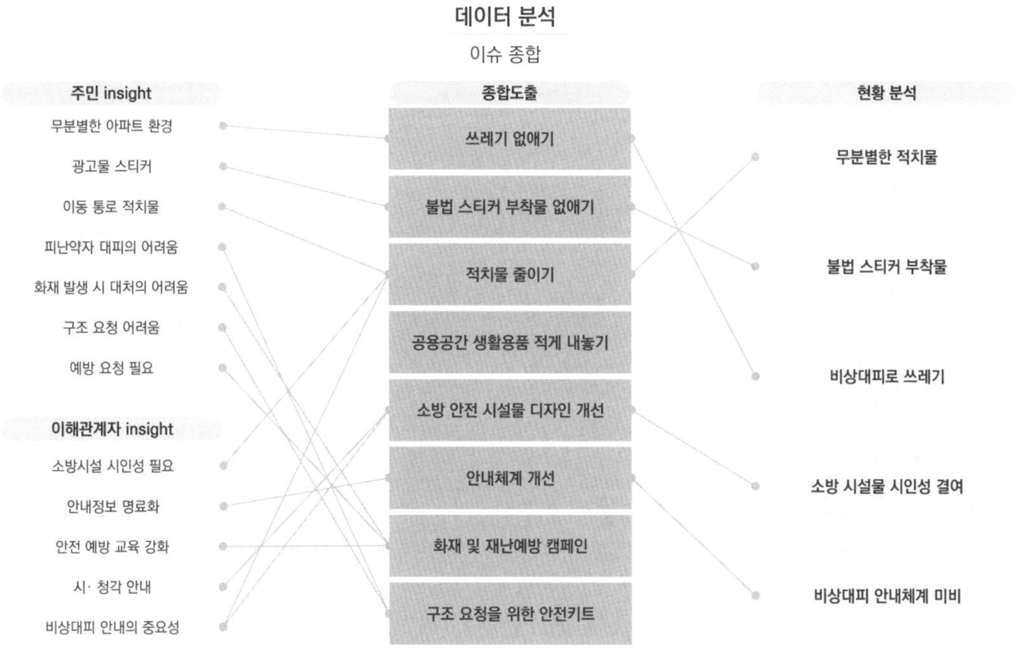

데이터 분석

이슈 종합

주민 insight

무분별한 아파트 환경
광고물 스티커
이동 통로 적치물
피난약자 대피의 어려움
화재 발생 시 대처의 어려움
구조 요청 어려움
예방 요청 필요

이해관계자 insight

소방시설 시인성 필요
안내정보 명료화
안전 예방 교육 강화
시· 청각 안내
비상대피 안내의 중요성

종합도출

쓰레기 없애기
불법 스티커 부착물 없애기
적치물 줄이기
공용공간 생활용품 적게 내놓기
소방 안전 시설물 디자인 개선
안내체계 개선
화재 및 재난예방 캠페인
구조 요청을 위한 안전키트

현황 분석

무분별한 적치물
불법 스티커 부착물
비상대피로 쓰레기
소방 시설물 시인성 결여
비상대피 안내체계 미비

〈화재 안전에 관한 8가지 이슈〉

1. 각종 쓰레기와 폐기물
2. 안전 시설물 주변 스티커 등의 무분별한 광고물
3. 대피로에 놓인 적치물
4. 공용공간에 방치된 생활용품
5. 직관적인 사용이 어려운 소방 안전 시설물
6. 쉽게 인지되지 않는 비상 안내 정보 체계
7. 화재 및 재난 예방 행동 홍보 부족
8. 안전용품 접근성 부족

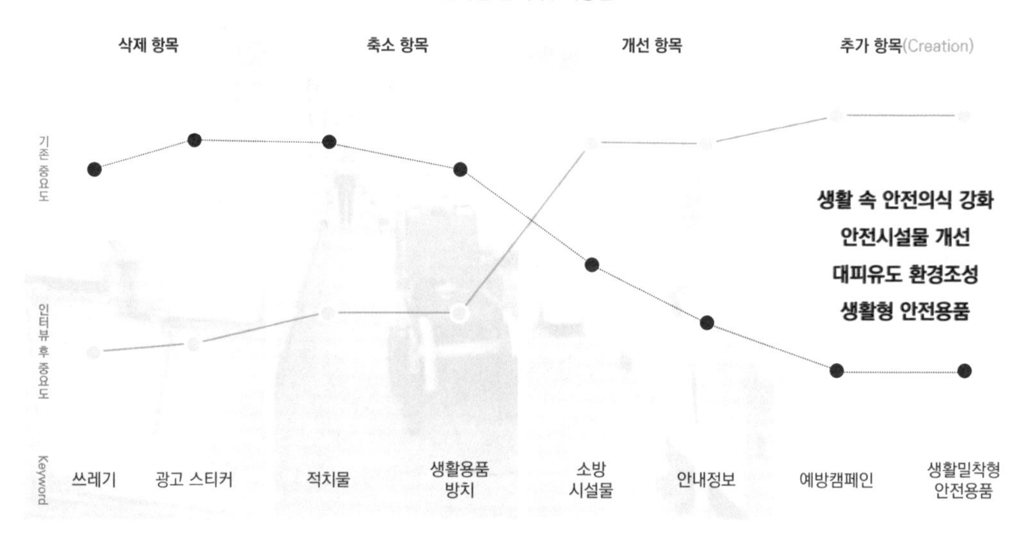

데이터 분석을 통해 도출한 대상지 화재 안전에 관한 8가지 이슈는 각종 쓰레기와 폐기물, 안전시설물 주변 광고 스티커, 대피로에 놓인 적치물, 공용공간에 방치한 생활용품, 직관적인 사용이 어려운 소방 안전 시설물, 어려운 안내 정보 체계, 화재 및 재난 예방 홍보 부족, 안전용품의 실생활 접근성 부족이었다. 문제 키워드를 나열하고 항목별로 중요도와 지향점을 매트릭스로 분석하였다. 분석한 매트릭스를 통해 디자인이 접근해야 할 4가지 방향이 도출되었다.

〈이슈를 중심으로 도출한 디자인 방향〉

1. 주민 스스로 화재를 예방하고 안전 행동을 숙지하기 위한 '생활 속 안전의식 강화'
2. 유사시 올바른 대응과 대처가 가능하도록 유도하는 '통합 안전시설물 개선'
3. 모두가 신속하고 안전하게 대피할 수 있는 '대피유도 환경 조성'
4. 대상과 상황에 따라 알맞게 대처할 수 있는 '맞춤형 안전용품 개발'

컨셉도출

핵심 아이디어 도출

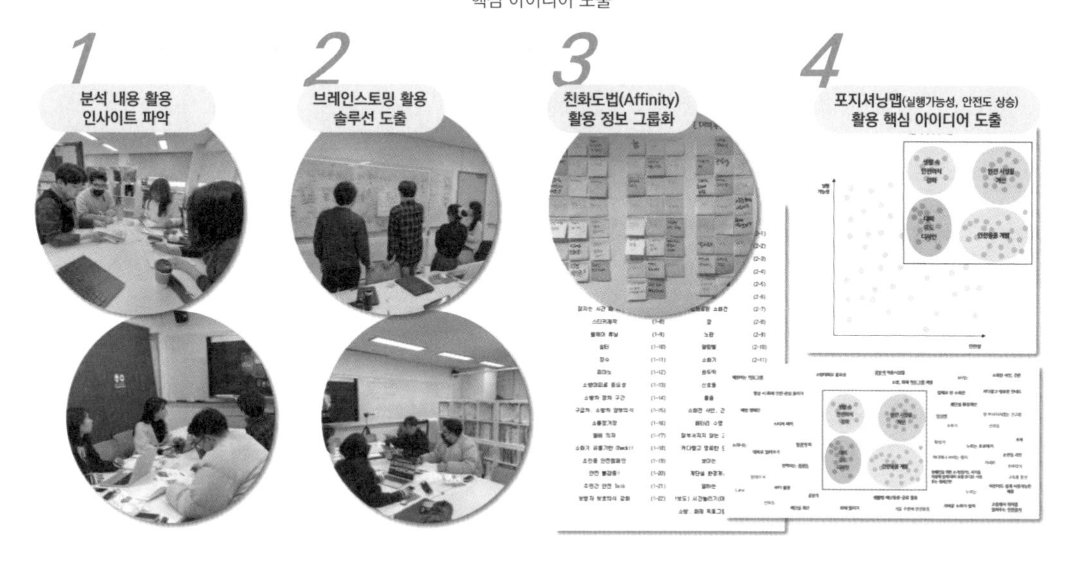

분석을 통해 도출한 인사이트와 디자인 방향을 고려하여 '화재로부터 안전한 아파트'를 만들기 위한 아이데이션(Ideation)을 진행하였다. 이를 통해 도출한 100여 가지 아이디어를 기반으로 가장 실효성 있고 적합한 아이디어 선정을 위해 '실행가능성'과 '안전도 향상'을 중심으로 핵심 아이디어를 선별하였다.

선별 과정 중 소방, 안전 디자인, 커뮤니케이션 디자인 전문가 자문을 거쳐 전문가 의견과 현장 적용 가능 여부를 함께 고려하고 구체화하였다.

리서치와 분석을 통해 도출한 디자인 컨셉은 '예방에서 구조까지 모두에게 쉽고 빠른 아파트 화재 안전 디자인, 하나로 안전함'이다. 하나로 안전함은 주민 스스로 화재를 예방하고 일상에서 안전 행동을 숙지하기 위한 '생활 속 안전의식 강화', 유사시 올바른 대응이 가능하도록 통합 안전 체계를 개선하는 '안전 시설물 개선', 신속하고 안전하게 대피할 수 있는 모두를 위한 '대피 유도 디자인', 상황에 따라 알맞게 대처할 수 있는 '맞춤형 안전용품 개발'로 이루어졌다.

03

화재로부터 안전한 아파트를 만드는 세 가지 방법

화재 안전을 쉽고, 빠르고, 정확하게

현장 조사와 주민 인터뷰를 통해 파악한 사실 중 눈에 띄는 부분은 주민들에게는 너무 '어렵고 복잡한' 화재 안전 정보와 시설물이었다.

현장에 안내되었던 비상 대피로는 작은 글씨와 어려운 정보들로 혼란을 가중시키고 있었다. 이 같은 안전 정보와 시설들은 정작 화재가 발생하였을 때 제 기능을 발휘하지 못하고 주민들을 더 큰 위험에 빠트리기도 하였다. 골든타임이 중요한 화재 안전디자인은 '쉽고, 빠르고, 정확'해야 한다.

이를 위해 화재로부터 안전한 아파트를 만드는 세 가지 방법을 쉽고 명료하게 현장에 적용하였다. 아파트 화재 안전 디자인 '하나로 안전함'을 공용공간에 설치하고 일상 속에서 주민들이 '지켜주기-알려주기-대피하기'의 3단계를 자연스럽게 인식하도록 한 것이다.

안전 공공 용품 '하나로 안전함 ⓒ미술과조형

첫 번째, 생활 속 안전을 위한 예방 행동 '지켜주기'

화재 안전을 위해 가장 중요한 핵심은 '안전사고를 사전에 예방'하는 주민들의 일상적 예방 행동이다. 2022년 소방청이 발표한 자료에 의하면 화재 발생 주요 원인으로 '부주의(50%)'가 가장 높은 비중을 차지하였다. 일상에서 조금만 주의를 기울이면 발생하지 않았을 사소한 원인들이 화재를 야기한 것이다.

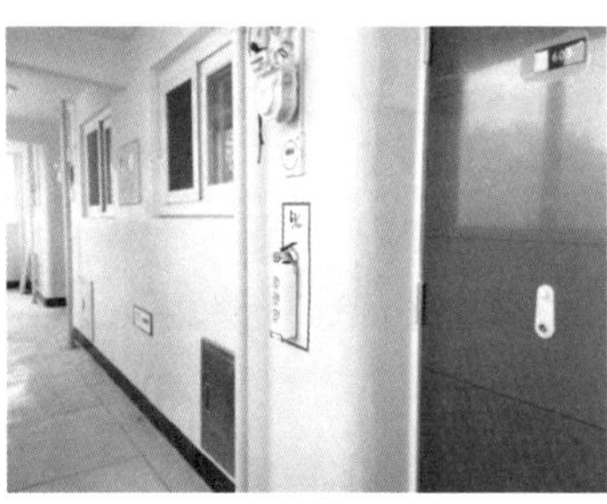

화재 예방 경량소화기 ©미술과조형, LOUD

주민들이 화재 안전을 인식하고 일상에서 주의를 기울일 수 있도록 아파트에 필요한 화재 예방 수칙을 픽토그램으로 개발하여 이를 1.5kg 소화기에 접목하였다. 적치물이 빈번하게 걸려 대피로를 가로막았던 어지러운 벽면에 가볍고 사용하기 쉬운 캠페인용 소화기가 걸린 것이다. 안전 예방 행동을 유도하는 소화기가 주민들 눈높이에 자리하면서 대피로도 확보하고 오고 가는 길에 화재 안전도 점검하게 되었다.

아파트 계단실은 화재 발생 시 매우 중요한 대피로이다. 그러나 대상지 계단실은 평상시 주민들이 무심코 쌓아둔 각종 생활용품들로 가득하였다. 관리실 측은 "계단실 정리를 위해 주민들을 설득하고 청소도 해봤지만 늘 제자리였다."라고 하였다. 이 또한 화재 안전을 위해 주민들이 함께 '지켜야'할 부분이다.

'비상구 비워두기' 캠페인 ©미술과조형, LOUD

'비워두기' 캠페인을 위한 주민 홍보 포스터 ©미술과조형

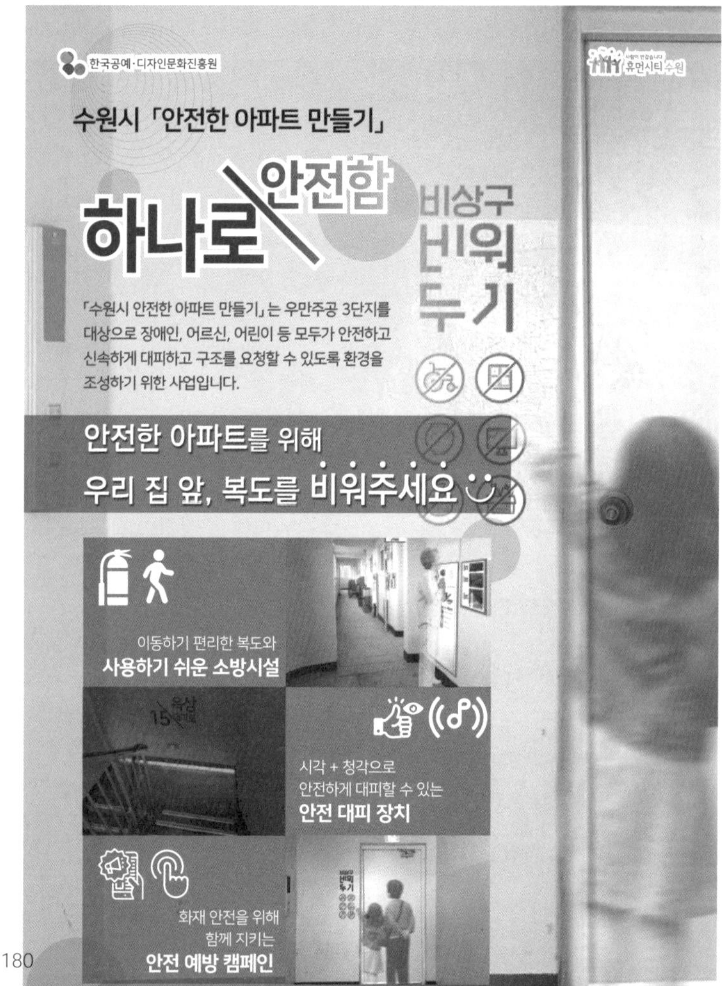

복도와 계단실이 안전한 대피로로 활용될 수 있도록 '공공소통연구소'와 협업하여 '비워두기' 캠페인을 실행하였다. 대상지에서 가장 빈번하게 적치되는 물품들을 조사하고 주민 수요를 파악해 픽토그램을 개발하였다.

비워두기 캠페인과 함께 계단실 초입 벽면에는 6가지 '비상구 비워두기' 픽토그램을 시각적으로 전달하는 디자인을 적용하였다.

대상지 외에 다른 아파트 특성에 맞춰 자유롭게 활용 가능하도록 아파트용 '비워두기 픽토그램을 확장형으로 개발'하여 가이드로 제시하기도 하였다.

소방청 통계에 따르면 아파트 화재가 주로 발생하는 장소는 주방이다. 외출하면서 또는 주방을 오고 가며 화재 예방 행동을 떠올릴 수 있도록 '생활안전 마그네틱'을 개발하여 배포하였다. 이를 통해 부주의가 화재로 이어질 수 있는 일상생활 장소에서 다시 한번 화재 예방을 위한 안전 행동들을 떠올리며 주민들 스스로 안전 행동을 취할 수 있게 유도하였다.

화재 예방 캠페인 마그네틱 ©미술과조형, LOUD

가스확인

난방기구전원확인

조리시화재주의

가정화재예방

쓰레기소각

담배꽁초투기

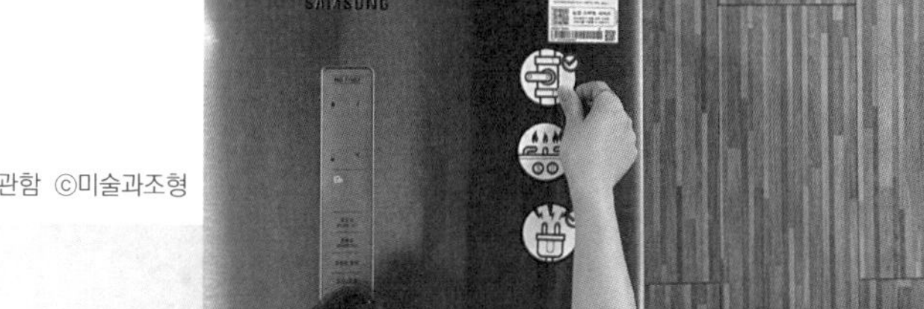

'지켜주기' 보관함 ©미술과조형

두 번째, 골든타임 내 올바르고 신속한 대응이 가능하도록 '알려주기'

화재가 발생한 상황이라면 어떻게 대처해야 할까? 우선 신속하게 이웃들에게 알려야 한다. 화재 발생을 빠르게 알리고 대응하기 위한 '알려주기'는 초기 화재를 진압하고 인명피해를 줄일 수 있는 중요한 안전 행동이다. 이처럼 신속한 행동을 유도하기 위해 안전 시설물을 직관적으로 개선하였다. 하나로 안전함 '알려주기'에서는 소화전 비상벨을 누르도록 유도하는 팝업 안내와 소화전 디자인을 연계하고, '불이야' 확성기를 비치하였다. 간단하지만 주민들에게 신속하고 정확하게 상황을 알리도록 유도하는 중요한 단계의 디자인이다.

또한 사전 실험과 관찰을 통해 발견한 복도식 아파트의 구조로 인한 시각적 인지성도 고려하였다. 이같은 특성을 반영하고자 방재 시설마다 45도 모서리에 빨간색으로 강조색을 주어 측면에서도 시설물 위치가 눈에 잘 띄도록 하였다. 또한 소화기와 소화전 사용법을 쉽게 숙지하고 사용할 수 있도록 읽기 쉽게 사용 안내 정보를 개선하였으며, 모두가 이를 활용할 수 있도록 시야각을 고려해 높이를 조정하였다.

측면에서도 잘 보이도록 디자인한 안전시설물
ⓒ미술과조형

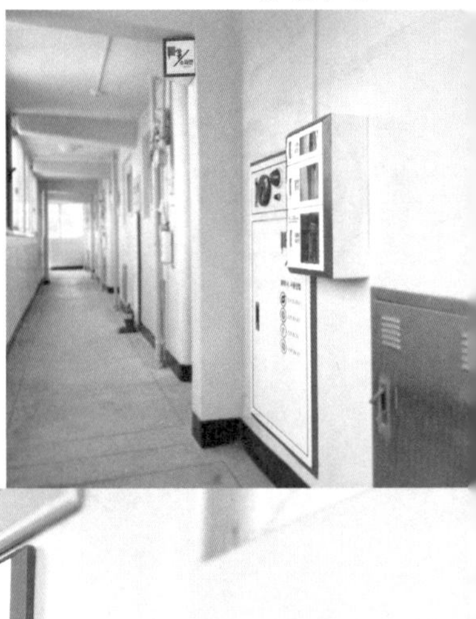

지켜 주기

'하나로안전함' 알려주기 ©미술과조형

아파트 화재 시 화염은 수평 방향으로는 초당 0/5~1m, 수직방향으로는 2~3m씩 이동한다.[1] 순간적인 연소 확대와 연기 분출을 일으키는 아파트 화재에서 가장 중요한 것은 '골든타임'내 신속하게 이웃에게 알리는 것이다. '지켜주기'칸 아래 '알려주기'에는 안전함 바로 옆에 있는 소화전 안전벨을 누르도록 안내하고, '불이야' 확성기를 통해 화재 상황을 이웃들에게 신속히 알리도록 유도한다. 단순하지만 초기 화재 발생 시 빠르고 확실한 방법이다.

1) 김유식 외, 고층아파트 피난방법 및 효율적인 화재진압에 관한 연구, 한국화재소방학회 학술대회 논문집, Vol.2011 No.춘계, 2011.

세 번째, 모두를 위한 빠르고 쉬운 피난 대피 유도 체계 '대피하기'

화재가 발생하고 대피가 가능한 상황이라면 대피로를 따라 신속하게 대피하는 것이 가장 현명한 방법이다. 세 번째 안전을 위한 행동 '대피하기'는 피난 유도 체계를 강화하고 안전도를 높이는 안전 디자인이다.

우선 대피로에 있는 하나로 안전함 '대피하기'는 가장 넓은 면을 차지한다. 위험한 순간에 빠르게 사용해야 할 숨수건과 손전등과 같은 안전용품이 구비되어 있다. 이동 약자 또는 상황에 따라 대피가 어려운 경우 자신의 위치와 상황을 안전하게 알릴 수 있도록 누르는 호루라기와 던지는 구조 깃발도 함께 비치하였다.

또한 화재 발생 시 수직으로 연기가 이동하는 고층 아파트는 단시간 계단실이 어둡고 위험해진다. 이때 주민들이 소리와 빛으로 대피로를 인지하고 계단실을 따라 일 층까지 무사히 대피할 수 있도록 시각과 청각을 이용한 화재 경보 시스템을 현장에 도입하였다. 화재 안전 시설물을 제작하는 소방 전문 기업과 협업하여 '소방 안전 검사'를 거쳐 아파트의 수직 대피를 위한 '시청각 안전 시설물'을 특화하여 개발하였다. 대피하기를 위한 시청각 대피체계는 어두운 대피로에서도 빛과 소리를 따라 주민들이 빠르게 이동할 수 있도록 화재경보기와 연동되어 화재 상황과 대피로를 안내한다.

이외에도 읽기 편한 대피 안내 정보를 도입하여 쉽고 명료한 안전 정보를 디자인하였다.

ⓒ미술과조형, 신영

'대피하기' 안전용품
ⓒ미술과조형

'대피하기' 안내판은 하나로안전함 '대피하기'와 연결되는데, 기존에 어렵고 복잡한 피난 안내도와 대피요령을 쉽고 빠르게 인지할 수 있도록 개선하였다. 엘리베이터 바로 옆에 부착하여 주민들이 평상시에 대피 요령과 대피 방법을 자연스럽게 숙지할 수 있도록 유도하였다. 주민을 대상으로 한 설문조사에서 디자인 적용 후 재난 대피도를 이해하는 비율은 35%에서 89%로 상승하였다.

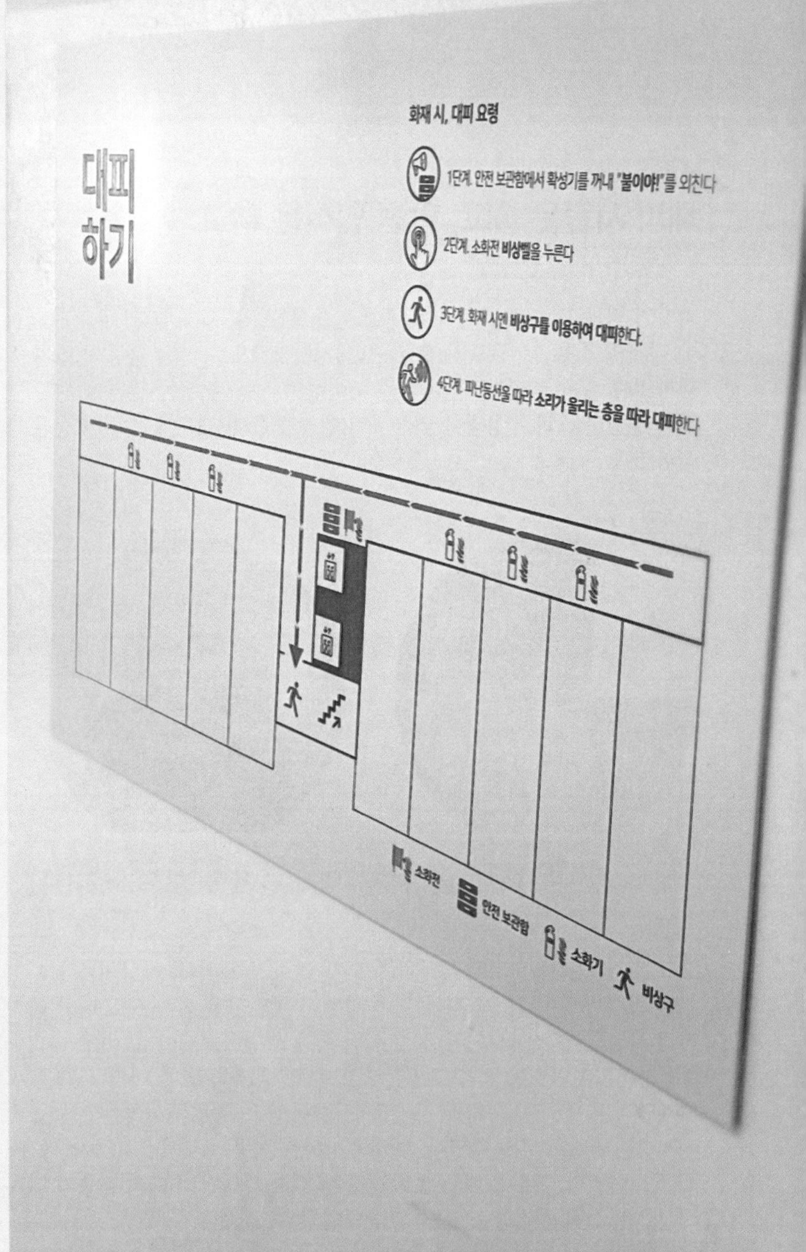

읽기쉬운 안내판 ©미술과조형

04

정말로 안전해졌을까? 실증평가를 위한 실험

대피 시간은 줄고, 안전 인식은 늘고

디자인 적용 후 효과성 평가를 위해 실증실험을 진행하였다. 주민 동의하에 디자인 적용 전·후 단계에서 주민들을 대상으로 안전 행동 변화를 실험하였다. 우선 화재 안전 공간을 분석하여 사용자 행동 관찰을 위한 장소를 선정하고 화재 상황을 연출하여 행동 변화와 대피에 걸린 시간을 측정하였다.

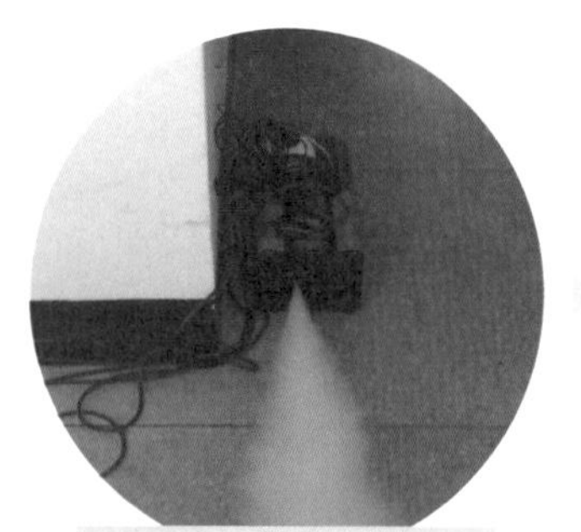

포그 머신를 통한
화재 상황 연출

화재경보를 통한
화재상황 전파

입주민 행동 관찰 및
대피 시간 측정

실증실험 측정 과정 ©'하나로안전함' 결과보고서

포그 머신을 통해 연기가 발행하자 화재 경보가 울렸다. 가상의 상황이었지만 화재 상황이 연출되자 실험에 참여한 주민들은 집 밖으로 나와 대피하기 시작하였다. 안전디자인 적용 전 화재 상황을 파악하고 바로 대피한 주민은 3명이었지만 적용 후에는 12명으로 증가하였다. 대피 시간은 비상계단까지 평균 31초에서 23초로 감소하였고, 출입구까지는 2분 35초에서 2분 20초로 감소하였다. 엘리베이터를 사용한 비율은 40%에서 0%로 감소하였다. 촌각을 다투는 화재 발생 대피 과정에서 대처 행동과 대피 시간에 긍정적인 영향을 미친 것을 확인할 수 있었다.

설문조사에서는 주민들이 체감한 디자인 적용 전·후 안전 인식도를 측정하였다. 화재 안전과 관련한 주민체감 인식도가 어떻게 변화하였는지 알아보기 위해 질문하였다.

설문조사 결과 소화전과 소화기 인식에 대한 비율은 28.3%에서 84.5%로 증가하였고 재난 대피도에 대한 이해도 또한 35.8%에서 89.6%로 증가하였다. 비상계단 이용 시 층수를 인식하는 비율은 21%에서 78%로 증가하였으며, 안전시설물 사용 방법에 대한 이해도 역시 22.4%에서 89.4%로 증가하였다.

실증실험과 설문 데이터를 기반으로 안전 디자인 적용 효과를 종합적으로 비교·분석한 결과 주민들의 '안전 행동은 기존 대비 74% 개선'되었고, '안전 인식도는 84% 증가'하였다.

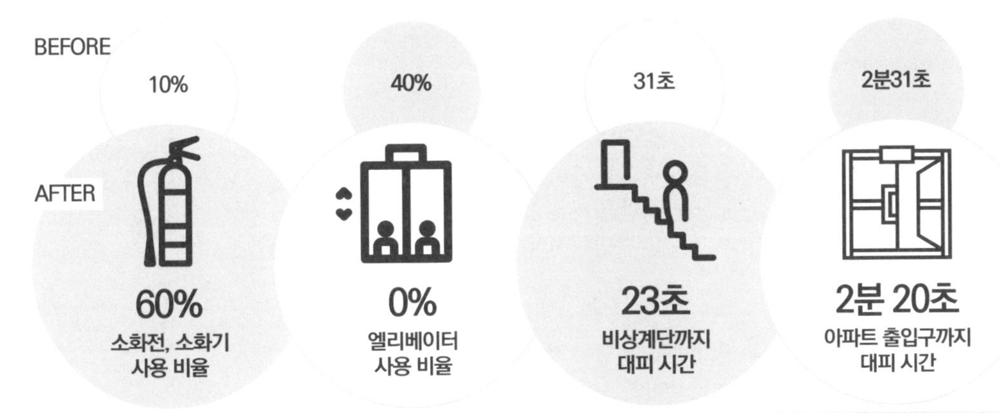

실증실험을 통한 종합분석 ©'하나로안전함' 결과보고서

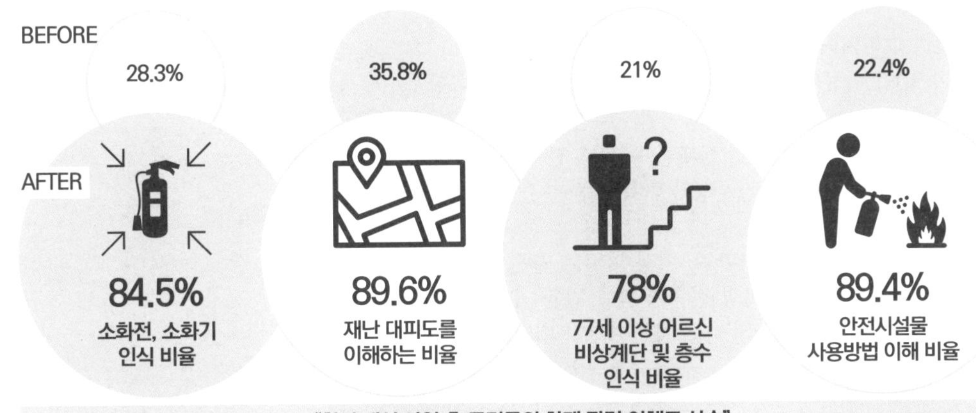

설문조사를 통한 전후 안전인식도 비교 ©'하나로안전함' 결과보고서

0%를 향한 발걸음

안전의 목표치는 언제나 'Zero'이다. 안전의 미비함이 야기하는 희생은 1%도 0.1%도 아닌 '0%'를 지향하기 때문이다. 화재로부터 안전한 아파트 만들기 '하나로 안전함' 프로젝트는 바로 이 '0%'에 도전하였다. 이를 위해 예방과 대응, 대피의 3단계 과정을 주민들의 눈높이에서 쉽고 정확하게 전달하고자 하였다. 일상에서 '지켜주기', 위급할 땐 '알려주기', 신속하게 '대피하기'. 화재 사고 발생률을 낮추기 위한 이 세 가지는 소중한 생명과 직결되기에 어느 하나도 간과할 수 없다.

이번 프로젝트는 4가지 의의를 갖는다. 첫째, 국내 최초 구축 고층 아파트 맞춤형 안전 디자인이라는 점이다. 현장 조사, 관찰, 실험, 인터뷰, 전문가 자문 등의 체계적 조사를 토대로 국내 최초의 구축 고층 아파트 실태를 고려한 화재 안전 통합형 디자인을 개발하였다.

둘째, 재난 안전 디자인 시범사업을 토대로 국내 고층 아파트에 확산·적용할 수 있다. 확산성을 고려한 공공 안전용품과 아파트에 특화한 디자인 모듈 및 가이드는 국내 아파트 어디에서나 화재 안전을 위해 적용 가능하다. 대상지 외에 타 지역 현장성을 고려하여 응용할 수 있도록 다양한 방향의 디자인 가이드를 제공하고 있다.

셋째, 실증실험을 통해 효과성과 안전성을 입증하였다. 프로젝트에 투입한 다양한 디자인 요소들을 화재 상황을 연출하여 실 거주민들과 실증하고, 안전성과 안전에 관한 인식도 향상을 측정하였다. 대피 시간 감축 효과를 보인 비상 대피로 시청각 안전 시설물은 소방 안전 시설물로 등록되어 아파트뿐 아니라 고층 건물 비상 대피로에도 적용할 수 있다.

넷째, 공공디자인 거버넌스를 통한 다양한 협력의 결과물이다. 프로젝트 수행을 위해 약 30명 이상의 전문가가 투입되었고, 수원시, 수원남부소방서를 비롯한 소방 안전 시설물 제작 업체와 공공소통연구소, 홍익대학교 공공디자인 연구센터 등 소방, 행정, 디자인, 캠페인 등 관련 전문 기관이 함께 네트워크를 이루어 추진하였다. 그 결과, 전문성과 만족도 높은 결과를 도출할 수 있었다.

29만 호에 이르는 대한민국 아파트. 이제 아파트 안전 문제는 개인을 넘어선 공공의 문제이다. 「공공디자인의 진흥에 관한 법률」 10조 1항에서는 '공공의 이익과 안전을 최우선으로 고려'하는 공공디자인의 기본 원칙을 제시한다. 디자인을 통한 공공의 안전성 증대는 공공디자인의 주요 원칙이다. 국민의 안전과 행복한 삶을 위해 공공디자인은 그 원칙들을 실천하고 확대해 나갈 것이다.

소화기
fire extinguisher

[안전을 위한 건축만들기]

전부가 사라질 수 있는 재난에 대처하는 안전한 도시공간

지진에 대비하는 안전한 건축물

김경은 cemiplus@naver.com

(주)세미종합건축사사무소 대표이사/건축사/CVP
현) 충청남도.천안시공공건축가
홍익대학교 공공디자인 박사과정수료

@Freepik

01

'지구속 시한폭탄 지진'으로 인한 재난 상황

최근 튀르키예와 시리아에서 규모 7.8의 대지진과 처참한 영상이 공유되면서 재난의 무서움과 불안감이 증폭되었다. 일본도 오사카의 지진으로 평온했던 일상이 무너지면서 재난 상황에 대한 이슈가 커지고 있다. 매슬로우(maslow)의 인간욕구 이론에서 가장 기본적인 것이 생리적 욕구와 안전에 대한 욕구로서 안전이 바탕이 되어야 일상활동과 사회적 활동이 가능한 건 당연하다.

또한, 예기치 못한 상황에서 오는 재난은 더욱더 크게 우리의 일상을 파괴한다.

2023년 튀르키예·시리아 대지진은 2023년 2월 6일 튀르키예 동남부 가지안테프 인근을 강타한 규모 7.8의 지진이다. 튀르키예 남부와 시리아 북구를 강타한 대지진의 인명 피해가 계속 늘어나고 있다. 2월14일 기준으로 발표한 자료를 살펴보면 튀르키예에서만 지진 사망자가 3만 5,418명이고, 부상자가 10만 명을 넘겼다. 이 수치는 지난 1939년 에르진잔 대지진을 뛰어넘는 튀르키예 역사상 최악의 자연재해 피해라고 한다. 내전으로 정확한 피해 규모를 파악하기 어려운 시리아의 상황까지 포함된다면 실제 인명 피해규모는 이보다 훨씬 많을 것으로 예측되고 있다.[1)]

튀르키에 대지진 ©Caglar Oskay　　일본지진 ©onur Burak Akn

1) SBS뉴스 https://news.sbs.co.kr/news/endPage.do?news_id=N1007082193

지난 1일 일본 노토반도를 덮친 규모 7.6 강진으로, 인접 3개현에서 발생한 피해액이 최대 2조6000억엔(약 23조5000억원)에 이를 것으로 일본 정부가 잠정 추산했다. 재산 유형별로는 주택 4000억~9000억엔, 공장·빌딩 등 비주택 건물 2000억~4000억엔, 도로·수도·항만 등 사회간접자본 5000억~1조3000억엔이다. 내각부는 2011년 3월 동일본 대지진의 피해액은 약 16조9000억엔, 2016년 구마모토 지진의 피해액은 약 4조6000억엔으로 추산했다고 교도통신은 전했다.[2)]

일본의 이시카와현 노토반도의 지진피해로 다카이치 사나에 경제안보 담당상이 2025년 개최 예정인 오사카·간사이 만국박람회(엑스포)를 연기해 줄 것을 최근 기시다 후미오 총리에게 진언한 것으로 전해졌다.[3)]
엑스포 개최를 연기하는 것은 쉽지 않은 일임에도 복구에 필요한 경제적 사회적 타격이 크기 때문이다.하지만 과거 지진 시 피해 사항을 살펴보면 내진설계가 된 건물들은 비내진건물에 비해 큰 피해가 없었다고 전문가들은 전하고 있다.

국내 전체 건축물 중 13.4%만이 지진에 대비한 내진설계적용

우리나라의 상황도 지진에 대한 관심이 높아진 가운데 전국 건축물 중 84%는 내진확보가 안된 것으로 확인됐다. 국민의 안전과 직결된 문제이므로 중요성과 심각성이 크다고 볼 수 있다. 국회 국토교통위원회 김선교 의원(국민의힘)이 국토교통부로부터 제출받은 '전국 건축물 내진 확보 현황'에 따르면, 작년 말 기준으로 국내 전체건축물 735만 6,214동 중에서 내진 확보된 건축물은 98만 4,502동으로 13.4%에 불과하다.[4)]

우리나라는 큰 규모의 지진이 자주 발생하지 않는 중·약진 지역이나 지진대비에 대한 한계점을 제공한 시점은 2016년 9월 12일 발생한 경주지진과 2017년 11월 15일 발생한 포항지진으로 더 이상 안전지대가 아닌 것으로 나타났다. 앞으로 더 큰 규모의 지진이 발생하게 되면 국내 건축물의 내진설계 역사와 비율이 낮기 때문에 큰 피해가 예상된다.

지진은 지각변동 및 지반운동으로 인하여 인명 및 재해를 가져오는 무서운 자연재해다. 지진은 예측하기 힘들다는 어려움이 있을 뿐만 아니라 지진이 발생하면 피해지역이 매우 광범위하게 된다. 지진은 1년에 약 만 명 정도의 인명피해를 낸다고 하니 그 위험도를 간과하여서는 안 된다.[5)]

---

2) 박소연,日정부, 노토반도 지진 3개현 피해액 23조원 추산. 파이낸셜뉴스 2024.01.26.
https://www.fnnews.com/news/202401260718207357
3) 박용하,일,지진피해 복고 급한 판에 엑스포?, 경향신문.2024.01.28.
https://www.khan.co.kr/world/japan/article/202401282117015
4) 김다훈, 국내 건축물 84% 내진 설계 안돼, 이코노미뉴스,2023.02.25.
http://www.m-economynews.com/mobile/article.html?no=37051
5) 한상환. 우리나라 내진설계 현황 및 문제점. 건축학회. 제55권 제5호. 2011.5 P22.

국내 지진발생추이

연도별 국내 지진발생 추이

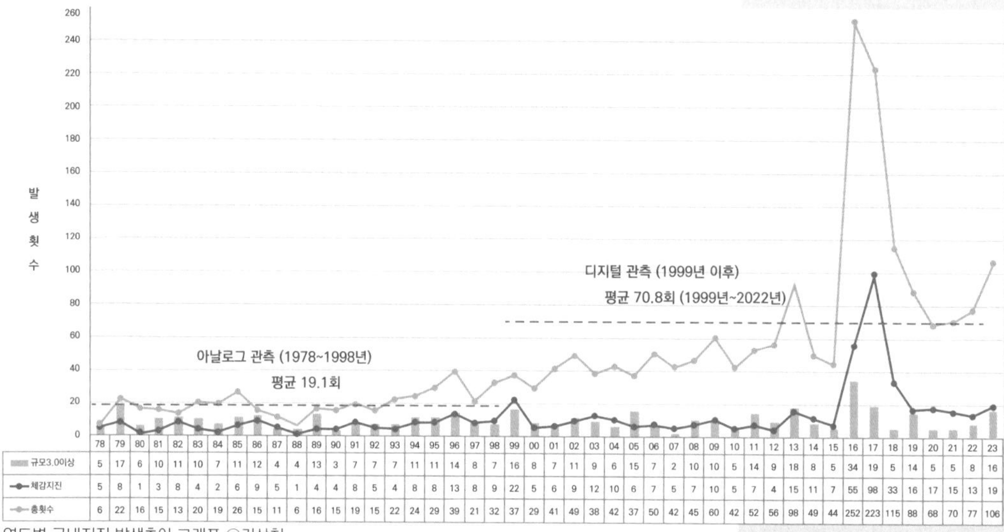

	78	79	80	81	82	83	84	85	86	87	88	89	90	91	92	93	94	95	96	97	98	99
규모3.0이상	5	17	6	10	11	10	7	11	12	4	4	13	3	7	7	7	11	11	14	8	7	16
체감지진	5	8	1	3	8	4	2	6	9	5	1	4	4	8	5	4	8	8	13	8	9	22
총횟수	6	22	16	15	13	20	19	26	15	11	6	16	15	19	15	22	24	29	39	21	32	37

	00	01	02	03	04	05	06	07	08	09	10	11	12	13	14	15	16	17	18	19	20	21	22	23
규모3.0이상	8	7	11	9	6	15	7	2	10	10	5	14	9	18	8	5	34	19	5	14	5	5	8	16
체감지진	5	6	9	12	10	6	7	5	7	10	5	7	4	15	11	7	55	98	33	16	17	15	13	19
총횟수	29	41	49	38	42	37	50	42	45	60	42	52	56	98	49	44	252	223	115	88	68	70	77	106

연도별 국내지진 발생추이 그래프 ©기상청

관측기준

-규모3.0이상(실내의 일부 사람이 느낄 수 있는 정도)의 지진
-체감지진: 사람이 진진동을 체감한 지진
-총 횟수 : 국내에서 발생한 규모 2.0이상의 지진발생횟수

그림과 같이 아나로그 관측에서 디지털 관측이 시작된 1995년 이후로 관측장비에 의한 증가 뿐만 아니라 지진의 증가는 1999년이후의 데이터로 평균 70.6회로 월평균 5.8회의 지진이 있었다.

2016년 경주지진과 2017년 포항지진의 여진으로 연 200회가 넘는 지진이 발생하였으며 그래프와 같이 뚜렸한 증가 추세를 보이고 있다. 2016년 9월 12일 경주에서 발생한 9.12 지진은 규모 5.8로 대구에서는 진도 6정도, 부산, 울산, 창원 등에서는 진도 5정도로 나타났다.

여진에 대한 피해가 크며 데이터를 통하여 최근 몇년 동안 큰폭으로 증가하고 있는 걸 볼 수 있다. 강진은 다른나라 이야기로 인식할 수 있지만 한반도의 발생가능한 지진의 최대규모는 6.2로 추청하고 있으며, 학계에서는 규모 7.0까지 예상하고 있다.

9.12 지진 피해현황

1978년 시작된 기상청의 계기지진관측 이래 기록된 가장 큰 규모의 지진으로 행정안전부(당시 국민안전처)가 집계한 피해 현황 (2016년 9월 25일 06시 기준)은 인명피해 및 재산피해가 9,319건으로 조사되었다.[6]

9.12지진 이후에 기상청에서는 일본에서 활용되는 설문조사서를 참고로 경주시와 울주군 주민들을 대상으로 설문한 결과 계속 발생되는 여진에 대해 작은 흔들림에도 두려움을 느낀다는 응답이 75%로 지진에 대비하고 싶지만 할 수 있는 것이 없고 모르겠다는 응답이 94%로 대다수를 차지했다.

지진으로 인한 경제적 피해뿐만 아니라 심리적·정신적인 피해와 일상으로의 복귀는 가늠하기 힘들 정도로 큰 부분을 차지한다고 할 수 있다.

9.12 지진 이후로 계속 발생하고 있는 여진에 대해 (단위 %)

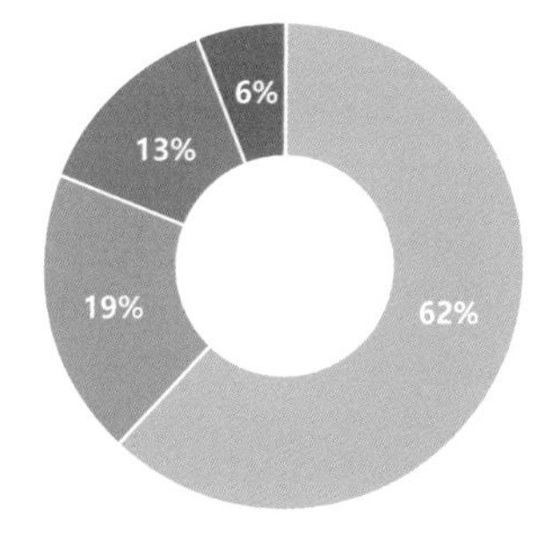

- 작은 흔들림에도 매우 두려움을 느낀다 (62%)
- 작은 흔들림은 두렵지 않다 (19%)
- 작은 흔들림에 약간 두려움을 느낀다 (13%)
- 큰 흔들림도 두렵지 않다 (6%)

9.12 지진 이후로 지진 대응은 어떻게 하고 있습니까? (단위 %)

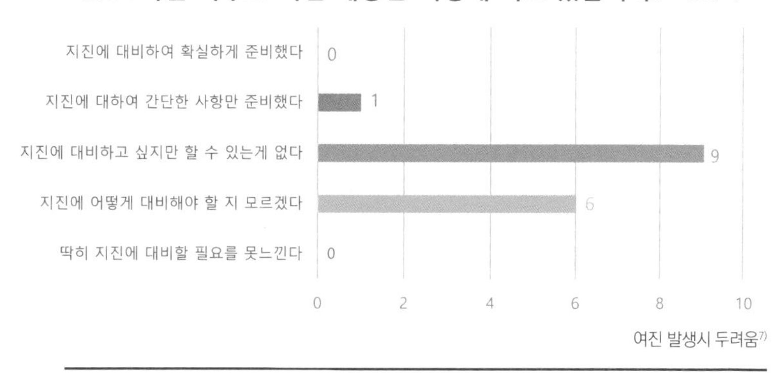

여진 발생시 두려움[7]

6) 9.12 지진 대응보고서. 기상청자료 P10
7) 9.12 지진 대응보고서. 기상청자료 P26

9.12 지진 이후 대응 강화

9.12 지진을 계기로 한국은 지진 방재 대책 정책을 강화하였다. 내진 보강 투자를 확대하고, 내진 설계 및 내진 보강의 관련 법제도를 개선하여 대상을 저층 건축물과 모든 주택으로 확대하다. 이에 따라, 내진 보강 완료 목표 기간을 당초 2045년에서 2035년으로 10년 단축하였으며, 특히 포항 지진으로 피해를 입은 학교 시설의 내진 보강 완료 기간을 유·초·중등학교는 2034년에서 2029년으로, 국립대학은 2027년에서 2022년으로 5년 단축하였다.

또한, 의무 대상이 아닌 건축물에서도 내진 설계를 반영할 경우 인센티브를 제공하는 인증제를 실시하고, 민간의 내진 보강을 지원하기 위한 정책을 도입하였으며, 지방세 특례제한법을 개정하여 내진 성능을 확보한 건축물에 대해 취득세와 재산세 감면 혜택을 제공하고, 보험 요율에 차등을 적용하여 내진 성능이 우수한 건축물에 대한 보험료를 조정하였다.

국토교통부는 설계 및 감리 과정에 전문 구조기술사의 참여 범위를 확대하고, 내진 설계 이행 확인 절차를 마련하여 부실 시공 방지를 위한 조치를 강화하였다. 비구조 재의 내진 설계를 의무화하고, 필로티 구조 설계 예시와 시공 상세를 제시하는 등 국내 현황에 맞는 내진 설계 기준을 마련하는 변화가생겨났다.

행정안전부는 전국의 활성 단층 조사와 연구를 강화하고, 한국형 액상화 현상에 대한 연구를 진행하여 지진 대비책을 보완하였으며, 건축물의 내진 능력을 공개하여 국민들이 건축물의 안전성을 직접 확인할 수 있도록 하였다. 이러한 종합적인 조치는 지진으로부터의 위험을 줄이고 국민의 안전을 보장하기 위한 목적으로 시행되었다.

우니라나 지진 방지대책 ©학교시설 내진 사업단

9.12 경주지진 이전	9.12 경주지진 이후
● 일본고베시신('95.4월 규모7.3)을 계기로 「자연재해대책법」에 지진 관련 규정 반영 (‘95.12월) →「지진재해대책법」제정('08.3월) →「지진·화재재해대책법」으로 개정(‘15.7월) ● 법·제도 정비위주로 예산투자, 지진 연구 등 미흡 -공공건축물 1단계 내진보강('11~‘15년)결과 계획대비 21%투자 -내진화는 37.3%에 그침 ● 단·층 지진연구 미흡, 전문인력 부족 등 근원적 문제 상존	**● 기존 대책 중 제도 정비의 주요 성과는 발전시키고, 9.12 지진을 계기로 도출된 문제점에 대해 종합대책 마련** **● 지진 조기경보 및 국민 안전교육 강화** **● 내진대상 확대 및 내진보강 강화** **- 내진설계 의무대상 확대 및 기준 향상** **- 공공시설 조기 내진보강 및 안전관리 강화** **● 지진연구 및 민관협력 확대** **● 지진대응역량 강화 (매뉴얼 및 대응체계 개선, 인력 및 예산 확대)**

"실제로
내진설계비용은
건축비의 0.7%로
적은 비율의
금액이므로
추후 보강이 아닌
신축시
내진설계하는 것이
효과적"

지진피해 ©Dave Goudreau

02

건축물에 적용되는 지진 예방을 위한 내진구조

지진의 원인[8)]

지진의 직접적인 원인은 암석권에 있는 판(plate)의 움직임으로, 이러한 움직임이 직접 지진을 일으키기도 하고 다른 형태의 지진 에너지원을 제공하기도 한다.

현재, 세계에서 규모(magnitude)8 이상의 지진은 매년 2회, 그리고 규모7 이상은 20회 정도 발생하고 있다. 이러한 지진다발지역인 판의 경계 부위 지진대에서 주로 발생하고 있으나 그 규모나 빈도의 차이는 있으나 지구표면 어디에서나 발생할 수 있다는 것이 지진학자들의 일반적인 견해이다.[9)]

[대표학설]

탄성반발설 (Elastic rebound theory)

이 이론은 1906년 캘리포니아 대지진이 발생했을 때, 레이드(H. F. Reid)가 산안드레아스 단층을 조사하여 샌프란시스코지진의 원인을 규명한 것이다. 이것은 지면에 기존의 단층이 존재한다고 가정하고 이 단층에 가해지고 있는 힘(탄성력)에 어느 부분이 견딜 수 없게 되는 순간 급격한 파괴를 일으켜 지진이 발생한다는 것이다.

판구조론 (Plate tectonics) –주로 판의 경계에서 지진 발생

남미의 동부 해안선과 아프리카의 서부 해안선이 잘 들어맞는 현상은 과거부터 하나의 수수께끼로 제시되어 왔다. 1912년 독일의 지질학자인 알프레드 베게너는 이에 대한 설명으로 현재 지구의 지각은 약 2억년 전에 판게아라는 하나의 초대륙으로부터 갈라져 나왔다는 가설을 제시하였다. 이러한 대륙이동설이 원동력이 되어 1960년대 후반에 등장한 판구조 이론은 현재까지 가장 성공적인 지구물리학 이론 가운데 하나로 인정받고 있다.

---

8) 한국지질자원연구원. https://www.kigam.re.kr/menu.es?mid=a40302030000 .2024.03
9) 지진과 우리나라의 내진설계.2008. 건축학회 저널 제52권 저10호.P3. 한상환, 이한선

지진관측[10)]

진도: 진도(Intensity)는 관측된 영향, 특히 피해의 정도에 따라 결정되는 지진의 크기 척도이다. 발생한 지진에 대해 일반적으로 진앙으로부터 멀어질 수록 진도는 감소하지만, 지역의 기반암과 표층의 성질에도 커다란 영향을 받는다. 우리나라의 경우 현재는 MMI(modified Mercalli intensity scale)등급으로 진도를 표시하고 있다.

1, 2, 3	처음에는 거의 변화를 느끼지 못하다가 고층에 있는 사람들이 약간의 흔들림을 인식
4, 5, 6	건물 창문이 깨지고 실내의 물건이 점점 세게 흔들리기 시작
7, 8, 9	내진설계 되지 않은 건물이 무너지고 땅에 금이 가기 시작
10, 11, 12	건물들과 교량이 거의 파괴되고 땅에 넓은 균열이 생기며 지층이 어긋남

MMI 지진진도표 (modified Mercalli intensity scale) ©harry Wood,Frank Neumann

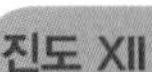
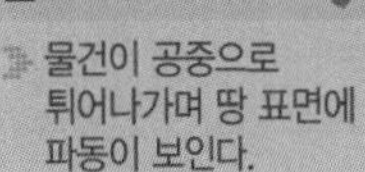

수정 메르칼리 진도계급 ©행정안전부

10) 한국지질자원연구원. https://www.kigam.re.kr/menu.es?mid=a40302030000 .2024.03

지진의 규모와 진도의 차이점

지진의 크기를 나타내는 척도로써 규모와 진도를 사용하고 있다. 규모는 진원에서 방출된 지진에너지의 양을 나타내며, 지진계에 기록된 지진파의 진폭을 이용하여 계산한 절대적인 척도이다. 반면, 진도는 어떤 한 지점에서 사람의 감지 정도, 구조물 피해 정도에 따라 지진동의 세기를 표시한 것으로 관측자의 위치에 따라 달라지는 상대적인 척도이다. 규모가 큰 지진이라도 아주 멀리서 발생하면 지진에너지가 전파되면서 감쇠하기 때문에 지진동이 약해지며, 반대로 작은 규모의 지진이라도 아주 가까운 거리에서 발생하면 지진에너지의 감쇠가 적어 지진동이 강하게 기록된다.

진도는 지진의 규모와 진앙거리, 진원 깊이에 따라 크게 좌우될 뿐만 아니라 그 지역의 지질구조와 구조물의 형태에 따라 달라질 수 있다. 따라서 규모와 진도는 1대1 대응이 성립하지 않으며, 하나의 지진에 대하여 여러 지역에서의 규모는 동일하나 진도는 달라질 수 있다.[11)]

[규모]
지진의 절대적인
에너지 크기

[진도]
특정 장소에서
느낄 수 있는
흔들림의 크기

지진 예방설계

건축법상 건축물의 내진설계 의무기준은 1988년 처음 내진설계 기준에 관한 규정을 신설하고 「건축법 시행령 제32조 제2항」에 근거하여 건축물의 설계 시 의무적으로 내진설계를 하도록 의무대상을 법적 조항으로 규정하였다.

그림4에서 1988년 제정 당시에는 6층 이상 100,000㎡ 이상으로 대규모의 건물이 주로 대상이었다면 내진에 대한 중요성이 부각되면서 2016년 경주. 포항지진의 피해 이후 내진설계기준을 대폭 강화하였다.

「건축물의 구조기준 등에 관한 규칙」은 제정 이후 계속적으로 확대되었으며 현행 2층 이상 또는 연면적 200㎡(목구조 500㎡) 이상의 소규모 건축물도 포함하는 거의 모든 건축물이라 볼 수 있다. 또한 건축물의 골격이 구조요소 뿐만 아니라 비구조요소(뼈대를 구성하는 요소가 아닌)에도 적용 확대되어 외벽 마감 재료의 지진 시 탈락을 막기 위한 벽돌이나 석재마감, 내부 매달린 천정 및 이중바닥 등에도 내진설계가 반영되어야 하며 설비설계 부분에도 내진설계가 확대되고 있다.

내진설계 대상건물
ⓒ행정안전부(지질안전시설물인증제)

건축시기	내진설계 의무대상 건축물
'88년	6층 이상 100,000㎡ 이상
'95년	6층 이상 10,000㎡ 이상
'05년	3층 이상 1,000㎡ 이상
'15년	3층 이상 500㎡ 이상
'17년2월	2층 이상 500㎡ 이상
'17년12월	2층 이상 또는 200㎡ 이상, 모든주택

11) 한국지질자원연구원.https://www.kigam.re.kr/menu.es?mid=a40302030000 .2024.03

내진구조의 개념

내진은 지진에 견디는 것으로 내진설계를 통하여 지진시 건축물의 붕괴를 막고 인명피해를 줄이기 위함이다.

내진구조는 구조물 자체가 지진에너지에 견디는 것이며, 제진은 구조물에 설치된 장치를 통하여 지진에너지를 제어하여 줄이는 것이며, 가장 안전한 내진설계방법으로는 면진으로 지반과 건물사이의 장치를 통하여 건물에 지진에너지를 전달하지 않게 설계기법이다.

내진구조란?

강한 규모의 지진파에도 건축물의 구조나 시설물들이 붕괴되지 않게 내진설계를 통하여 지진에 저항할 수 있도록 하는 구조

내진구조의 종류 ©김경은 재작성

종류	내진(耐震)구조	제진(制振)구조	면진(免震)구조
방식	작용하는 지진력을 강도 및 인성 등 부재력을 크게하여 지진력에 저항하는 구조	구조물의 내부나 외부에서 구조물의 진동에 대응한 제어력을 가하여 구조물의 진동을 저감시키거나 구조물의 강성인 감쇠 등을 변화시켜 구조물을 제어하는 구조	지진등의 주기 특성을 이용함으로써 지진력을 줄이자는 발상이며 인위적인 면진장치에 의해 고유주기가 조정된 구조, 또는 장주기 구조
모형	지진충격을 견딘다	지진충격을 제어한다	지진충격을 피한다
특성	적절한 부재와 배치에 의해 강도와 점성으로 지진에 저항	건물에 설치된 장치가 지진과 바람에 의한 건물의 진동을 제어함	지반과 건물 사이에 면진장치를 설치하여 구조체에 전달되는 진동을 최소화
흔들림	비내진건물보다 흔들림이 적음	흔들림을 30~50% 감소	흔들림이 대폭 감소
지진 후	구조물이 타격을 받음	내진을 위해 설치가 부재가 타격을 받아 내진부재 교체	가장 효과적인 방법으로 타격이 최소

03

우리나라의 내진구조 현황

일반건축물현황

국토교통부 용도별 건축물 통계는 16개 시도의 용도별(주거용, 상업용, 공업용, 종교사회용, 기타) 현황을 나타내는 수치이며, 2022년 기준 우리나라 전체건축물 중 주거용은 62.2%, 상업용은 18.6%, 공업용은 4.6%, 종교사회용은 2.7%를 차지한다.[12)]

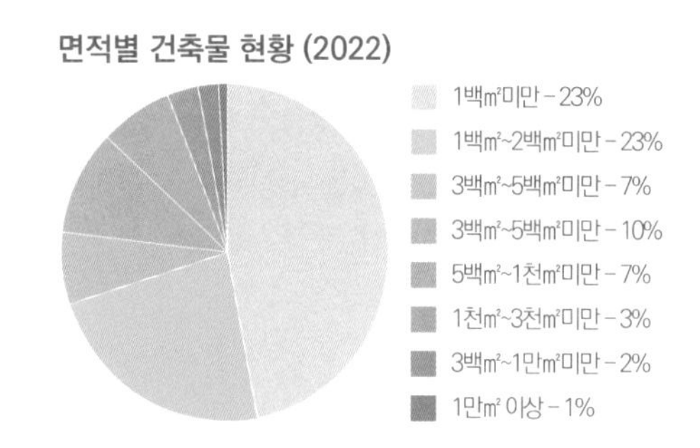

우리나라 용도별 건축물현황 ©국토교통부 통계자료2022

국토교통부 면적별 건축물 통계는 1백㎡ 미만 건축물이 43.9%, 1백㎡~2백㎡ 미만이 22.4%, 2백㎡~3백㎡미만이 7.4%, 3백㎡~5백㎡미만이 11%, 5백㎡~1천㎡미만이 8%, 1천㎡~3천㎡미만이 4%, 3천㎡~1만㎡미만이 2.3%, 1만㎡이상이 0.9%를 차지한다.[13)]

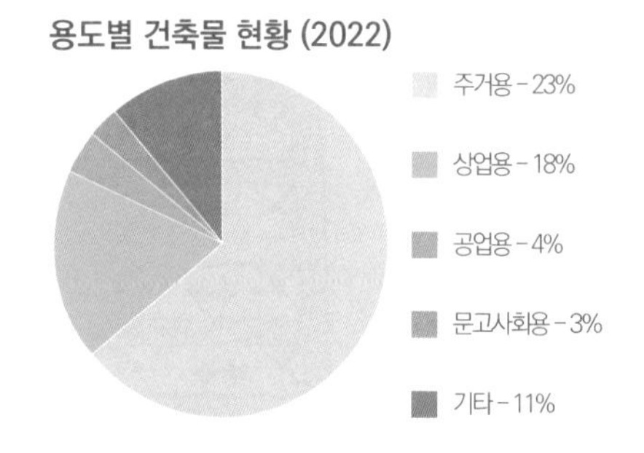

우리나라 면적별 건축물현황 ©국토교통부 통계자료2022

국토교통부의 통계자료에서 보면 우리나라의 건축물 현황은 용도로는 주거용이 62.2%로 가장 많고 면적으로는 200㎡ 미만이 66.3%로 높은 비율을 보이고 있다. 내진설계 대상에서 제외되어 있던 소규모 주거용 건축물이 60% 이상임을 확인할 수 있다

12) 국토교통부 데이터 통합 채널.https://data.molit.go.kr/2024.03
13) 국토교통부 데이터 통합 채널.https://data.molit.go.kr/2024.04

내진보강이란?

건축물이 지진 발생시 진동으로부터 저항하는 성능이 미달 된다고 판단되어 피해를 최소화하기 위하여 보강하는 것이다.

[일반건축물 내진보강]
국내 내진 설계관련 법규에 따라 「건축법/건축법 시행령/지진·화산 재해대책법/건축물의 구조기준 등에 관한 규칙」에 근거하여 내진설계 및 내진보강을 진행하고 있다.

[학교시설 내진보강]
2009년 '학교시설 내진설계 기준'이 고시된 이후 다수의 학교들이 내진성능평가 및 보강 등이 실시되고 있다. 경주 및 포항지진 이후 2018년 1월 전면 개정 고시되었다. 비구조요소에 대한 부분인 2009년 최초 고시된 기준에는 권장이었다면 2018년 개정기준에는 '제 6장 비구조요소'[14]로 추가 포함되었다.

한국교육시설안전원(KOIES)은 「교육시설 등의 안전 및 유지관리 등에 관한 법률」 (약칭:교육시설법)시행('20.12.4)에 따라 재난을 입은 교육연구시설의 피해복구와 쾌적한 교육환경 조성 및 교육의 질 향상을 위한 예방·대응·대비 등 총체적인 재난 및 안전관리 체계구축에 이바지함을 목적으로 출범하여 학교시설의 안정성 평가, 피해복구 등 교육시설의 내진설계, 내진성능평가 및 내진보강관련 사업을 진행하고 있다.

---

15) 최인섭 외 3인.건축 비구조재의 내진설계요소 및 내진설계하중에 관한 고찰. 건축강구조학회 논문집.,2019.02.제35권 제5호.P117.

교육시설 내진보강사례 ©김경은

해외사례

[미국사례]

구조체뿐만 아니라 비구조요소의 내진설계 대상이 미국 UBC기준으로는 1935년 기준 커튼월, 담장, 방화벽, 칸막이벽과 같은 건축물 내부와 외부의 비구조요소가 처음 포함되었으며, UBC 1979에서는 수직 배기구, UBC 1985 에서는 액세스 플로어(이중바닥), UBC 1988에서는 캔틸래버 부재 중 굴뚝 및 배기구가 추가되었으며, 표지판 및 광고판도 내진설계대상으로 포함 되었다.

또한 바닥에 영구히 지지되는 5feet(1,524cm) 이상의 캐비닛의 경우 접합부가 내진에 추가되었다. UBC 1997에서는 천정재에 lateral bracing의 설치 추가, 캐비닛의 높이 6feet(1,829cm)로 변경, 전체적으로 현재의 기준에서 고려하는 비구조요소의 내진구조요소의 내진설계 대상과 비슷한 것을 알 수 있다.[15]

미국 캘리포니아 쿠퍼티노에 있는 애플 본사가 건물과 지반이 분리되어 있는 구조로 지진에 의한 진동을 80%까지 줄이도록 내진설계가 되어 있다. 원형반지 형태의 둘레가 1.6km에 달하는 구조로 '우주선'이라 불릴 만큼 매머드급의 기술사례이다.

내진설계란 예상되는 지진에 대하여 건물의 안전을 확보하는 설계로써 지진이 자주 발생하는 미서부나 일본에서 특히 발달해 왔다.

미국 쿠퍼티노의 애플 본사 ©Carles Rabada

애플본사 © Severin Stald

15) 최인섭 외 3인. 건축 비구조재의 내진설계요소 및 내진설계하중에 관한 고찰. 건축강구조학회 논문집, 2019. 02. 제35권 제5호.P117.

[일본사례]

일본사례에서는 건축물과 구조물의 내진설계뿐만 아니라 국토교통성(國土交通)에서는 지진으로 인한 피해 발생시 지자체가 재해사업을 보다 신속하게 실시할 수 있도록 재해 긴급조사를 통해 지원하고 있다. 또한 일본 기상청(JMA)에서는 주민들을 위한 다양한 교육과 협력을 통한 예방과 안전교육이 이루어지고 있다.

- 주민에게 안전 지식을 위한 방안으로 각 교육기관과 연계하여 교원·직원의 적극적으로 교육에 대한 교재 작성을 지원
- 언론과의 협력을 통한 보급 및 인식 제고
- 언론 활용 및 미디어와의 연계를 통한 보급 및 개발
- 다양한 방재 관계기관과 연계하여 방재 요원, 전문 인원 보급 및 개발
- 일반 대중을 대상으로 방재학에 대한 교육 및 계몽 활동, 전문가의 육성지원
- 일본적십자와 일본기상예보관협회와 연계한 주민개발활동
- 기상학회 후원
- 기상과학카페와의 교류, 세미나, 토론회 개최
- 학생용(초.중,고) 콘텐츠 자료와 출판물 정리, 학습자료 개제 등

도쿄 방재안내책자
©NOSIGNER

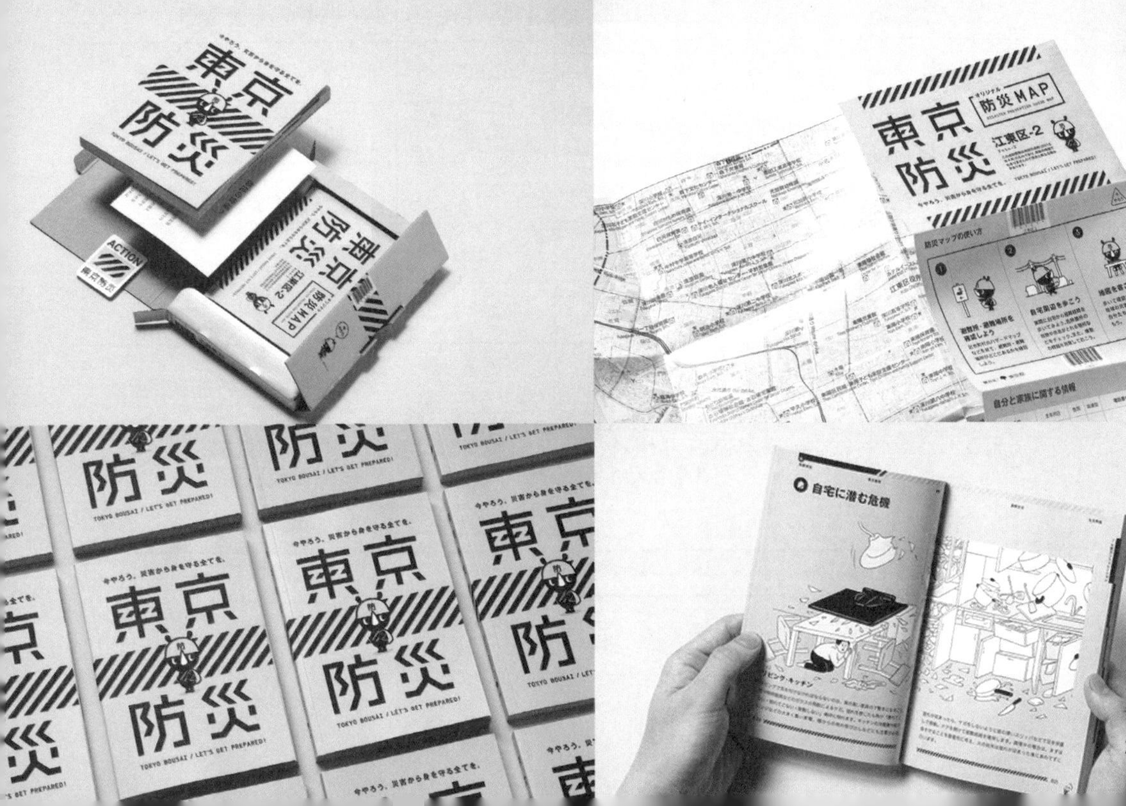

문제점

한국의 건축물 중 단지 6.5%만이 내진 성능을 확보하고 있으며, 이는 2015년 12월 기준으로 내진 설계가 반영된 건축물의 비율이 34.6%에 불과함을 보여 주고있다. 특히, 주택의 경우, 내진 확보율이 6.5%에 그치고 있으며, 단독주택과 공동주택에서는 각각 3.2%와 41.5%의 내진율을 보여, 특히 단독주택의 내진 보강 필요성이 크게 드러난다. 또한, 학교, 의료시설, 공공업무시설 등 공공시설의 내진율도 낮은 편으로, 전국적으로 내진에 취약한 노후 및 불량 건축물의 비율이 높다는 점이 문제로 지적되고 있다.

국내 건축물 내진성능 확보율 현황(재작성) ©국토교통부 보고서자료 2015.12

구분		전체건축물	내진대상건축물	내진확보건축물	내진율	
					내진대상 건축물 기준	전체 건축물 기준
총계		6,947,349	1,297,878	449,091	**34.6%**	**6.5%**
모형	소계	4,554,994	782,509	296,168	37.8%	6.5%
	단독주택	4,161,389	432,544	132,952	30.9%	3.2%
	공동주택	393,605	349,965	163,216	46.6%	41.5%
주택 이외	소계	2,392,355	515,369	152,923	29.7%	6.4%
	학교	46,190	26,980	7,118	26.4%	15.4%
	의료시설	6,168	4,722	2,497	52.3%	40.5%
	공공업무시설	42,006	11,765	2,531	21.5%	6.0%
	기타	2,297,991	471,852	140,777	29.8%	6.1%
비고		우리나라 전체 건축물 중 34.6%만 내진성능이 확보되었으며, 그중에서도 부산(26.3%),서울(26.7%),대두(27.6%),인천(29.3%)등 인구가 밀집되어 있는 대도시의 내진성능 확보비율이 낮은 수준				

14) 김재성(2015), "문명과 지하공간", 글항아리.

이와 관련하여, 기존 건축물의 내진 성능을 평가하고 보강하는 과정에서 내진성능 판별 기준의 부재가 큰 문제로 드러나고 있으며, 이는 내진 설계가 반영되지 않은 기존의 노후 건축물에 대한 점진적인 내진 보강의 필요성을 강조한다. 아울러, 지반 상태에 대한 고려의 미흡과 국내 지반 조건에 적합한 기준의 부재 역시 내진 설계 및 보강 작업에 있어 중요한 고려사항이 다.

우리나라는 지반분류 및 설계응답스펙트럼 작성 방법의 경우 미국 1997 NEHRP(1997 National Earthquake Hazards Reduction Program) 및 1997 UBC(1997 Uniform Building Program) 기준을 적용하고 있다. 국내의 일반적인 특성을 가지는 지반과 미국 서부 해안지역의 지반은 지반암 깊이와 고유주기가 다르다. 미국 서부 해안지역 지반 조건에 적합하도록 작성된 미국 1997 UBC 기준과는 국내 지반에 대한 지반에 대한 응답해석 결과 현격한 차이가 있음을 확인하였다.[15]

민간 건축물에 대한 기준 및 시행규칙의 부재는 공공시설에 비해 민간 부문의 내진 보강 작업이 더딘 주요 원인 중 하나로 지적되며, 특히 학교 건축물에 대한 시행 규칙은 마련되어 있지만, 민간 건축물에 대한 명확한 기준과 정책이 필요하다는 의견이 제시되고 있다. 또한, 시설물 중심의 지진 피해 대책과 관리의 소홀이 대피장소의 활용성 문제를 야기하고 있어, 재난 시 안전한 대피와 구호 작업을 위한 체계적인 관리와 대책 마련이 요구되고 있다.

SUMMARY

1) 국내건축물의 내진성능 확보율이 6.5%에 불과
2) 전국적으로 내진에 취약한 노후·불량 건축물의 비율이 높아
3) 기존건축물의 내진성능을 판별하는 기준 부재
   (한국시설안전공단에서는 내진성능평가 및 향상요령만 있음)
4) 지역별 지반 상태에 대한 고려 미흡
5) 민간건축물에 대한 기준 및 시행규칙은 부재
6) 시설물 중심의 지진피해 대책 및 관리 소홀로 인한 재난 시
   대피장소의 활용성문제

15) 국내 지반특성에 적합한 지반분류 방법 및 설계응답스펙트럼 개선에 대한연구(1) 윤종구,김동수,방은석.(2006.4PP.39-40)한국지진공학회논문집,제10권제2호.(통권 제48호)

04

정책 및 제도 개선방향

2016년과 2017년에 발생한 경주와 포항 지진을 계기로, 한국 정부는 지진으로 인한 문제를 반복하지 않겠다는 취지 아래, 관계 기관과의 합동 협의를 통해 2018년 5월 25일에 '지진방재 개선대책'을 발표하였다. 이 대책은 긴급재난문자의 내용 개선과 미수신 문제 해소를 포함하여 지진 경보 체계를 지속적으로 강화하는 방안을 제시하고, 국가의 내진율을 향상시키기 위한 투자 및 지원을 확대하고, 안전 규제를 강화하는 한편, 전국 단층 조사 기간을 단축하여 보다 신속하게 지진 취약 지역을 파악하고 대응할 수 있도록 하였다.

시설물의 안전 점검 체계 개선, 전국적인 지진 대피 훈련의 실시 및 국민 행동 요령의 보완을 통해 지진 발생 시 국민들의 대응 능력을 강화하고자 하였다. 이와 함께, 정부는 지진 피해자 지원을 위한 정책도 개선했으며, 피해 지원금을 상향 조정하고, 지원 기준을 완화하여 지진 피해자 중심의 복구 지원 체계를 강화함으로써 피해 복구 과정에서의 부담을 줄이고, 더욱 신속하고 효과적인 지원이 이루어질 수 있도록 조치했다. 이러한 종합적인 개선 대책은 지진으로 인한 피해를 최소화하고 국민의 안전을 보호하기 위한 정부의 의지를 반영한 것이다.

SUMMARY

1) 긴급재난문자 내용개선과 미수신 해소대책마련, 지진경보체계 지속적인 강화
2) 국가 내진율 향상을 위한 투자 및 지원 확대, 안전규제는 강화하고 전국 단층조사기간 단축
3) 시설물의 안전점검체계를 개선, 전국지진대피 훈련 실시 및 국민행동요령 보완
4) 정부 피해 지원금 상향, 지원기준 완화 등 지진 피해자 중심으로 복구지원체계 개선
5) 내진설계 및 내진 보강 관련 법제도 개선
   구조부재 뿐만 아니라 비구조 요소에 대한 내진설계 기준 의무 법제화
6) 인센티브를 통한 내진설계 및 내진보강 활성화 유도
   LA에서는 3000불 정도의 내진보강 지원금지급
   샌프란시스코에서는 지진위험지역에서 내진설계비활성화로 법직강제
7) 내진설계 및 인허가 주체 전문성
   국내 현황에 맞는 내진설계기준과 홍보 및 교육, 기술지도가 필요
   전문가를 통한 구조해석과 인허가시 전문가를 통한 필터링 필요
8) 내진설계 및 내진보강 절차 및 연구 지원
   건축물 진단시 적정한 예산을 편성하여 정확한 내진성능 평가 실시
   내진능력 공개 및 내진성능표지제 에 대한 범위 확대
   국내지반상태가 반영된 우리나라 지반에 맞는 지진구역 분류와 스펙트럼연구지원
9) 도시차원에서의 지진 대응 마련 및 교육 프로그램 운영
   각 지역 도시 차원에서의 대피방법 등 전반적인 인식의 확대화 교육프로그램

내진구조의 확대
(기존 비구조요소 내진설계기준 확대)

지진의 피해는 구조물의 파괴에 국한되는 것이 아니라, 비구조의 요소의 파괴로 인해 추가적으로 폭발, 화재 등 2차 피해가 발생되기도 하며, 특히 비 보강 조적 난간 및 외벽으로부터 떨어지는 파편들에 의하여 건물 밖에서 다치거나 생명을 잃은 사람들의 수가 건물 내에서 다치거나 죽은 사람들의 수가 비슷하다는 연구 보고[16]를 참조할 때 비구조의 내진설계는 지진 시 안정성 확보를 위해 매우 중요한 요소이다.[17]

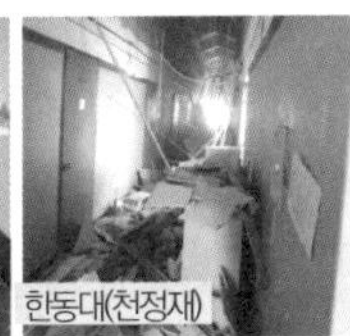

포항 지진 시 비구조요소의 탈락 및 붕괴 사진 ©연합뉴스

비구조요소의 내진설계

건물의 주요 구조체에 대한 내진 설계가 이루어진 후, 건물의 바닥이나 벽에 부착되거나 놓여 있는 필수적인 비구조요소에 대한 피해 사례가 증가함에 따라, 내진 설계의 대상 범위가 이 비구조요소까지 확대되었다.

비구조요소란 주요 구조재에 속하지 않지만 건물의 기능에 반드시 필요한 요소를 말하며, 이에 따라, 2018년 11월 9일에 발효된 「건축구조기준 등에 관한 규칙」을 통해, 건축 비구조요소뿐만 아니라 기계 및 전기 비구조요소의 내진설계가 법적으로 의무화되어, 건축구조기준을 따르도록 규정되었다. 이는 건물의 안전성을 향상시키고 지진으로 인한 피해를 최소화하기 위한 조치로 볼 수 있다.[18]

구분	종류
건축비구조요소	외벽, 칸막이벽, 내·외부 치장 부재, 천장, 난간, 차양, 굴뚝, 계단 및 램프, 엑세스 플로어 등
기계비구조요소	기계장비, 공조기, 냉난방장치, 캐비닛, 히터, 공기분배기, 보일러, 물탱크, 냉각기, 비상발전기, 펌프, 파이프, 덕트 등
전기비구조요소	변압기, 전기 및 통신장비, 분배장치, 조명기구, 승강기 등
기타	역사적 가치가 있는 물품, 가구, 가전용품, 컴퓨터, 악기 등

비구조 요소의 구분 및 종류[19]

16) Kim JH. Seismic resistant design of non-structural components. Review of Architecture and Building Science. 2004 Aug, 48(8):53-56
17) 최병정. 비구조요소의 내진설계 및 경주 9.12지진의 피해. 특집기사. 한국강구조학회
18) 최병정. 비구조요소의 내진설계 및 경주 9.12지진의 피해. 특집기사. 한국강구조학회(내용 재구성)
19) 장극관, 임영철, 서대원.비구조요소의 내빈설계기준 비교,2013.1 .대한건축학회 제29권 제1호.

정부 내진유도와 확산정책

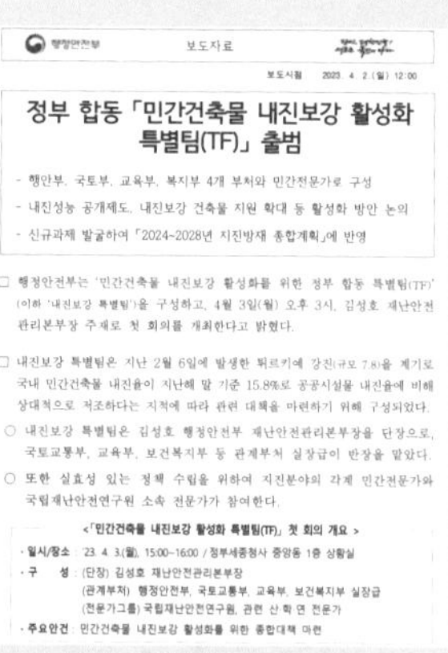

보도자료

보도시점 2023. 4. 2.(일) 12:00

정부 합동 「민간건축물 내진보강 활성화 특별팀(TF)」 출범

- 행안부, 국토부, 교육부, 복지부 4개 부처와 민간전문가로 구성
- 내진성능 공개제도, 내진보강 건축물 지원 확대 등 활성화 방안 논의
- 신규과제 발굴하여 「2024~2028년 지진방재 종합계획」에 반영

□ 행정안전부는 '민간건축물 내진보강 활성화를 위한 정부 합동 특별팀(TF)'(이하 '내진보강 특별팀')을 구성하고, 4월 3일(월) 오후 3시, 김성호 재난안전관리본부장 주재로 첫 회의를 개최한다고 밝혔다.

□ 내진보강 특별팀은 지난 2월 6일에 발생한 튀르키예 강진(규모 7.8)을 계기로 국내 민간건축물 내진율이 지난해 말 기준 15.8%로 공공시설물 내진율에 비해 상대적으로 저조하다는 지적에 따라 관련 대책을 마련하기 위해 구성되었다.

○ 내진보강 특별팀은 김성호 행정안전부 재난안전관리본부장을 단장으로, 국토교통부, 교육부, 보건복지부 등 관계부처 실장급이 반장을 맡았다.

○ 또한 실효성 있는 정책 수립을 위하여 지진분야의 각계 민간전문가와 국립재난안전연구원 소속 전문가가 참여한다.

<「민간건축물 내진보강 활성화 특별팀(TF)」 첫 회의 개요 >

- 일시/장소 : '23. 4. 3.(월), 15:00~16:00 / 정부세종청사 중앙동 1층 상황실
- 구 성 : (단장) 김성호 재난안전관리본부장
  (관계부처) 행정안전부, 국토교통부, 교육부, 보건복지부 실장급
  (전문가그룹) 국립재난안전연구원, 관련 산·학·연 전문가
- 주요안건 : 민간건축물 내진보강 활성화를 위한 종합대책 마련

내진보강활성화 뉴스기사 ©행정안전부

행정안전부 보도자료를 살펴보면 특별 TF팀을 출범하여 민간건축물에도 민관이 협력하여 내진보강활성화를 위한 정책을 추진하고 있다.
주요내용으로는 민간건축물의 내진설계 적용 여부를 공개할 수 있도록 하는 내진성능 공개제도 활성화와 정부의 민간건축물 내진보강 지원 대상 확대를 위한 우선순위 도출 방법 등「2024~2028년 지진방재 종합계획」 수립시 신규과제 발굴 반영의 내용으로 범정부 협업으로 운영 가능한 모든 정책대안을 논의하고 민간시설의 실태조사와 지원 우선순위를 정하여 대상 및 지역 설정, 필요시 법령 제·개정 검토 및 지원 제도 마련을 위해 민간건물 내진활성화를 위해 운영 추진하고 있다.[20]

또한, 케이티 광화문빌딩(West)은 1984년에 지어진 건물로, 지진 발생 시 사회에 큰 영향을 줄 수 있는 중요한 건축물이다. 이 건물은 지난해 행정안전부의 '민간건축물 내진보강 지원사업'에 처음으로 선정되어, 국비 지원을 받아 내진보강 공사를 진행 중이다. 이 사업은 건축물 내진보강에 필요한 총 공사비의 10%를 국비로 지원하며, 지방비로도 10%가 지원되고, 나머지 80%는 건물 소유주가 부담하며, 케이티 광화문빌딩의 내진보강 공사에는 기존의 분산형 코어 구조를 변경하여 특수 전단벽을 적용한 중앙집중식 코어를 신설하는 방식이 포함되어 있다. 이는 건물이 지진에 더 강하게 대응할 수 있도록 하기 위한 조치이다.[21]

국토교통부 통계자료 사이트를 통하여 전국건축물 현황에 대하여 용도별, 면적별 통계 및 노후 건축물 현황, 시도별 현황 등 다양한 통계를 확인 할 수 있다

2021년 건축물 통계 ©국토교통부 홈페이지

---

20) 정부합동「민간건축물 내진보강 활성화 특별팀(TF)」,2023.4.2.행정안전부 보도자료
21)「민간건축물 내진보강 지원사업,첫발내딛다」,2024.2.6.행정안전부 보도자료

지진안전 시설물 인증제(행정안전부)

행정안전부에서는 자발적 유도와 내진 확산을 위하여 지진안전 시설물 인증제도를 실시하고 인증비용에 대하여 정부지원을 하고 있다.

웹사이트를 통해 인증 절차, 구비서류, 인증기관 안내 및 관련 법규, 건축물 현황 정보를 확인할 수 있다.

또한, 지진 안전 시설물 인증제는 내진 성능이 확보된 시설물을 대상으로 하는 검증 및 인증 프로그램으로, 주요 목적은 역사, 학교, 병원, 다중이용 시설 등 공공 및 민간의 모든 건축물 중 지진 인증을 희망하는 시설물에 대해 인증서와 인증명판을 발급함으로써 내진 성능을 갖춘 건축물을 공식적으로 인정하는 것이다. 인증 등급은 내진특등급, 내진 I 등급, 내진II 등급으로 나누어지며, 이는 시설물의 내진 설계 및 구현 능력을 등급별로 구분 짓는 기준이다.

인증 절차는 우선 건축주가 내진성능 평가를 완료한 후 인증 기관에 인증을 신청, 이후 인증 기관에서 심사를 진행하고, 심사를 통과하면 인증서와 명판을 건축주에게 발급한다. 이 과정은 평균적으로 약 170일이 소요되며, 비용은 평균적으로 약 2,600만 원으로 책정된다.

국토관리원이 주요 인증 기관으로 활동하며, 인증을 받은 시설물은 특별한 혜택으로 취득세 5% 감면과 인증비용에 대한 정부 지원을 받을 수 있다. 이 인증제는 지진 발생 시 안전한 시설물 확보를 목적으로 하여, 지진에 대한 사회적 대비책의 일환으로 시행되고 있다.

지진안전 시설물 인증 명판
ⓒ행정안전부

05

소규모 공공시설물의 내진확대

내진 확대의 필요성

우리나라는 1988년 내진설계에 관한 법이 최초로 재정되었지만 지진에 대한 대비나 예방대책은 중요시 생각되지 않았다. 2016, 17년도의 경주·포항 지진사태 이후로 지진 대응력 강화에 대한 경각심과 중요성이 높아졌으며 대폭적인 내진설계에 대한 개정이 이루어졌다.

지진 발생 시 구조체의 손상이 치명적인 인명 및 재산피해가 발생하지만 현대 사회에서는 건축마감이나 설비시설 등이 차지하는 비구조요소의 비중이 크기 때문에 실제 피해사례는 구조체 파괴보다 부가적인 부착물로 인한 낙하나 탈락으로 인한 피해가 높다.

구조체에 국한되었던 법(1998년 '건축물의 구조기준 등 에 관한 규칙')이 비구조요소(2005년 '건축구조기준'KBC)에 대한 내진성능 확보에 대한 부분이 확대되어 실행 중이다. 조적조 난간이나 외벽에서 떨어지는 파편으로 인한 피해자의 수가 건물 내에서 다치거나 사망하는 사람들의 수와 비슷하다는 기존 연구결과가 있고 낮은 강도의 지진에서는 구조물의 손상으로 인한 경제적 손실보다 비구조요소로 인한 손실피해가 더 크다고 말하고 있다.[22]

그러나 기존에 설치되거나 기 건축된 건축물에 대한 내진 성능은 거의 미비하여 내진보강을 위한 내진유도 정책이나 인증제 각종 세제 해택이 늘고는 있지만 활성화 된다고 볼 수 없고 지속가능성을 위해서 꾸준한 정책개발과 인센티브, 홍보 및 교육 등 이 필요하다.

---

22) 기호석,홍기섭,코어형태에 따른 비구조요소 내진설계를 위한 측가속도 평가,2022.02.한국전산구조공학회 논문집 제35권 제1호.P29.

공공시설물 내진설계 대상현황

행정안전부는 2023년 4월 27일 발표한 보도자료를 통해, 전국의 공공시설물의 내진율이 75.1%에 도달했다고 밝혔다. 이는 전년 대비 3.1%포인트 증가한 수치이며, 당초 계획된 74.1% 목표를 1.0%포인트 초과 달성한 결과이다. 이에 따라 행정안전부는 2035년까지 모든 기존 공공시설물의 내진보강을 완료하여 내진율 100%를 달성하겠다고 하였다.

내진보강 대책은 도로, 철도, 항만과 같은 국가 기반 시설물 및 학교 등의 기존 공공시설물의 내진 성능을 향상시키기 위해 마련되었다. 이는 행정안전부에서 수립하는 5년 단위의 '내진보강 기본계획'에 따라, 중앙 행정기관과 지방자치단체 등이 시행하는 구체적인 계획을 포함한다.

2022년도 내진보강 대책 추진 결과, 전국 내진설계 대상 공공시설 197,090개소 중 147,978개소가 내진성능을 확보하여 내진율이 72.0%에서 75.1%로 증가했다. 이는 2022년도 목표인 74.1%를 초과 달성한 것으로, 공공건축물, 학교 시설, 도로 시설물 등 다양한 시설이 내진보강 작업에 참여했다.

행정안전부는 2025년까지 내진율을 80.8%로, 2030년에는 91.6%로, 그리고 2035년까지는 100% 달성을 목표로 하고 있다. 이는 지진으로부터 국민의 생명과 재산을 보호하기 위한 국가적 노력의 일환으로, 공공시설의 안전과 내진 성능 강화에 중점을 두고 진행되고 있다.

그러나 아래의 표에서와 같이 내진설계대상 공공시설물에서도 대규모나 국가 기반시설에만 한정되어 있음을 볼 수 있다.

No.	대상시설	제정년도	내진설계대상	지진규모
1	다목적댐	1979	모든 시설	5.5~6.5
2	건축물	1988	2층이상, 연면적 200㎡ 이상	5.5~6.5
3	고속철도	1991	3층이상, 연면적 1천㎡ 이상	5.5~6.5
4	도로시설물	1999	모든 도로	5.5~6.5
5	철도시설	2001	철도, 건축, 교량 등	5.5~6.5
6	항만시설	1999	모든 시설	5.5~6.5
7	일반댐(용수전용댐)	2000	모든 시설	5.5~6.5
8	수문	2000	모든 시설	5.5~6.5
9	공항시설	2004	교량, 터널, 건축, 전기시설	5.5~6.5
10	도시철도	2005	모든 시설	5.5~6.5
11	공동구	2004	모든 시설	5.5~6.5
12	삭도 및 궤도	2010	모든 시설	5.5~6.5

내진대상시설 및 법 제정연도(재작성) ©김경은

소관부처	대상시설	설계기준
국토교통부 (9개)	건축물	건축구조기준
	공항시설	공항시설 내진설계기준
	수문(국가하천)	하천설계기준
	도로시설물	도로교 설계기준, 터널 설계기준
	도시철도	도시철도 내진설계기준
	철도시설	철도설계기준
	고속철도	
	공동구	공동구 설계기준
	궤도시설	궤도시설의 건설에 관한 설비기준
산업통상자원부 (5개)	가스공급시설, 고압가스저장소, 액화석유가스 저장시설	가스시설 내진설계 기준 가스배관 내진설계 기준
	석유정제·비축 및 저장시설	API 650
	송유관	송유관설치공사의 내진설계기술기준
	발전용 수력·화력설비, 송전·배전·변전설비	전기설비 기술기준 송변전설비 내진설계지침
환경부 (5개)	산업단지 공공폐수 처리시설	폐수종말처리시설 설치 및 운영관리지침 (하수도 시설기준 준용)
	수도시설	상수도시설기준
	폐기물매립시설	폐기물 매립시설 내진설계기준
	공공하수처리시설	하수도시설기준
	다목적댐	댐 설계기준
	일반댐	
고용노동부 (1개)	압력용기	위험기계·기구 의무안전 인증고시
	크레인	
	리프트	
농림축산식품부 (2개)	배수갑문	해면간척 방조제 설계
	농업생산기반시설	농업용 필댐 설계
해양수산부 (1개)	어항시설	항만 및 어항 설계기준
	항만시설	
교육부 (1개)	학교시설	학교시설 내진설계기준
문화체육관광부 (1개)	유기시설	유기시설·유기기구 안전성검사의 기준 및 절차
과학기술정보통신부 (1개)	방송통신설비	방송통신설비의 안전성·신뢰성 및 통신규약에 대한 기술기준에 관한 규정
원자력안전 위원회	원자로 및 관계 시설	원자로시설의 위치에 관한 기술기준 고시
보건복지부	종합병원, 병원, 요양병원	※ 건축구조기준 준용

시설물별 내진설계기준 현황('21.03.31기준) ⓒ행정안전부

소규모시설물의 내진설계 확대 필요성

우리나라의 내진설계 도입(1998) 이후 주요 구조체의 내진설계가 반영되었으며 비구조요소에 대한 내진성능 확보(2005)에 대한 확대, 이후 9.12 지진 이후 대폭적인 법 개정과 대응강화가 이루어져 오고 있다.

그러나 소규모 공공시설물에 대한 내진성능에 대한 부분은 건축법에서 규정하고 있는 공작물에 대한 부분으로 한정되어 시행되고 있다.

언제 어디에서 발생 할지 모를 지진에 대한 대비는 공적인 공간과 사적인 공간을 포괄하여 대·소규모를 떠나 모든 공간과 시설물에 안전한 대비를 하여야 할 것이다.

주민의 안전지식에 대한 이해확산

일본사례에서와 같이 주민을 대상으로 한 강연회, 캠페인, 홍보 안내물 및 영상 등 주민이해를 통한 주민간의 자조와 공조의식, 다양한 조직과의 협력강화에 힘쓰고 있다. 우리사회도 지진안전과 방재에 대한 사회 전반적인 자연스러운 인식과 협력강화를 위한 조직간 거버넌스 구성과 적극적인 활동과 홍보 교육이 필요하다.

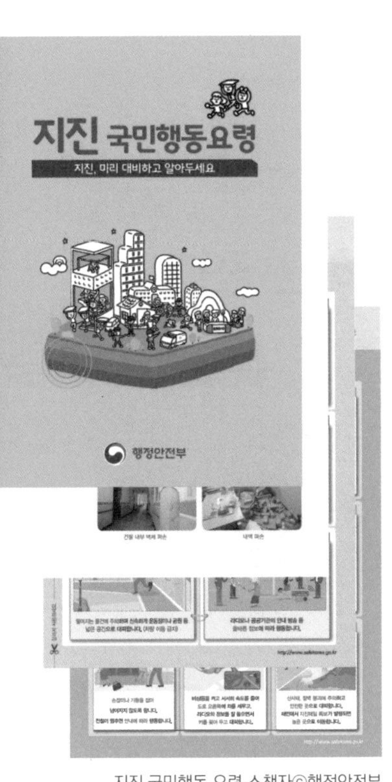

지진 국민행동 요령 소책자ⓒ행정안전부

중약진 지역인 우리나라는 지진에 대한 대비나 안전.방재부분은 간과해왔다. 지난 2016, 2017년의 경주와 포항지진으로 그동안 우리가 경험해보지 못했던 인명과 재산피해를 경험한 후에야 그에 따른 경각심과 지진대비에 대한 국민적 공감대가 형성되었다.
지진발생으로 인한 붕괴로 1차피해와 통신두절, 도시가스 등 2차 피해로 이어지면서 국민들의 불안감 및 피해액과 정상화까지는 많은 기간과 예산이 소요된다.

현재의 과학기술로는 정확한 예측이 어렵기 때문에 언제 어디서 닥칠지 모르는 재난에 대한 대응은 간과하지 않고 꾸준하고 지속적으로 대비해 나가야 할 것이다.

내진설계는 국가 기반시설에 대한 공공시설에는 의무 적용되고 달성률을 높여 나가고 있지만 건축물의 대다수 비율을 차지하고 있는 내진설계가 되어 있지 않은 기존 민간시설에 대한 내진률을 높여야 하는 문제와 생활 곳곳에서 접하는 소규모 시설물들의 내진확보, 국민들의 안전의식과 이해확산은 우리가 꾸준히 노력해야 할 과제이다.

[안전을 위한 도로만들기]

지하공간 안전 디자인

안전과 예술이 공존하는 공간

강영진 lanelle0720@gmail.com

정림건축 상무
IBA 국제 비즈니스 어워드 2018
국회 문화체육관광위원장상 2023
The College of William And Mary Mason School of Business 경영학 석사

15:44
Hores Destinació Via
15:44 9 RIBA-ROJA
15:46 5 AEROPORT

01

지하공간, 열려있는 가능성에 대하여

인간이 지하공간을 활용하기 시작한 역사는 고대 문명의 새벽기[1)]까지 거슬러 올라간다. 초기 인류는 자연적으로 형성된 동굴을 주거지로 삼았으며, 시간이 흐르면서 이러한 공간들은 인간을 위한 보호, 저장, 그리고 의식이나 집회 장소로서 사용되며 진화하였다. 고대 이집트에서는 지하에 무덤과 피라미드를 건설하여 사후 세계에 대한 신념을 표현했고 (Reeves & Wilkinson: 2008)[2)], 중국에서는 황제와 귀족들을 위한 지하 궁전과 무덤을 만들어 그들의 영원한 안식처로 삼았다. 고대 로마에서는 지하 저장고를 통해 식량을 보관하고, 수로 시스템을 통해 도시 전체에 물을 공급하는 등, 지하공간의 활용은 다양하고 광범위했다.

터키의 지하도시 카파도키아는 응회암이 만들어낸 독특한 지형 위에 자리한 고대 지하도시로, 인류 역사상 가장 위대한 지하공간 중 하나로 널리 인정받고 있다. 이 지하도시는 최대 4,000년 전 히타이트 시대로 거슬러 올라가는 깊은 역사를 가지고 있으며, 수만 명이 최대 6개월 동안 생활할 수 있을 정도로 광대한 규모를 자랑한다. John Freely[3)]에 따르면, 그는 인류 역사를 통틀어 지하공간의 활용이 상상보다 광범위하다고 주장했다.

깊이만 지하 20층…놀라운 거대 '지하 도시' 포착 출처 : SBS 뉴스
©https://news.sbs.co.kr/

새로운 지하공간의 활용은 인구증가와 급속하게 발전하는 도시화, 그리고 도시의 기능을 향상시키는 데 있어 중대한 역할을 하고 있다(Kostof : 1989)[4]. 특히, 현재 도시는 지하공간을 교통 체증을 완화하는 주요 수단으로 주목하고 있으며, 지하 교통 시스템의 개발은 지상의 교통 문제를 줄이고 더 효율적이며 편리한 교통 서비스를 제공하는 필수적인 방안이 되었다(Broere: 2016)[5].

비록 지하공간이 밀폐된 특성으로 인해 심리적 안정감을 방해하는 요인이 있으나, 지하공간의 활용은 자원 이용과 에너지 효율성 측면에서도 매우 중요하다. 지하 환경은 차광, 단열, 일정한 온도 및 습도 유지가 용이하여 땅속의 지열을 활용한 신재생 에너지 시스템의 구축에 이상적이다. 또한, 지하공간은 자연재해나 위협으로부터 안전한 피난처를 제공하며, 도시의 핵심 시설을 보호하는 데 기여할 수 있다.

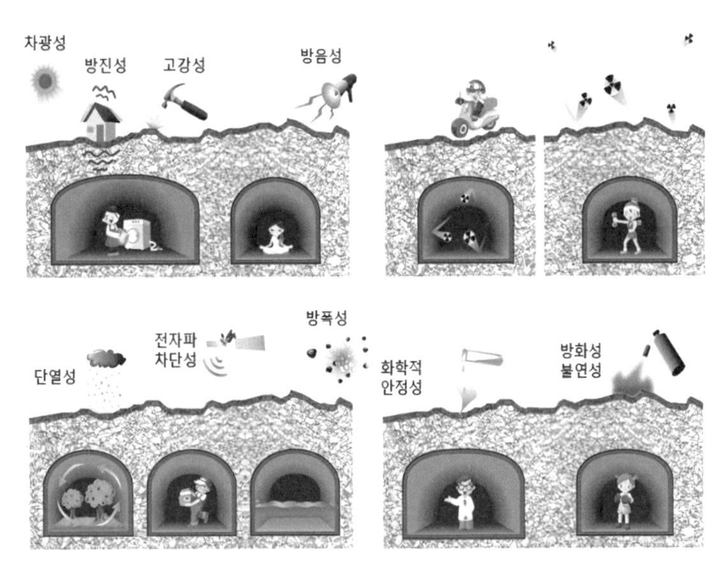

지하공간의 특성
ⓒ한국터널지하공간학회 (2012). 인류와 지하공간 - 터널과 지하공간의 역사

1) 고대 문명의 새벽기, 즉 문명의 시작은 대략 기원전 3000년경으로 추정된다. 이 시기는 대체로 글쓰기의 발명과 도시국가들의 출현을 특징으로 한다. 고대 문명은 주로 메소포타미아(현재의 이라크), 이집트, 인더스 계곡(현재의 파키스탄과 인도 북서부), 그리고 중국의 황하 계곡에서 시작되었다. @ Gemini.
2) Reeves, N., & Wilkinson, R.H. (2008). The Complete Valley of the Kings: Tombs and Treasures of Egypt's Greatest Pharaohs. Thames & Hudson.
3) John Freely (2000). Cappadocia: City of Chimneys. Oxford University Press. 224 pages. ISBN 0-19-513801-4.
4) Kostof, S. (1989). "The City Shaped: Urban Patterns and Meanings Through History". Thames & Hudson.
5) Broere, Wout (2016). "Urban underground space: Solving the problems of today's cities". Elsevier.

지하공간은 다양한 용도로 활용될 수 있는 잠재력이 높지만, 안전과 효율성을 위해 사전계획 및 설계 단계에서 신중하게 접근해야 한다. 이용자 중심 설계는 지하공간 이용자의 행동 패턴과 필요를 반영하여 안전 표지판, 비상 탈출 경로, 조명 및 안내 시스템 등을 직관적이고 효과적으로 배치하는 것을 의미한다. 이러한 설계는 사용자의 안전을 확보하고 지하공간 활용의 효율성을 극대화하는 데 필수적이다(Yi & Zhao: 2016)[6].

또한, 재난 대응 계획을 설계에 통합하는 것은 필수적이다. 화재, 홍수, 지진과 같은 다양한 재난 상황에 대비한 설계 요소를 포함하며, 비상 출구의 설계, 안전 구역의 설정, 내진 설계 기법 등을 포함할 수 있다. 이를 통해 재난 발생 시 신속하고 효과적인 대응이 가능해진다.

이러한 항목을 고려하여 지하공간의 설계는 모듈식 및 유연성을 기반으로 이루어져야 한다. 이는 환경과 요구사항의 변화에 맞추어 공간을 쉽게 재배열하고 조정할 수 있도록 함으로써, 재난 발생 시 빠른 대응을 가능하게 한다. 첨단 안전 기술의 통합도 중요한 측면이다.

IoT 센서, 자동 환기 시스템, 지능형 비상 조명 시스템 등을 통해 위험을 실시간으로 감지하고, 적절한 조치를 취할 수 있도록 하는 것이 중요하다. 이 뿐만 아니라, 지속 가능한 설계 원칙의 적용은 안전과 환경 보호를 동시에 고려하는 현대적 접근 방식이다. 에너지 효율적인 재료 사용, 지속 가능한 건축 방법, 환경에 미치는 영향 최소화 등이 이에 해당한다.

마지막으로, 시감각에 대한 고려가 필요하다. 시각적 및 감각적 요소의 고려는 이용자가 지하공간에서 느끼는 안정감과 편안함을 증진시키는 데 기여한다. 공간의 색상, 조명, 그리고 공간을 구성하는 천정과 벽의 텍스처 등을 활용하여 스트레스를 감소시키고, 비상 상황에서의 직관적 반응을 촉진할 수 있다.

이러한 시각적, 감각적 요소의 적절한 활용은 지하공간의 안전과 쾌적함을 더욱 증진시키는데 중요한 역할을 할 것이다.

6) Yi, W., & Zhao, Y. (2016). "Psychological and Behavioural Responses to Underground Spaces: A Study of Users' Perception in China". Tunnelling and Underground Space Technology, 55, 195-202.

Salina Turda salt mine Romania
©frimufilms

지하공간, 또 다른 공간의 활용으로

지하공간은 그 활용 방식에 따라 두 가지로 구분된다. 첫째, 물리적 차원에서 볼 때, 지하공간은 지표면 아래로 수직 또는 수평 방향으로 펼쳐진 장소를 말한다. 이 장소들은 주로 교통/수송시설, 산업시설, 그리고 에너지 시설과 같은 용도로 사용된다.

둘째, 도시개발의 관점에서 보면, 지하공간은 도시문제를 해결하기 위해 지하 환경의 특징을 활용하는 구역으로 정의된다. 이에는 지하도, 지하 주차장 등이 포함되며, 이들 구역은 도시의 효율성을 높이고 환경의 질을 개선하는 데 기여한다.

지하공간의 활용

심도	주거/문화시설	교통/수송시설	산업시설	방어시설	에너지 시설
	주택 사무실, 도서관 음악당, 박물관 스포츠센터	지하주차장	지하상가	지하대피소	전력/열저장
		지하도	저온저장소 (곡물, 식물 등)		
50m					지역 냉난방
		상하수도/가스		지휘/통신시설	
			식수정수 처리장		
		전력구, 통신구			지하발전소 (화력, 수력, 원자력 등)
			오폐수 처리장		
100m		지하철		군사기지	원유/가스 지하 비축시설
		도로/철도터널	폐기물 처리장		
					열수저장시설
				해안방어기지	
500m					
					방사성폐기물 처분시설
					상부 지열에너지 개발
1,000m					

지하공간의 대표적인 예로는 지하철역을 들 수 있다. 이러한 시설은 도시 내 교통 혼잡을 줄이고, 사람들이 더 효율적으로 이동할 수 있도록 하는 중요한 역할을 한다. 또한, 지하공간은 상하수도, 가스, 전기와 같은 유틸리티 인프라를 설치하는 데 사용되며, 이를 통해 이 시설들을 날씨의 영향이나 외부의 손상으로부터 보호한다. 인구 밀도가 높은 지역에서는, 지하공간이 주차장이나 저장시설로도 활용되어 지상의 공간을 보다 효과적으로 사용할 수 있게 해준다.

우리가 주로 이용하는 상업 및 주거 건물의 경우, 지하층과 지하실은 쇼핑 지역, 사무실, 생활 공간 또는 문화 시설 등으로 다양하게 활용된다. 또한, 지하 시설은 군사 및 방어 시설을 목적으로도 사용되며, 지하대피소, 지휘 센터, 장비 및 보급품 저장소와 같은 중요한 역할을 담당한다. 연구 및 개발 분야에서는, 입자 가속기와 같은 연구 시설이 간섭을 줄이고 통제된 환경을 제공하기 위해 지하에 위치하기도 한다. 문화 및 놀이 공간으로서, 일부 지하공간은 독특한 환경을 활용하여 음악당, 박물관 및 스포츠 센터 등으로도 개발되기도 한다.

'성수다움 한눈에' 성수역 산업문화 복합테마공간 개관
©http://www.sijung.co.kr/news/articleView.html?idxno=276501

교통/전기시설 전력구
©https://www.e2news.com/news/articleView.html?idxno=92432

여의도 지하벙커 ©서울시

1900년대 중반부터 북미와 유럽의 선진국들은 도시의 다양한 필요를 충족시키기 위해 지하공간 개발에 적극적으로 개발하고 있다. 이 지하 공간은 도시 교통 체계 개선, 상업적 기회 확대, 도시 공간 효율적 활용 등 다양한 분야에서 활용될 수 있는 중요한 자원으로 중요한 자원으로 가치가 인정 받고 있다. 특히 지하철역과 연계된 지하 쇼핑센터, 또는 문화공간 개발은 이러한 지하공간 활용의 대표적인 예시이다. 이처럼 지하공간 개발은 도시의 지속 가능한 발전을 위한 중요한 전략으로 자리매김하고 있다.

Bron:facebook.com/ Forum des Halles
©https: // tix.nl /reisgidsen /parijs/10498 / forum-des-halles

캐나다 몬트리올 언더그라운드 시티(Complexe Desjardins)
©Richard Osmond

Toledo Art Station of the Naples Metro.
©ROBERTHARDING/ALAMY

©https://pascalsmet.brussels/fr/project/gare-de-l-ouest/

지하공간 활용을 제한하는 요소들

지하공간의 사용은 여러 혜택을 제공하지만, 동시에 다양한 위험 요소들을 수반하기도 한다. 화재 및 연기 확산 위험은 지하공간의 제한된 출입구와 복잡한 구조로 인해 화재 발생 시 빠른 연기 확산과 대피 경로의 제한을 초래할 수 있으며, 특히 화재 발생 시 연기가 상층으로 확산되는 것을 방지하기 어려워 화재 안전 기준과 대피 계획이 중요하다. 공기 질 저하는 지하공간의 통풍이 제한적일 수 있어 산소 부족 또는 유해 가스 축적의 위험을 내포하며, 이는 건강에 해를 끼칠 수 있다.

지하철 화재 현장
ⓒTHEMAJESTIRIUM1, YouTube

특히 집중 호우나 태풍과 같은 이상기후 조건에서는 지하공간의 제한적인 위험성이 증가하므로, 지하공간 내부에 적절한 배수 시스템과 긴급 대응 계획이 사전에 갖추어져야 한다. 수해 위험이란 지하공간의 수위 상승 시 침수될 위험이 있으며, 구조적 안정성 문제는 지하공간이 지진이나 지반 침하와 같은 자연재해에 취약하여 지하 구조물의 안정성을 위협하고 대규모 피해를 야기할 수 있다.

더구나, 비상 상황에서 지하공간은 한정된 출입구를 가지고 있어 대피가 어려울 수 있으며, 이는 대규모 인명 피해로 이어질 수 있어 효율적인 비상 대피 경로와 유도 계획이 필요하다.
저장고 등에서 발생할 수 있는 유해 물질 노출 위험은 특히 유틸리티 관리를 위한 지하공간에서 유해한 화학 물질이나 가스 누출의 위험이 있다. 이는 지하공간에서 근무하고 있는 근로자 및 주변 지역 주민들의 건강에 직접적인 위험을 초래할 수 있다.

Heavy Rain floods Chegongmiao Matro Station Shenzhen China 2017. 06.13
ⓒhttps://commons.wikimedia.org/wiki/File:Heavy_Rain_floods_Chegongmiao_Matro_Station_Shenzhen_China_(35846371622).jpg

이러한 지하공간의 안전을 제한하는 요소들을 고려하여, 지하공간을 설계하고 관리하는 데 있어서 철저한 안전 기준 수립 및 준수, 지속적인 모니터링, 그리고 비상 상황 대응 계획이 필수적이다.

지하공간은 안전한 장소일까요?

인지심리학 및 인지행동치료[9) 10)]에서는 불안은 우리가 경험하는 정서적인 상태를 가리키며 불안의 근본적인 원인으로 무지를 지목한다. 이 이론에 따르면, 공간에서 사람들이 느끼는 불안감은 사람들이 자신의 주변 환경을 충분히 이해하고 있지 못할 때 발생한다. 주변의 환경 인지 결여에서 발생하는 심리적 불안정이라 할 수 있다. 즉 안전함과 불안정함은 물리적 요인보다는 심리적 요인에 민감하게 반응한다고 할 수 있다.

공간 디자인을 통한 물리적으로 개방감을 제공

지하공간은 그 특성상 폐쇄적이고 공간의 한정된 정보만을 제공하는 경향이 있기 때문에, 공간을 이용하는 사람들은 자신들이 위치한 전반적인 환경을 제대로 인지하기 어렵다. 이로인해 불안함을 느끼게 되어 심리적 안전감을 상실한다. 지하공간에서 안전함과 불안정함을 다루는 데 있어서, 두 가지 주요 측면을 고려할 수 있다. 첫 번째는 공간디자인을 통해 물리적으로 개방감을 제공하는 것이다. 예를 들어, 인공 햇빛을 도입하거나, 자연채광을 위해 한 면을 개방하고, 인공천창을 설치하는 등의 방법을 통해 지하공간의 폐쇄성을 줄이고 개방감을 부여할 수 있다. 이러한 설계기법은 이용자들이 자신이 더 넓고 개방된 공간에 있는 것처럼 느끼게 함으로써 심리적 안정감을 높일 수 있다.

정보의 제공을 통한 불안감의 해소

두 번째 측면은 정보의 제공을 통한 불안감의 해소이다. 위에서 지적한 바와 같이, 불안은 주로 정보의 부족에서 비롯된다. 따라서 지하공간의 이용자들이 자신들의 위치, 주변 환경 및 상황에 대해 잘 알 수 있도록 하는 것이 중요하다. 이를 위해 CCTV를 통한 실시간 지상 정보 제공, 위치 및 공간 정보의 명확한 표시, 개방형 공간디자인을 통한 시각적 인지의 확장 등이 필요하다. 이러한 정보의 제공은 이용자들이 주변 환경을 명확하게 인지하고 이해함으로써 불안을 감소시키고 안전감을 증진시키는 데 도움을 준다(Peckham: 2019[11)].

결론적으로, 지하공간 이용자들의 안전함과 불안정함은 심리적 요인에 크게 받는다. 따라서 폐쇄성을 줄이는 물리적 설계와 무지를 해소하기 위한 정보의 제공이라는 두 가지 전략을 통해, 지하공간의 이용자들이 더 안전하고 편안하게 공간을 이용할 수 있도록 하는 것이 중요하다. 이러한 전략은 지하공간을 이용하는 사람들에게 불안감을 줄이며, 전반적인 안전감을 증진시키면서 지하공간의 활용을 더욱 활발하게 하여 이용자들에게 더 나은 공간의 경험을 제공하고 기여할 수 있다.

---

9) Beck, Aaron T. (1976). Cognitive therapy and the emotional disorders. American Psychological Association.
10) Albert Ellis & Robert A. Harper (1975). A Guide to Rational Living. Wilshire Book Company
11) Peckham, S. J. (2019). Psychological safety in underground spaces. Journal of Environmental Psychology, 64, 101271.

03

지하 공간, 더이상 어두운 곳이 아닌 무한한 가능성의 혁신으로 변화하는 공간 !!

지하공간의 활용은 인류 역사와 더불어 오랜 기간 발전해 왔으며, 단순한 기능성을 넘어 안전성, 예술성, 그리고 사용자 경험의 향상까지 목표로 하는 새로운 차원의 혁신 공간으로 진화하고 있다. 이는 공간에 대한 제약을 받지 않고 다양한 가능성을 열어주는 중요한 변화이다.

지하공간 디자인의 혁신은 단순히 구조적 안전성, 환경적 위험, 인적 요인을 고려하는 것을 넘어서 예술적 감성을 접목하여 공간의 가치를 승화시키는 과정

세계 곳곳에서 찾아볼 수 있는 독특한 지하공간들은 이러한 디자인 혁신의 뛰어난 예시들을 제공한다. 런던 지하철역은 역사와 건축이 어우러진 독특한 디자인으로 방문자들에게 깊은 인상을 남기며, 과거와 현재가 공존하는 공간으로서의 매력을 발산한다. 일본의 지하철 역시는 사용자의 편의성과 안전을 최우선으로 고려한 최첨단 기술과 인간 중심 디자인을 통해 안전하고 편안한 이동 경험을 제공한다.

스톡홀름의 지하공간은 세계에서 가장 긴 미술관으로 불리며, 역사 곳곳에 펼쳐진 예술 작품들을 통해 일상의 여행을 문화적 탐험으로 변모시키는 독특한 경험을 선사한다. 서울지하철 역은 이용자 친화적인 디자인과 서비스로 스트레스를 최소화하며, 모든 이용자가 편안하게 이동할 수 있는 환경을 조성함으로써 도시 교통의 새로운 기준을 제시한다.

이러한 사례들은 지하공간이 단순한 통행 경로를 넘어 문화, 예술, 그리고 사회적 교류의 장소로써의 역할을 할 수 있음을 보여준다. 지하공간의 디자인은 안전성과 예술성을 모두 충족하여 새로운 공간 구현의 중요한 도전 과제로 자리잡고 있으며, 전 세계적으로 혁신적인 사례들을 통해 그 가능성을 지속적으로 탐색하고 있다. 이는 지하공간의 제약과 한계를 넘어, 사용자 중심의 안전하고 매력적인 공간으로의 변모를 추구하는 현대적 접근 방식의 중요성을 강조하고 있다.

역사가 살아있는 건축공간 런던 지하철역
(The London subway station with history and architecture)

1863년에 시작된 런던의 도시 지하철은, 세계 최초로 대중교통의 새로운 시대를 열며, 이후 터키 이스탄불과 헝가리 부다페스트에서도 도시 지하철을 개통하였다. 초기의 증기기관 운행과 석탄연기로 인한 불편함에도 불구하고, 런던 지하철은 개통 즉시 하루 이용객 26,000명에 달하는 대성공을 거두었다[12].

시간이 흘러, 런던 지하철은 단순한 교통수단을 넘어, 안전, 미학, 역사, 기능을 모두 만족하는 디자인 철학으로 발전하였다. 이런 디자인 철학은 역사성과 현대성, 상업 활동과 고객 정보, 네트워크 전반과 지역의 개성 사이의 균형을 맞추는 것을 목표로 하며, 역을 커뮤니티의 핵심으로 재정의하고, 프로젝트의 일환으로 디자인 철학이 실현되는 완전한 공간으로의 중요성을 강조 한다.

직원과 고객의 편안함을 최우선으로 하며, 이를 통해 역은 지역사회에서 직원의 역할을 지원하고 우수한 고객 서비스 환경을 제공하도록 한다. 또한 미래지향적 공간을 만들기 위해 견고하고 유지관리가 쉬운 고품질 재료의 사용, 조명을 이용하여 안전성과 편안함을 개선하고 역의 특징을 강조하는 것도 포함된다.

런던 지하철 역사 내부 공간의 중요한 특징은 역을 구성하는 모든 요소(제품, 서비스 통합 정보 시스템, 표지판, 장비 등)에 일관성 있고 명확한 디자인을 제공하고 있으며, 새로운 기술 수용, 기존 및 첨단 재료와 제품의 수명 주기를 고려하여 디자인 유연성을 확보하고 있다는 것이다.

웨스트민스터 지하철역(Westminster Underground Station)
©Transport for London

The elevators leaving
/ entering Canary Wharf Underground Station
©https://www.geograph.org.uk/photo/1128533

12) 김재성(2015), "문명과 지하공간", 글항아리.

안전에 대한 부분은, 런던 지하철 역사 디자인의 중요한 측면으로, 잠재적인 보안 위협을 식별하고 관리하기 위한 CCTV 및 'HOT'절차 등의 방법을 채택하고 있다. 그 중 HOT의 한 가지 절차는 전 세계 주요 메트로 시스템에서 사용되며, 특정 기준에 따라 방치된 물품을 평가함으로써 거짓 경보와 역사의 불안 요소 발생을 줄이는 데 도움이 된다.

런던 지하철역의 디자인은 도시의 건축적 변화와 발전하는 디자인 철학을 세심하게 반영하고 있다. 20세기 초반, 찰스 홀든[13](Charles Holden)에 의한 모더니즘 디자인에서 시작된 이 여정은, 시대를 거치며 절약적 디자인과 주빌리 라인(Jubilee Line) 확장역의 과감한 건축적 선언 등 다양한 디자인 혁신으로 이어져 왔다. 이러한 각 시대의 디자인은 지하철 건축에 독특하고 지속적인 영향을 끼치며, 런던의 문화와 역사에 깊이 자리 잡은 흔적을 남겼다. 뿐만 아니라, 런던 지하철 역사 디자인은 도시 환경이 제공하는 독특한 과제들을 고려하여 발전해 왔다.

예를 들어, 은행역(Bank Station) 확장 개선 프로젝트와 같은 경우, 기존 구조물의 접근성 향상과 제한된 공간 내에서의 작업이 필요한 과제들을 해결하기 위해 혁신적인 해결책을 도입했다. 이러한 프로젝트는 런던 지하철이 직면한 공간적, 구조적 제약을 극복하고, 사용자의 편의를 개선하는 동시에, 도시의 건축적 유산을 존중하고 향상시키는 방법을 모색하는 런던 지하철역 디자인의 능력을 보여 주었다.

'HOT' 예시 절차 포스터
©https://assets.publishing.service.gov.uk/media/5a806e19e5274a2e8ab5019a/HOT_Poster_NaCTSO.pdf

13) Charles Holden(1875-1960)은 영국의 저명한 건축가로 20세기 초반의 모더니즘 건축 운동에 중요한 기여를 한 인물. 그는 특히 런던 지하철역의 디자인을 통해 가장 잘 알려져 있으며, 그의 작업은 기능성과 형태의 단순성을 강조하는 모더니스트 원칙을 반영함 @ChatGPT(4.0) & Gemini(1.0Pro)

런던 Gants Hill 지하철역(과거)
©TfL

1947년 오픈한 찰스 홀든의 마지막 작품 중 하나로 알려져 있는 '모스크바 홀'은 런던 지하철 대합실이다. 아치형 천정과 대칭의 디테일이 돋보이는 이 공간은 홀든이 모스크바 지하철을 방문하여 받은 영감에서 비롯된 작업이다

런던 Gants Hill 지하철역(현재)
©https://www.flickr.com/photos/44079668@N07/51604044519/

디자인의 힘으로 안전과 편안함을 만드는 일본 지하철역
(Safe and Comfortable Journeys: The Design of Japanese Subway Stations)

일본 지하철 역의 안전 디자인은 사용자의 배려를 중심으로 한 디자인이 잘 표현되어 있다. 도쿄는 휠체어 사용자나 시각 장애인을 위해 배리어프리(Barrier-free) 환경을 적극적으로 조성하고 있으며, 약 80~90%의 역이 휠체어 접근이 가능하다. 또한, 다목적 화장실과 점자 블록이 설치되어 있고, 오래된 역에서는 휠체어용 리프트, 휠체어 대응 에스컬레이터, 엘리베이터가 조합되어 사용되고 있다.

일본 지하철 역의 안전 디자인 사례 (Barrier-free) @Travel Japan - 일본 여행 공식 가이드

장애인 우선 엘리베이터

점자 지하철 안내표시

휠체어 우선 탑승 구역

Handy Safety Guide

안전 포켓 가이드 袖珍安全指南 袖珍安全指南

Handy Safety Guide
©https://www.tokyometro.jp/ebook/safety_pocketguide/en/index.html

도쿄 메트로는 역내의 안전 대책과 이용자의 편안함을 추구하며, 엘리베이터와 에스컬레이터 설치, 시각 장애인을 위한 가이드 블록이나 점자 정보판, 비상시 역 직원을 호출하기 위한 인터콤 등을 도입하고 있다. 이와 더불어, 도쿄 메트로 관광 정보 센터를 통해 관광객이나 이용자에게 서비스를 제공하고 있다.

자연재해에 대한 대책도 중시하고 있으며, 지진 내진 보강 공사, 침수를 막기 위한 수위판 설치, 고지대에 있는 역의 출입구 높이 조정, 물길을 막는 문의 설치 등이 이루어지고 있다. Toei 지하철은 도쿄 2020 올림픽·패럴림픽을 계기로 모든 이용자가 사용하기 쉬운 환경을 제공하기 위해 노력하며, 홈 도어 설치, 차량과 플랫폼 사이의 간격 축소, 휠체어 공간 설정 등을 실시하고 있다. 시각 장애인을 위한 노란색 경고 블록 설치와 여러 언어에 대응하는 음성 안내 및 점자 사인 사용도 진행되고 있다.

긴급 상황 대응 가이드를 제공하는 도쿄 메트로는 'Handy Safety Guide'를 통해 긴급 상황에서의 대응 절차와 중요 포인트를 설명하고 있으며, 이 가이드는 이용자가 긴급 상황에 냉정하고 신속하게 대응할 수 있도록 지원하고 있다. 이러한 노력은 시부야역을 비롯한 여러 역에서 미래형 건축, 예술, 안전성 측면에서 지하철역이 다양한 이용자에게 안전하고 편안한 환경을 제공하려는 노력을 보여준다.

미래형 건축, 예술, 안전성 측면의 지하철역으로서의 노력은 시부야역에서 특히 돋보인다. 시부야역은 다양한 이용자에게 안전하고 편안한 환경을 제공하기 위한 미래 건축 및 예술적 요소를 통합하려는 노력을 보여준다. 이러한 노력은 시부야역을 비롯한 여러 역에서 미래형 건축, 예술, 안전성 측면에서 지하철역이 다양한 이용자에게 안전하고 편안한 환경을 제공하려는 노력을 보여준다.

Toei_Iidabashi-STA_Inside-Stairs
Underground passage stairs at Iidabashi Station, Bureau of Transportation, Tokyo Metropolitan Government
©Own work

시부야 지하철 역
(안도 타다오: 지하의 우주선)
©https://web.archive.org/web/20161029055130/http://www.panoramio.com/photo/11624386

Iidabashi역 _자연채광 도입 사례
©Own work

예술과 공공성의 조화로운 만남, 스톡홀름 지하공간
(Stockholm's Underground Spaces: Art and Public Space in Harmony)

스웨덴의 스톡홀름의 지하공간이 세계적으로 유명세를 타게 된 이유는 바로 지하공간을 아름다운 전시공간으로 활용했기 때문이다[14]. 특히 터널바나(Tunnelbana)로 알려진 지하철 시스템은 안전과 예술적 디자인 측면에서 여러 중요한 기능을 고려하고 있다. 스톡홀름의 지하 시스템은 연기 감지기, 소화기, 자동 화재 진압 시스템을 포함한 종합적인 화재 안전 조치를 갖추고 있으며, 역과 터널은 연기와 화재 확산을 방지하도록 설계 되어있다. 이와 함께, 환기 시스템을 통해 연기 이동을 제어할 수 있다. 역에는 여러 비상 출구가 명확하게 표시되어 있으며 쉽게 접근할 수 있어, 비상 상황에서 승객들이 신속하게 대피할 수 있도록 한다.

역과 열차 전체에 CCTV 카메라를 설치하여 활동을 모니터링하고 보안을 강화하며, 보안 요원의 존재는 추가적인 안전을 보장한다. 터널과 역은 구조적으로 견고하게 설계되어, 다양한 스트레스 조건을 견딜 수 있으며, 이는 도시의 무게, 지질 변화, 잠재적인 물의 침투를 포함한다.

비상 상황 동안 승객들을 안내하기 위해 여러 언어로 된 명확한 표지판과 시각적 기호를 사용하고, 안전 절차 및 비상 연락처 정보를 쉽게 제공한다. 모든 안전 시스템의 작동 여부를 확인하기 위해 정기적인 유지 보수와 검사가 실시되며, 이 검사는 터널의 구조적 무결성, 비상 및 통신 시스템의 기능, 열차 및 궤도의 상태를 점검한다.

스톡홀름의 지하 공간은 환경 친화적인 디자인을 채택하여 에너지 효율적인 조명과 환기 시스템을 사용한다. 또한, 90개 이상의 역이 공공 예술 설치물로 장식되어 있어 암벽 조각, 모자이크, 조각품, 그림 등을 볼 수 있다. 스톡홀름 지하철은 이러한 예술 작품들을 통해 독특한 문화적 경험을 제공하고, 지하철 역은 사회적 통합과 문화적 가치를 증진시키는 공간으로 만들었다.

이러한 모범 사례들은 지하공간의 안전성을 높이고, 동시에 사회적, 문화적 가치를 제공하는 방식으로 위험 요소를 관리하는 훌륭한 예시로 볼 수 있다. 이러한 접근 방식은 스톡홀름뿐만 아니라 다른 지역 및 프로젝트에도 적용 가능한 귀중한 통찰력을 제공하며, 지하공간을 단순한 이동 수단이 아닌 사람들이 안전하고 즐겁게 이용할 수 있는, 예술과 문화가 살아 숨 쉬는 공간으로 변모시키는 데 기여한다.

---

14) 김재성(2015), "문명과 지하공간", 글항아리.

스톡홀름 지하철의 예는 지하공간 디자인과 관리에서 안전과 예술적 가치를 어떻게 균형 있게 통합할 수 있는지 보여 주었다. 화재 안전에서부터 비상 출구, 감시 및 보안, 구조적 무결성, 접근성, 그리고 조명과 가시성에 이르기까지 모든 측면에서 체계적인 접근을 취함으로써, 이용자의 안전과 편안함을 최우선으로 하면서도, 공간을 보다 생동감 있고 매력적인 곳으로 만드는 데 성공했다.

이와 같이, 스톡홀름 지하철은 단순한 교통 수단을 넘어서, 사회적 가치와 문화적 정체성을 반영하는 공공 공간으로 자리매김하였다. 이러한 사례는 전 세계 도시들에게 지하공간을 재구성하고 활용하는 새로운 방법을 모색하게 하는 동시에, 안전과 예술이 상호 보완적으로 작용할 수 있는 가능성을 제시한다.

스웨덴의 인기 스니커즈 브랜드인 JIMRICKEY의 패션 화보 속 배경이기도 하고 세계에서 가장 긴 미술관이라고도 한다.

스톡홀름의 지하철역 ©TRIP IN SCANDINAVIA

120여 개 상점이 밀집 되어 있는 강렬한 빨간색 벽이 특징인 역으로, 1km에 달하는 터널 벽면에 스프레이 페인트로 붉은색과 녹색이 칠해져 있어 더욱 인상적인 공간

솔나 센트룸역 ©TRIP IN SCANDINAVIA

비상구도 하나의 예술 작품이 되는 스톡홀름의 지하철 ©TRIP IN SCANDINAVIA

스트레스 없는 서울 지하철역
(Stress Free Subway Station in Seoul)

서울 지하철 역사의 디자인과 안전 전략은 승객 중심의 교통 환경을 조성함으로써 대중교통 이용의 문화와 안전성을 혁신적으로 향상시키는 데 중점을 두었다. 이러한 접근 방식은 배리어프리 설계, 첨단 안전 시스템, 그리고 명확한 안내 시스템의 세 가지 주요 요소를 포함하여 모든 사용자가 편리하고 안전하게 지하철을 이용할 수 있는 스트레스 없는 환경을 제공한다. 이와 같은 설계는 사용자의 다양한 요구를 충족시키며, 지속 가능한 교통수단으로서의 지하철 이용을 촉진하고 있다. 각각의 요소에 대한 내용을 정리하면 다음과 같다.

배리어프리 설계의 적극적 도입을 통해 서울지하철 역사는 접근성을 중요시하며, 장애인, 노인, 어린이 등 모든 사용자가 편리하게 이용할 수 있는 환경을 제공한다. 이는 경사로, 넓은 엘리베이터, 점자 블록, 저상 버스 연계 등을 포함된다. 또한, 승객의 안전을 보장하기 위해 첨단 안전 시스템을 도입하였으며, 이는 플랫폼 스크린도어, 비상 상황을 위한 다양한 안전 장비(자동 심장 제세동기, 방독면, 투척 소화기 등), 지진 및 화재 대비 설계 등을 포함한다.

명확한 안내 시스템의 설치는 승객이 쉽게 목적지를 찾을 수 있도록 되어있다. 이는 다양한 언어(영어, 일어, 중국어)로 제공되는 직관적인 안내 표지판, 디지털 정보 안내판, 그리고 쉽게 인식할 수 있는 색코드 시스템을 통해 국내외 사용자 모두에게 친숙한 환경을 조성한다

특히 한성백제역과 동대문 역사문화공원역에서 볼 수 있는 돔형 천장 설계와 "스트레스 프리(Stress Free) 디자인"은 지하철 역사를 단순한 이동 공간을 넘어 승객들에게 긍정적인 경험을 제공하는 공간으로 전환시키는 혁신적인 예이다. 이는 승객들의 대중교통 이용을 향상시키고, 지하공간에서 새로운 공간의 경험을 제공하는데 중요한 역할을 한다.

서울 지하철의 디자인 전략은 사용자 경험 극대화와 이용자 만족도 향상을 통해 도시 교통 문화 발전에 기여하고 있다. 지하철 역사의 정기적인 유지 보수와 청결 유지, 문화적 경험 제공을 위한 공공 예술 작품 설치 등은 역사를 매력적이고 쾌적한 공간으로 만들어 발전시킨다. 다만, 서울 시내 모든 지하철 역사의 시설 상태가 동일하지 않다는 아쉬운 점이 존재한다. 하지만 종합적으로 볼 때, 서울지하철 역사의 디자인과 안전 서비스는 승객의 안전, 편의성, 그리고 쾌적한 이동 경험을 최우선으로 고려하고 있다. 이는 공공디자인 분야에서 대중교통 이용 장려와 도시 환경 개선에 중요한 전략으로 평가된다. 이러한 전략은 서울지하철을 단순한 이동 수단을 넘어 도시의 지하공간을 활용한 문화적 가치를 높이는 중요한 공간으로 진화하고 있다. 공공예술 작품, 편의 시설, 정보시스템 등을 통해 쾌적하고 안전한 이용환경을 제공하며 시민들의 소통과 교류의 장으로 자리매김하고 있다. 서울 지하철은 도시의 미래를 향한 새로운 가능성을 열어갈 수 있는 잠재력을 지닌 중요한 공간이다.

한성백제역 대합실 돔형 천장 ©lanelle

서울지하철은 단순한 이동수단을 넘어 도시의 지하공간을 활용한 문화적 가치를 공유하는 공간으로 진화

동대문 역사문화공원역의 스트레스 프리(Stress Free) 디자인 ©lanelle

스크린도어 ©lanelle

[안전을 위한 정보만들기]

대한민국 원자력발전소 안전디자인

Safety Design of Nuclear Power Plant in Korea

표승화

(주)에스이디자인그룹 SEDG 공공디자인연구소 소장
홍익대 공간디자인전공 박사
현)시흥시 경관위원회 위원
2022 IF 디자인 어워드 프로페셔널 콘셉트 본상

최서윤

한국수력원자력 차장
고려대학교 심리학전공 박사

01
원자력발전소에 안전디자인이 왜 필요할까?

국가보안시설에 안전디자인이?

산업재해를 최소화하기 위한 국가 차원의 법령, 규칙, 기준과 시행이 지속되고 있다. 근래 시행된 중대재해처벌법과 산업안전보건법의 제정 등으로 안전에 대한 사업주의 의무를 강화하고 이를 사업장에 적용함으로써 안전한 근로환경을 체감되도록 하려는 다양한 움직임이 늘어나고 있다. 국가차원에서의 '안전'을 근로자와 근로환경으로 집중하여 규제와 근거를 마련하고 있는 시점으로 많은 시설과 기관에서 '안전'에 대한 다양한 연구와 실천들이 진행되고 있다.

이러한 현상으로 국내의 다양한 기관과 시설이 '안전'을 주제로 한 연구와 실천을 하는 가운데 한국수력원자력(이하 한수원)은 원자력발전소의 안전에 대해 '디자인'과 '넛지 효과'를 적용한 연구를 수행하였다. 원자력발전소는 국가보안시설로 '안전'에 대한 국가의 직접적 개입이 시행되고 있으며 내부적으로도 근로자와 근로환경의 안전에 대한 연구와 다방면의 선도적 실행을 하고 있다.

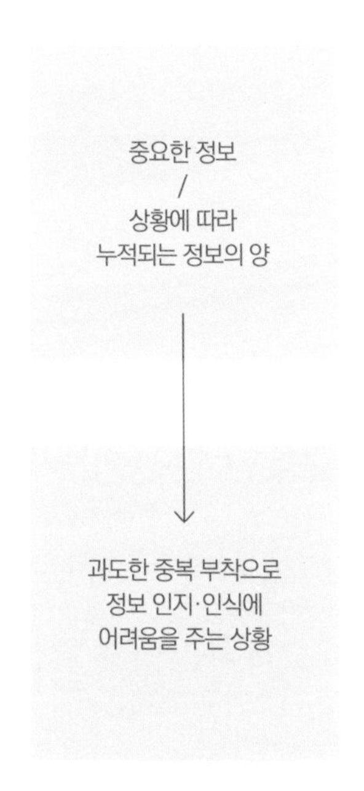

정보의 과도한 중복 부착

현재 한수원의 근로환경은 산업안전보건법, 원자력안전법에 의해 구축되었다. 특히 산업안전보건법에 기반하여 시각적 안전정보를 전달하고 있으며 이에 대한 조치가 올바르게 시행되었는지 국가 차원에서의 관리가 이루어진다.

시각적 안전정보인 안전보건표지가 한수원 내부 곳곳에 부착이 되어있는데 전반적으로 현장의 규모나 시설물 위치 등을 충분히 고려하지 않고 부착된 경우가 많았다. 또한, 법적 근거에 의해 부착되는 필수정보들과 현장관리차원에서 필요에 의해 부착되는 정보들이 서로 강조되고 반복되면서 복잡한 환경을 만들어낸다.

이러한 과도한 정보의 부착은 오히려 정보전달력이 떨어져 안전에 대한 인식이 둔해지고 안전사항을 간과하는 상황이 생길 수 있어 이를 개선할 수 있도록 안전정보의 구분과 유형별 디자인의 부착 기준과 가이드가 필요하다.

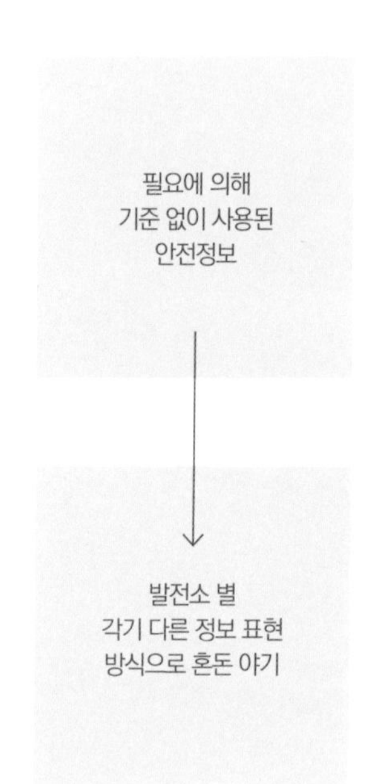

모호한 안전정보 디자인의 기준

현장관리차원에서 붙여지는 안전사고 예방을 위한 정보들은 대부분 기성품으로 구매하거나 자체적으로 개발해 부착한다. 주로 아차사고[1]와 관련한 내용들이다. 아차사고와 관련한 안전정보는 정해진 기준이 없기 때문에 주관적 판단이나 개인이 선호하는 디자인이 적용되어 안전사고에 주의를 주고자 하는 행위가 오히려 근무환경의 혼잡을 야기한다.

아차사고는 생명·건강에 위해를 초래할 가능성이 있었으나, 산업재해로는 이어지지 않는 사고를 일컬으며 총 8가지 항목으로 부딪힘, 끼임, 미끄러짐, 넘어짐, 베임, 접질림, 헛디딤, 떨어짐을 이야기한다. 이 아차사고들은 사소하게 보이지만 하임리히 법칙에서 이야기하듯, 무상해 사고나 경미한 부상들이 같은 원인으로 징후를 나타내며 결국 어떠한 대형 사고를 일으키기 때문에 근로현장에서는 아차사고들에 대한 예방과 대응이 중요하다. 무상해, 무사고인 위험 순간 '아차사고'를 줄일 수 있을까?

실제 한수원의 근로현장과 사전 안전교육에도 이 부분을 강조하고 있다. 근로환경에 주로 나타나는 아차사고를 예방하기 위한 방법은 시각적정보를 전달하는 것이다. 그렇기 때문에 정보로 인한 혼잡을 방지하기 위해 필수정보와는 구분되는 아차사고 관련 정보 디자인과 사용 기준이 필요하다.

---

1) 고용노동부, 산업재해 예방을 위한 안전보건관리체계 가이드북. (2022)

질서 없는 복잡함은
혼란을 야기하고
/
복잡함이 없는 질서는
지루함을 유발한다.

루돌프 아른하임(Rudolf Arnheim)

2) 안그라픽스, 정보디자인 교과서. (2008)

한수원 안전디자인 현황

발전소의 '안전'은 어떤 모습일까?

본격적으로 연구를 시작하기에 앞서 가장 궁금했던 것은 '국가보안시설 가급인 원자력발전소 현장은 어떤 모습일까?', '현장의 근로자들은 원자력발전소의 '안전'에 대해 어떻게 인식하고 있을까?'였다.

한수원의 안전디자인 현황을 체크하기 위해 '한수원의 기본 안전', '한수원 공간환경', '한수원 근로자 니즈(needs)'의 세 가지로 구분하여 분석하였다.

'한수원의 기본안전'은 안전정보의 일관성으로 법적 기준에 따라 일관성 있게 제공되고 있는 안전정보의 현황 파악으로 표준성·가독성으로 구분하여 조사한다. '한수원 공간환경 중심'은 안전정보의 인지성에 대한 조사항목으로 장소와 환경에 따라 필요한 정보를 쉽고 빠르게 인지할 수 있는지, 이들 정보의 위치와 배치는 가시성·지정성에 기준해 배치되어 있는지 살펴본다. 마지막으로 '한수원 근로자 니즈'는 안전 정보의 유도성을 파악하기 위함으로 근로자들의 안전디자인에 대한 인식을 분석하였다.

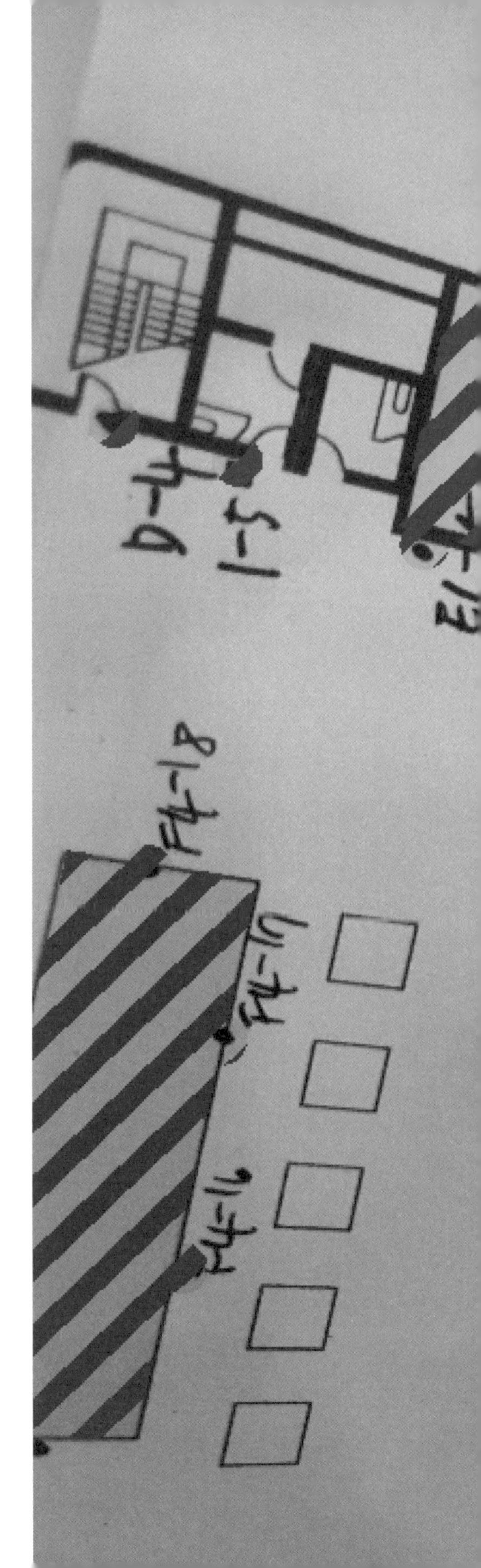

현황진단체계

'한수원 기본 안전'	'한수원 공간환경'	'한수원 근로자 니즈'
안전 정보의 **일관성**	안전 정보의 인지**성**	안전 정보의 **유도성**
기준에 따라 일관성 있게 제공하여 근로자의 혼란을 줄이는 안전정보	장소와 환경에 따라 필요한 정보를 쉽고 빠르게 인지할 수 있는 정보의 위치와 배치	정보의 목적과 유도에 따라 근로자가 안전하고 편리하게 행동하도록 하는 안전정보
표준성 Standardity / **가독성** Efficiency	**가시성** Visibility / **지정성** Designation	**환경성** Environmental nature / **접근성** Accessibility

물리적 요소의 분석

발전소의 물리적 요소 측정을 위해
안전요소의 적용 여부에 대해 순위서열척도 분석

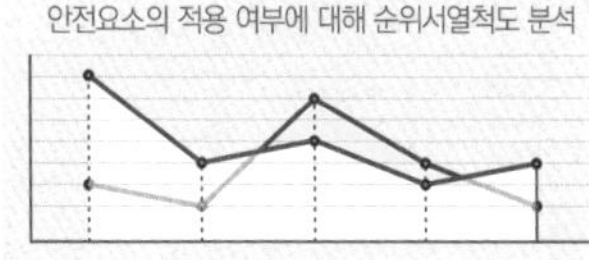

인지적 요소의 분석

발전소 인지적 요소 측정을 위해
시각적인 평가기준을 위한 의미론적 차별법 분석

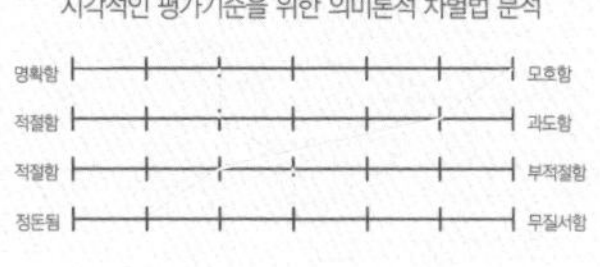

상호작용 요소의 분석

사용자 여정지도
(사용자와 공간의 터치포인트 분석)

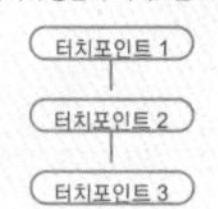

근로자 인터뷰 / 설문조사

[안전정보 분석]

발전소 안전정보체계 중심 분석

[안전공간 분석]

발전소 공간 중심 안전 분석

[안전인식 분석]

근로자 안전디자인 인식 분석

근로환경

우리는 전국에 위치한 5개 원자력본부의(고리, 한빛 월성, 한울, 새울)의 발전소 현장을 조사·분석 하였다. 살펴본 발전소 현장은 산업안전보건법에 기초한 필수 정보들과 함께 필요에 의해 만들어진 설명(안전, 목적, 해당 공간에 대한)이나 정보들로 인해 환경 주변으로 복잡해 보였다.

정보가 필요하다고 판단되는 지점은 그 주변으로 같은 내용의 중복 배치와 다른 내용의 정보들을 서로 잘 보이는 위치에 부착하려는 특성이 두드러졌다. 이로 인한 복잡함이 배가 되었다. 특히 원자력법으로 건축물 자체 벽면에 부착이 안되기 때문에 출입문에 중복 배치하는 경우가 많은데, 법적 근거가 없는 정보들을 제각각 잘 보이는 위치에 부착하려다 보니 이러한 결과를 초래한 것이다.

정보에 대한 기준과 정립이 시급하였다.

현장조사 결과 요약

1. 안전정보를 구성하는 색채, 글씨, 기호 등이 환경과 공간에 따라 다 상이
2. 다양한 안전 관련 정보들이 기준 없이 한 곳에 집중되어 정보전달력이 현저히 떨어짐
3. 근로환경, 공간구조, 위치 등을 충분히 고려하지 않은 정보의 크기와 배치

발전소 현장조사 결과와 근로자 인식조사 결과를 종합하여 살펴보면, 첫째, 발전소 현장은 치명적인 부상보다는 부딪힘, 넘어짐, 끼임 등의 아차사고가 상대적으로 더 많이 발생하기 때문에 이러한 사소한 사고를 최소화 할 수 있는 방안이 마련되어야 한다. 둘째, 근로자 대부분이 출입구 부착물을 통해 안전정보를 인식하고 있으나, 과도한 부착과 복잡한 내용으로 인식률이 낮은 것으로 나타났다. 셋째, 안전 안내사인과 관련해 명확한 배치와 내용구성을 알아보기 쉽게 보완해 주길 바라는 니즈가 있으며, 휴식의 경우 대부분 특별한 활동을 하지는 않는다.

근로자

한수원 안전에 대한 근로자 인식 조사는 설문조사와 심층인터뷰로 진행하였다.

설문조사는 한수원 내부 직원과 외부협력업체 직원을 대상으로 실시했으며 총 883명이 응답하였고, 심층인터뷰는 산업안전감시단, 한수원 내부직원, 협력업체 직원 총 91명을 대상으로 진행하였다.

인식조사 결과 중, 다른 항목에 비해 긍정 응답 비율이 상대적으로 낮은 항목이 있었다. 바로 '비상시 위험인식 및 대응력'에 관한 질문이다.

특히 세부 문항에서 소화기, 비상구를 찾기 쉽지 않다는 의견이 높게 나타났다. 이 부분은 근로환경과 대조하여 재분석을 진행하였는데, 공간과 안전정보 간의 비례가 휴먼스케일을 고려하지 않은 부분과 근로환경의 낮은 조도와 빛의 색에 따라 정보의 인지가 떨어지는 현상이 생겼기 때문이다.

Q. 사용자의 안전정보 인식정도

72.9%

한수원의 안전정보 인식정도의 긍정률

(매우 그렇다 34.7%, 그렇다 38.2%)

3.2% 전혀 그렇지 않다
8.3% 그렇지 않다
15.6% 보통이다
34.7% 매우 그렇다
38.2% 그렇다

Q. 비상시 위험인식 및 대응력

70.8%

비상시 위험인식 대응력 저조

(매우 그렇다 36.5%, 그렇다 35.2%)

4.4% 전혀 그렇지 않다
7.8% 그렇지 않다
17% 보통이다
35.6% 매우 그렇다
35.2% 그렇다

근로자 인터뷰 중 의미 있던 내용들

Q1. 안전과 관련해 자주 깜박하는 것은 ?
A1 안전모를 벗고 이야기하다가 업무복귀를 하는 경우에 안전모를 깜박한 적이 있다.
A2 안전모 해제지역과 착용지역이 구분되어 있는데 본인도 모르게 지나가는 경우가 있다.
A3 무의식적으로 갑자기 현장을 가야할 때, 안전화 인지 아닌지 모르고 간 경우가 있다.

Q2. 안전과 관련해 가장 보강되어야 하는 사각지대는?
A1 조명 위에서 작업하는 경우 조명 사각지대가 된다.
A2 자주다니는 장소가 아니라 어쩌다 이벤트가 발생해 작업하는 공간이 해당된다.
A3 밀폐공간은 근로자가 바로 사망할 수 있기 때문에 안전강화가 제일 필요한 곳이다.

Q3. 안**전 행동, 인식을 저해하는 요소는?**
A1 설비, 벨브, 펌프, 핸들등이 있다보니까 바닥과 벽의 색, 안전정보의 색채가 비슷해서 구분이 잘 안된다.
A2 글이 너무 복잡하고 헷갈린다
A3 오래 일한 숙달된 작업자분들이 익숙해서 그런지 안전 관련 사항들을 간과하고 놓치는 경우가 많다. 오래일한 작업자일수록 경각심을 가지고 일해야 한다.
A4 너무 작고 많은 글들로 한눈에 정보가 들어오지 않는 것이 많다.

Q4. 휴식은 어떻**게 취하시나요?**
A1 의자에 그냥 앉아 있는다.
A2 심리적으로 편안함을 느낄 수 있는 쾌적한 공간이 있으면 좋겠다.
A3 근무 중에는 휴게실에서 쉬고, 생각없이 그냥 앉아 있는다.
A4 보통 사무실이나 노조 휴게실에서 쉰다. 커피 같은 음료 섭취, 앉아서 휴식 등이다.

원자력발전소 현장조사와 구성원 인식조사의 시사점은 다음과 같다.

1. 안전에 대한 인식이 높다는 것이 안전사고를 줄일 수 있는 결과로 귀결되지는 않기 때문에 한수원 현장에 적합한 안전디자인 개발이 진행되어야 한다.
2. 근로자의 작업 과정에 있어서 세부적인 요소들도 포함하여 디자인 개발을 진행해야 한다.
3. 주변 환경과 공간에 따라 발생하는 안전사고에 대한 대비책 마련이 필요하다.

03

시범설치와 실증, 그리고 안전디자인 요소 성의

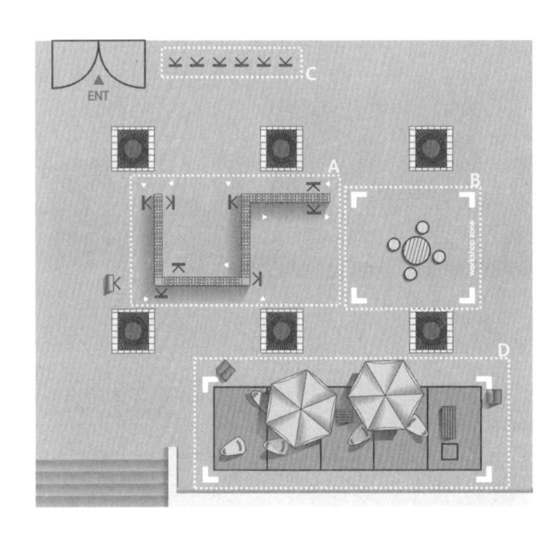

디자인안 도출, 의견수렴을 위한 그룹별 심층워크숍

방향성 설정에 따라 공간 환경에 따른 1차 디자인들이 도출되었다. 이에 대한 효과성을 평가하고 근로자들과 함께 공유할 수 있는 방법을 고안하여 8개의 가상 공간을 구현하고 이를 통해 의견을 수렴하고자 하였다.

한수원 실무진과 근로자를 대상으로 5-6명을 하나의 그룹으로 안전디자인이 적용된 가상공간을 체험하고 근로자 관점에서의 효과성과 의견을 공유하는 방식으로 진행되었다.

Section A
가상공간 둘러보기

'완충공간'의 발견!

완충공간의 발견은 그동안 사용자의 근로 목적에 따른 '움직임'만을 이해했던 행위에서 간과되었던 '멈춤', '대기 혹은 기다림'의 근로 행위 중 빈번히 일어날 수 있는 행태였다는 것이 확인된 발견이었다.

이 발견으로 추후 안전디자인에서 사전 정보를 제공하여 한 번 더 스스로 안전정비를 할 수 있게 하는 목표가 설정되었으며 작업 공간에 진입 전 작업공간에서 일어날 수 있는 아차사고, 금지, 경고 행위 등에 대해 상기시키는 것에 대한 중요성을 디자인 전체에 반영하게 된다.

Section B
의견공유하기

'반사'재료 사용 계기!

부착되는 안전사인물이 형광 및 반사 재질의 성분을 가지고 있는 것이라면, 일반적인 것보다 인식률이 훨씬 높을 것 같다는 의견을 볼 수 있었다. 이는 앞서 진행된 현장조사에서 나왔던 문제점과 부합하는 의견임을 알 수 있다.

재료 사용에 대한 내용은 '발전소 환경 계획의 지침에 따른 조도의 기준'과 '기계와 설비 중심의 발전소의 건물이나 구조'의 특성을 보완할 수 있도록 부착물의 표면과 성분에 대한 권장재료를 사용하는 지침을 만들고 적용하는 계기가 되었다.

Section C
스티커 설문

'머리충돌주의'의 중요!

스티커 설문은 안전정보가 더 중요하게 작용하고 시급하게 제공되어야 하는 공간의 우선순위를 매기는데 초점을 맞추었다. 스티커 설문 결과로는 머리충돌주의 안내가 가장 많은 중요도를 나타냈으며, 다음으로 보행공간과 휴게공간에 대한 의견이 다수를 이루었다.

Section D
휴게공간

'쉬는 것도 안전이에요!'

휴게공간을 실질적으로 현장의 유휴공간에 설치하여 근로자들이 직접 사용할 수 있게끔 함으로써, 한수원 안전디자인의 가치를 전달하고 근로자들의 스트레스 및 피로도 저감을 도모하였다. 실질적으로 휴게공간이 발전소 내·외에 설치되기 위해서는 여러 가지 방안을 고려해야 할 것이며, 이러한 휴식공간이 존재한다면 근로에 대한 스트레스를 해소하고 업무 집중도를 더 높여줄 수 있을 것 같다는 의견을 수렴했다.

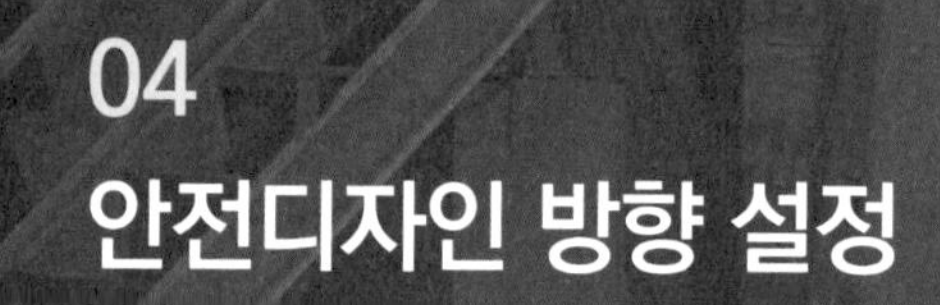

04
안전디자인 방향 설정

근로환경에 대한 안전인식이 높고 법적 근거에 의한 명확한 조치 및 배치되어야 하는 정보들이 있으나 이에 명확한 체계와 기준이 미흡하기 때문에 이들을 정립하고 근로자 관점에서의 위치와 배치, 빠른 인지를 위한 방향을 설정하고자 하였다.

또한 법적 내용을 준수해야 하는 국가 시설인 만큼 이에 기반한 기본적인 안전정보디자인에 대한 개선과 안전을 유도할 수 있는 방법으로 넛지디자인의 효과를 적용한 안전디자인을 계획하였다.

체계와 기준이 명확 | **사용자 관점의 지원/권장** | **넛지효과에 기반을 둔 안전가이드라인 개발 및 실증**

국가, 법, 지침, 수칙, 체계, 계획 + 사용자 관점, 공간과 환경 특성 고려

안전정보 개선을 위한 **안전디자인 X 넛지효과** 를 통한 안전행동 유도

모든 체계와 법을 잘 지키고 있으며 기준과 표준에 맞는 안전디자인이 적용되어 있음

기존의 안전체계와 더불어 근로자의 행동과 심리 관점에서 안전을 더욱 지원하고 권장

공간과 사용자를 충분히 고려하여 정보입력이 아닌 정보-행동으로 이어지는 안전디자인 구축

안전디자인 개발 방향성

일관성 + **인지성** + **유도성**

일관성을 유지하기 위해 명확한 체계와 기준을 정립할 것

사용자 관점으로 공간·환경을 고려한 인지성 높은 안전디자인을 지향할 것

행동으로 이어지는 유도성을 갖는 안전디자인을 연구할 것

'기본과 규칙을 지키는'

통합성

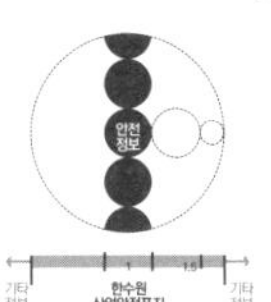

- 정보 위계 정리 및 배치
- 정보 배치 규칙
- 안전보건표지 준용 표준 색채 적용
- 안전정보 템플릿

가독성

- 법적 기준 근거
- 쉬운 정보습득을 위한 픽토그램 및 기호 통일
- 문자/기호 크기 비례 설정

5개 원전본부 26개 호기 발전소의 모든 안전정보에 관해 국가, 법, 지침, 수칙,체계, 계획 등을 기존의 체계와 기준을 준용하고 기준에 따라 일관성 있게 안전정보를 제공하여 근로자의 혼선을 줄이는 것

'쉽고 빠르게 인지하는'

가시성

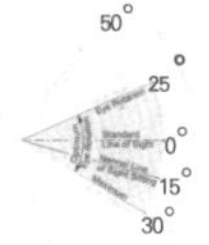

- 기계·설비 중심이 아닌 사용자 정보 제공
- 시야각·인지거리 고려
- 정확한 위치 및 동선에 대한 직관적 정보 제공

최대 시야범위

지정성

- 주요 공간에 면 또는 선 단위의 안전 영역성 지정
- 위험 상황에 대처하기 쉬운 직관 정보 디자인 및 배치

기계·설비 중심이 아닌 사용자 관점으로 공간과 환경적 특성을 반영한 안전정보 배치와 주요 공간에 직관적인 디자인을 적용해 안전성을 향상시키고 효율성을 높이는 것

'심리·행동을 유도하는'

촉매성

- 무의식적 안전행동 지원을 위한 은유적 디자인
- 기존의 안전 시설물 및 공간 활용성 증대를 위한 안전행동 유도

회복성

- 인적오류를 감소시킬 수 있는 심리 휴식 공간
- 색채, 조명, 소리 등 외부 자극으로부터 회복을 위한 피로도 저감 공간

무의식적으로 긍정행동을 유도하는 넛지디자인을 활용해 강압적인 안전 강요가 아닌 자연스러운 근로자 안전행동을 유도하고, 친절하고 편안한 안전 행동과 심리를 느끼게하여 안전성을 향상시키는 것

05

한수원 안전디자인

한수원 안전디자인의 체계는 크게 2개의 체계로 분류된다.

안전디자인의 기초가 되고 가장 기본적인 정보를 가지고 있는 기본 안전정보디자인, 넛지디자인을 바탕으로 하여 근로자의 행동을 유도하는 안전정보 구성인 넛지디자인이다.

해야만하는 안전디자인

기본 안전정보

“ 작업 전 위험 상황 예측하기 ”

기계 및 설비의 상태의 문제로 발생할 가능성이 높은 사고 및
산업안전 보건법의 설치 기준을 따름

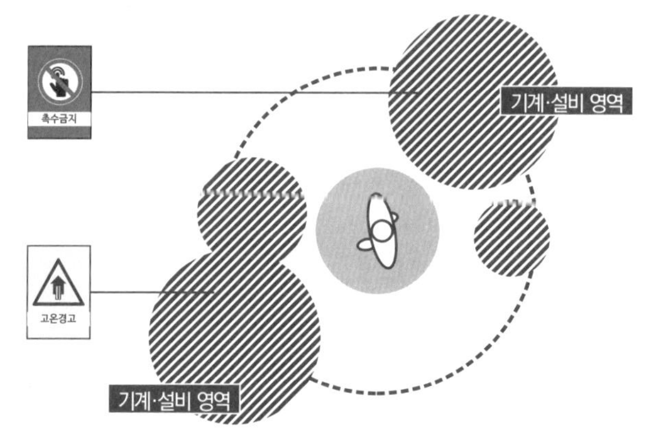

기본안전정보는 작업 전부터 근로자의 주변환경에 배치되어 작업자가 위험 상황에 대해 계속 관심을 갖고 주의를 기울일 수 있게 하는 것이다. 특히 **안전관련 디자인을 진행하면서 고용노동부의 검토에 따라 내용이 진행**되었다는 점이 타 사업과는 다른 방식이다. 한수원은 일반사업장, 시설들과 달리 국가보안시설이라는 특징으로 인해 안전에 대한 관찰이 국가로부터 엄격히 지속되기 때문이다.

사실 다른 기관의 안전정보는 법적기준에 따라 산업안전보건법의 별첨 된 표지면의 디자인을 따라야하나 ‘보기에 예쁜, 수려함’을 위해 이를 간과하고 진행하고 있는 경우가 대부분이다. 우리는 이부분을 놓치지 않되 되도록 기준안에서 잘보이고 이해가 쉬운 디자인을 도출 할 수 있도록 진행하였다.

필요한 안전디자인

넛지디자인

" 작업 중 위험 상황 예측하기 "

근로자의 행동 부주의로 인한 아차사고
발생가능성이 높은 구역에 넛지디자인 적용

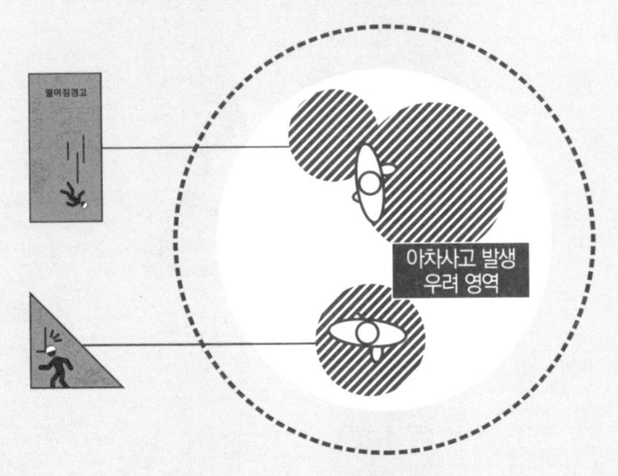

넛지디자인의 경우 작업 중 위험 상황을 예측할 수 있도록 연구하였다. 근로자들이 항상 안전에 대한 경각심과 인지를 하고 있지만 잠깐의 행동 부주의로 일어나는 아차사고 8종에 대해 계획하여 한수원만의 픽토그램과 정보디자인, 방식등 을 통해 일상 속 안전을 실천할 수 있도록 하였다.

기본안전정보는 불안전한 상태(Unsafe Condition)에 대한 개선으로 사전예방차원으로 사전안전정보를 제공하고 넛지디자인은 불안전한 행위를 안전한 행위로 유도하는 것으로 사고안전구간에 설치하고 즉각적 반응을 유도한다는 데에서 차이가 있다.

기본안전정보

근로자의 동선 모든 곳에 지속적인 안전인지를 도모할 수 있도록 배치된다. 작업 전 위험 상황을 예측하게 하는 것이 주요 목적이다.

기계 및 설비 상태의 문제로 발생할 가능성이 높은 사고를 알리며 이는 산업안전 보건법의 설치기준을 따른다.

또한 산업안전 보건표지가 명시한 41개의 표지면 외에 발전소에서 필요에 의해 구입하거나 임의로 만들어 사용하는 31개의 표지면, 한수원의 특성에 따라 필요하다고 판단되는 5개의 표지를 개발하여 총 77종의 한수원 기본 안전정보 표지를 정립하였다.

기본안전정보 표지

기본안전정보 확장

공간 환경의 특성에 따른 변화, 발전소의 규모를 고려하여 기본 안전정보 표지의 표준과 다양한 활용방법을 함께 고안하였다. 일관성을 위해 표지의 규격을 표준화하되, 상황과 공간의 규모에 따라 확장하는 디자인을 추가 개발하였다.

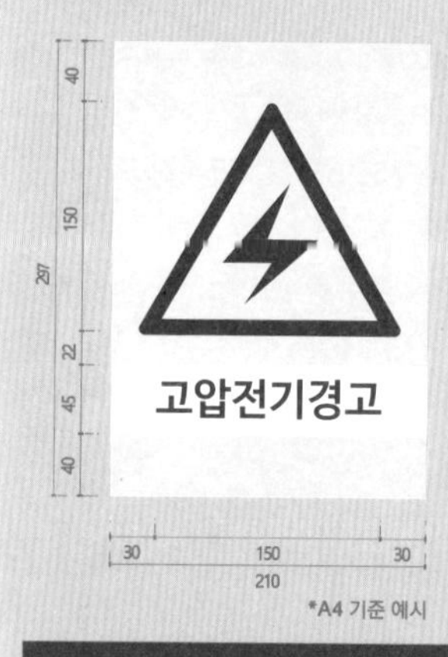

*A4 기준 예시

◀ 기본형
국제 표준 ISO에 따른 A2, A3, A4
3가지의 표지를 부착 환경 여건에 따라 선택 사용

▼ 확장형
기본형을 사용하되 영역의 범위나 한계로 인한 인지 저하 시, 기본형 + 확장디자인 활용

디자인 적용

Before

정보의 난립으로 위계질서가 필요해 보이며 글자 크기, 서체의 혼재로 규정제공이 필요하다. 또한 표지면의 크기가 제각각으로 정보의 통일성을 위한 규격이 필요하다. 가장 중요한 원자력법에 의해 벽부 부착이 불가한 부분을 고려하여 근로자가 작업공간에 진입 전 '잠시 멈춤'이 있는 특성을 고려하여야 한다.

After

공간에 많은 정보를 표현해야 할 때에는 정보의 레이어를 분리하여 구성해야 복잡하게 구성되지 않고 정보를 잘 이해할 수 있도록 해야 한다[5]. 따라서 문 내부 영역을 지정하여 정보의 위계를 정립하고 필수 정보를 고려하여 모듈형 타입의 디자인을 제공하였다.

이때, 중요 호기 정보를 가장 상단에 두어 멀리서도 빠르게 호기 인식이 될 수 있게 한다.

작업공간에 진입 전 가장 처음 만나는 출입문으로 금지나 경고 정보보다는 지시 정보를 통해 근로자의 안정장비 착용을 다시 한번 상기시켜 준다.

5) 안그라픽스, 정보디자인 교과서, 오병근·강성중, 120p. 2008

넛지디자인

넛지디자인은 근로자 안전행동을 효과적으로 향상시킬 수 있는 'Safety Square', 'Safety Card', Safety Eyes', 'Safety Feedback'으로 총 4종으로 넛지 디자인 체계 구성하여, 각행동유도 안전정보는 공간유형별로 해당 공간의 안전행동 유도 특성에 맞게 배치할 수 있다.

넛지디자인에 속해 있는 모든 디자인은, 소재의 특성에서 차별화된 디자인이라 볼 수 있다. 근로자 의견과 현장 조사의 결과를 바탕으로 하여 소재에 있어서 고휘도(발광) 소재가 첨가되어 있다. 넛지디자인에 쓰인 주황색은 빛의 파장이 가장 높아 진출 효과로서 적합한 색상이라 볼 수 있다.

기본안전정보 표지

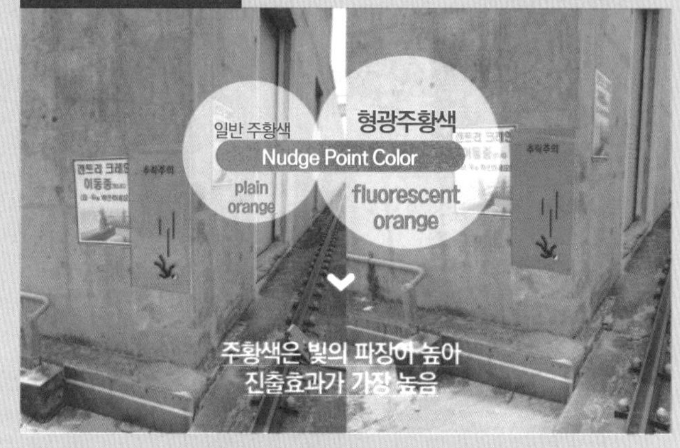

아차사고를 예방하기 위한 넛지디자인은 해당 정보에 대한 직관적 인식이 목적이므로 한수원 안전정보 표지와 구분되면 명시성 및 시인성이 높은 형광주황색 색채를 선정하여 넛지디자인에 적용하였다.

한수원 넛지디자인의 색으로 쓰인 주황색은 장파장역에 있는 색으로 굴절률이 작고, 산란하기 어려운 특징을 갖고 있는 진출색이다. 이점에 기초하여 적용하고자 하였다.

한수원 넛지디자인 재료 선정

실제 현장에서 일반 주황색과 고휘도반사재료가 적용된 형광주황을 비교하여 인지가 우월한 재료를 선택했다. 형광색은 형광 성분과 반사광 성분을 포함하기 때문에 발광체처럼 빛이 나고 강렬하게 느껴지기 때문에[7] 이러한 이점을 활용하여 적용토록 하였다.

빛이 있는 밝은 환경에서 물체의 모습은 명료하게 상세한 부분까지 보이지만, 빛이 부족한 어두운 환경에서는 물체의 윤곽이 불명료하며 경계선이 흐려진 상태로밖에 보이지 않고 물체와의 거리감각도 애매하게 된다[6].

그러므로 실내·외 조도가 낮은 공간, 대부분이 회색계열의 구조나 건축, 시설물들로 경계가 모호해보이는 근로환경에서 고휘도 반사지를 사용하여 낮은 조도와 휴먼스케일에 비례해 다소 큰 건물과 환경 안에서 안전정보가 인식될 수 있도록 재료선정을 하였다.

6) 보문당, 인간심리행태와 환경디자인, 일본건축학회, 63p, 2006
7) 도서출판국제, 색채지각론과 체계론, 윤혜림, 15p, 2008

한수원 형 표준 픽토그램

한수원 근로자 픽토그램
한수원 상징 안전모 착용
근로자 픽토그램

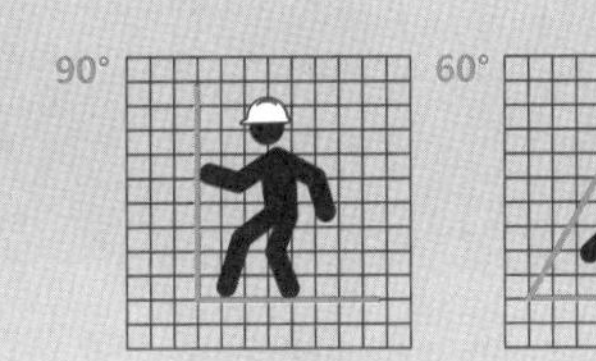

형태의 통일성
일관성을 위해 픽토그램의
각도 및 좌우만 변경하여 사용

픽토그램 원칙
선(Line)과
픽토그램의 조합

체계적이고 효율적인 시각정보를 통한 효과적인 행동유도를 위해 인체모형 표준 픽토그램을 개발하였다. 공간의 정보를 제공하는 심벌은 모든 사람들이 소통할 수 있는 공통 언어를 제공하기 때문이다8). 공통언어를 사용한다는 것은 누구든지 쉽고 빠르게 정보를 인식하는 것을 말한다.

평상시 안전모를 착용하는 한수원 근로자의 '안전'을 상징하는 픽토그램으로 항상 안전모 착용에 유의하도록 행동유도 관점에서 구현되었다. 정보에 따라 표준 픽토그램의 각도만 변경하여 일관된 형태로 사용자에게 읽힐 수 있도록 하며 모든 넛지디자인에는 직관적 정보전달을 위해 인체모형 픽토그램+선(Line)의 조합으로 사용하는 것을 기본원칙으로 한다.

Safety card (세이프티 카드)

손끼임경고

미끄러짐경고

직관적 정보인식을 통해 효과적인 안전행동 유도하여 아차사고에 대비하며 평상시 안전모를 착용하는 한수원 근로자를 상징하는 한수원 형 근로자 픽토그램을 구현하여 세이프티 카드에 적용한다.

발전소 내 안전사고 현황 분석을 토대로 가장 빈번히 발생하는 아차사고 유형 8개에 대한 픽토그램을 개발하였다. 아차사고 발생 가능성이 높은 구역에 설치하여 즉각적인 반응을 유도한다. 사고에 대비할 수 있는 안전 카드로 주의 및 경고의 의미를 가진다.

---

8) 비즈앤비즈, 공간 정보 디자인, 데이비드 깁슨, 96,97p. 2009

Safety Feedback(세이프티 피드백_안전부엉이)

밀폐공간

조명 위 고소작업

낮은 조도 작업 공간

"어두운 환경에서도 작업자의 위치와 상태를 식별"

가상의 눈 모양이나 그림으로 인해 함부로 행동하지 않는 '감시자의 눈'이라는 심리학적 원리에 기반하여 작업 시 경각심을 향상시켜 안전에 유의하도록 하였다. 한국도로공사의 '잠 깨우는 왕눈이'에 착안하여 발전소 근무 특성상 2~3명이 한 조를 이루어 공동작업을 하는 것에 있어 근로자 서로가 안전을 감시하고 주시할 수 있도록 하였다.

어두운 환경에서도 눈에 띌 수 있도록 고휘도 반사지 소재를 적용하며 안전모에 부착하여 근로자의 안전을 지키는 역할을 지원한다.

근로자가 이 스티커를 안전모에 붙이는 행위 또한 하나의 안전인식의 행동으로 근로자가 본인의 안전모에 이를 실천하도록 하였다.

디자인 적용

Before

다양한 색채 정보로 인해 시각적 혼잡이 생겨고 었다. 보행자 시점에서 안전정보가 벗어날 수밖에 없어서 이에 대한 개선이 필요해 보인다.

또한 동일한 정보가 중복 부착되어 있어서 이에 대해 근로자들이 중요한 정보로 여기고 있지만 인지성이 떨어져 시각적으로 일관성을 유지하는 것이 중요하다.

After

보행자 시점을 고려하여 곡각부에 정보를 배치해 양쪽에서 정보를 인지할 수 있도록 했다.

특히 공간의 규모를 고려하여 정보의 표지면을 확장하였다.

또한 주·야간 시인성이 높은 고휘도 반사지 소재를 적용하여 빠른 인지와 행동 유도를 돕고자 하였다.

출입문 [외부출입문]

Silver Zone
Golden Zone
Bronze Zone

· 각 정보의 위계에 따라 시야각을 고려하여 배치하였다.

· Golden zone, Silver zone, Bronze zone의 순으로 높은 시인성을 가지며, 안내정보의 중요도 순으로 각 zone에 맞게 설치하였다.

· 건물에 진입하기 위해 거치는 공간으로 사전에 안전장비 착용을 상기시킬 수 있도록 지시 정보를 주 정보로 한다.

6
WARNING
경유주입구
DIESEL
연료유 탱크 배기관

외부작업공간

근로자 픽토그램 넛지디자인

행동 유도

근로자 픽토그램을 개발하여 적용한 세이프티 카드를 보행 중 아차사고 발생가능성이 높은 구간에 일정한 흐름으로 설치하여 위험 상황에서 즉각적 반응 행동을 유도하여 사고에 대비한다.

행동 유도를 위해 안전표지와 구분되는 시인성 높은 넛지 색채를 선정하여 디자인에 적용한다.

내부작업공간

영역성 부여　　소재 및 색채

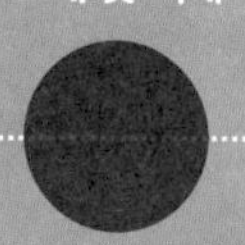

행동 유도

· 그레이팅 구역에서 발생하는 사고를 예방하기 위해 고안한 디자인으로 각 면에서 부분적으로 누락된 시각 정보를 제공하여 주의 행동을 유도한다.

· 안전표지와 구분되는 넛지 색채를 적용하여 높은 시인성과 효과적인 행동 반응을 유도한다.

외부작업공간

활용성

패턴화

시인성

법적 규정과 방대한 공간 규모를 고려하여 안전표지를 활용한 확장형 디자인으로 반복적 패턴을 활용하여 정보에 대한 효과적 인지와 안전 행동 유도를 꾀하는 디자인이다.

외부작업공간

넛지디자인 → 직관적 디자인 → 행동 유도

발전소에서 취수구로 넘어가는 건널목이 있는 구간에 설치하는 디자인으로, 보행 중 해당 건널목에서 크레인에 끼이는 사고를 방지하는 디자인이다.

사용자의 관점으로 넛지디자인을 활용하여 근로자의 안전한 보행을 유도한다.

한수원 안전디자인 시범설치 실증 결과

한빛 3발전소를 대상으로 시범설치를 진행하였고 이를 토대로 전사직원 1511명과 한빛3발전소 직원81명을 대상으로 설치된 안전디자인에 대한 실증 설문조사를 실시 하였다.

Q. 새롭게 적용된 안전디자인으로 발전소 안전정보가 전반적으로 더 잘 인식된다.

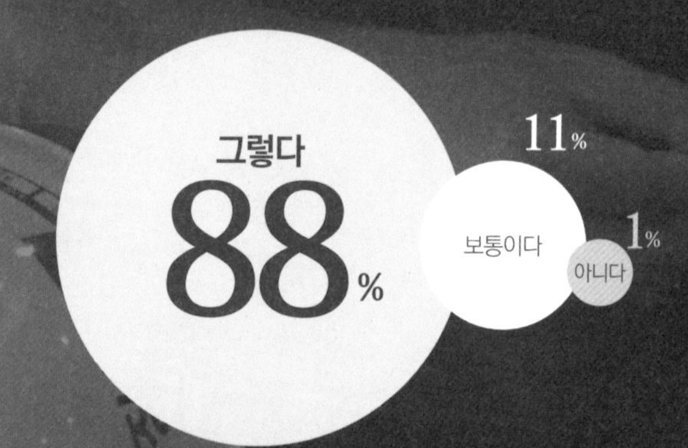

Q. 다양한 직업환경에 새롭게 설치된 안전디자인이 이전 정보부다 눈에 잘 띈다.

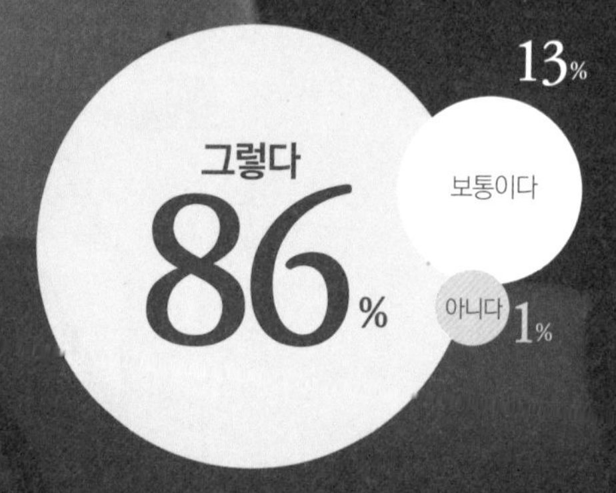

Q. 새롭게 적용한 안전디자인은 위험 상황을 예방할 수 있도록 쉽고, 직관적이다.

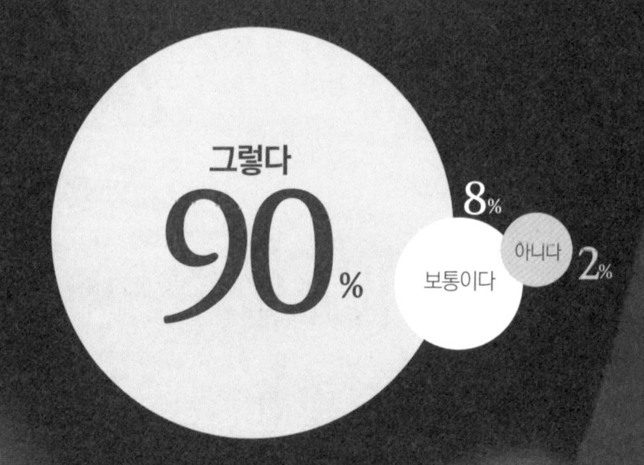

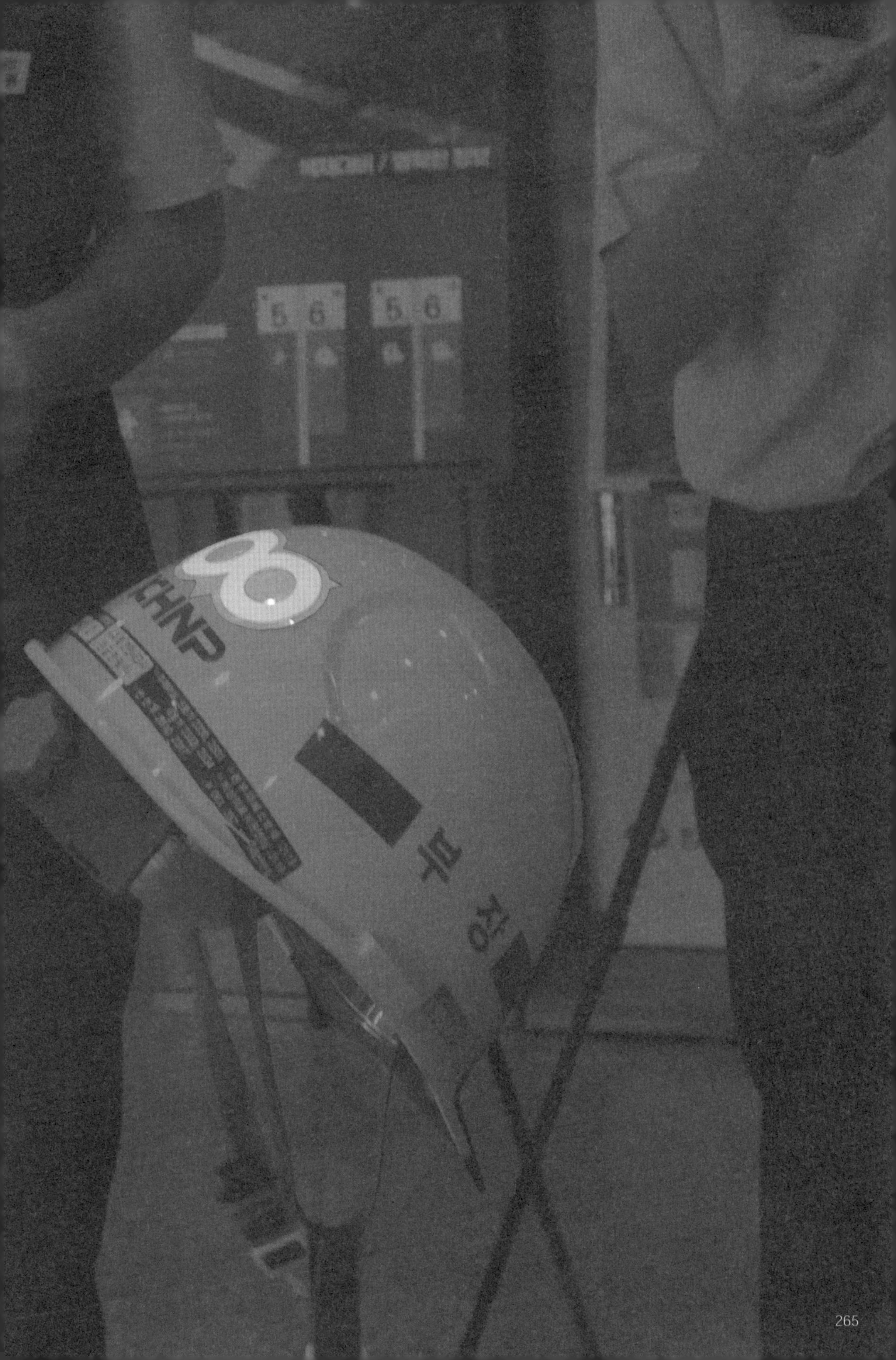

INNOVATION FOR SAFETY

[안전을 위한 혁신]

[안전을 위한 공공실험만들기]
안전한 보행환경을 위한 실험적 개선 (Park(ing) Day A to Z) _ 홍태의

[안전을 위한 감정심리만들기]
都市多感 : 도시안전과 직결되는 공간환경에 의한 감정디자인 _ 심윤서

[안전을 위한 사회적처방만들기]
심리사회 안전망 : 사회적 처방 디자인 _ 주하나

[안전을 위한 스마트방법만들기]
차세대 안전디자인을 위해 생성형 AI를 활용하는 스마트 방법론 _ 김성훈

[안전을 위한 공공실험만들기]

안전한 보행환경을 위한 실험적 개선

Park(ing) Day A to Z

홍태의 mrhongun@gmail.com

홍익대학교 공공디자인 박사
홍익대학교 공공디자인연구센터 책임연구원
(주)나인환경디자인 소장

대부분의 야외 도시 공간은
개인 차량 전용이며,
그 중 일부만 사람들을 위한
열린 공간으로 할당된다.

-Park(ing) Day Manual-

@Parking Day

01

거리를 바라보는 새로운 시선

거리는 기능을 따른다

도로는 사회적 배경과 문화적 관점에서 매우 중요한 인프라라는 것을 알 수 있다. 고대 로마는 잘 조성된 도로를 통해 군대 이동, 물자 교역 등 국가의 발전을 촉진 시키는 수단으로 활용되었다. 또한 실크로드(Silk Road)는 유럽과 아시아를 연결하는 중요한 상업 도로의 역할을 수행하면서 세계문화가 교류할 수 있는 큰 역할을 하였다. 이처럼 도로의 역할은 우리의 삶과 매우 밀접한 관계를 가지고 있다. 도로의 주된 목적은 교통, 즉 사람과 물건을 한 장소에서 다른 장소로 운반하는 것으로 주로 차량의 이동을 위해 사용된다.

도로와 마찬가지로 거리는 우리 삶에서 매우 중요한 역할을 한다. 거리는 단순히 한 지점에서 다른 지점으로 이동하는 통로의 기능을 넘어서, 사람들이 모이고 교류하는 사회적 공간으로 기능한다. 상업, 문화, 예술, 정치 등 다양한 활동이 거리에서 이루어지며, 이는 공동체의 정체성을 형성하고 강화하는 데 중요한 역할을 하고 있다.

상점가, 카페, 식당, 공연장 등이 밀집한 거리는 경제 활동의 중심지로서, 사람들에게 필요한 상품과 서비스를 제공한다. 이러한 거리는 지역 경제를 활성화시키는 동시에, 사람들에게 사회적 상호작용의 기회를 제공하기도 한다. 거리는 또한 공공의 축제, 시위, 기념 행사 등 다양한 사회적, 문화적 행사가 열리는 장소로 활용되어, 공동체의 연대감과 사회적 의식을 높이는 역할을 한다.

따라서 거리는 단순히 이동의 수단을 넘어서, 사람들의 생활 방식, 문화적 가치, 경제적 활동이 교차하는 중요한 공간이며, 이는 우리 삶에 있어서 거리가 단순한 통행로가 아니라, 삶의 질을 높이고, 사회적 관계를 형성하며, 문화적 다양성을 경험할 수 있는 장소로 중요하다.

사람들의
다양한 이야기는
거리에서
일어난다.

©https://beforeidieproject.com/walls/

거리를 다양하게 이용하는 사람들 ©freepik.com

'왜 우리는 거리를 단순히 지나가는 공간으로 생각하는 것일까?'

여기에는 다양한 이유가 있을 것이다. 우리나라는 짧은 기간 동안 유래 없는 발전을 이룬 나라이다. 새마을 운동을 통해 노후된 마을을 정비하고, 새로운 길을 만들었다. 산업의 발전을 기반으로 다양한 나라에 수출을 통해 외화를 벌어들이며 우리나라는 선진국의 반열에 올라섰다.
이러한 과정에서 대규모의 도시화가 진행되었고, 이는 인구가 도시로 집중되는 현상을 만들었다. 인구가 집중되는 도시의 경우 대규모의 교통 수요가 일어났으며, 이를 수용하기 위해 차량중심의 도로 인프라가 대폭 확장되고, 또한 물류와 물자가 빠르게 목적지에 도착하기 위해 자동차가 중심이 되는 교통 정책을 통해 넓은 도로가 만들어지게 되었다. 이처럼 우리나라의 거리는 효율적인 동선을 구축하여 빠른 흐름이 전개되는 공간으로 인식되면서 기능 중심의 거리로 조성되었다.

현재 우리나라는 1인당 GDP가 약 35,000달러에 근접하여 개발도상국에서 중진국을 거쳐 선진국으로 발돋움하였다. 과연 이러한 사회적 배경 속에서 기존에 조성되어 있는 거리의 기능이 현재 우리 삶과 어떠한 연관이 있는지 살펴볼 필요가 있다.

이동을 위한 공간으로 거리를 사용하는 한국 ©Markus Winkler

차량에 공간을 뺏긴 사람들

2021년 7월 개정된 '보도 설치 및 관리 지침'의 내용을 살펴보면 '보도의 유효폭은 최소 2.0m 이상을 확보하여야 한다. 다만, 기존 도로의 증·개설시 및 주변지형여건, 지장물 등으로 보도 유효폭을 2.0m를 확보할 수 없는 경우에는 1.5m까지 보도 유효폭을 축소할 수 있다.'라고 되어 있다.

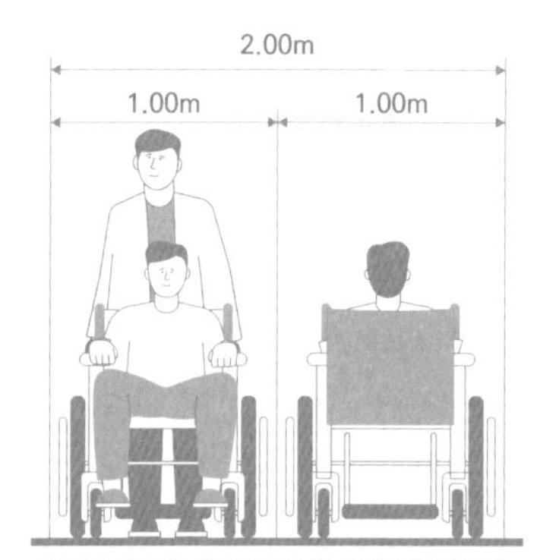

보도의 유효폭 @보도설치 및 관리지침(재구성)

현대 도시에서 가장 흔하게 볼 수 있는 구조의 거리는 생활도로로 볼 수 있다. 생활도로는 9.0m~12.0m의 도로로 도로, 주차장, 인도로 구성되어 있다. 차량의 교차가 이루어질 수 있도록 차량도로가 최소 4.0m, 측면에 차량이 주차할 수 있는 공간이 2.0m, 보행자가 통행하는 구간이 1.5m로 구성되어 있다.

보도의 최소폭 @보도설치 및 관리지침(재구성)

이처럼 대부분의 거리는 차량을 위한 공간으로 구성되어 있다는 것을 알 수 있다. 앞서 살펴보았듯이 이러한 거리의 구성은 우리나라가 산업의 발전을 위한 빠른 흐름을 위하여 기능 중심의 도로라는 것을 알 수 있다.

도시화의 급속한 진전과 함께 우리의 일상 생활 속에서 차량의 수가 지속적으로 증가하면서 도로와 거리는 더 많은 차량으로 붐비고 있다. 이는 보행자의 안전을 심각하게 위협하는 요소로 작용한다. 특히, 주차된 차량과 빠르게 달리는 차량은 보행자의 안전에 큰 위험 요소로 작용한다. 주차된 차량은 보행자의 시야를 제한하여, 보행자와 다른 차량 운전자 간의 시각적 연결을 차단한다. 이는 특히 어린이나 키가 작은 사람들에게 더 큰 문제가 된다. 주차된 차량 뒤로 나오거나, 차량 사이를 지나갈 때 운전자의 시야에 쉽게 들어오지 못하며, 이는 교통 사고로 이어질 위험이 크다. 또한, 주차된 차량들로 인해 보행자 공간이 축소되어, 인도를 걷는 사람들이 차도로 내려와 걷는 위험한 상황이 발생하기도 한다.

보행자의 안전을 위협하는 보행공간 ©홍태의

보행자 중심의 다양한 활동을 지원하는 가로 ©The Atlanta Journal-Constitution

'과연 현대 사회에서 빠른 흐름이 일어나는 도로가 맞는 것일까?'

자동차 중심의 거리는 많은 편리함을 가져왔지만, 동시에 보행자의 불편함과 안전 문제를 야기하고 있다. 자동차 중심의 도시는 사람들 간의 상호 작용을 감소시키고, 공동체 의식을 약화하기도 한다. 보행자가 적은 거리는 사람들 사이의 자연스러운 만남과 교류를 제한하며, 이는 도시의 생동감을 떨어트리는 결과를 낳는다.

최근 많은 곳에서 차 없는 거리를 실행하고 있다. 이는 도시의 생활 방식을 변화시키고, 환경적, 사회적, 경제적 여러 면에서 긍정적인 효과를 가져오고 있다. 차량사고의 위험이 줄어들며, 사람들이 모이고 활동할 수 있는 공간을 제공하여 상호작용을 유도해 공동체 의식을 강화하고, 사회적 유대를 증진시킨다. 또한, 걷기를 유도하여 활동적인 생활 방식을 장려해 신체 건강 증진에 도움을 준다.

02
우리는 어디서 쉬어야 하는가?

벤치가 있는 곳은 어디일까?

친구를 만나고, 다른 사람과 이야기하고,
차를 마시고, 책을 읽는다.

위의 문장을 보았을 때 어떤 장소가 떠오르는지 생각해보면 많은 사람들은 카페를 생각할 것이다. 우리의 거리를 가만히 생각해보면 단순히 지나가는 공간으로 거리를 인지하고 있다. 목적지를 가기 위한 과정의 공간으로 보다 효율적이고 빠른 동선을 찾아 거리를 이용한다.

우리나라 거리에서 벤치를 찾기란 매우 어려운 일이다. 우리의 공공공간은 주로 효율성과 다목적 사용을 우선시 하는 경향이 있기 때문에 많은 도시 공간이 상업적 활동, 교통 흐름 개선, 그리고 주거 공간 확보에 중점을 두고 있기 때문에 휴식을 위한 공간 배정이 상대적으로 축소되는 경향이 나타난다. 이는 효율성 중심으로 공간으로 보았을 때 상대적으로 쉼의 공간이 경제적 가치가 낮아 중요하지 않게 생각해왔기 때문으로 볼 수 있다.
또한 앞서 살펴본 거리의 구조에서도 그 문제점을 찾아볼 수 있다. 보도는 1.5m의 공간으로 이루어져 있는 경우 2명이 교차보행을 하는 너비만으로 보도의 기능은 이미 포화상태로 볼 수 있다. 이러한 환경에서 쉼의 공간을 만드는 것은 물리적으로 불가능한 상태인 것이다.

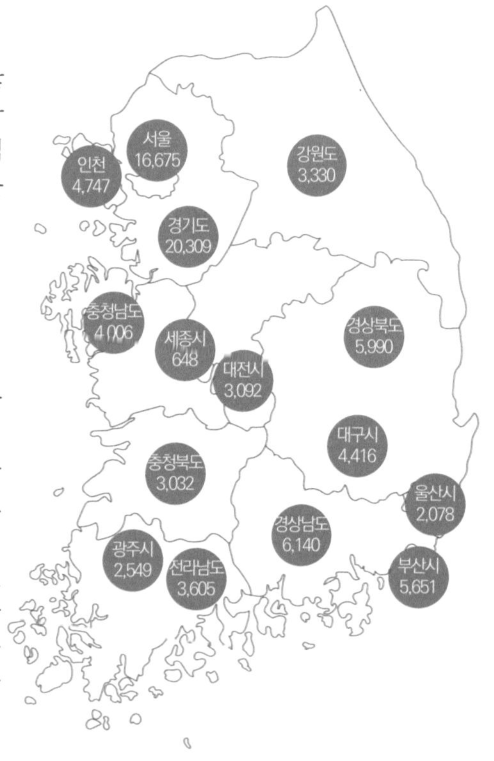

거리를 걷다보면 벤치보다 많이 보이는 건 카페나 편의점이다. 우리나라는 단위면적 당 가장 많은 카페를 보유한 나라이다. 공공공간에 쉴 수 있는 곳이 없어서 우리는 돈을 주고 공간을 이용한다.

2022 전국 커피숍 수 ©행정안전부 인허가 데이터

쉼을 찾아 다니는 사람들

2022년 기준으로 우리나라의 1인당 도시공원 면적은 12.3㎡로, 이는 미국 뉴욕의 18.6㎡나 영국 런던의 26.9㎡에 비해 상대적으로 적은 편이지만, 프랑스 파리의 11.6㎡보다는 약간 더 넓은 수치이다. 그러나 이러한 수치는 단순한 통계적 계산에 불과하며, 실제 서울시민들이 경험하는 공원 접근성과는 다소 차이가 있다.

서울 내에서 공원과 녹지 공간은 일상 생활 공간에서 상당히 멀리 떨어져 있다. 서울 시내의 평균 공원 간 거리는 약 4.02km에 달하며, 도보로 공원까지 이동하는데 평균적으로 약 1시간이 소요된다. 이는 대략적으로 자택에서 공원까지 걸어서 도달하기 위해서는 평균적으로 30분 정도의 시간이 필요하다는 것을 의미한다. 따라서 서울의 공원들은 일상에서 쉽게 접근하고 즐길 수 있는 장소가 아니라, 자동차나 대중교통을 이용해 특별히 계획을 세워야 방문할 수 있는 목적지가 되고 말았다.

우리의 일상의 공공공간은 쉼의 공간을 찾아보기 힘들다. 앞서 살펴본 것처럼 대부분의 공원은 생각보다 멀리 있고, 일상에서 쉼은 돈을 지불하고 공간을 향유하는 것이 일반적인 상식처럼 진행되어 왔다.
도시 공간에서 쉼의 공간을 조성하는 것은 도시민들의 정신적, 신체적 건강을 유지하고 증진시키는 데 있어 필수적이다. 이를 통해 사람들은 일상의 스트레스로부터 벗어나 재충전할 수 있는 기회를 갖게 되며, 이는 결국 도시 생활의 질을 향상시키는 중요한 요소가 된다. 따라서 도시 공간 내에서 휴식과 재충전을 위한 다양한 공간의 조성에 주목해야 할 것이다.

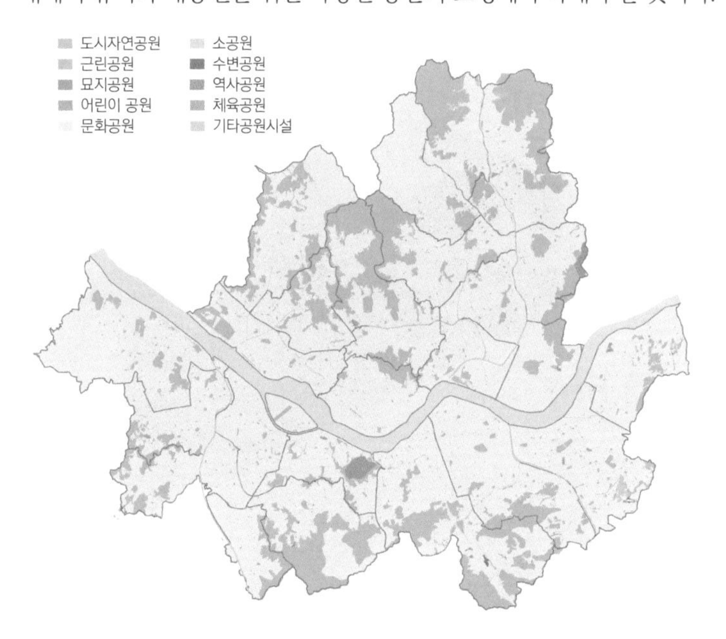

2012 공원 현황
ⓒ서울특별시, 도시계획정보관리시스템(UPIS), 도시계획시설, 2012년

주차장 새롭게 바라보기

자동차 한 대를 위해 할당된 공간을 사람들이 활동할 수 있는 공간으로 전환한다면, 도시는 보다 활기차고 건강한 공동체로 변모할 수 있다. 예를 들어, 도시 한가운데에 위치한 주차 공간을 공원이나 놀이터로 바꾸면, 지역 사회에 큰 이익 된다. 또한, 자동차 대신 보행자나 자전거 도로를 확장하면, 사람들이 더 안전하고 즐겁게 이동할 수 있다.

이러한 변화는 단순히 공간의 재배치를 넘어서, 도시의 생활 방식과 문화에 긍정적인 영향을 미친다. 사람들이 모일 수 있는 공간의 늘어나면, 지역 공동체의 유대가 강화되고, 다양한 사회적, 문화적 활동이 활발해진다. 또한, 공공 공간의 증가는 건강한 생활 습관을 장려하고, 도시의 녹색 공간을 확대하여 환경에도 긍정적인 영향을 끼친다.

이처럼, 자동차 한 대가 차지하는 공간을 사람들이 활용할 수 있게 만든다면, 그 효과는 단순히 8명의 추가 활동 공간을 넘어서 도시의 전반적인 삶의 질을 향상시키는데 기여한다. 이는 도시계획과 공간 사용에 있어 우리가 추구해야할 지속 가능하고 인간 중심의 접근 방식을 시사한다. 따라서, 도시 공간의 재배치는 더 많은 사람들이 함께 모이고, 소통하며, 활동할 수 있는 기회를 창출함으로써, 모두가 누릴 수 있는 더 나은 도시환경을 만드는 중요한 열쇠가 될 것이다.

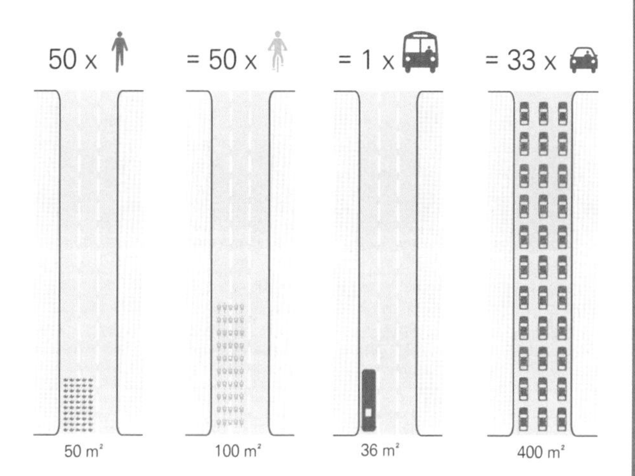

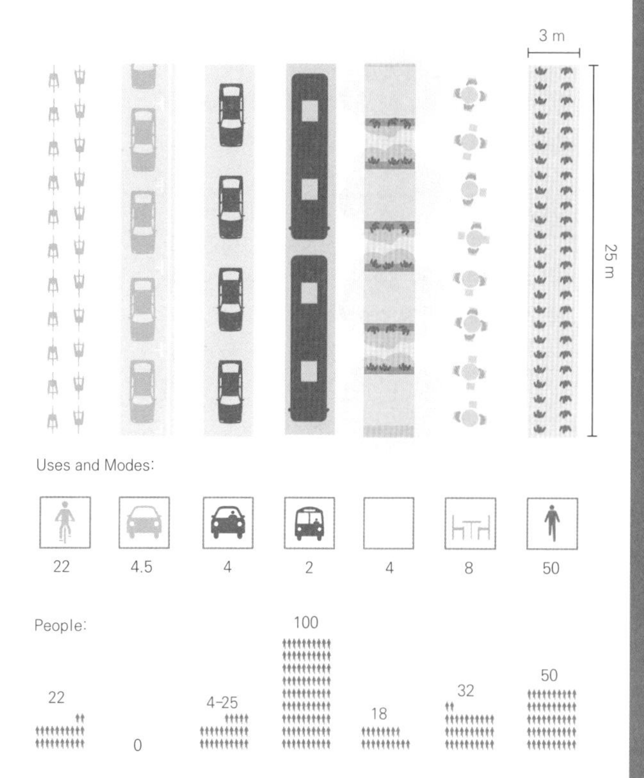

Space Occupied by Uses, Modes, and People in a Given Area
©global street design guide

'차량 중심이 아닌 사람중심의 공간은 보다 많은 가치를 지닌다.'

NACTO(National Association of City Transportation Officials)에서 제시한 'Global Street Design Guide'의 내용 중에는 아주 흥미로운 부분이 있다. 3m x 25m의 도로에서 교통수단과 활동에 대한 비중을 분석한 내용이다. 세부적인 내용을 살펴보면 주차되어 있는 차량은 약 4.5대를 사용할 수 있지만, 보행공간으로 활용하게 되면 총 50명의 사람이 걸을 수 있는 공간이 조성된다는 내용이다.

이처럼 도로와 주차 공간이 차지하는 비율이 높을수록, 사람들이 이용할 수 있는 공공공간은 상대적으로 줄어들게 된다. 이러한 상황은 도시의 삶의 질을 저하시키고, 공동체 활동의 기회를 제한하는 효과를 가져온다.

03
공공공간을 새롭게 보는 방법

공간을 변화시키는 방법

우리가 일상에서 사용하는 공공공간의 변화는 대개 규정과 정책에 따라 진행되며, 이는 주로 도시 재개발이나 도시 계획과 같은 큰 틀에서 이루어져 왔다. 이 과정에서 도시의 구조와 모습을 결정하는 것은 대부분 소수 엘리트의 결정에 의해 일방적으로 진행되는 경향이 있었다. 이들은 도시의 영역을 구분하고, 다양한 시설을 배치하는 과정에서 주로 'Human Scale' 즉, 인간 중심의 세부적인 요소를 고려하지 않는 문제점이 있다.

또 다른 변화의 방식은 민원에 의한 것이다. 이 경우, 실제로 문제를 경험한 시민들이 문제를 제기하고 개선을 요구한다. 하지만 이 방식은 주로 개인의 관점에서 접근되며, 다양한 이해관계자 간의 상호작용이나 광범위한 공동의 이익을 고려하지 못하는 한계를 가지고 있다.

이에 반해, 공공공간의 개선에 있어 이상적인 접근 방식은 문제를 가장 잘 아는 사람들, 즉 사용자 스스로가 직접 참여하는 것이다. 이는 단순한 물리적 변화를 넘어서, 문화적인 변화를 이끌어내는 사회적 활동으로 발전할 수 있다. 사용자가 직접 참여하는 과정에서 공공공간은 단순한 장소의 개선을 넘어서, 공동체의 가치와 문화가 반영된 살아있는 공간으로 재탄생할 수 있다. 이러한 접근은 공공공간을 단지 사용하는 것이 아니라, 그 공간을 통해 사회적 상호작용과 공동체 의식을 강화하는 방향으로 나아갈 수 있게 한다.

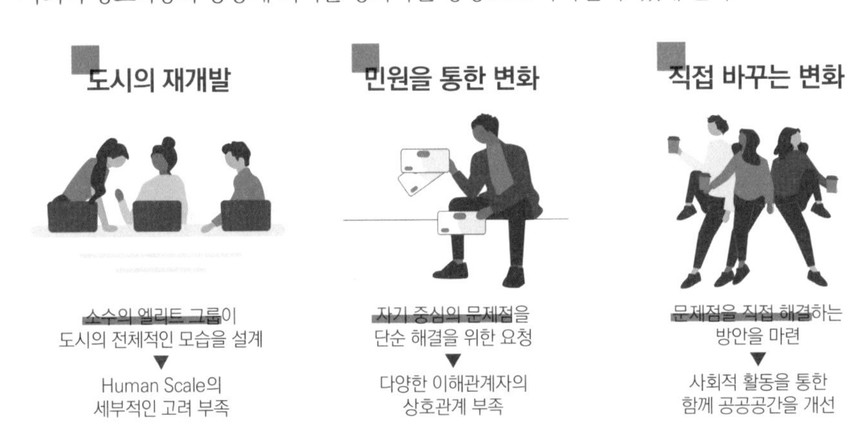

내 손으로 바꾸는 공간

택티컬 어바니즘(Tactical Urbanism)은 도시 공간과 공공장소의 임시적이고 저비용의 변화를 통해 장기적인 도시 개선을 목표로 하는 실행방안이다. 이러한 접근 방식은 소규모 실험을 통해 도시 문제에 빠르고 유연하게 대응하며, 이를 통해 커뮤니티 참여를 촉진하고, 도시 공간의 사용방식을 개선하고자 한다. 택티컬 어바니즘 프로젝트는 일반적으로 비공식적이거나 임시적인 해결책을 통해 시작되며, 이러한 시범 프로젝트가 성공적일 경우, 영구적인 해결책으로 발전할 수 있는 가능성을 제시한다.

택티컬 어바니즘은 일반적으로 저비용으로 실행되며, 소규모의 변화를 통해 큰 사회적, 물리적 영향을 끼치는 것을 목표로 한다. 전통적인 도시계획 과정에 비해 훨씬 빠르게 실행될 수 있으며, 필요에 따라 쉽게 조정하거나 변경할 수 있다. 또한 지역 커뮤니티의 참여를 촉진하고, 주민들이 자신들의 공간을 개선하는 데 직접 참여하도록 장려하며, 새로운 아이디어와 해결책을 실험적으로 시험해 볼 수 있는 기회를 제공하며, 이를 통해 도시 공간의 장기적인 사용과 계획에 대한 통찰력을 얻는데 활용된다.

JC Walks Pedestrian Enhancement Plan, ©Street Plans

뉴욕시의 타임스퀘어는 보행자 전용 구역으로의 전환을 통해 새로운 도시 공간의 활용 방식을 제시한다. 이 변화는 단순히 교통 체계의 개편을 넘어서, 도시 생활의 질을 높이고 공공 가치를 창출하는 모범 사례로 자리 잡았다.

타임스퀘어의 일부 구역을 차량 통행에서 보행자 전용 구역으로 전환하는 실험은 처음에는 일시적인 조치였다. 그러나 이 구역은 성공적인 결과로 인해 영구적인 설치로 발전하였다. 이러한 전환은 보행자의 안전을 증진시키고 공공 공간을 확대하여 도시의 생활 질을 향상시키는 데 중점을 두었다.

타임스퀘어의 보행자 전용구역 전환은 도시 공간의 재활용과 재생에 새로운 방법을 제시하였다. 이는 도시의 역사적, 문화적 공간을 보존하면서 새로운 기능과 가치를 부여하였다. 새롭게 변모한 타임스퀘어는 사람들이 모여 교류하고 상호작용할 수 있는 공공의 공간으로 기능하게 되었으며, 이는 사회적 결속을 강화하고 커뮤니티 활성화에 기여하였다.

보행자 친화적 환경은 상점, 식당, 관광 명소 등을 더욱 매력적으로 만들어 지역 경제에 활력을 불어넣었다. 차량과 보행자의 분리는 보행자의 안전을 크게 향상시켰으며, 교통 사고 위험이 줄어들고 특히 어린이와 노약자의 안전에 긍정적인 영향을 주었다. 또한, 보행자 친화적 환경은 사람들이 더 많이 걸을 수 있게 하여 신체 활동을 증진시키는 역할을 하였다.

타임스퀘어의 보행자 전용 구역으로의 전환은 도시 공간을 재활용하고 재생하는 혁신적인 방법을 제시하며, 공공 가치를 창출하는 모범 사례로서 다른 도시들에게 영감을 제공한다. 이 변화는 보행자의 안전과 도시 생활의 질 향상뿐만 아니라, 사회적 결속과 경제적 활력을 증진시키는 등 다방면에 긍정적인 영향을 미쳤다.

타임스퀘어의 변화
©Before photos by NYC DOT After photos by Michael Grimm

엘드리지가(Eldridge Street)의 Play Street, ©The New York Times

Amsterdam Ave in Manhattan의 Play Street, ©Street Lab

또한 뉴욕의 엘드리지가(Eldridge Street)에서 실시된 Play Street 프로젝트는 도심 속에서 아이들이 안전하게 놀 수 있는 공간을 마련하기 위한 창의적인 시도로, 도시 생활 속에서 어린이들이 누릴 수 있는 야외 활동의 기회를 제공하는 데 중점을 두었다.

급속한 도시화로 인해 아이들이 뛰어놀 수 있는 안전한 공간이 점차 사라지는 현실에서, Play Street 프로젝트는 아이들에게 안전하고 즐거운 놀이 환경을 제공하기 위해 시작되었다. 뉴욕 경찰인 로버트((Robert M. Morgenthau))의 주도로, 특정 시간 동안 일부 도로를 차량 통행으로부터 차단하고 어린이들이 자유롭게 이용할 수 있는 공간으로 전환하는 아이디어가 실현되었다.

주로 여름철에 진행되는 이 프로그램은, 특정 시간 동안 도로나 거리를 차량으로부터 차단하여 어린이들이 자유롭게 뛰놀 수 있는 장소로 전환한다. 이 조치는 아이들이 놀이를 통해 즐거움을 경험하며 동시에 범죄 예방에도 기여할 수 있다는 사실을 강조한다.

Play Street 프로젝트는 단순히 아이들에게 놀이 공간을 제공하는 것을 넘어, 커뮤니티 내에서의 긍정적인 사회적 상호작용을 촉진하고, 아이들이 밝고 긍정적인 환경에서 활동함으로써 부정적인 환경에 노출될 위험을 줄일 수 있다는 취지 하에 현재까지 정기적으로 진행되고 있다.

Play Street 프로젝트는 어린이들에게 안전하고 건강한 놀이 환경을 제공하는 것뿐만 아니라, 도시 공간의 창의적인 활용을 장려하며, 커뮤니티 안에서 긍정적인 사회적 상호작용을 촉진하는 모범 사례로 평가받고 있다. 이 프로젝트는 도시의 미래 세대를 위한 지속 가능한 환경 조성에 기여하며, 커뮤니티의 활력소로 기능하고 있다.

주차장을 다르게 보다

우리의 가로는 대부분이 차량을 위한 공간으로 조성되어 있다. 그 중 가장 눈에 띄는 것은 바로 주차장이다. 주차장은 말 그대로 차가 멈추어 서 있는 곳을 이야기한다. 가로에 있는 주차장의 특징은 일정 공간으로 돈을 주고 단기적으로 임대한다는 특징이 있다.
이러한 특성을 활용해 임시적으로 공간을 개선하는 이벤트가 Park(ing) Day이다. Park(ing) Day는 매년 전 세계적으로 참여하는 이벤트로, 일반적으로 9월의 셋째 금요일에 개최된다. Park(ing) Day의 주요 아이디어는 주차 공간을 임시 공공 공간, 특히 작은 공원이나 '파크렛(Parklets)'으로 변환하는 것이다. Park(ing) Day는 2005년 샌프란시스코에서 Rebar, 한 예술 및 디자인 집단에 의해 처음 시작되었으며, 이후 도시 환경의 재생과 공공 공간의 중요성에 대한 국제적인 인식을 높이는 데 기여하고 있다.
Park(ing) Day는 도시 공간에서 차지하는 차량의 영향을 재고하고, 한정된 도시 공간을 어떻게 다른 방식으로 활용할 수 있을지 탐색하는 기회를 제공한다. 참가자들은 주차 공간을 임시적으로 재구성하여 다양한 활동을 위한 공간으로 활용하며, 미니 공원 조성, 예술 작품 전시, 사회적 모임 장소 설정, 환경 교육 활동 등이 포함될 수 있다.

Park(ing) Day의 궁극적인 목표는 공공 공간에 대한 시민들의 인식을 높이고, 도시 계획과 공공 공간의 사용 방식에 대해 재고하게 하는 것이다. Park(ing) Day는 시민들에게 도시 공간을 더 친환경적이고, 사회적으로 포괄적인 방식으로 설계하고 활용할 수 있는 가능성을 보여준다.

대부분의 야외 도시 공간은 개인 차량 전용이며, 그 중 일부만 사람들을 위한 열린공간으로 할당된다.

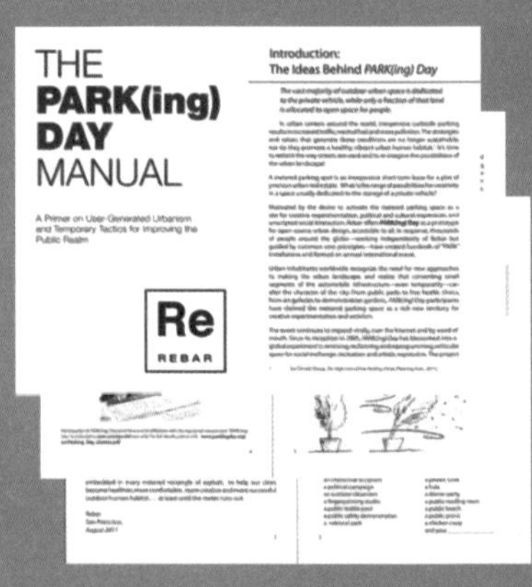
THE PARK(ing) DAY MANUAL

A Primer on User-Generated Urbanism and Temporary Tactics for Improving the Public Realm

Re
REBAR

Introduction:
The Ideas Behind PARK(ing) Day

Park(ing) Day_Manual ©REBAR

Park(ing) Day, ©charlotteauvolant.net

Step 01
‘장소 찾기’

첫 번째, Park(ing) Day를 진행할 장소를 찾아야 한다. 이때 중요한 것은 사람들이 서로 상호작용할 수 있는 공간이며, 주변에 공원이나 개방된 공간이 부족한 지역이 이상적이다. 단, 소화전이 있는 주차장, 상업용 물품 적재를 위한 주차 공간, 그리고 버스 등의 차량 승하차를 위한 주차장은 선택에서 제외해야 한다. 이러한 과정을 통해 우리가 살고 있는 지역을 다시금 고찰하는 기회를 갖게 되며, 공간을 사용하는 사람들의 다양한 활동, 주변 환경의 구성, 그리고 문제점을 공유하고 해결방안을 모색하는 데에 도움이 된다.

소화전 / 통근차선
상업 적재 구역 제외하기

공간을 이용하는 사람
예상하기

활동을 홍보하고
알리기

주변 환경과 조화 및
영향성 고려하기

사람들이 상호작용 할 수 있는 공간
주변 인프라 시설 고려
공원 및 열린 공간이 부족한 공간

Step 02
‘재료 선정’

두 번째, 사람들이 함께 즐길 수 있는 공간을 조성한다. 목표는 차량 전용으로 디자인된 아스팔트 공간을 사람들이 이용할 수 있는 공간으로 전환하는 것이다. 이를 위해 차량 대신 사람들이 휴식을 취할 수 있는 시설, 예를 들어 잔디, 벤치, 그늘을 제공하는 요소들로 인공적인 분위기를 자연스러운 환경으로 변모시키는 것이 첫걸음이다. 가장 중요한 점은 안전을 보장할 수 있는 설비를 갖추는 것으로, 이는 공간의 변화를 통해 사람들이 안심하고 사용할 수 있는 환경을 만드는 데 필수적인 요소이다.

아스팔트를 잔디로 바꾸기
(인공잔디 사용)

사람들이 쉴 수 있는
앉는 시설물

그늘을 만들어주는
다양한 시설

안전한 공간을 위한
시설물

인공성을 바꿔주는 잔디(인공잔디)
빌려온 의자 또는 벤치
뜨거운 태양을 피할 수 있는 그늘
안내를 위한 표지판 및 안전 볼라드

Step 03

'이벤트 기획하기'

필요 사항 수시로 체크
1~2주전 마무리

환경을 고려한
이동수단의 최소화

활동의 홍보를 위한
언론 활용

필요한 시설물은 1~2주전에 준비해두기
최대한 가벼운 시설로 이동수단 최소화
언론과 매체에 활동소식 알리기
다양한 이해관계자 협력

도시의 관심을
가질 수 있는 일반인

해당 지자체 담당
및 관련 주무관

대상지 주변 상인 및
이해관계자

프로젝트에 필요한
파트너 및 동료

세 번째, Park(ing) Day를 성공으로 이끄는 비결 중 하나는 바로 다양한 사람들이 함께 참여하고 즐길 수 있는 공간을 만드는 것이다.
먼저, 이벤트 공간이 모두에게 즐거움을 제공할 수 있도록 지속적으로 필요한 요소들을 점검해야 한다. 가볍고 이동이 용이한 시설물들을 도입해, 참여자들이 자가용 대신 대중교통이나 다른 교통수단을 이용할 수 있도록 유도하는 것이 중요하다. 이는 환경에 대한 부담을 줄이고, 더 많은 사람들이 행사에 참여할 수 있는 기회를 제공한다. 또한, SNS와 언론 등 다양한 매체를 통해 참여자를 모집하는 전략도 중요한 부분이다. 이를 통해 보다 넓은 범위의 사람들에게 정보를 전달하고, 다양한 배경을 가진 사람들이 모일 수 있도록 한다.

성공적인 Park(ing) Day를 위해서는 지역 상인, 필요한 프로젝트 파트너, 동료, 그리고 지역 자치단체 등과 같은 다양한 이해관계자들과의 협력이 필수적이다. 이들과의 협력을 통해 필요한 자원을 확보하고, 행사를 원활하게 진행할 수 있는 기반을 마련한다.

이 모든 과정은 Park(ing) Day가 단순히 한 개인의 노력이 아니라, 다양한 참여자들의 공동 작업으로 완성되는 행사임을 재확인시켜 준다. 아무리 의미 있는 프로젝트라 할지라도, 그것을 함께할 사람들이 없다면 그 가치를 발휘할 수 없음을 의미한다.

Step 04

'재활용 하기'

네 번째, 환경을 보호하며 공간을 변화시키는 것이다. Park(ing) Day의 목적이 사람들의 인식을 전환하고 새로운 공간을 창출하는 것이라 할지라도, 이 과정에서 사용된 재료가 환경에 해를 끼친다면 이 프로젝트를 성공적이라고 볼 수 없다. 따라서, 재활용 가능한 소재의 사용을 우선시하고, 행사 후에는 사용된 재료를 다른 곳에서 재사용할 수 있도록 기부하는 등의 방안을 고려하는 것이 중요하다. 이러한 접근은 Park(ing) Day를 단지 재미있는 이벤트나 간단한 행사로 보지 않고, 지속 가능한 방법을 통해 우리가 사는 공간에 긍정적인 변화를 유도하는 전략의 의미가 담겨 있다.

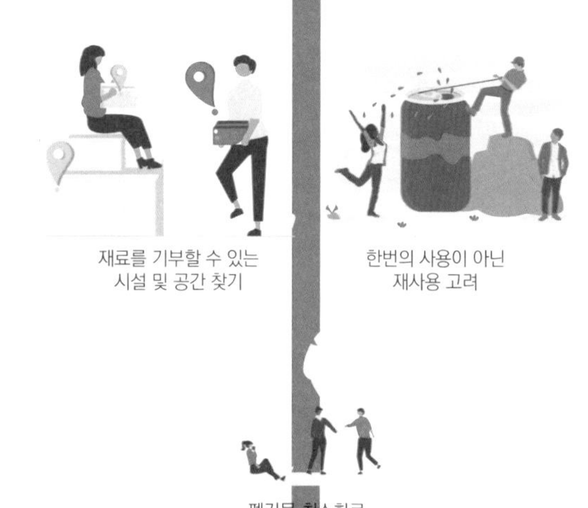

재료를 기부할 수 있는 곳 찾기
재사용보다는 재활용 우선
끝나는 곳이 매립지가 안되도록 활용

Step 05

'흔적 없애기'

다섯 번째, 행사 후의 원상 복구 과정이다. Park(ing) Day가 사람들을 위한 공간으로 변모했다가 다시 차량을 위한 공간으로 돌아가는 과정은 그 변화의 극적인 효과를 강조하는 중요한 순간이다. 행사가 즐거움과 재미를 선사했다면, 이를 극적으로 비교하기 위해 철저한 정돈과 청소가 필수적이다. 이때, 행사로 인해 발생한 쓰레기뿐만 아니라 주변 쓰레기도 함께 수거함으로써, Park(ing) Day가 단지 일시적인 인식 개선의 수단이 아니라, 진정으로 공간과 환경을 존중하는 이벤트임을 보여주는 것이 중요하다. 이 과정은 가 환경에 대한 긍정적인 메시지를 전달하고, 지속 가능한 변화를 추구하는 이벤트로서의 이미지를 강화한다.

극적인 비교를 위한 완벽한 마무리
쓰레기도 하나의 자원
선한 영향력을 위한 행동

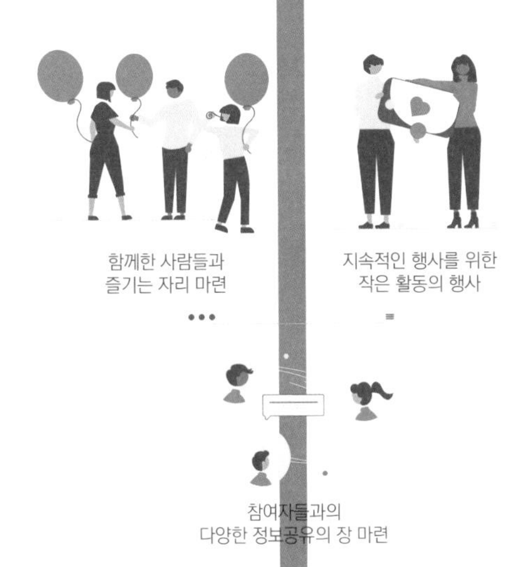

참가자들과의 네트워크
자그마한 행사부터 시작
함께 즐길 수 있는 문화

Step 06

'After Party'

여섯 번째, 행사 이후의 지속적인 교류와 협력이다. Park(ing) Day는 참여자들이 함께 만들어 가는 이벤트이며, 이 과정에서 같은 가치를 공유하는 사람들이 모여 프로젝트를 실행하는 것 자체가 중요한 의미를 갖는다. 행사 준비와 진행 과정에서 나누지 못한 대화를 이어가고, 서로의 정보를 공유할 수 있는 기회를 마련하는 것이 중요하다. 이를 통해 참여자들 사이의 네트워크를 강화하고, Park(ing) Day가 단발적인 이벤트가 아닌 지속 가능한 운동으로 발전할 수 있는 토대를 구축하는 것이다.

Park(ing) Day는 차량 위주의 공간을 인간 중심으로 전환하려는 목적을 가진 프로젝트이다. 세부적으로 살펴보면, 이 프로젝트의 핵심은 사람들 사이의 상호작용과 교류에 중점을 두고 있음을 알 수 있다. 이는 물리적 공간의 변화도 중요하지만, 그 공간을 사용하는 사람들 사이의 교류를 증진시키는 것이 더욱 중요하다는 관점이 있다는 것을 알 수 있다.

Park(ing) Day, ©Carlo Muller

04
한국의 Park(ing) Day는 어떻게 진행되었을까?

매뉴얼을 따라 실행하기

첫 단계는, Park(ing) Day Manual을 참고하여, 일상에서 차량과 사람들이 공존하는 유동 인구가 많은 공간을 찾는 것이다. 이러한 공간들은 Park(ing) Day의 본질적인 목표에 부합하는 장소로, 공공의 이익과 환경 개선에 기여할 수 있는 잠재력을 지니고 있어야 한다.

Park(ing) Day의 의미를 토대로 찾아낸 후보지를 기반으로 이벤트의 구체적인 목적, 기대 효과, 예상 참여자, 필요 자원 등을 상세히 기술한 기획서의 작성이 필요하다. 기획서는 프로젝트의 청사진으로, 모든 이해관계자들에게 프로젝트의 비전을 명확히 전달하는 역할을 하게 된다.

이어서, 실행에 필요한 법적 프로세스를 이해하고 준수하는 단계가 필요하다. 우리나라의 주차장 관련 법령, 주차장법 및 지자체의 주차장 설치 및 관리 조례는 주차장의 설치와 운영에 관한 규정을 제공하지만, 주차장의 창의적 활용에 대한 명확한 지침은 부재하다.

이러한 배경을 기반으로 Park(ing) Day를 실행하기 위해 먼저, Park(ing) Day를 진행할 주차장을 관리하는 기관을 알아보고 프로젝트 아이디어를 공유하고 협조를 요청하였다. 이를 위한 공문을 작성하고, 해당 기관과의 협의를 통해 임시 사용 허가를 받아내야 하는과정이필요했다. 더 나아가, 공공공간에서의 이벤트 진행을 위해 관련 부서와의 협의 및 협조를 얻어내고, 필요한 경우 경찰에 집회 신고를 제출해야 하는 과정이 동반되었다.

공공프로젝트의 가치는 '함께'일 때 그 의미가 커진다.

매뉴얼 대로라면 과정이 많긴 해도 가능성이 충분이 있어 보였다. 하지만 실제 실행하는 과정에서는 이러한 과정은 가장 처음의 단계에서 무산이 되었다. Park(ing) Day를 실행하기 위해 제일 먼저 찾아간 곳은 공영주차장을 운영하는 관리인을 찾아갔다. 관리인은 자신의 업무가 아니라며 담당부서에 연결을 시켜줬지만, 해당 부서에서는 주차장이란 차량이 주차하기 위해서 만들어진 공간이기 때문에 사람이 쉬는 공간으로 보기가 어렵다는 내용의 답변을 보내왔다.

주차장법에서 말하는 자동차란 도로교통법 제2조 제18조를 따른다고 되어 있다. 해당 법에서 말하는 자동차란 철길이나 가설된 선을 이용하지 아니하고 원동기를 사용하여 운전되는 차를 의미한다. 해당 법의 내용을 기반으로 원동기 즉, 오토바이를 주차해두고 일부의 공간을 이용하면 되는지에 대해 다시 한번 문의를 하였지만 돌아오는 답변은 안전상의 문제가 있기 때문에 지자체에서는 승인하기 어렵다는 답변이었다.

공공영역에서 이루어지는 다양한 활동은, 그 의미가 긍정적이라 할지라도 협력과 협의 없이는 아무런 가치를 지니지 않는다. 변화는 대개 작은 단위에서 시작되며, 시민들의 참여를 통해 변화를 이끌어내는 것이 바람직하다. 하지만 그 전에, 변화를 받아들이고 지지할 수 있는 공공기관을 설득하는 것이 더 중요한 과정으로 보아야 한다

Park(ing) Day 기획서 ⓒ홍익대학교 공공디자인연구센터

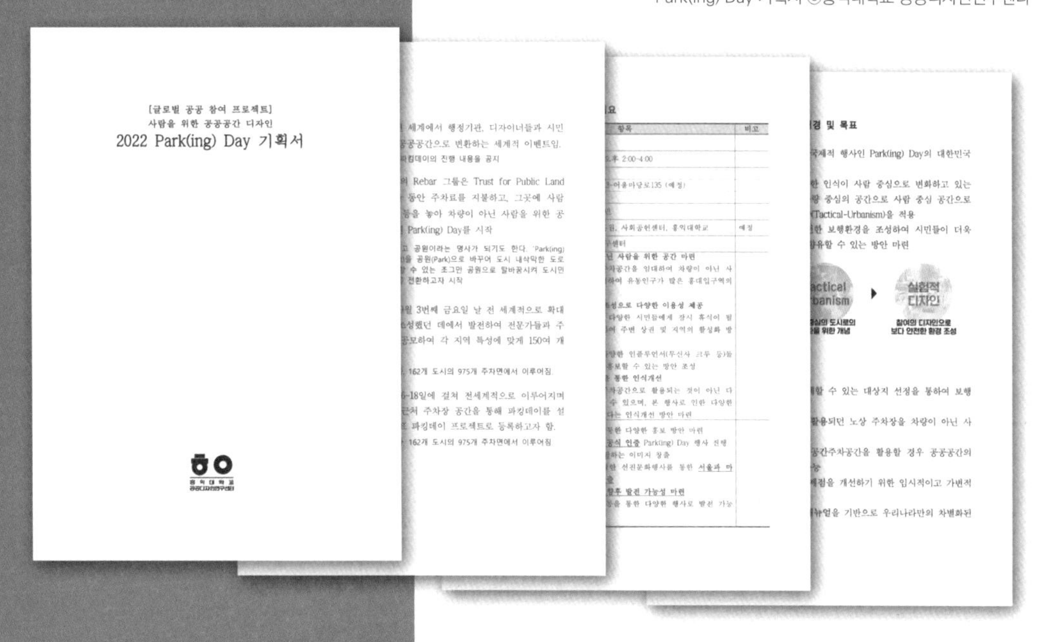
[글로벌 공공 참여 프로젝트]
사람을 위한 공공공간 디자인
2022 Park(ing) Day 기획서

Plan B(안되면 돌아가라)

앞서 매뉴얼에 따라 실행하는 방법이 성공하지 못했기 때문에 다른 방법을 강구하고자 하였다. 다양한 유동인구와 이벤트가 활성화되어 있는 있는 민간의 공간을 활용해서 실행하는 방법을 찾아보았지만 대부분의 장소 대여비가 만만치 않다는 것을 알게 되었다. Park(ing) Day는 저렴한 비용을 통해 공간을 개선하는 것을 목적으로 하기 때문에 민간의 공간을 활용하는 것은 제외하기로 하였다.

공공공간을 활용한 Park(ing) Day를 실행하기 위해서는 무엇보다 공공기관과의 협력이 가장 중요하다. 공공기관에서도 시민 참여 방안을 적극적으로 마련하고, 시민과 함께 공공공간을 개선하고자 하는 다양한 활동이 일어나고 있다. 대표적으로 서울시와 강남구에서는 공공공간 공모전 등을 통해 다양한 아이디어를 받아들이고 실제로 활용해보고자 하는 움직임을 볼 수 있다. 이러한 점을 적극적으로 활용하여 접근 방식을 바꿔보기로 하였다. 가장 문제가 되는 안전에 대한 추가적인 방안을 확보하여 Park(ing) Day에 관심이 있는 서울시와 강남구에 기획서를 송부하였다.

공통된 목적을 가진 사람들과 함께 만들어가는 새로운 공공가치 제공

Park(ing) Day에 관심이 있는 관공서 찾기

행사의 의도와 목적을 함께 공유할 수 있는 공공기관을 찾아 실행 할 수 있는 방안을 마련

거버넌스(Governance) 구성

독립적인 주체가 아닌 뜻을 함께하는 참여자의 역할 부여

역할 분배 및 세부사항 공유

Park(ing) Day를 실행하기 위한 참여자별 세부역할의 구분 및 실행사항 공유

많은
유동인구

직장인
위주의
이용성

주변
즐길거리 및
음식점

영동대로 96번길 공영주차장

먼저, 강남구에서는 Park(ing) Day를 위해 9월 셋째 주 금요일에 사용할 공간을 요청하였다. 강남의 특성, 즉 사무공간이 밀집되어 있고 유동인구가 많은 지역을 고려하여, 점심시간에 활용할 수 있는 공간을 추천받았다. 이를 위해 강남구는 주차를 담당하는 부서와 협력하여 공문을 발송하였으나, 공영주차장을 사용하는 데 있어, 주차 공간을 미리 선점하지 않으면 이용하기 어려운 문제가 있었다. 이에 따라 공영주차장 개방 시간을 고려하여 세부 계획을 마련했다.

주말
많은
유동인구

다양한
유형의
이용객

풍부한
즐길거리

홍대입구 새물결 공영주차장

서울시는 Park(ing) Day 행사를 위해 다양한 사람들이 즐길 수 있는 공공공간을 마련해 주었다. 그러나 서울시가 관리하는 공공공간 중 공영주차장의 수가 제한적이었고, 사용 가능한 주차장들도 유동 인구가 적어 Park(ing) Day에 적합하지 않는 문제가 있었다. 이 문제를 해결하기 위해, 서울디자인 거버넌스의 일환으로 Park(ing) Day를 기획하고, 마포구의 협조를 받아 홍대 거리 주차장을 사용할 수 있게 되었다. Park(ing) Day는 유동 인구가 많은 토요일에 진행되었으며, 홍대 거리는 이미 주말마다 차 없는 거리로 운영되고 있었기 때문에, 이를 활용해 통행 불편을 최소화하고 사람들의 관심을 끌 수 있는 위치를 선택했다.

혼자가 아닌 함께하는 Park(ing) Day

가장 먼저 Park(ing) Day의 중요성을 널리 알리기 위해, 온라인 홍보 전략을 체계적으로 계획하고 실행했다. 이를 위해, SNS를 활용한 카드뉴스 형식의 콘텐츠를 제작해 다양한 사람들이 Park(ing) Day의 취지와 의미를 쉽게 이해하고 공유할 수 있도록 했다.

특히, 행사가 시작되기 전부터 꾸준히 정보를 제공함으로써 사람들의 관심을 끌었다. 더불어, 영향력 있는 SNS 인플루언서들과의 협력을 통해 추가적인 홍보 활동을 진행함으로써 Park(ing) Day의 메시지가 더 넓은 대중에게 도달할 수 있도록 했다. 이러한 전략적 접근은 Park(ing) Day의 의미와 중요성을 대중에게 효과적으로 전달하는 데 중점을 뒀다.

Park(ing) Day를 통해 홍보 효과를 극대화하고 사람들의 관심을 끌기 위해, 우리는 한국의 9월 더운 날씨에 맞춰 서대문 마포 은평 아이쿱(Icoop) 생협과 협력하여 'No 플라스틱 약속 캠페인'을 연계한 특별한 이벤트를 기획했다.

이 행사에서는 Park(ing) Day가 제공하는 잠시 쉬어갈 수 있는 공간의 특성을 살리면서, 더위를 식혀줄 생수를 나눠주는 활동을 함께 진행함으로써, 참여자들에게 즐거움과 함께 환경 보호의 중요성도 전달하고자 했다. 이러한 이벤트는 참여와 체험을 통해 자연스럽게 Park(ing) Day의 의미와 목적을 알리고, 동시에 'No 플라스틱 약속 캠페인'의 메시지를 널리 확산시키는 데에도 큰 도움이 되었다. 이를 통해 더 많은 사람들이 Park(ing) Day에 관심을 가지고 참여함으로써, 이벤트의 홍보 효과는 물론이고 사회적 관심도 증대시킬 수 있는 성공적인 전략이 되었다.

Park(ing) Day 홍보 방안,
©홍익대학교 공공디자인연구센터

NO 플라스틱 캠페인 배너,
©홍익대학교 공공디자인연구센터

인공적인 공간을 자연스러운 이미지로 변환하는 것만으로도 전반적인 스트레스 감소에 효과적이다. Park(ing) Day의 주요 목적은 사람들이 휴식을 취할 수 있는 공간을 조성하는 것에 있기 때문에 아스팔트 공간을 일시적으로 녹지 공간으로 전환하고, 휴식을 취할 수 있는 공간을 마련하는 계획이 필요하다. 이를 위해 녹지공간의 이미지를 연출하는 인조잔디를 준비하였으며, 휴식 공간 구성에 있어서는 대부분 재활용 가능한 자재나, 주변에서 임시로 대여한 빈백을 활용하여 이를 구현하였다.

무엇보다 중요한 것은 Park(ing) Day를 진행하는 동안의 안전이다. 차량이 통행하는 곳의 특성을 가지고 있기 때문에 안전을 위한 방안이 무엇보다 중요한 요소로 선정하여 진행하였다. 이를 위해 눈에 잘 보이는 배너를 준비하였다. 시인성이 높은 색채를 통해 운전자에게도 안전에 대한 경각심을 주었으며, 지나가는 사람들에게도 관심있게 볼 수 있는 방안을 마련하였다. 또한 차량의 원활한 통행을 위한 안전요원을 배치하여 Park(ing) Day 진행에 불편을 최소화 하고자 하였다.

Park(ing) Day 준비하기

05

한국의 파킹데이는 어떤 결과를 가지고 왔을까?

12.5㎡의 변화

Park(ing) Day는 일상의 도시 공간을 재창조하는 흥미로운 실험이었다. 이날, 평범했던 주차 공간들은 다양한 활동이 이루어지는 소통과 휴식의 장으로 변신했다. 도심 속에서 차량에게 양보해야 했던 공간이 사람들이 모여 이야기를 나누고, 잠시나마 도시의 분주함에서 벗어나 쉬어갈 수 있는 곳으로 재탄생했다.

이벤트를 지켜보던 행인들의 눈에는 궁금증이 가득했다. 평소 차로 가득했던 공간에 설치된 벤치와 테이블, 심지어 작은 정원까지, 모든 것이 새롭고 신선했다. 사람들은 자연스럽게 발걸음을 멈추고, 이 작은 변화가 주는 즐거움과 여유 속에서 서로 대화를 나누기 시작했다. 이렇게 Park(ing) Day는 도시 공간의 일부를 재해석하여, 사람들이 함께 모이고 교류할 수 있는 기회를 만들어냈다.

또한, 이 행사는 주차 공간 하나가 갖는 잠재력을 새롭게 보여주었다. 단순한 주차장이 아닌, 사람들이 모여 다양한 활동을 즐길 수 있는 공간으로의 전환은, 최대 8명의 사람들에게 넉넉한 휴식 공간을 제공했을 뿐만 아니라, 작은 공연이나 전시 등 문화 활동을 진행하기에도 이상적인 장소가 됐다. Park(ing) Day는 차량 중심의 공공공간 사용에 대한 인식을 바꾸고, 사람 중심의 공공공간으로의 전환 가능성을 탐색하는 계기가 됐다.

이러한 변화는 단순한 휴식의 제공을 넘어서, 공공공간에서의 사람들 간의 소통과 교류, 그리고 공동체 의식의 강화로 이어졌다. Park(ing) Day를 통해 도시의 주민들은 자신들이 일상에서 접하는 공간에 대해 다시 생각해보는 기회를 가졌으며, 이는 도시 공간을 사용하고 인식하는 방식에 조금이나마 변화를 가져왔다고 볼 수 있다.

누군가에게는 휴식, 누군가에게는 체험

Park(ing) Day Korea, ©홍익대학교 공공디자인연구센터

누구나
쉬어갈 수
있는
주차장
공간 활용서
파크렛(Parklet)은
보도와 인도의 연장선에서
도로를 이용하는 시민을 위해
마련된 공간이자 편의시설
시민 누구나 이용 가능하고
머무르고 간 자리
뒷처리만 잘하시고
사진들 많이 찍어가시면 됩니다.
많은 참여와 관심 바랍니다!
#파킹데이 #주차장쉼터
#앉았다가요 #잠시쉬어가요
#주차장바꾸기
Park(ing) Day
KOREA
누구나 쉬어갈 수 있는
주차장
PARK(ing) Day
KOREA
진입금지

숫자로 본 Park(ing) Day

Park(ing) Day는 우리나라에서 2일간, 하루에 5시간씩 진행되며, 도심 속 4개의 주차공간을 사람들이 쉴 수 있는 친환경 공간으로 변신시켰다. 이 독특한 프로젝트를 위한 준비 과정은 약 한 달이 소요되었으며, 이 기간 동안 빈백 8개와 앉을 수 있는 공간 10개, 정보를 제공하는 배너 2개를 포함한 다양한 시설물이 배치되었다.

Park(ing) Day에 대한 사람들의 관심은 상당했다. 참여자 수는 약 100여 명에 달했으며, 이 중 일부는 행사에 대해 직접 질문을 하기도 했지만, 대부분의 사람들은 지나가면서 배너를 읽고 행사를 이해하는 데 그쳤다. 실제로 이 변화된 공간을 체험한 팀은 4팀에 불과했고, 이들 중 자발적으로 공간을 이용해 쉬었던 팀은 단 2팀이었다. 이는 아직까지 대다수의 사람들이 외부 공간에서의 휴식을 취하는 것에 대해 익숙하지 않음을 반영한다. 특히, 주변에 휴식을 위한 공간이 주로 카페나 상업 시설 내부에 마련되어 있기 때문에, 외부에서의 휴식을 선호하지 않는 경향이 있었다.

그럼에도 불구하고, Park(ing) Day는 몇 가지 긍정적인 변화를 가져왔다. 특히, 이 행사가 열리는 동안 차량의 속도가 눈에 띄게 감소하는 현상이 관찰되었다. 평소 차량 중심의 공간에서는 예상보다 빠른 차량 속도로 인해 보행자들이 좁은 인도 대신 도로를 이용하는 문제가 있었다. 하지만 Park(ing) Day 기간 동안에는, 주차 공간이 사람들이 쉬어갈 수 있는 공간으로 변환됨으로써, 차량 운전자들이 자연스럽게 속도를 줄이는 경향을 보였다. 이러한 변화는 차량 중심의 공공 공간 사용에서 사람 중심의 공공 공간 사용으로의 전환을 시사하며, 도시 생활에서의 작은 변화가 가져올 수 있는 긍정적인 영향에 대한 가능성을 제시하였다.

Park(ing) Day Korea를 지나치는 사람들, ©홍익대학교 공공디자인연구센터

Park(ing) Day Korea 행사 일

2

Park(ing) Day Korea 행사 시간

10

Park(ing) Day Korea 관심을 가진 시민

100

퍼스트 펭귄

2

직접 체험 인원

12

누구나
쉬어갈 수
있는
주차장

누구나
쉬어갈 수
있는
주차장
공간 활용서
파크렛(Parklet)은
보도와 인도의 연장선에서
도로를 이용하는 시민을 위해
마련된 공간이자 편의시설
시민 누구나 이용 가능하고
머무르고 간 자리
뒷처리만 잘하시고
사진들 많이 찍어가시면 됩니다.
많은 참여와 관심 바랍니다!
#파킹데이 #주차장쉼터
#앉았다가요 #잠시쉬어가요
#주차장바꾸기
Park(ing) Day

작지만 가치있는 실험

Park(ing) Day가 한국에서 공식적으로 개최된 것은 국내 공공 공간의 개념을 재정립하고, 시민들의 삶의 질을 향상시킬 수 있는 중요한 발걸음이다. Park(ing) Day는 매년 9월 셋째 주 금요일에 전 세계에서 동시에 진행되는 글로벌 이벤트로, 2008년부터 시작되어왔으며, 참여한 각국의 활동은 홈페이지(www.myparkingday.org)를 통해 공유되고 있다. 한국에서의 공식 참여는 아시아 지역에서 주로 일본에서만 열렸던 Park(ing) Day가 우리나라에서도 인식되고, 국제적인 네트워크의 일부가 되었다는 것을 의미한다. 이는 단순히 글로벌 행사의 지역 확장을 넘어, 우리나라 공공 공간 활용의 새로운 패러다임을 제시하는 계기가 될 수 있다.

Park(ing) Day의 핵심은 차량이 점유하는 공간을 일시적으로 사람들이 사용할 수 있는 공간으로 변환하는 것이다. 이 과정에서 참여자들은 주차 공간에 작은 공원, 카페, 미니 도서관 등 다양한 형태의 임시 공공공간을 조성함으로써, 도시 공간의 재해석과 재사용의 가능성을 탐구한다. 한국에서 Park(ing) Day가 시민 주도로 진행되었다는 점은 특히 주목할 만하다. 이는 시민들이 직접 공공 공간의 변화를 주도하고, 그 과정에서 공공기관의 지원을 받는 사례가 나타났다는 것을 의미한다. 이러한 협력은 공공 공간에 대한 시민들의 인식 변화와 적극적인 참여를 촉진하며, 도시 공간의 사용 방식에 대한 새로운 대안을 제시한다.

one small step for man
one giant leap for mankind

한 사람의 인간에게는
작은 일보에 불과하지만
인류에 있어서는
커다란 비약이다

N. Amstrong

Park(ing) Day 홈페이지에 공식 등록된 Park(ing) Day Korea ©myparkingday.org/

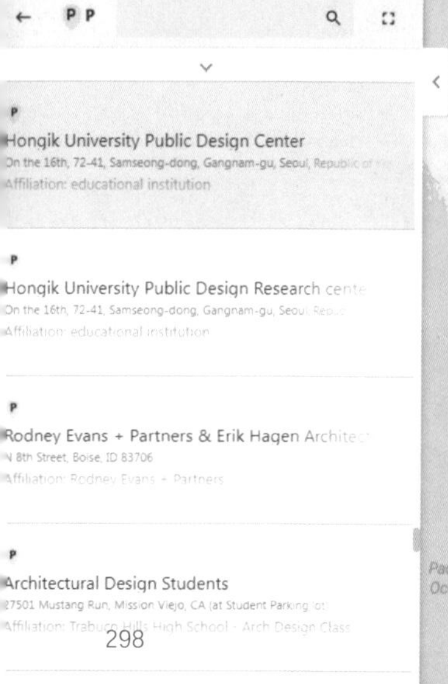

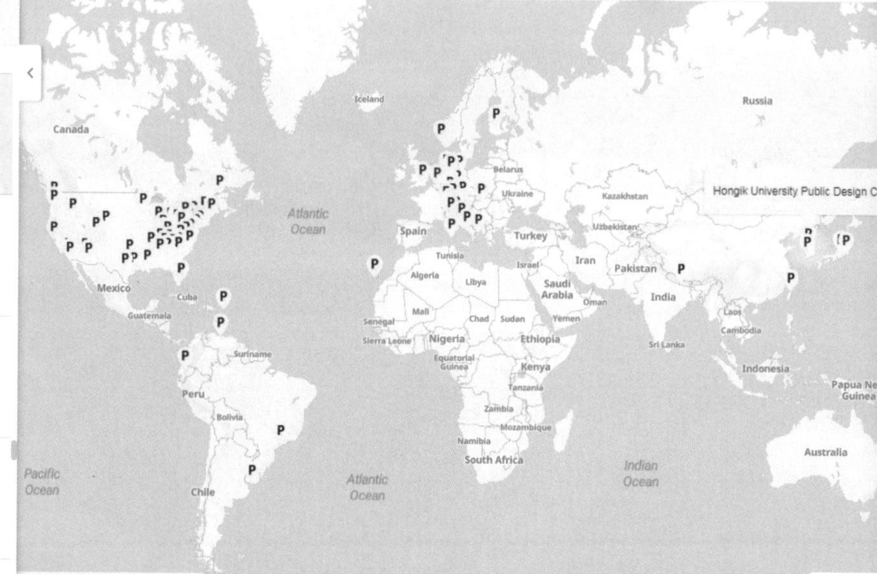

공간을 바꾸는 힘

Park(ing) Day가 실행되었던 홍대 거리는 현재 Red Road라는 이름으로 환경이 개선되었다. 이 과정에서 Park(ing) Day가 실행되었던 주차공간이 사라진 것을 확인할 수 있었다. 해당 공간은 사람들이 보다 편하게 길을 걸을 수 있도록 차량의 통행금지 구간으로 설정되었다.

Park(ing) Day가 해당 공간을 근본적으로 변화시킨 것은 아니지만, 분명 긍정적인 영향을 미쳤다고 할 수 있다. 보행자의 안전성이 향상되면 거리는 다시 활기를 찾게 되며, 이는 차량 중심의 공간이 아닌, 보행자 중심의 공간을 통해 사람들 간의 커뮤니티 형성에 기여한다. 제인 제이콥스는 "거리의 눈"이 활성화되면 안전성이 증가한다고 주장하였다. 이는 사람들이 서로를 자연스럽게 관찰하며 상호 감시하는 과정을 통해 잠재적 범죄를 감소시키는 메커니즘을 의미한다. 속도가 느려진 거리에서는 사람들이 더 쉽게 서로를 주의 깊게 관찰하게 되어, 커뮤니티 내에서 안전성이 자연스럽게 향상된다.

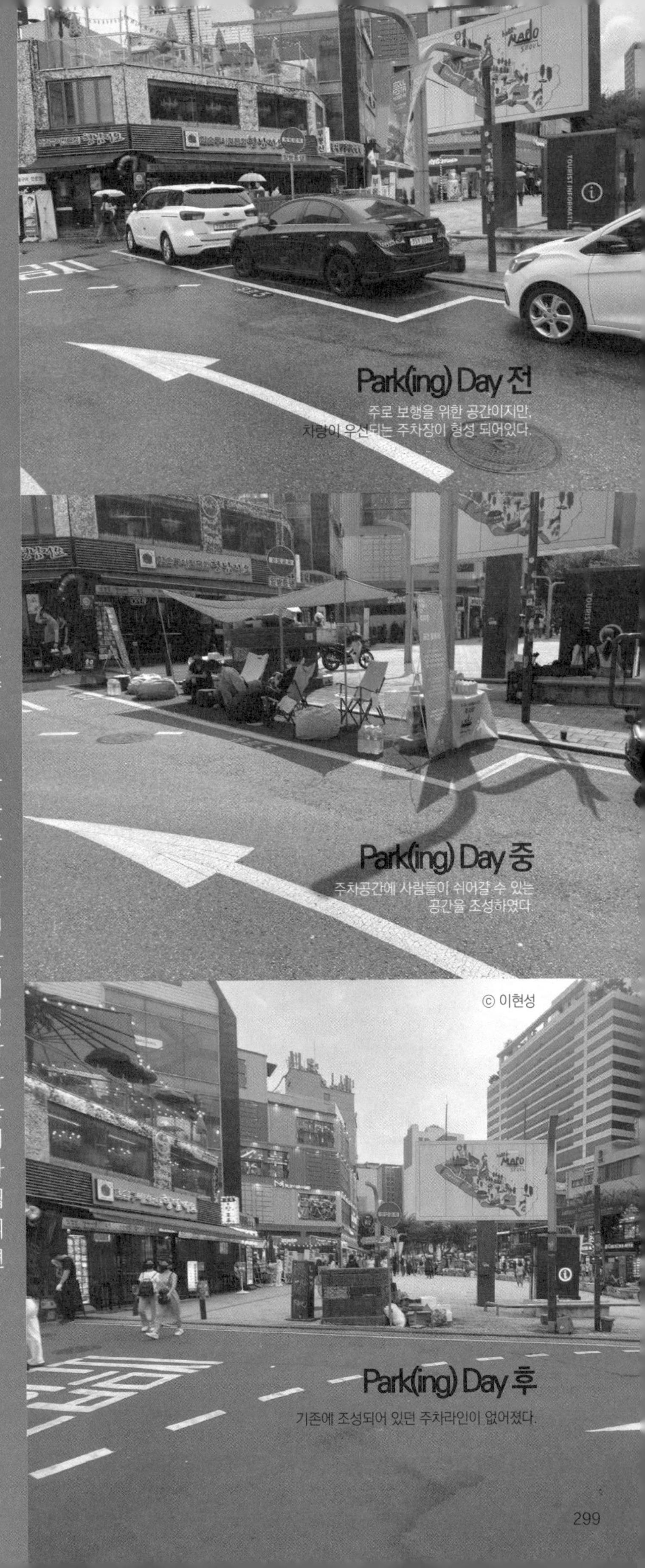

Park(ing) Day 전
주로 보행을 위한 공간이지만, 차량이 우선되는 주차장이 형성 되어있다.

Park(ing) Day 중
주차공간에 사람들이 쉬어갈 수 있는 공간을 조성하였다.

© 이현성

Park(ing) Day 후
기존에 조성되어 있던 주차라인이 없어졌다.

Park(ing) Day의 실행은 안전 증진 및 가로 공간의 공공가치 개선에 핵심적인 역할을 한다. Park(ing) Day를 통해, 평소 차량을 위한 공간으로만 인식되던 주차장이 사람들을 위한 공간으로 변모하면서, 우리 생활 공간의 안전과 쾌적성이 크게 향상되었다. Park(ing) Day는 도시의 가로 공간이 단순히 차량의 이동과 주차에 국한되지 않고, 사람들이 모여 교류하며 즐길 수 있는 활발한 환경으로 전환될 수 있음을 보여준다.

이 과정에서 안전의 개념은 단순한 사고 예방을 넘어서, 도시 환경에서 사람들이 느끼는 편안함과 즐거움으로 확장된다. 주차공간의 재구성을 통해, 보행자들이 더 넓고 안전한 공간에서 움직일 수 있게 되고, 차량의 속도가 자연스럽게 줄어들면서 도시 전체의 안전성이 강화된다. 뿐만 아니라, 이러한 변화는 사람들이 도시 공간을 공유하고 즐기는 방식에 긍정적인 영향을 미치며, 공공가치의 새로운 장을 열어간다.

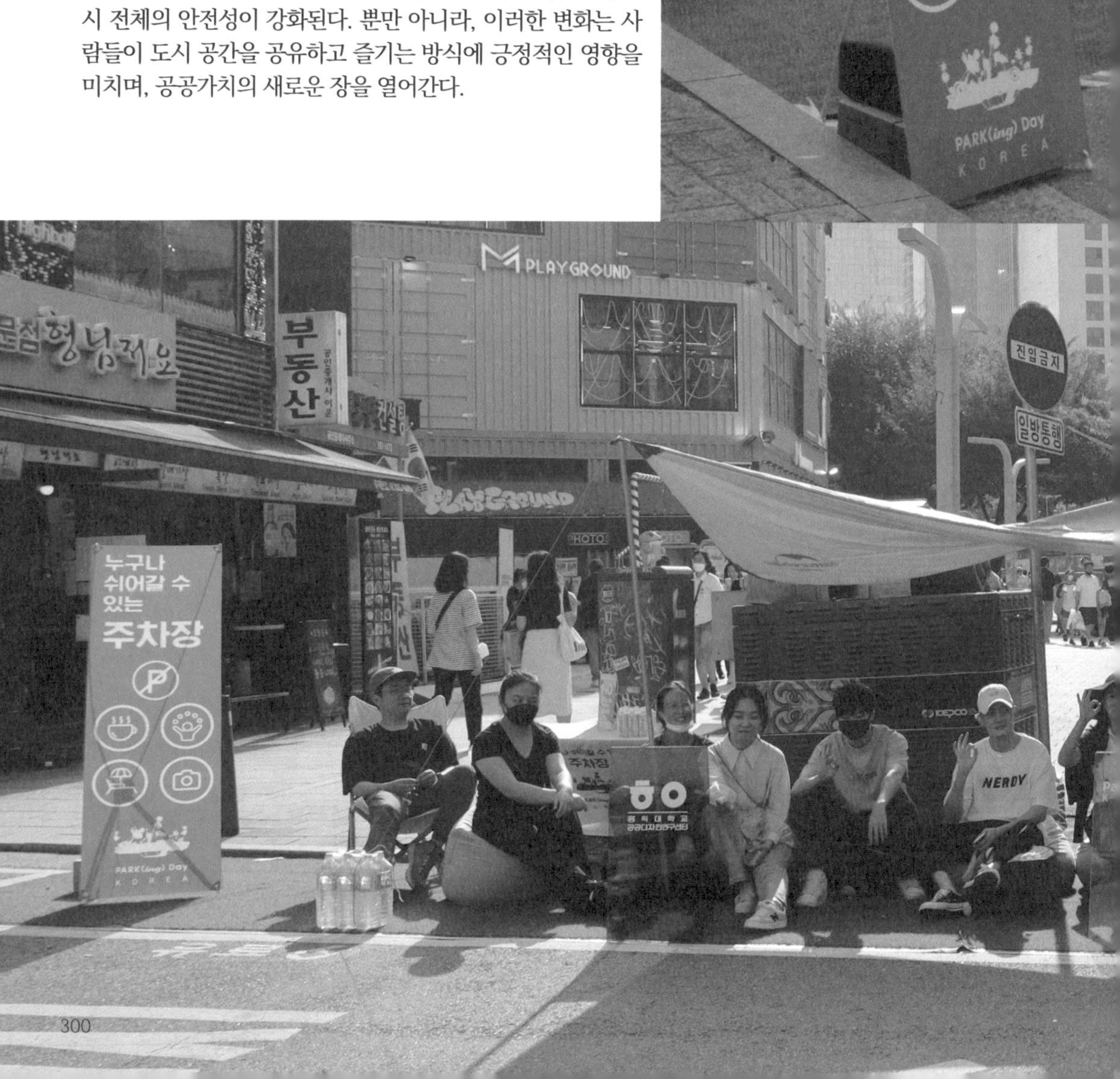

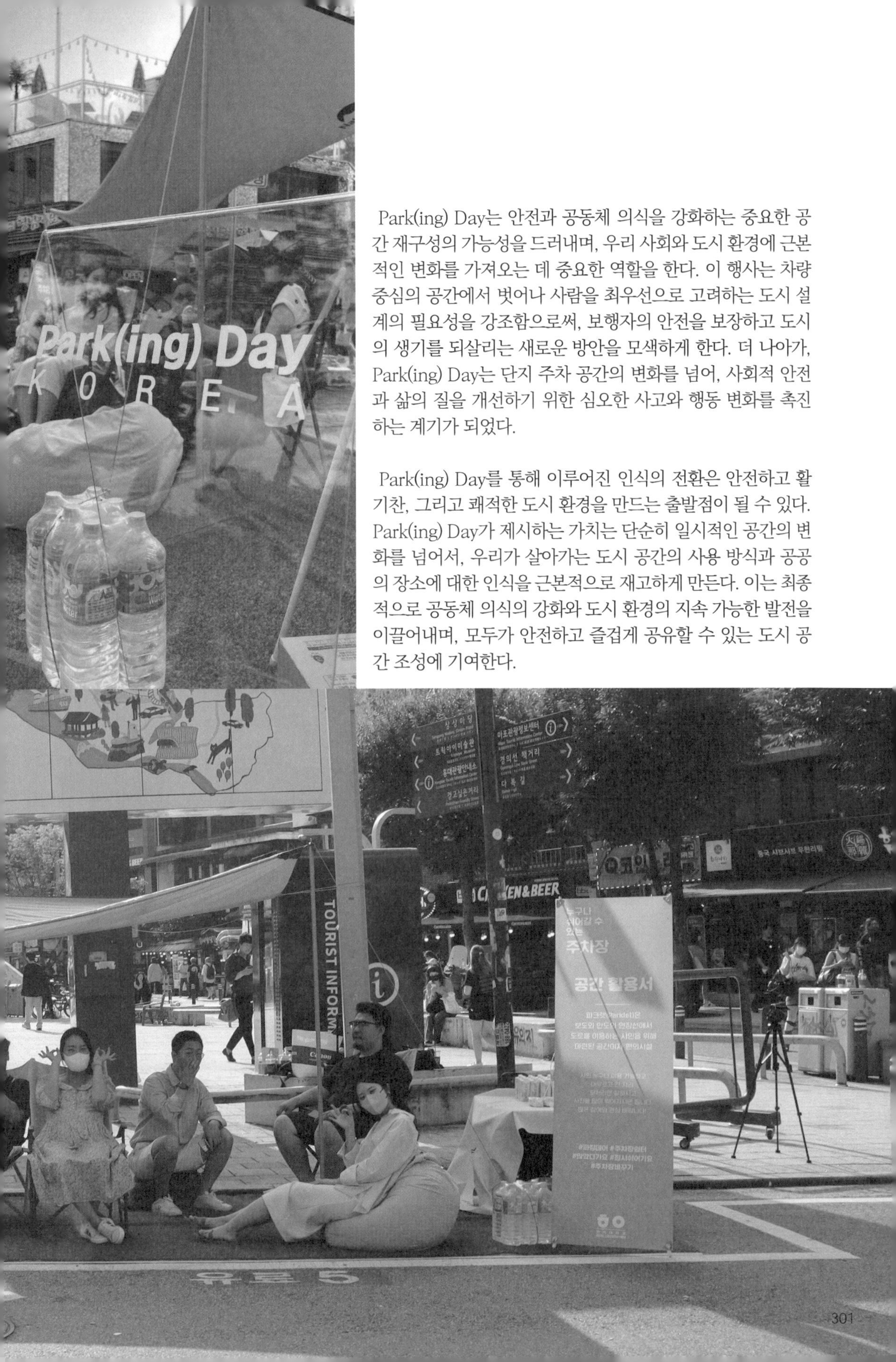

Park(ing) Day는 안전과 공동체 의식을 강화하는 중요한 공간 재구성의 가능성을 드러내며, 우리 사회와 도시 환경에 근본적인 변화를 가져오는 데 중요한 역할을 한다. 이 행사는 차량 중심의 공간에서 벗어나 사람을 최우선으로 고려하는 도시 설계의 필요성을 강조함으로써, 보행자의 안전을 보장하고 도시의 생기를 되살리는 새로운 방안을 모색하게 한다. 더 나아가, Park(ing) Day는 단지 주차 공간의 변화를 넘어, 사회적 안전과 삶의 질을 개선하기 위한 심오한 사고와 행동 변화를 촉진하는 계기가 되었다.

Park(ing) Day를 통해 이루어진 인식의 전환은 안전하고 활기찬, 그리고 쾌적한 도시 환경을 만드는 출발점이 될 수 있다. Park(ing) Day가 제시하는 가치는 단순히 일시적인 공간의 변화를 넘어서, 우리가 살아가는 도시 공간의 사용 방식과 공공의 장소에 대한 인식을 근본적으로 재고하게 만든다. 이는 최종적으로 공동체 의식의 강화와 도시 환경의 지속 가능한 발전을 이끌어내며, 모두가 안전하고 즐겁게 공유할 수 있는 도시 공간 조성에 기여한다.

[안전을 위한 감정심리만들기]

도 시
都市
다 감
多感

도시안전과 직결되는 공간환경에 의한 감정디자인

심윤서
ynr_ys@naver.com

부천시청 도시주택환경국 건축디자인과 경관디자인팀
홍익대 공공디자인전공 석사
2022 문화체육관광부 대한민국공공디자인대상 연구부문 특별상

01
도시에 지속적이고 꾸준한 감정관리가 필요한 이유

차가운 도시, 따듯한 도시

어떤 도시가 '안전한 도시'라고 할 수 있을까? 절도, 폭력, 살인 등 강력범죄를 대상으로 유흥시설이 밀집한 지역, 유동인구가 많고 늦은 시간대까지 다양한 연령대의 인구가 활동하는 지역에서의 발생률이 높다. 범죄가 빈발하는 환경은 구시가지로서 노후화가 진행되고 유동인구가 많은 환경적 요인이 작용하고 있다. 범죄발생의 집중을 완화하기 위해서는 도시정비 사업 등을 통한 환경개선이 필요하다.

그렇다면'유흥'이 발달한 지역은 안전하지 못한 도시일까? 유흥시설이 있는 상업지역과 주거지역간 적절한 공간적 용도분리가 필요하며 토지이용계획을 통한 완충공간을 설치하는 등의 도시계획적 개선이 요구된다.[1] 그렇기 때문에 도시설계 단계와 이후의 환경개선 두가지 측면의 방법을 고려해볼 수 있다. 그간 도시 안전과 범죄를 예방하는 측면에서 강력범죄를 대상으로 범죄 발생 이후 사후개선에 방지하기 급급하였다. 그러나 일상적인 생활을 살아가는 도시 환경에서 범죄 뿐만 아니라 사람의 심리와 감정, 범죄를 일으키기 까지의 심리 형성, 다양한 사회적, 문화적 이해관계 등에 대해서는 고려하고 있지 않고 있다. 도시 안전을 지키기 위해서는 과연 물리적인 해결책이 해답일까?

안전한 도시를 만들기 위해서는 범죄 예방과 환경 개선뿐만 아니라, 주민의 심리와 감정을 고려한 포용적이고 사람 중심적인 도시 설계와 꾸준한 관리가 필요하다.

범죄가 발생하는 원인으로는 내적 원인과 외적 원인으로 구분할 수 있는데, 내적 원인은 개인의 성격 및 개인차의 심리상태에서 지배되는 범죄 형태이다. 외적원인은 자연,경제, 문화, 가정, 학교 교육, 거주지, 직업 등의 제반환경 등과 같은 사회적 원인과 물리적 환경으로 볼 수 있다. 내적 원인과 외적 원인을 함께 파악하는 것이 중요한데, 그렇기 때문에 도시 안전은 선 발생 후 조치가 아닌 꾸준한 관리가 되어야 한다. 단순히 범죄예방 관점이 아닌 일상적이고, 꾸준한 감정과 심리 형성이 중요하다. 꾸준하고 지속적으로 행복하게 만드는 환경을 제공하여야 한다. 그렇다면 꾸준한 감정관리를 위해서 도시는 어떻게 설계되어야 할까?

---

1) 국립중앙과학관, 산업혁명 https://www.science.go.kr/board?menuId=MENU00739&siteId=

영국 정부 자문기구인 '건축 및 환경위원회(Commission for Architecture and the Built Environment)'는 안전대비가 지나칠 경우 획일적인 도시설계를 조장해 도시 미관을 해칠 수 있다는 보고서(Living with Risk)를 발간하였다. 보고서에는, 창조적이고 지적인 도로 및 공공시설 설계안이 보수적인 시각 때문에 사장되는 경우가 많으며 위험 요소를 100% 제거할 수 없다는 현실적인 한계가 있다고 지적하였다.

따라서 관리가 가능한 위험 요소와 미적인 디자인을 함께 고려할 수 있는 균형 잡힌 접근이 필요하다고 주장하고 있다. 다양한 공공 공간이 창출되기 위해서는 최악의 경우에 따른 위험을 최소화하는 전략보다는 일상적인 위험 수준을 기준으로 한 도시설계가 이루어져야 한다는 것이다. 이는 위험하거나 불안정한 공공공간을 방지하고, 차가운 느낌과 장벽에 지배되는 공공공간을 피하자는 취지로 볼 수 있다.

도시 차원에서 일상 속 지속적으로 제공할 수 있는 공공공간과 공간환경의 예시로 '5D 컴팩트 시티 프레임워크'를 통해서도 설명할 수 있다.[3] 이 프레임워크는 도시에서 고밀도로 개발된 다양한 집합점이 이웃 수준의 주택, 일자리, 편의시설의 풍부한 혼합과 결합할 수 있으며 대중 교통선을 통해 연결된다고 설명한다. HDB(싱가포르 거주자의 82%에게 공공주택을 제공하는 싱가포르 주택 개발 위원회에 의해 건설) 지역이 대중 교통의 집합점 주변에 혼합 사용을 지원하고, 걷기와 대중 교통을 촉진하며, 인종과 소득 다양성을 통합하는 '5D' 예시를 제시하였다.

싱가포르의 공동주택지역(HDB타운)의 맥락에서 싱가포르의 공동주택지역(HDB타운)의 맥락에서 2D(밀도 및 다양성)와 3D(목적지, 거리 및 디자인)를 어떻게 반영하였는지 관찰해보면, 주민들의 목적지 접근성을 개선하기 위해 인근 지역으로 걷기 용이성을 높이고, 대중교통을 이용할 수 있도록 장려하였다. Walk2Ride 프로그램을 시행함으로서, 정책은 MRT역(Mass Rapid Transit, "MRT")에서 반경 최대 400m(¼ 마일)까지 버스 정류장, 공공 편의 시설 및 공공 주택까지 공공 연결로를 제공하였다. 대중 교통에 대한 "편안하고", "걸을 수 있는" 접근성은 싱가포르가 인근 지역을 위해 해온 많은 사례 중 하나일 뿐이며, 지붕이 있는 산책로의 총 길이는 200km로 연결하였다.

HDB 동네를 걷다 보면 세심하게 디자인된 공공 공간에 대한 관심이 특히 인상적인데, 사회시설 및 커뮤니티시설은 HDB 근린지역 단위당 0.75㎡의 비율로 사용하는 것을 원칙으로 한다. 주민들 간의 유대감과 교류를 촉진할 수 있도록 설계되었다.

---

2) 서울연구원, 세계도시동향 제169호, 2010, p. 26.
3) https://blogs.worldbank.org/sustainablecities/livability-start-neighborhood-singapore-stories-part-2

도시안전과 직결되는 멘탈 헬스(Mental Health)

결국 개인의 감정관리와 형성은 나아가 그 지역과 도시의 안전과 직결될 수 있다. 이는'멘탈헬스(Mental Helth)'로 불리는 개념으로 볼 수 있다. 세계보건기구(WHO)에서는 '멘탈헬스'를 단순히 질병이 없는 상태가 아니라,'개인이 자신의 능력을 깨닫고 일상적인 삶의 스트레스에 대처할 수 있고 생산적으로 일할 수 있으며 자신의 지역 사회에[4] 기여할 수 있는 웰빙 상태'로 정의하고 있다.

세계보건기구의 2015년 조사에 따르면, 정신 및 행동 장애로 발생되는 사회경제적 비용 규모가 약 7조 2천억 원으로, 실제 의료이용으로 인한 사회경제적 부담보다 생산성 손실로 인한 사회경제적 비용 등 간접비용의 비중이 63.5% 더 큰 것으로 나타났다.

꾸준하고 지속적인 감정관리를 위해서는 외적 원인 중 자연, 경제, 문화, 가정, 학교 교육, 거주지, 직업 등의 제반환경 등과 같은 사회적 원인과 물리적 환경을 먼저 살펴보고, 그에 따라 파생되는 내적 원인들을 찾아낼 수 있다. 결국 사회적 원인과 물리적 환경에 의해 발생하는 스트레스의 기본은 도시안전과 직결된다는 것이다.

환경스트레스이론(Environmental Stress Approach)에 따르면, 스트레스는 자극과 반응의 총체적 관계를 말하며 스트레스원(Stressor)이란 환경요소 그 자체를 말하는 것으로, 도시의 밀집과 소음 같은 환경요소들이 사람들의 웰빙을 위협하는 자극으로 간주 되며, 스트레스의 원이 된다. 도시에 산다는 것 자체가 다양한 스트레스원에 노출되고 둘러싸여 산다는 것으로 도시인은 이를 잘 극복하고자 하는 노력이 필요하고 그렇지 못하면 다양한 질병과 부정적 감정 유발에 노출될 수 있기에 안전한 도시를 설계하는 데 매우 중요한 이론이다.

이렇듯 도시에서 스트레스를 형성하는 요인을 파악하고 설계하는 것이 도시의 안전과 직결되기 때문에 도시의 건축물, 시설물, 제반환경은 심리적인 연결지점이 필요하다.

4) ETRI WEBZINE(VOL.187 2021. 11.) "정신건강을 위한 ICT 기술을 개발하다" 전자통신동향분석 36권 5호(통권 192) '멘탈헬스 측정 및 멘탈웰빙 관리시스템 기술 개발 동향'(김민정, 박경현, 김정숙, 김현숙, 권오천, 윤대섭)을 재구성한 글

바커의 생태심리학(Barker's Ecological Psychology)에 의하면, 사람들은 주어진 환경에서 비슷한 방식으로 반복되는 활동 패턴을 보이는데 특정 행동 컨텍스트에서 사람이 생활하면 이 컨텍스트를 관리하는 코드에 따라 행동하게 된다. 최근 커피숍에서 2층 및 3층은 공부하는 곳이 되어버려 이야기를 나누려면 저층을 이용할 수밖에 없는 상황에서 알 수 있듯이 도시공간 속 동선 설계는 감정관리에 중요한 요인이라고 할 수 있다.

다만, '스트레스원'이 많은 특정 구역과 구간, 지역은 비교적 '스트레스원'이 적은 구역과 격차가 발생할 수 있다. 그렇기 때문에 공공·복지·의료·혐오시설 등 복지가 취약한 시설을 대상으로는 맞춤형 환경개선을 통한 수혜자 확대가 필요하다.
기본적인 감정관리의 욕구조차 어려운 특정 시설이 만연하기 때문이다. Maslow의 욕구 피라미드의 맥락에서 바라보면 신체적 휴양(수면, 음식 섭취 등)이 충족되면 일상생활에서는 영위하지 못하는 정서적 휴양 활동과 경험을 추구하고, 다음 단계로 창조적 활동과 지식에 대한 탐구 등을통해 다른 사람들과의 접촉, 자아실현을 할 수 있는 사회적 욕구에 대한 만족을 추구하게 된다는 것이다.[5)]

따라서 '스트레스원'이 많은 환경에 대하여 다양한 유형과 세대가 이용할 수 있는 도시 속의 공공공간에 멘탈헬스를 유지하고, 지속적인 긍정적 감정의 형성과 관리, 제어 등의 '돌봄(케어, Care)'기능을 할 수 있는 방법을 공공공간에 대입하여 연구하고자 한다.

5) Goodwin & Francis, 2003

일상 속 공간에서의 기분과 표정, 그리고 다감(多感)

도시에서 일어나고 있는 각종 사건사고에 대하여 논하기 전에, 도시에 살아가고 있는 다양한 인격과 성향, 심리를 살펴볼 필요가 있다. 도시의 건조환경은 다양한 스트레스를 유발할 수 있는 물리적 환경과 사회적, 문화적인 영향에 의한 환경 측면으로 나누어 볼 수 있다. 첫 번째 물리적 환경으로는 혼잡한 교통환경, 고밀도 주거지역, 대기오염, 소음 등으로 인한 스트레스를 유발할 수 있다. 이러한 물리적 환경은 심리적 상태와 라이프 스타일과 건강에 영향을 미친다. 두 번째는 인구가 밀집되어 다양한 유형의 심리상태와 문화가 한 공간에서 생활하는 것에 대한 스트레스와 그에 따른 사회적 불안과 관련이 있다. '공공'이라는 '공유'기능을 통해 이를 완화하고, 관리할 수 있도록 하는 장치가 필요하다.

이렇듯 도시는 다양한 이해관계와 심리상태가 형성되어 있지만 시민들의 편안한 쉼을 위한 공간은 찾기 어려운 실정이다. 서울시는 2022년 「감성여가공간, '서울쉴틈' 찾기 공모」를 추진하였다.[6] 공공공간(소공원, 놀이터, 광장, 공공공지,하천변 등)은 무미건조하고 단조로워 시민들이 휴식하며 즐기기에 역부족이므로 퇴근길에 잠시 걸터앉아 생각을 정리(멍때리기)하는 장소, 주말에 슬리퍼를 신은 채로 친구와 수다를 즐기는 장소, 이웃과의 중고거래를 위한 만남의 장소 등 시민의 일상적 행위와 경험에 감성적 아이디어를 더한 '서울쉴틈' 장소를 찾기 위해 공모하였다.

다양한 감정을 가진 공간들을 만들기 위해서는 어떤 전략이 필요할까? 오른쪽의 여가 공간 활성화를 위한 전략 예시를 살펴보면, 하나의 공간과 공간을 연계하는 것을 찾는 과정으로 시작하여 조명과 사인물, 교통관리를 통한 시설개선과 그에 따른 이벤트(콘텐츠) 기획으로 동선을 연결하고, 공간의 가치를 부여한다. 이후 주민과 비영리단체 등의 협력을 통해 지역사회와의 협력을 통해 유지관리를 확장해나가는 것을 큰 틀로 볼 수 있다.[7]

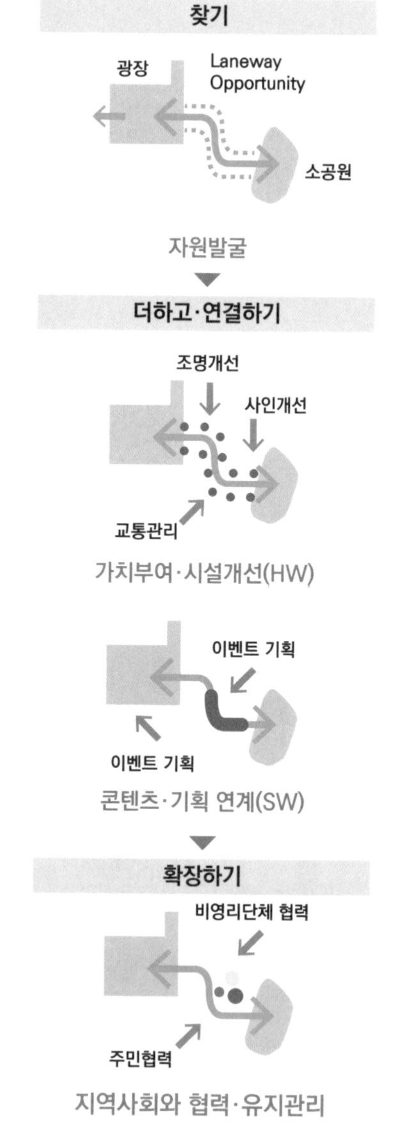

여가공간 활성화를 위한 전략 예시

6) 서울특별시 공고 제2022-1363호
7) Downtown Parke and Public Realm Plan(City of Toronto)

©감성여가공간, 서울쉴틈 찾기 공모 작품집

02
공공공간이 만드는 도시감정

방법 1 : 방치된 산업지역에서 정서 형성까지

'스트레스원'은 지역의 방치된 시설, 공간에서도 나타날 수 있다. 이로 인해 비활성화된 지역은 도시안전으로부터 멀어져 심리적 불안감, 나아가 지역의 취약요소로 작용할 수 있다.

이렇듯 공간은 한 지역의 대표적인 감정과 그 표정을 나타낼 수 있다. 매일 우리가 접하는 환경이 만드는 정서는 매우 중요하다. 허드슨강의 5구역은 사회적, 생태적으로 훼손되어 작은 교란에도 매우 취약한 사회생태시스템을 지니고 있었다.

또한 주변 산업이 쇠퇴하여 버려진 창고, 부두시설, 철노 등으로 인한 경관 훼손으로 각종 범죄의 온상지가 되었다. 또한 해안성이 고르지 못한 5구역은 허리케인의 피해로 인해 홍수 범람 등에 취약해질 수 밖에 없었다.[8]

허드슨강 공원 5구역에서는 쇠퇴한 지역을 살리기 위해 수변공원과 해양 레포츠 관련 시설을 도입하였으며, 이를 위해 부두 하중 감소를 위한 EPS(발포폴리스타이렌)와 경량토로 구조물의 하중을 감소시켰다. 이러한 수변공원 조성을 통해 기존 방치된 환경으로 인한 범죄의 온상지에서 범죄발생 및 지역 침체 문제를 해결하였다.[9]

지역주민의 적극적인 참여를 유도하고 장기적 관점에서의 유지관리를 고려하여 접근하였기 때문에 지속적인 활용과 그 지역의 지속가능한 활기를 유도할 수 있었다.

8) Chon, J. "Reading Resilience 3. In Environment and Landscape architecure., Landscape Architecture Korea Vol. 339", 2016, pp. 114-117
9) 리질리언스 개념을 적용한 도시공원 설계 사례 연구, 김중재, 삼안기술지, 2020.

방법 2 : 업무공간과 생활공간의 완화

두 번째 방법으로는, 주의 회복 이론(A.R.T) 관점에서 자연 요소 디자인을 통한 주의 환기 방법이다. 주의 회복 이론이란 자연에서 보내는 시간이 주의를 회복시켜서 더 나은 집중력으로 이끈다는 내용을 다룬 심리학 이론으로서 이를 통해 적용해 볼 수 있다.

1892년 윌리엄 제임스(William James)는 주의를 자발적인 주의와 비자발적인 주의로 구분했다. 1989년 레이철 캐플런과 스티븐 캐플런은'자연에서의 경험'이라는 책을 통해 자연에서 시간을 보내면, 노력이 필요하지 않은 주의를 요하는 부드러운 자극(자연)에 노출되어서 뇌의 회복을 돕는다는 주장을 하게 된다. 캐플런(Kaplan)은 회복환경을 형성하는 요소로써 4가지를 제시하였다. 일상적인 스트레스에서 벗어날 수 있도록 유도하는 자연적 환경에서의 '벗어남(Being Away)', 환경에 흥미와 매력감을 느끼는 '매혹감(Fascination)', 개방적으로 느껴질 수 있는 '넓이감(Extent)', 개인의 욕구와 필요에 적합한지에 대한 여부 '적합성(Compatibility)'를 제시하였다. 이러한 요소들은 일상에서 느끼는 스트레스를 완화하고, 정서적 안정감을 찾는 데 도움이 될 수 있다. 캐플런의 이론에 따르면 자연 환경이 심리적 회복에 영향을 미친다는 것이다.

이를 바탕으로 바이오필릭 디자인은 자연계의 이미지를 활용하여 환경을 조성하는 것을 의미한다. 바이오필릭 디자인을 적용한 환경에서는 식물 등 자연계 요소를 도입해 스트레스를 경감시키고 인식력과 집중력을 향상하는데, 예를 들어 아마존이 본사 건물 앞에 건설한 'The Spheres'는 전 세계에서 모인 4만 그루 이상의 식물에 둘러싸인 워크 스페이스로, 바이오필리아를 형성한다. 나무 사이로 흐르는 물과 식물의 향기, 새 둥지를 모티브로 한 의 미팅 공간 등이 마치 숲에서 일하는 듯한 느낌을 제공할 수 있다.

스트레스 경감 환경은 도시 생활 속 동선에 스며드는 것이 중요하기 때문에'틈새'기능의 공간에 적용될수록 활용도를 증진할 수 있다. 이러한 공간 조성을 위한 디자인 방법론 중 '바이오필릭'이론이 있다.

바이오필리아 효과(Biophilia effect)는 사람이 시각, 청각, 후각, 촉각을 통해 자연을 느끼는 것으로 스트레스 경감 및 집중력 향상 등의 긍정적인 영향을 가져오는 효과를 뜻한다. 자연 요소를 도입한 환경에서는 인간의 행복도, 생산성, 창조성이 향상되는 것으로 나타났다. 주의 회복 이론 관점에서 업무공간과 같이 스트레스를 유발하는 환경 가까이 자연에 대한 요소를 접목할수록 스트레스 경감 뿐만 아니라 생산성도 함께 증대할 수 있다는 것이다.

방법 3 : 외부인에게 생소한 공간에서 색다른 주의환기

세 번째 방법으로는 주의환기가 필요한 환경일수록 공간의 기능과 전혀 다른 활동과 경험을 제공하는 것이다. 도시의 공간 이용자들은 지역주민, 외부인, 근로자, 유입객, 여행객 등 다양한 유형의 사용자라고 칭할 수 있다.

도시마다 이러한 사용자들의 유형과 특성을 기반으로 공공공간을 통하여 시민들의 행복과 좋은 경험을 어떻게 제공할 수 있을지에 대한 고민을 하고 있다.

사회적인 흐름에서도 나타나고 있는데, 광주 동구에서는 여행자의 주의 환기와 여독의 회복을 위한 공간으로 시작하여 지역의 활성화를 이룬 사례가 있다.'집 (zip)'은 여행자들이 실질적으로 광주의 관광 콘텐츠를 지속해서 소비할 수 있도록 마련한 차별화된 여행자 편의공간이다.

이 사례를 통해 단순히 여독을 풀고, 회복하는 것이 '쉼'이 아니라 색다른 체험과 경험으로 주의를 환기하는 것이 초점임을 알 수 있다. 결국 회복과 휴게를 위한 편의시설은 공급자 관점에서의 쉼이 아니라, 사용자(여행자)의 니즈(Needs)를 기반으로 고려하여야 한다는 것이다.

단순한 벤치와 파고라가 멘탈케어를 위한 시설물이 아니라는 것을 반증할 수 있다. 현재, 여행자의 집 (zip)은 광주만의 콘텐츠를 개발 및 확산하는 것을 시작으로 여행자 플랫폼으로써 미래를 이끌어가는 컨셉형 브랜딩화를 추진중에 있다.

자발적 콘텐츠 레벨업과 개발을 위해 지속적으로 노력하는 것이 결국 이용률 저하로 방치되는 벤치와 파고라와 같은 일반적 기능의 편의시설 보다 근본적인 멘탈케어를 유도하는 시설임을 알 수 있다.

여행자의 ZIP
eler's house, ZIP
Make your memor
여행자의 ZIP
ZIPPER GIFT SHOP
Make your

03

멘탈케어(Mental Care) 모델 연구

도시 안전을 형성하는 일상 속 '멘탈케어'(Mental Care)

그간 도시 안전을 위하여 추진된 시설과 시스템은 '범죄발생'에 초점을 두었다. 그러나 범죄 발생 이전의 꾸준한 감정과 심리적 제어 환경을 통해 스트레스를 관리할 수 있도록 하는 '멘탈케어 디자인' 모델을 도출하였다.

심리 제어환경 패러다임으로의 전환

도시 안전을 위한 「멘탈케어(Mental Care)」

위험 요소 경감 및 토지이용 등 도시계획 전략에서 주요시설 및 환경의 개선,
건조 환경을 다시 바라보고, 경제, 사회, 자연 환경 등
다각도에서의 감정과 심리 컨트롤을 위한 회복 환경 조성

공공디자인

물리적 환경뿐이 아닌
지역사회와 경제를 포함하는 포괄적인 개념

도시안전 관점의 '멘탈케어 디자인'

멘탈케어 디자인 흐름도

도시의 취약 환경이 곧 도시안전과 직결되기 때문에, 이를 단순히 물리적 환경개선으로 그치는 것이 아니라 일상적이고 지속적인 '회복구조'를 형성하는 것이 중요하다. 따라서 'M.C.D' 전략은 일상에서 회복하는 것을 주요 전략으로 한다.

안전한 도시는 일상생활 속 심리와 환경, 사회적 요인에 따른 물리적, 사회적 환경을 포함하여 컨트롤하는 시스템이 갖춰진 도시이다. M.C.D 전략은 바이오필릭 디자인을 접목하여 자연환경이 제공하는 다양한 긍정적 감정(스트레스 완화, 행복감, 생산성, 주의 환기 등)을 공공 공간에 접목하여 확산하고, 확대하는 것이다.

이는 하나의 사이클로서 연결될 수 있다. 도시에 자연환경이 접목되는 방법은 다양한 디자인으로 구현할 수 있는데, 큰 틀은 '건강', '사회', '환경', 그리고 '순환' 전략이다.

신체적-심리적 회복을 통한 건강과, 지역사회의 회복, 도시공해에서 파생되는 스트레스를 완화하기 위한 주변 지역과의 완충지대로서 환경적 회복, 그리고 이 모든 것이 하나의 생태계로써 연결되는 ;순환 개념으로 볼 수 있다.

Mental Care Design ?

도시의 물리적, 사회적 환경에 의한 일상 속 '회복력'을 돕기 위하여
Green infra를 통한 도심 속 일상에 스며든 '회복 환경' 공공디자인 전략

M.C.D 전략

일상에서 회복해요

도시의 취약성
쇠퇴지역의 근본적인 원인을 찾아
지역의 고유성을 반영한 도시 안전

주의 회복 이론
Attention Restoration Theory; ART
자연에 노출됨에 따라 심신 안정, 치유, 뇌의 회복 등
도시의 스트레스 요인을 저감하는 환경으로 조성

Safe City
일상생활 속 심리적, 환경적, 사회적
요인에 따른 컨트롤을 통해 도시의 안전을 유도

Biophilic city
자연환경을 통해 도시 속 회복 환경으로서
확산하고, 확대되어 심신의 건강한 라이프 스타일 장려

도시의 적응력
단발적으로 마치는 것이 아닌
지속가능성을 위한 적응 환경 조성

자연환경 제공을 통한 도시의 회복구조 형성
탄소 배출 / 기후변화 대응 / 미세먼지 저감

멘탈케어 디자인 개념도

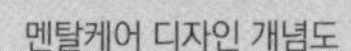

'멘탈케어' 디자인 프레임워크 (M.C.D Framework)

앞선 사례 연구와 멘탈케어 디자인 전략에 따라 세부적인 디자인 구현방법을 도출하였다. 도시 속에서 자연의 직/간접적 체험은 신체적-심리적 회복을 유도한다.

주변 지역과의 완충지대화를 통한 다양한 생태계 확보는 도시공해에 대응하는 환경적 회복을 형성한다. 도심 생활 속 지역사회의 소통 환경을 곳곳에 확산할수록 사회적 회복을 이어나갈 수 있다. 이 모든 디자인들이 유기적으로 연결됨에 따라 순환 구조를 이루고, 이는 크게 도시의 물리적인 회복으로도 이어질 수 있다.

안전한 도시를 이루는

M.C.D 디자인 Frameworks

- 건강 A: WHAT IS HAPPENING?
- 순환 B: WHAT MATTERS MOST?
- 환경 C: WHAT CAN WE DO ABOUT IT?
- 사회 D: ARE WE DOING IT?

신체적·심리적 회복
A: WHAT IS HAPPENING?
생활 속 도보 15분 반경 내 공원 연결하기
- 공원까지의 연결성 극대화
- 보행공간 연결 및 접근환경 조성
- 산책로 연결, 그늘 만들기 등 도심과 공원 공간적 연계
교류공간으로 자급자족 환경 기반 만들기
- 자투리, 틈새공간을 활용하여 주거생활 반경 내 함께 가꾸는 도시농업 공간 만들기
- 지역사회 협력 등
B: WHAT MATTERS MOST?
환경적 보존
다양한 생태계 확보
- 식재 환경 뿐만이 아닌 조류, 곤충 등 다양한 생물종이 서식할 수 있는 공간으로 조성
- 각 지역고유의 생태자원 다양한 생태계 확보
주변 지역과의 완충지대화(Buffer-Zone)
- 하천 또는 해안가의 완충지대 역할로서 배수 기능 식재와 함께 공공공간 마련
- 보도, 차도, 건축 경계선 등 식재공간을 통한 빗물 배출구 조성
C: WHAT CAN WE DO ABOUT IT?
도시 물리적 회복
도시 자원의 순환
- 자원의 순환을 통해 지속적 공간 유도
- 단순한 조경적 측면에서의 자연 조성, 환경 개선이 아닌 장소의 특성을 살리는 순환체계 접목
자연 환경을 통한 도시건강 증진
- 공공공간, 건물, 옥상 등의 도시 속 자연 녹화를 통한 탄소 배출 효과 극대화
D: ARE WE DOING IT?
사회적 회복
도심 생활 속 소통 환경 공유하기
- 공공시설, 복지 취약계층, 업무지대, 특화지역 등 도심 속 회복 환경을 통해 다양한 형태의 소통의 장 마련
지역사회의 결속력 강화
- 도시 재난 발생 시 신속한 대응을 위한 행정(관계부처), 지역사회, 기업 간 네트워크를 통한 비상지원기능을 부여
건강
직접적 자연체험
간접적 자연체험
환경
생태 다양화
기후변화 대응
순환
Re-Cycle
친환경 배출
사회
소통의 장
Re-Community
M.C.D 전략
일상에서 회복해요

시범 모델 :「디톡스 부천, 공업지역 멘탈케어 디자인(Mental Care Design)」사업

공업지역은 소규모 필지의 중 · 소공장들이 밀집되어 있으며 휴게공간은 물론 콘크리트 위 녹색을 보기 어려운 환경이다. 「멘탈케어」를 적용하기 위한 대상지로서 밀도 높은 대지와 빼곡한 건물들로 둘러싼 근로환경의 부천시 삼정동 공업지역을 선정하였다. 스트레스에 대한 회복기능의 환경을 접하기란 쉽지 않으며 공장지역의 특성에 따라 완충녹지가 연접하여 있으나 스트레스 완화, 주의 환기의 기능을 위한 큰 규모의 자연에 대한 접근성은 낮아 활용도는 높지 않고 있다.

삼정동은 부천시의 공업지역으로, 금속가공제품 제조, 전자부품 제조, 의료기기 제조 등 다양한 업종의 공장이 입주해 있다.[10] 공장등록 현황 통계에 따르면, 오정동에는 2022년 12월 기준으로 총 70개의 공장이 등록되어 있다.

신도심 공업지역(오정 일반산업단지, 대장신도시 첨단산업단지(예정))과 같이 현대화 공업지역과 달리 노후되고 방치된 환경이 주를 이루는 소규모 중 · 소 공장 밀집지역이 영역을 설정하였다.

사업 개요

사업명
2023 공공디자인으로 행복한 공간 만들기 사업

대상지 위치(면적):
경기도 부천시 오정구 삼정동 325 일대

주요 사업 선정
1. 공장지역 접근 초입
2. 완충 녹지
3. 공영주차장(흡연 빈발 공간)

10) 고용노동통계청(2023. 4. 5.)

① 공장지역 접근 초입

eymap

공공청사 부지와 그 주변 환경은 큰 변화의 잠재력을 지니고 있다. 이 지역은 완충녹지에 인접해 있으며, 신흥주민지원센터 및 주차장이 위치해 있어 근로자와 주변 주거지역의 시민들, 대중교통을 이용하는 사람들에게 많은 사람들의 왕래가 있는 중요한 교차점이다. 이는 공간의 활용도와 관련하여 큰 잠재력을 내포하고 있지만, 현재는 몇 가지 중요한 문제점으로 인해 그 가능성을 충분히 발휘하지 못하고 있었다.

첫째, 현재 완충녹지와 공간에는 콘텐츠의 부재와 함께 편의시설이 미흡하여 이 지역의 활용도가 낮은 특성이 있다. 공공청사 부지와 그 주변 공간은 시민들에게 더 나은 서비스와 편의를 제공할 수 있는 다양한 가능성을 가지고 있음에도 불구하고, 이를 활성화시키기 위한 구체적인 조치나 계획이 부족한 상태이다.

둘째, 대중교통을 이용하여 출퇴근하는 근로자들의 접근성 문제도 중요한 고려 사항이었다. 현재 환경은 차도를 통한 접근을 유도하고 있어 사람들이 공공청사 부지에 접근하기 어렵게 만들고 있다. 이는 특히 대중교통을 이용하는 시민들에게 큰 불편을 초래할 수 있으며, 공공청사와 주변 공간의 활용성을 저해하는 요인이 된다.

공장지역 접근 초입현황

셋째, 공공시설물에 전단지 등이 부착되어 혼잡한 시각적 이미지를 초래하는 것도 문제이다. 이는 공공청사 부지와 주변 공간의 첫인상을 저하시키며, 시민들이 이 공간을 이용하고자 하는 의지를 감소시킬 수 있다.

이러한 문제점들을 해결하기 위해서는 공공청사 부지와 그 주변 공간을 재구성하는 포괄적인 계획이 필요하다. 완충녹지와의 연계를 강화하고, 신흥주민지원센터와의 시너지를 창출하여 공간의 활용도와 접근성을 높일 수 있는 방안을 모색해야 한다.

또한, 공공청사 부지와 주변 공간을 더 매력적이고 기능적인 공간으로 변모시키기 위한 다양한 콘텐츠와 편의시설의 도입도 고려해야 한다. 이와 함께, 대중교통 이용자의 접근성을 향상시키고 시각적 혼잡함을 줄이기 위한 조치도 필요하다. 이를 통해 공공청사 부지와 주변 공간은 지역 사회에 더욱 가치 있는 자산으로 거듭날 수 있을 것이다.

①-1 자긍심과 근로자 멘탈케어의 연관성

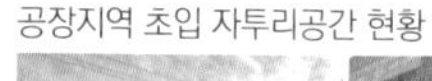
공장지역 초입 자투리공간 현황

지역 초입이라는 공간의 기능은 근로자의 관점에서 일터로 나가기 위한 마음을 다지고, 시작을 알리는 중요한 공간이다. 이러한 초입 공간에 멘탈케어를 위한 전략 중 근로자에게 자긍심을 제공하는 것은 개방적 형태로 누구나 이용할 수 있으며 동시에 공업지역의 얼굴을 대신하는 쾌적한 휴게공간으로 상징적 초입을 조성하는 것이다.

①-2 멘탈케어 관점에서 공업지역 휴게공간 디자인

근로환경의 현대화는 단순히 환경개선 측면에서 볼 것이 아니라 근로자에게 특별한 대우(소속감, 더 나은 사람으로의 대우, 자긍심)를 통해 자신의 소속감을 느끼게 하는 것이다. 초입이라는 공간의 기능은 근로자의 관점에서 일터로 나가기 위한 마음을 다지고, 시작을 알리는 중요한 공간이다.

제임스 윌슨, 조지 켈링이 발표한 깨진 유리창 이론(Fixing Broken Windows : Restoring Order and Reducing Crime in Our Communities, 1982)과 같이 방치되고, 노후된 환경에서 우발적 심리가 발생하는 것과 같이, 낙후되고 방치된 공간을 정돈되고 깨끗한 환경으로 개선하여 그러한 심리를 자연스럽게 소멸시키는 것이다.

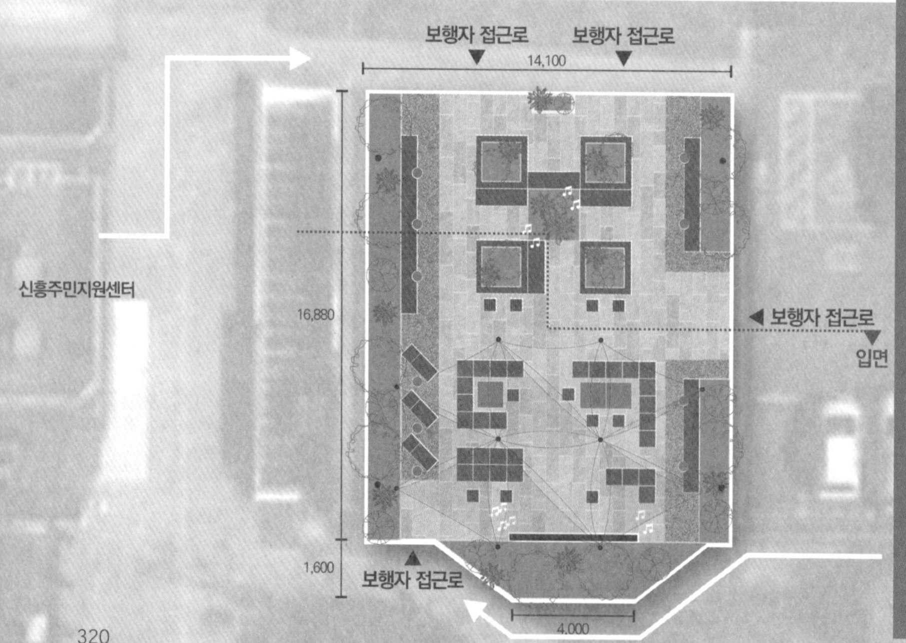

근로자 라운지 평면 계획

사업리스트

[공통사항]
- 석재 타일 마감/ 부분 자갈
- 조경 조성(기존 나무이식 포함)
- 미디어월 설치(스피커 포함)
- 보안등 설치
- 안내사인 설치
- ㄷ자 벤치(간이테이블 포함) 설치
- 릴렉스 휴게벤치 (간이테이블 포함) 설치

[ALT 4]
- 썬 쉐이드 설치(기둥 포함)
- 바닥 모듈 정원 조성
- 고정형 벤치 설치
- 사각 1인 벤치 설치
- 모듈형 벤치 설치
- 모듈형 테이블 설치

근로자의 휴식 기능을 중심으로, 업무 중 스트레스를 완화하는 기능을 제공하고자 오감을 활용한 시설을 통해 지속적인 공간 활용도를 높이고자 하였다.

먼저 공업지역의 특성 상 무채색의 공장건축입면들로 밀집된 시각적 환경에서, 해당 공간을 통해 다양한 색채를 볼 수 있도록 캐노피 시설에 적용하여 주간 시 햇빛에 반사되는 것을 이용하여 다채로운 시각적 경험을 제공하였다. 이는 활력 증진과 스트레스 완화에 도움을 주고자 하였다.

두 번째로 야외와 연결되는 형태로 오픈형 구조를 통해 차폐된 공간을 지양하고, 손쉽게 접근할 수 있도록 하여 야외와의 경계를 완화하도록 구상하였다. 이는 근로자간의 원활한 소통과 접근성을 토대로 하였다. 차 마실 공간마저 부재한 공업지역에서 간단히 차를 마시는 공간은 플랜터 시설과 함께 자연 체감을 더욱 향상시키도록 조성하였다.

근로자 라운지 입면 계획

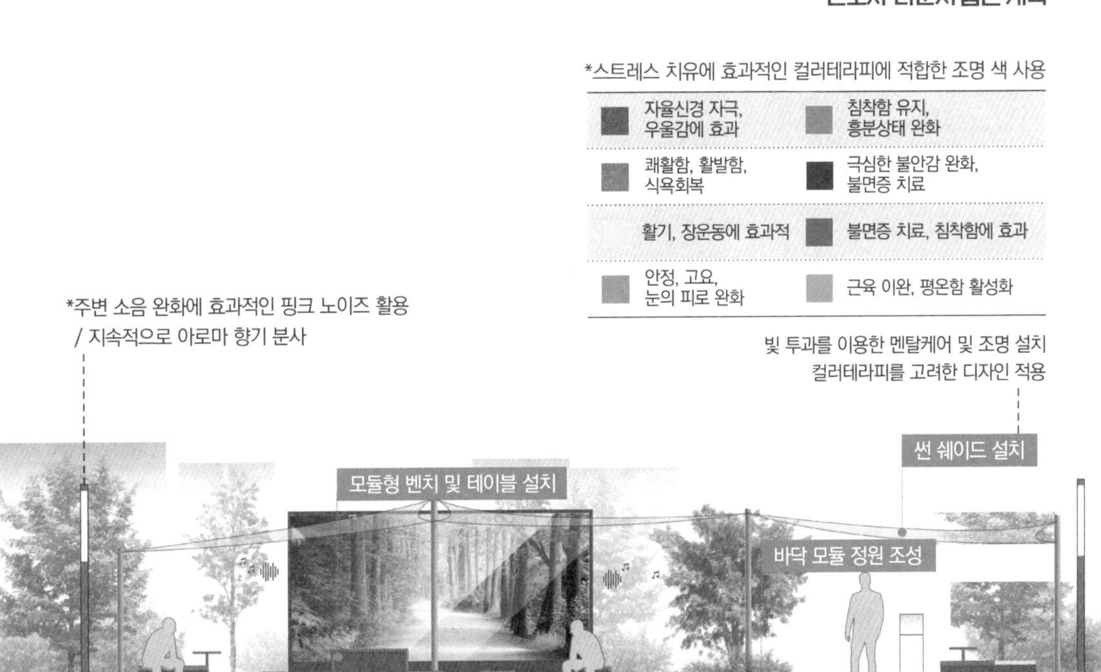

② 완충녹지

완충녹지 가로공원은 주거지역과 공업지역 사이의 중요한 역할을 수행하며, 이 두 지역 간의 완충 기능을 제공한다. 현재 이 공간은 간단한 앉음벽과 벤치 등이 조성되어 있어, 하단부에 위치한 내동 주거지역과 상단부 공업지역의 경계에 위치한 이상적인 휴식 공간을 제공한다. 이 공원은 근로자들이 업무 중이나 퇴근 동선으로 사용하는 중요한 구간으로, 근로자 간의 소통과 휴식의 기능을 담당하고 있다. 또한, 근로자뿐만 아니라 지역 주민들에게도 매우 인기가 높아, 자연에 대한 수요가 높은 것을 알 수 있다.

이러한 완충녹지 가로공원의 존재는 주거지역과 공업지역 사이에서 생태적 및 사회적 가교 역할을 하는 것뿐만 아니라, 지역 사회의 삶의 질을 향상시키는 중요한 요소이다. 하지만, 현재 제공되는 시설들이 간단한 앉음벽과 벤치에 국한되어 있다는 점에서, 이 공간의 잠재력은 아직 충분히 활용되지 않고 있음을 시사한다.

Keymap

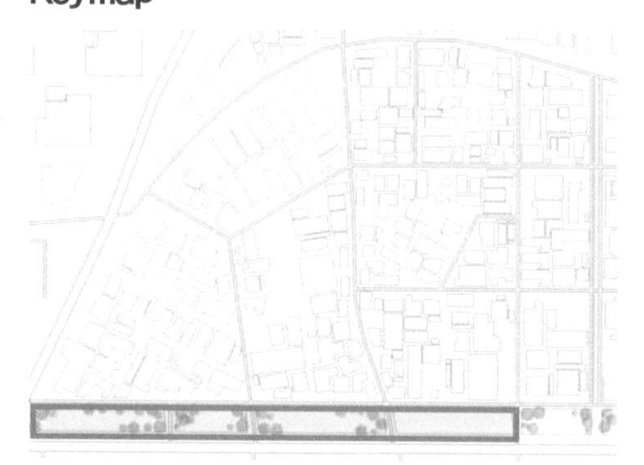

완충녹지 가로공원 현황

②-1 보행동선과 근로자 멘탈케어의 연관성

완충녹지 현황

간단한 산책로가 조성되어 있어 근로자와 지역주민 이용률이 매우 높은 구간이다. '걷기'행태가 빈번한 공간으로 걷기를 통해 자체적으로 스트레스를 회복하고, 소통하는 것에 대한 수요가 매우 높은 것을 알 수 있다.

②-2 멘탈케어 관점에서 녹지공간 디자인

기존 야자매트가 설치되어 간이 산책로로 조성된 구간이 있으나 야자매트가 없는 녹지대로 최근 유행하고 있는 '맨발걷기' 행태가 빈번하게 이루어지고 있다. 이에 시에서는 완충녹지대로서의 기능을 위해 녹지대의 훼손을 방지하고자 접근에 대한 주의안내 사인을 설치하였다.

이는 인공적인 환경보다 더욱 자연환경에 대한 수요와 갈망이 있다는 방증으로 볼 수 있는데, 더욱이 공원과 같이 휴식할 수 있는 공간이 부족한 지역에서 맨발걷기에 대한 색다른 방법을 제시함을 통해 긍정적인 감정을 유도하여 지역의 정신적인 돌봄 역할을 할 수 있도록 고안하였다.

기존 야자매트 보행구간에 마사토와 황토를 섞어 맨발로 걸을 수 있는 흙길을 조성하고, 다양한 자연재료를 활용(돌, 풀, 벽돌, 자갈 등)한 오감체험 기능을 통해 지압 기능 뿐 아니라 주의환기를 유도하도록 구상하였다.

'맨발걷기'가 유행하는 것은 건강에 대한 갈망으로, 긍정적인 감정을 불러일으킬 수 있도록 해당 공간을 조성하였다.

맨발 촉감체험 예시
Creating Our Barefoot Sensory Path and the Importance of Outdoor Play
(출처 : mrsmyerskindergarten.blogspot.com)

③ 공영주차장(흡연 빈발공간)

공영주차장 부지가 위치한 밀집된 공장지역은, 그 특성상 민간 기업별 사유지로 구성되어 있으며, 대부분의 기업은 자체적인 휴식 공간을 별도로 마련하지 않았다. 이로 인해 근로자가 이용할 수 있는 공유공간의 한계가 분명하며, 휴게와 소통의 기회 또한 제한적이다. 이러한 환경에서 공영주차장과 같은 공공부지나 자투리 공간은 근로자들에게 소중한 휴식과 소통의 장소로 활용되고 있다.

공장지역 내 소통공간 현황

이 자투리 공간은 근로자들에게 단순한 주차 공간을 넘어서, 일상의 스트레스와 업무로부터 잠시나마 벗어날 수 있는 휴식처를 제공한다. 이러한 공간에서의 휴식은 근로자들의 심리적 안정감을 증진시키고, 일의 효율성을 높이는 데 기여할 수 있다. 또한, 서로 소통하고 정보를 교환하는 등의 사회적 활동을 가능하게 함으로써, 공동체 의식을 강화하고 직장 내 동료들 사이의 유대감을 높일 수 있다.

그러나 이러한 자투리 공간의 잠재력은 아직 충분히 발휘되지 않고 있다. 공공부지를 보다 체계적으로 활용하여, 근로자들이 더욱 편안하게 휴식을 취하고 소통할 수 있는 환경을 조성할 필요가 있다. 예를 들어, 공영주차장 부지 내에 작은 휴게 공간을 마련하고, 벤치나 녹지 공간을 조성하여 근로자들이 자연을 느끼며 재충전할 수 있는 기회를 제공할 수 있다. 또한, 이러한 공간을 꾸미기 위해 근로자들의 의견을 적극적으로 반영함으로써, 그들의 만족도를 높이고 공간의 사용률을 증진시킬 수 있다.

공영주차장 부지와 같은 자투리 공간을 활용한 이러한 노력은, 단순히 휴식 공간을 제공하는 것을 넘어서 근로자들의 삶의 질을 향상시키고, 공장지역 내의 커뮤니티를 활성화하는 긍정적인 변화를 가져올 수 있다. 이는 결국 근로자들의 복지 증진과 함께, 기업의 생산성 향상에도 기여할 것이다.

③-1 흡연과 근로자 멘탈케어의 연관성

해당 공장지역의 근로자들의 가장 많은 행태를 보이는 것은 '흡연'을 통한 휴식이다. 흡연은 단순히 휴게를 넘어서 공업지역이라는 업무기능의 지역 특성상 근로지(공장 내부) 밖의 '소통'기능을 하고 있는 중요한 기능으로 자리잡고 있다.

③-2 멘탈케어 관점에서 흡연 공간 디자인

흡연공간은 업무시간 외 사회적인 관계속 '인간존중'과 '리더십'이 공존하는 공간으로, 업무의 스트레스를 해소하거나 부정적인 감정을 정리할 수 있는 공간이다. 이러한 공간에 있어 노후된 시설물, 낙후되고 방치된 시설은 부정적 감정을 더욱 극대화 시킬 수 있기 때문에 최소한의 앉을 수 있는 시설과 기존 출퇴근 시 마주치는 자전거 거치대에 대한 개선은 필수적으로 볼 수 있다.

공장지역 내 주차장 현황

평면도 및 세부 계획

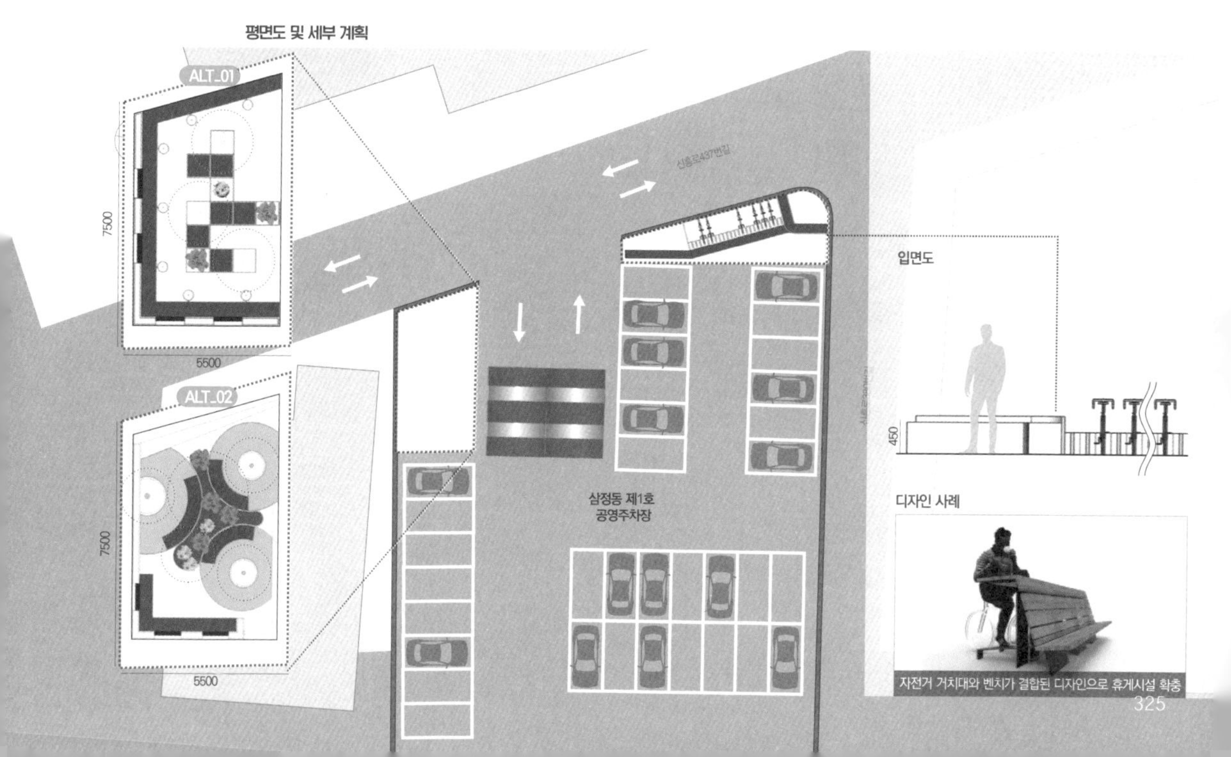

자전거 거치대와 벤치가 결합된 디자인으로 휴게시설 확충

심리사회 안전망: 사회적 처방 디자인

How to Link Healthier Safety Net: Social Prescribing Design

주하나 joopsdi@gmail.com

PSDI 심리사회 디자인연구소장
홍익대학교 일반대학원 공공디자인전공 박사과정
미국심리학회(APA) 국제회원,
미국미술치료학회 수퍼바이저(ATR-BC)

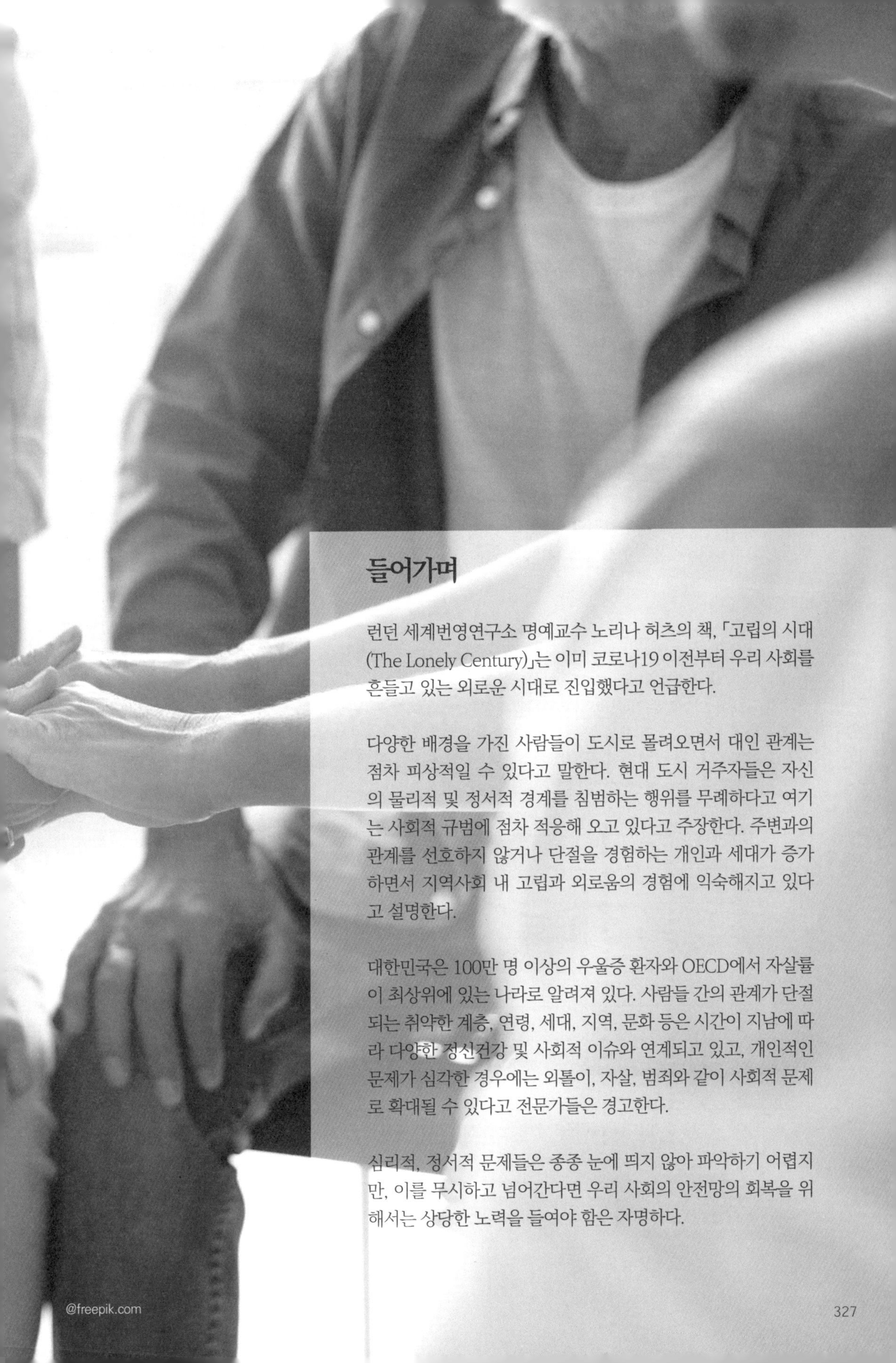

들어가며

런던 세계번영연구소 명예교수 노리나 허츠의 책, 「고립의 시대(The Lonely Century)」는 이미 코로나19 이전부터 우리 사회를 흔들고 있는 외로운 시대로 진입했다고 언급한다.

다양한 배경을 가진 사람들이 도시로 몰려오면서 대인 관계는 점차 피상적일 수 있다고 말한다. 현대 도시 거주자들은 자신의 물리적 및 정서적 경계를 침범하는 행위를 무례하다고 여기는 사회적 규범에 점차 적응해 오고 있다고 주장한다. 주변과의 관계를 선호하지 않거나 단절을 경험하는 개인과 세대가 증가하면서 지역사회 내 고립과 외로움의 경험에 익숙해지고 있다고 설명한다.

대한민국은 100만 명 이상의 우울증 환자와 OECD에서 자살률이 최상위에 있는 나라로 알려져 있다. 사람들 간의 관계가 단절되는 취약한 계층, 연령, 세대, 지역, 문화 등은 시간이 지남에 따라 다양한 정신건강 및 사회적 이슈와 연계되고 있고, 개인적인 문제가 심각한 경우에는 외톨이, 자살, 범죄와 같이 사회적 문제로 확대될 수 있다고 전문가들은 경고한다.

심리적, 정서적 문제들은 종종 눈에 띄지 않아 파악하기 어렵지만, 이를 무시하고 넘어간다면 우리 사회의 안전망의 회복을 위해서는 상당한 노력을 들여야 함은 자명하다.

01
우리 사회는 안전한가?

대한민국 사회관계망 안전지수

2020년 OECD는 회원국의 '더 나은 삶 지수(Better Life Index; BLI)'[1]를 조사하여 발표하였다. 설문조사 결과 대한민국 국민의 대답에서 회원국 평균 이상을 웃돈 분야는 '주거, 교육 등'이었다. 하지만 개인의 심리 정서적 반응을 묻는 '인생 만족도, 건강, 환경, 워라벨' 등은 평균보다 훨씬 밑돌았다.

그 중에서 눈에 띄는 항목은 개인이 어려운 때 주변에 도움을 청할 수 있다고 믿는 사회적 관계망과 안전망을 의미하는 공동체 단일 지표인 '커뮤니티(Community)' 지수가 상당히 낮아, 회원국 중 가장 낮은 최저점을 기록했다.
(OECD, 2020)

특히 커뮤니티, 공동체 부문은 2017년부터 2022년까지 약 6년간 지속적인 하위권을 유지하고 있다. 그것은 일시적으로 사회적 관계와 연결망이 낮아진 상태를 의미하는 것이 아님을, 오랜 세월 누적된 외로운 관계 단절과 세심하게 돌보지 않은 사회 현상임을 시사한다. 또한 대한민국 사회의 안전한 공동체 형성이 부정적 상태를 의미하는 현주소이자 국가적 대응 전략의 한계점을 유추해 볼 수 있다.

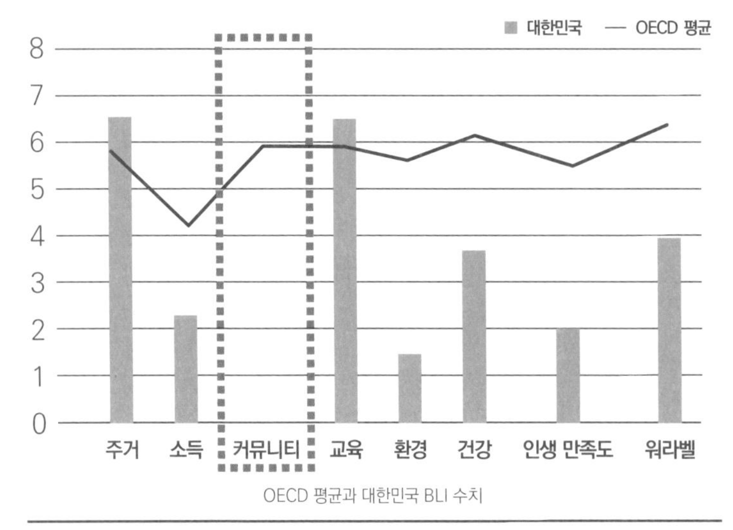

OECD 평균과 대한민국 BLI 수치

1) 2011년부터 매년 주거, 소득, 커뮤니티, 교육, 환경, 건강, 인생만족도, 워라벨, 안전, 일자리, 건강(11개) 분야의 24개 정량 및 정성적 지표를 측정하여 삶의 질, 웰빙, 건강 측면 지속해서 모니터링하고 있음

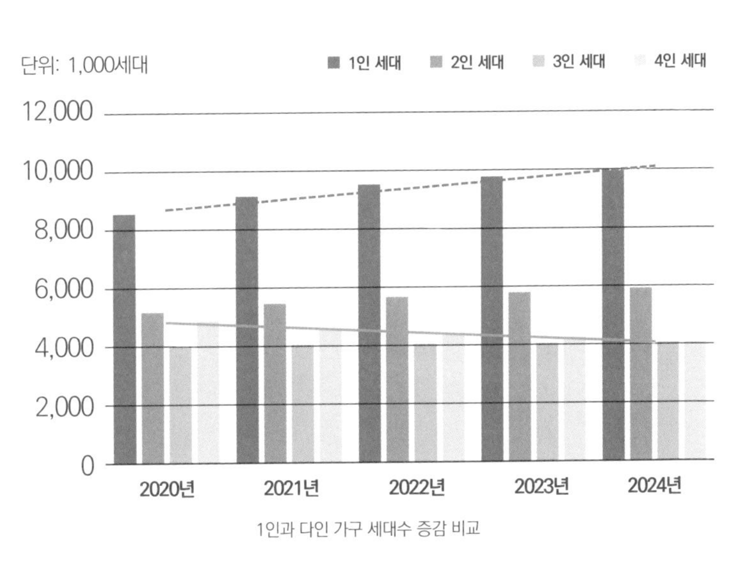

1인과 다인 가구 세대수 증감 비교

궁극적으로는 지역사회 관계가
심리적 건강과 안녕을 위해
기초 연결망이 될 가능성을 시사한다.

더욱이 국내 인구는 지속해서 줄어들며, 나 홀로 사는 세대수가 증가하는 것은 통계 결과를 보면 알 수 있다. 특히 지난 5년간 대한민국 1인 가구 세대수 증가율은 점차 우상향 곡선 추세를 보이는 데 반해, 4인 가구 이상 가족이 함께 사는 세대수는 감소하는 경향을 보인다.[2]

이는 우리나라 국민 중 살면서 외로움과 고독 및 고립의 경험이 늘어날 가능성을 의미한다. 그리고 사회의 기초단위인 가족이 서로 지탱하고 의지했던 삶의 고리가 해체됨을 함의한다.

2) 행정안전부, 주민등록 인구통계, 세대원수별 세대수. https://jumin.mois.go.kr/

외로움이 인체에 미치는 영향

사실 뇌 과학과 정신건강 진단 및 치료 접근은 아직 초기 단계에 있다. 복잡한 기제인 외로움을 독립적으로 보고 광범위한 심리 상태를 연구하여 정신질환과 깊은 관계성을 파악하게 된 것은 최근 들어서다.

주어진 상황에서 뇌가 활성화되는 모습을 파악할 수 있는 자기공명영상(MRI 및 functional-MRI) 기술과 스트레스와 같은 생리적 호르몬 반응을 검사하고 분석하는 방법을 통해 인간의 심리적 변화가 신체에 미치는 영향을 과학적이며 정량적으로 증명하는 연구가 늘고 있다. 최근 팬데믹으로 인한 사회적 충격, 우울감, 고립, 사회적 단절 등과 관련 깊은 사회문제가 예견된 자살률의 증가, 사회 안전망의 붕괴를 막기 위해 보다 객관적이고 실증 기반의 사회문제 해결을 위한 접근을 요하기 때문이다.

뇌의 변화 : 쪼그라든 해마

인간의 뇌는 신경 세포체로 구성된 겉 부분의 대뇌 피질과 신경세포들을 서로 연결하는 신경 섬유망이 깔린 속 부분의 수질로 이루어져 있다. 대뇌 피질은 주로 인지 및 사고, 전략과 같은 활동을 담당한다. 그리고 피질과 뇌량, 시상하부 사이에 인간의 감정, 행동, 욕구 조절을 관장하는 변연계(limbic system)가 존재한다. 변연계는 기억에 중요한 역할을 담당하는 해마(Hippocampus)와 편도체 등을 포함한다.

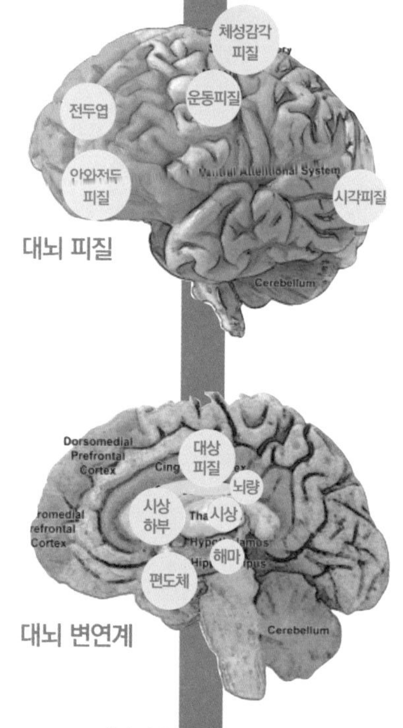

대뇌 피질 영역과 변연계 구조
(King, et al. (2019), p.151)

최근 호주 국립대의 연구[3]는 약 6천 명의 우울증 환자와 약 5천 명의 일반 사람의 뇌를 비교했다. 그 결과 기억과 정서 조절을 주관하는 '해마' 크기가 일반인과 비교했을 때, 우울과 불안을 경험한 환자의 것이 3% 정도 줄어들었다고 보고하였다.

이는 감정 경험에 대한 정보를 부호화하고 저장하는, 기억에 중요한 해마의 역할에 제동이 걸리며 비일상적 수행 가능성을 의미한다. 즉, 일상생활에서 기억, 행동, 타인과 의사소통 등 뇌 기능이 떨어지는 취약한 상태를 초래하거나 심각할 경우 알츠하이머(치매의 종류) 발병률을 높이는 것으로 밝혀졌다.

3) Australian National University researchers discover swelling of part of the brain in people with both depression and anxiety, (2020.08.06.). ABC News.

호르몬 변화 : 코르티솔 과다분비

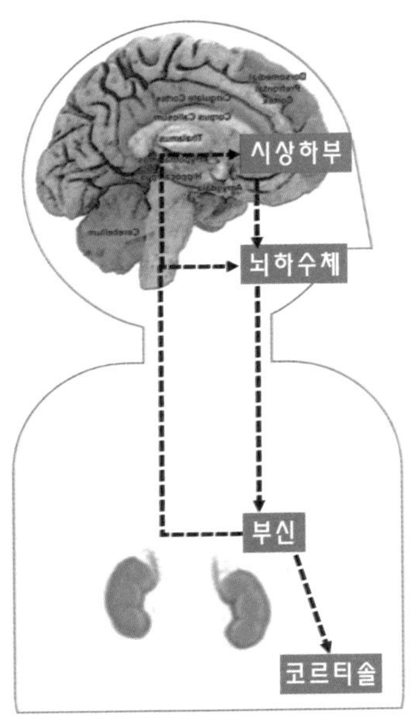

체내 코르티홀 호르모 분비체계

스트레스 상황 대응으로 신체는 뇌 시상하부에서 뇌하수체로 자극 신호를 보낸다. 그러면 뇌하수체는 신장 위에 붙어있는 부신에 호르몬을 보내 자극한다. 자극받은 부신은 코르티솔 호르몬을 분비하고 결국 스트레스 상황은 이 호르몬 수치를 증가시킨다. 이 코르티솔 호르몬은 스트레스나 감염에 대항하기 위해 혈압 유지, 혈당 조절, 알레르기나 염증 조절을 담당한다.

우리가 느낄 수 있는 스트레스는 긍정적인 것과 부정적인 것으로 구분되는데, 적당한 긴장 상태는 집중, 수행 속도 증가 등 유익한 반응을 보이지만, 이에 반해 부정적 스트레스는 기억력 저하, 면역 기능 및 골밀도 감소, 심장병이나 혈압, 체중 수치 증가를 가져온다. 이렇게 스트레스 상황이 지속되어 만성 스트레스 상태가 되면, 과도한 코르티솔 호르몬이 방출됨에 따라 우울증, 정신질환 또는 기대 수명이 줄어들 확률이 높아진다.[4]

2022년 독일은 코로나 봉쇄 기간 성인(N=1,242)들의 상황적 관계와 외로움에 따른 타액 코르티솔 수치를 조사하였다. 연구 결과 사별 또는 이혼 상태 성인이 외로움의 특성이 가장 높고, 동거와 미혼자 순이었다. 타액 코르티솔 수치가 높을수록 대인 관계의 질이 낮고 홀로 사는 성인의 외로움의 위험 요소를 의미한다고 밝히고 있다.

사회적 상황 속에서 사람이 경험하는 외로움이나 고립은 심리 및 정서적 변화와 함께 생리적 호르몬 반응과도 밀접한 연계가 있다. 지역사회를 살아가는 현대인이 만성적인 외로움과 고립에 노출된다면 국가의 기초 사회 안전망을 위협할 가능성이 높고, 취약한 사회 구조 회복을 위한 부담을 덜기 위해 예방과 예측의 공공서비스를 위한 중재가 요구된다.

4) Cortisol: Why the "Stress Hormone" is Public Enemy No.1, (2013.01.22). Psychology Today.

SUMMARY

1. OECD BLI결과, 한국 커뮤니티 지수(공동체) 회원국 중 최하위권 유지
2. 1인 가구 수 급격 증가로 지역사회 개인 점차 파편화, 고립, 외로움 노출 증가
3. 만성적 고립과 외로움은 인간 뇌의 영역과 스트레스 호로몬 관여로 신체 건강에 부정적 영향
4. 개인 및 가정 취약성 증가는 주변 관계와 고립, 단절로 이어짐 따라서 사회적 서비스, 보건 및 복지 비용 부담 증가

02
건강한 사회를 위하여

지난해 세계보건기구(World Health Organization; WHO)는 사회적 고립과 외로움이 인간의 신체와 정신건강 모두 심각한 영향을 미치는 세계 보건의 위협으로 규정하였다. 심각성을 깨닫고 미국 비벡 머시(Vivek H. Murthy) 의무총감과 아프리카연합 청년 특사를 중심으로 한 국제적 '사회적 연결 위원회'[5]를 출범시켰다. 머시는 "외로움으로 인한 건강 문제는 담배를 하루에 15개비씩 피우는 것만큼 해롭다"라고 강조하며, 결코 한 국가만의 문제가 아닌 세계 모든 지역의 외로움과 고립을 경험한 사람들의 수치를 과소평가해왔음을 지적하였다.[6]

건강의 사회적 결정요인

18세기 스코틀랜드 의사인 윌리엄 컬렌(William Cullen)은 외로움과 질병의 영향력 있는 관계를 파악하고 원인 모를 질병을 앓는 여성에게 '친구를 만나라'라고 처방했다. 또 하버드대 성인발달연구 책임자 로버트 와딩어(Robert Waldinger)는 미국 보스턴 도심 거주 다양한 계층 주민을 상대로 오랜 기간 추적 연구한 결과, "사람들과 관계를 돌보는 것 역시 신체를 돌보는 것만큼이나 건강한 자기돌봄"이라고 주장한다.[7]

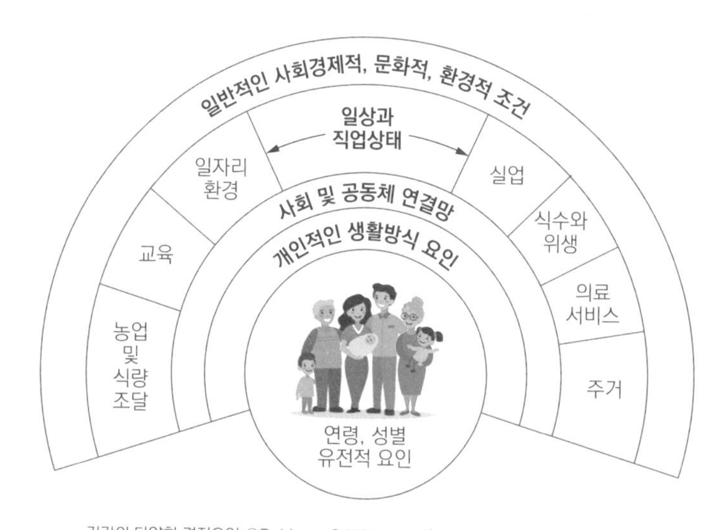

건강의 다양한 결정요인 ©Dahlgren & Whitehead(Public Health England, 2018)

---

5) WHO Commission on Social Connection.
6) WHO "외로움은 보건 위협... 담배보다 해로워", (2023.11.20). 조선일보.
7) 노리나 허츠, (2021). 고립의 시대. 웅진지식하우스. p. 48

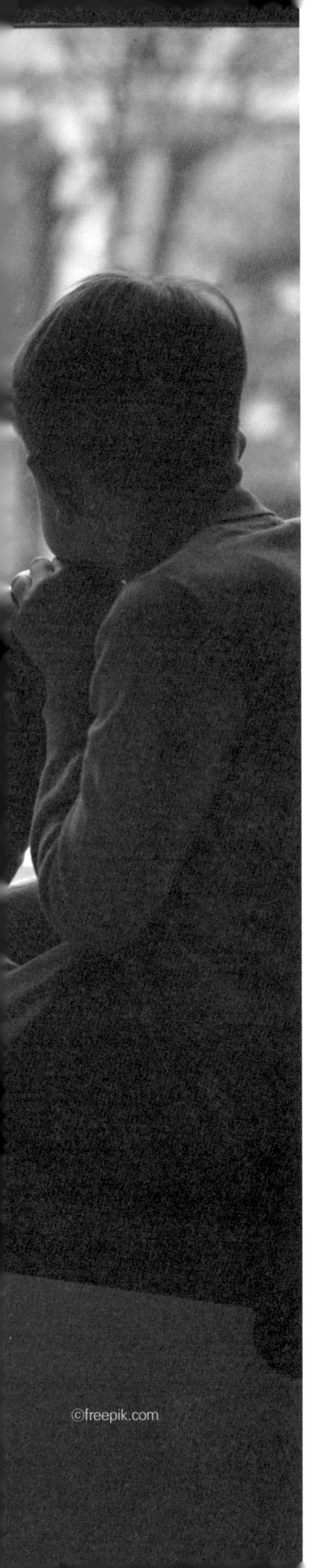

삶의 질, 행복과 지역사회

영국의 경제학자 리처드 레이야드(Richard Layard)는 일생을 행복 연구에 매진한 결과를 담은 「행복의 함정」이란 저서에서 1인당 국민총소득(GNI)이 약 2만 달러를 넘으면 행복과 소득 수준의 상관관계는 더 이상 크지 않다고 언급한다.

특히 미국의 소득과 정서적 안녕감의 관계를 나타낸 그래프를 살펴보면, 부유하고 잘 사는 국가일수록 소득 수준이 올라갈 때 늘어나는 만족도를 뜻하는 한계효용이 낮으므로 경제적 이득이 반드시 행복으로 직결되지 않는다는 것을 알 수 있다. (UNU-IHDP, 2012, p.256-257)

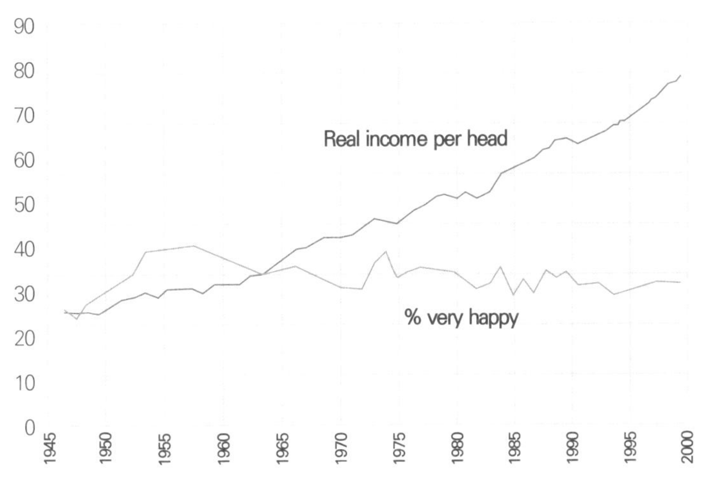

1945년-2000년까지 미국의 소득과 행복의 관계 ©Layard

저자는 개인적 신념과 자유를 포함해 지역사회의 주변 사람과 맺는 건강한 관계가 행복지수에 큰 영향을 준다고 설명하면서, 사람들의 행복과 삶의 질에 영향을 미치는 7가지 요인을 살펴보면 사회 정서적 안녕과 주변과의 유대가 건강한 삶과 질적 행복과 연결됨을 유추할 수 있다.

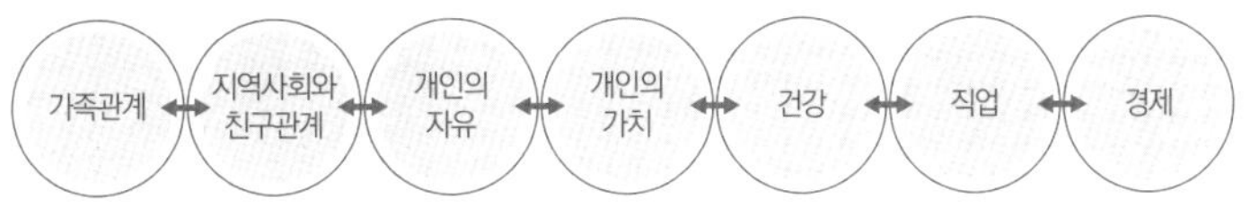

행복과 삶의 질에 영향을 미치는 7가지 주요 요인 ©Layard

건강한 사회를 위한 정책 대응

한국지방행정연구원은 국내 사회적 관계망 지표 향상을 위해 종합적인 대응 전략을 구상하고 기본적인 추진 과제를 다음의 표와 같이 제안하였다.[8)]
앞서 OECD 평균과 대한민국의 더 나은 삶의 지수 조사에서 몇 년간 사회적 관계망 지표가 매우 낮았음을 보고하였다. 해당 영역은 공동체 조항을 측정하는 단일 지표로 국민 개인적으로는 몸이 아플 때나 우울할 때, 혹은 갑자기 목돈이 필요한 경우 도움을 요청할 사람의 수를 조사하여 수치에 반영된다.

"정부는 지난해 기초 정신건강 돌봄 및 사회 안전망 형성 대응책으로 다각도의 정책을 발표하였다."

이에 한국지방행정연구원은 2019년 사회적 안전망, 커뮤니티 지수를 향상하기 위한 우리나라 정책의 방향과 추진 체계를 제안하고 실행하고자 하였다. 그러나 세계는 지난 몇 년간 감염병의 확산으로 고립 및 외로움, 우울증과 같은 삶의 질 저하와 사회적 연결망의 빠른 해체를 경험했다.

기본 정책 방향	1. 사회적 관계망 향상 종합적 접근 2. 다주체 협력과 참여 강화 3. 중장기적 전략 대응 4. 홍보 및 제도 기반 강화
추진 전략과 과제	1. 부처별 추진 사업의 연계 및 종합적 지원으로 복합적 정책 추진 2. 사회 관계망 강화를 위한 체계적 기본계획 수립 3. 우선 순위 정책제도 도입과 부문별 중장기 추진 4. 중앙 및 지방 정부추진 사회적 관계망 조사 시행, 지자체 합동 평가, 지자체 행복도 조사 등 반영전략 수립 5. 초중고 학생, 일반인 등 공동체 가치감 중요성 교육과 홍보

2019 한국지방행정연구원의 사회적 관계망 강화 정책 방향과 전략

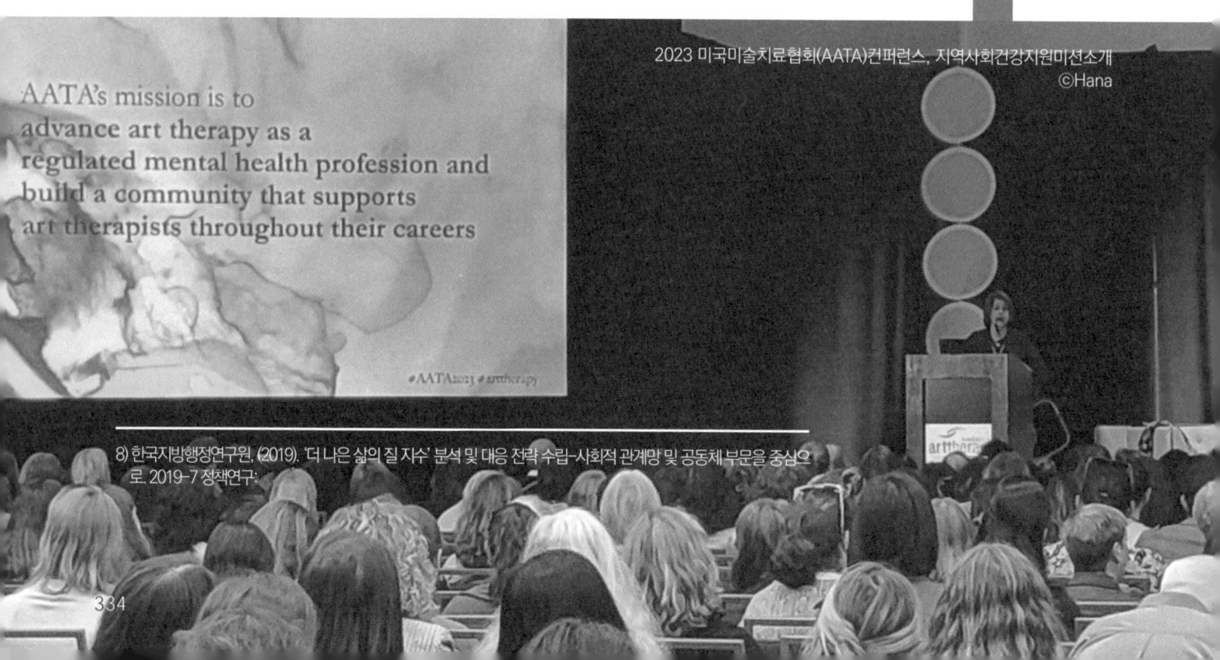

2023 미국미술치료협회(AATA)컨퍼런스, 지역사회건강지원미션소개
©Hana

8) 한국지방행정연구원, (2019). '더 나은 삶의 질 지수' 분석 및 대응 전략 수립-사회적 관계망 및 공동체 부문을 중심으로. 2019-7 정책연구.

우리나라에서는 최근 약 5년 새 2.4조가 늘어난 정신질환 치료비의 급격한 변화와 공공장소에서 벌어지고 있는 무차별 범죄 사건 발생처럼 지역사회 시민들의 불안과 안전망을 위협하고 있다. 이에 정부는 지난해 기초 정신건강 돌봄 및 사회 안전망 형성 대응책으로 다각도의 정책을 발표하였다.

2023년 정신건강 관련 정부 정책 관계부처 합동 발표

정책	구분	내용
제1차 고독사 예방 기본계획 (2023~27) 2023.05.17.	비전	사회적 고립 걱정 없는 촘촘한 연결 사회
	목표	고독사 예방관리 사업 추진·확대와 위험군 등 실태 파악 강화로 고독사 수 감소
	과제	1. 복지 사각지대 발굴시스템과 위험성 판단 도구 개발 2. 인적, 사회적 안전망, 기술 활용 연결망 형성 3. 생애주기 돌봄, 관리, 지원, 사후지원 등 4. 지역 주도형 예방 및 관리 체계 구축, 제도개선 및 인식 강화
정신건강정책 혁신방안 2023.12.05.	비전	정신건강정책 대전환 [예방부터 회복까지]
	목표	27년까지 100만 명 대상 심리상담과 10년 내 자살률 50% 감소
	목표	1. 국민 심리상담, 센터 지원 확대 일상적 마음 돌봄 체계 구축 2. 정신응급 대응, 입원제도, 수가, 외래 치료, 의료 질 향상 정비 3. 정신재활 서비스 모든 지자체 확대, 고용, 주거, 보험 지원 강화 4. 정신질환 인식개선 및 정신건강 정책 혁신 위원회 설치 운영
고립·은둔 청년 지원 방안 2023.12.13.	비전	청년의 건강한 사회 참여를 통한 사회전반 활력 제고
	방향	조기 개입과 학령기 예방, 취약 청년 전담 원스톱 지원체계 구축을 위한 제도화, 자원관리 등 기반 조성
	과제	1. 상시, 조기에 위기 청년 발굴체계 마련 2. 청(소)년 센터, 돌봄 공간 등 전담 지원체계 마련 3. 학교에서 취업으로 이어지는 위기 상황 예방 및 안전망 강화 4. 지역사회 정보, 사례, 인적자원의 연계와 제도화 근거 마련

2023년 5월 고독사 실태조사를 통해 국내 현황을 파악하고 고독사 예방을 위한 1차 기본계획을 관계부처 합동으로 발표했다.[9] 그리고 고립·은둔 청년 지원 방안은 앞으로 청년의 정신건강과 직결된 사회 고립 문제에 대해 정부의 지원과 적극적인 맞춤형 정책 방향을 보고하고 있다.[10] 또한, 12월 대통령실은 정신건강 정책 비전 선포대회를 주재하여 정신질환 예방에서부터 치료와 상담, 재활, 고용으로 이어지는 복지 서비스의 체계를 종합적으로 다룰 것을 발표했다.[11]

고속 성장 이면의 마음 돌봄에 소홀했던 우리 사회 현상을 직시하고 우울 및 돌봄을 개인이나 가정의 문제로만 치부하지 않으며, 정부가 나서서 적극적으로 공공서비스의 대전환을 가져가겠다는 정책적 대응으로 시사된다. 과거와 달리 심리 사회적 안전을 목표로 한 정신건강 대응 정책들은 모두 관계부처 협력으로 발표되어 지자체와 민간 단체 및 기관 관계자 간 협의와 연계가 필요한 거버넌스 형식의 총체적이고 체계적인 지원과 접근을 지향하고 있다.

9) 보건복지부, (2023.05. 18). 2027년까지 고독사 20% 줄인다... '고독사 예방 기본계획' 최초 수립. 정책브리핑.
10) 보건복지부, (2023.12.13.). 고립·은둔 청년, 이제 국가가 돕겠습니다. 보도자료.
11) 대통령실, (2023.12.05.). 尹 대통령, 예방부터 회복까지 「정신건강정책 대전환」 선언. 보도자료

SUMMARY

1. 경제적 지표보다 주변 관계, 사회 참여 등이 개인의 행복에 큰 영향
2. 사회적 요인이 건강의 중요한 결정요인
3. 전 세계 정신건강 돌봄 정책은 체계화, 고도화 단계
4. 2024 국내 정신건강 정책지원(고독사 예방, 고립·은둔 청년지원 등) 계획 발표
5. 공공복지 서비스 향상을 위해 총체적 지원과 다각도의 접근 지향

03
공공서비스를 디자인하라!

공공디자인 연계 정책과 서비스

2016년 공공디자인 진흥에 관한 법률을 제정한 후, 공공재에 대한 기능 및 미적인 개선 사업에서보다 정책적 전략 방향으로 공공디자인은 진화하였다.[12)]

공공영역의 대상을 위해 안전, 편의, 배려 등과 같은 공공가치를 추구하기 위한 전략들을 마련하게 되면서, 공공디자인은 1차, 2차 공공디자인 진흥종합계획을 통해 보다 유형화되고, 정부 부처별 공공디자인 연계 과제들은 다각도의 정책과 실행을 위한 방향으로 전개되었다. 그러나 정작 공공 의료, 보건, 복지 서비스 분야 보건복지부와 연계된 디자인적 접근과 개입이 반영된 정책연구 및 실행 계획은 소외되어 있다.

정부 부처별 공공디자인 연계 계획과 정책연구

국방부	국방건강증진사업 모델연구, 공군장병 스트레스 평정체계 개선 연구 등
국토교통부	교통약자 이동 편의 증진계획, 교통안전 시범도시 사업실행계획 등
고용노동부	근로복지증진기본계획, 산재예방 5개년 계획 등
교육부	학교폭력 예방 및 대책 5개년 기본계획, 여성폭력방지 정책 기본계획 등
과학기술부	국민생활(사회)문제해결 종합계획 등
기획재정부	사회문제해결 R&D사업 주요과제 연구, 자치단체 공공디자인 촉진방안 연구 등
농림축산식품부	귀농귀촌 종합계획, 읍면단위 발전계획 수립을 위한 효율적 주민참여 연구 등
법무부	범죄예방 환경개선 사업, 국가 인권정책 기본계획 등
여성가족부	여성친화도시 조성기준 및 발전방향 연구, 여성아동 안전지표 및 평가체계 연구 등
통일부	북한이탈주민 정착지원 기본계획 등
해양수산부	해양 공간의 가치 창출을 위한 해양디자인 기술 개발 기획 연구 등
행정안전부	사회적가치 구현을 위한 지역혁신 종합계획, 국민참여 확대 제안 활성화 방안 연구 등
환경부	어린이 환경안전교육을 위한 종합계획, 공공데이터 활용한 SDGs지표 개발 연구 등

12) 공공디자인 종합정보시스템, (2021.01.29.). 민간과 공공의 새로운 화두 '공공가치' "공공디자인 연구 트렌드 알아보기".

“정신건강의 일상적 마음 돌봄 정책은 상담, 진료, 치료 확대 이전에 예방을 위한 공공서비스 정책 디자인 접근이 필요하다.”

제2장에서 설명한 정신질환 예방에서부터 치료, 회복 전체 단계를 관리하는 대전환의 통합적 거버넌스 체계인 정신건강 정책의 목표는 일상적인 마음 돌봄 체계를 구축하는 것이다. 하지만 세부 추진 내용을 살펴보면 의료임상 접근(정신 응급, 재활 등)이 예방의 골자를 이루고 있다.

최근 정신건강서비스 관리사업에서 예방을 위한 서비스는 예방교육과 대국민 캠페인을 진행하며, 심리상담 지원과 상담 치료센터를 확대 운영한다고 밝혔다. 본디 예방이란 질병이 나타나기 전에 일상적 환경에서부터 다루는 것을 의미하는데, 일상적 접근이 아닌 ‘질병의 치료나 의료’적 접근에 가까워 예방 차원의 정책이라 보기 어렵다.

바로 이 영역을 공공디자인과 연계하고 계획 및 예방 사업에 협력하여 일상에서 주민이 체감하는 건강관리 예방 공공서비스를 디자인하는 것이 필요하다.

MMCA Festival ©MMCA

해외 복지 서비스와 디자인 협업

오늘날 복잡한 공공서비스 전략 계획은 정부 부처 협력의 총체적이며 협력적인 거버넌스 체계하에 이뤄지는 정책 방향으로 부처 경계를 넘는 공공디자인 접근은 정신건강 및 보건복지 서비스로 확대될 필요성이 있다.

공공디자인 진흥계획에도 이미 복지, 의료, 교육, 예방 차원의 확장을 제안하고 있다. 또 앞서 나가는 국가들의 디자인 전담기관은 다양한 정부 부처와 민간기업이 협력하여 디자인을 공공가치를 지닌 보건 및 의료 정책에 적극적 전략으로 활용하고 있다.

덴마크 디자인센터 (Danish Design Centre; DDC)

지리적으로 북유럽 덴마크 코펜하겐 중심에 있는 덴마크 디자인 센터(이하 DDC)는 1978년 설립되어 경제부 산하 독립 기관이자 문화부 프로젝트를 담당하고 있다. 덴마크 정부의 정책을 국가 경쟁력을 키우기 위한 방향으로 디자인을 사회와 기업에 접목한 경영, 전략을 지원하고 장려하는 역할을 한다. 2013년 DDC는 영국의 디자인위원회, 웨일스 디자인, 핀란드 알토 대학과 협업한 보고서에서 공공부문 디자인 활용 사례를 세 가지 단계로 정리한 **'디자인 사다리(The Design Ladder)'** 모델[13]을 발표했다.

각각의 개별적인 공공서비스를 디자인적 접근으로 활용한 사례는 1단계로, 공공기관이나 관계부서 직원들이 디자인을 이해하고 서비스디자인 접근을 적극 받아들여 조정한 사례들은 2단계에, 더욱 큰 범주에서 정책 모델을 디자인하고, 사회 변화를 이끌어 가기 위한 디자인 접근은 3단계로 분류하여 영국, 덴마크, 핀란드 등 유럽의 사례를 소개하고 있다.

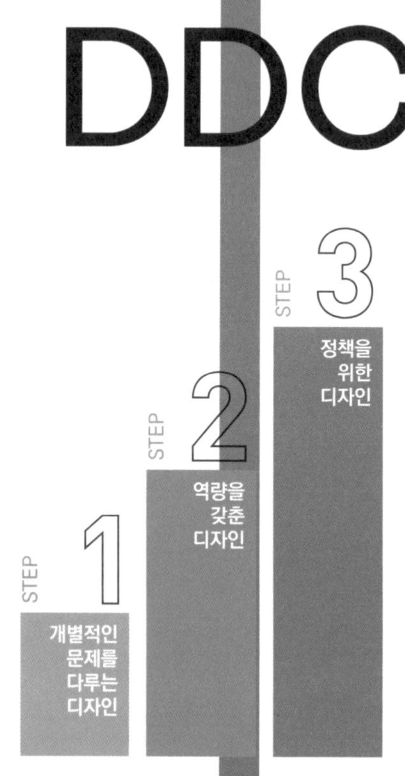

공공부문 디자인 사다리 ©DDC

13) DDC, DC, WD, and Alto University, (2013). Design for Public Good, p. 8.

The Mission: A Future where Young People Thrive

Imagine this; Young people in Denmark are doing better than ever before. Even with the historic challenges facing this generation, they have never had greater influence or more opportunities to shape their own future. Collectively, we have taken responsibility for providing a framework for young people to thrive

THIS PROJECT IS A PART OF OUR THEME SOCIAL TRANSITION

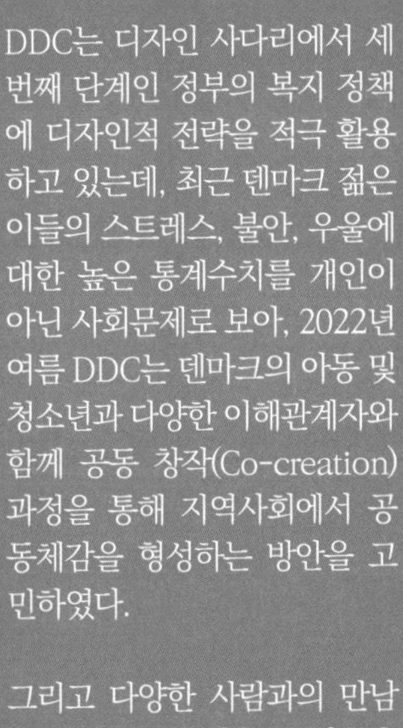

DDC는 디자인 사다리에서 세 번째 단계인 정부의 복지 정책에 디자인적 전략을 적극 활용하고 있는데, 최근 덴마크 젊은이들의 스트레스, 불안, 우울에 대한 높은 통계수치를 개인이 아닌 사회문제로 보아, 2022년 여름 DDC는 덴마크의 아동 및 청소년과 다양한 이해관계자와 함께 공동 창작(Co-creation) 과정을 통해 지역사회에서 공동체감을 형성하는 방안을 고민하였다.

그리고 다양한 사람과의 만남을 요리, 문화, 예술 등 활동을 통해 커뮤니티 활성화 방안을 디자인하였다. 이런 과정을 담아 청년 정신건강 지원 정책을 위한 프레임워크, **볼비(Vorby) 프로그램**을 제안하였다. 현재 젊은이들의 정신건강 복지지원 디자인 모델인 볼비 프로그램은 덴마크를 넘어 노르웨이, 스웨덴, 일본에서 활용되고 있다.

덴마크 디자인센터 청년 정신건강 정책디자인, Vorby
©DDC/CreativeDenmark

영국 디자인위원회 (Design Council UK)

2018년 영국 디자인위원회 공공부문 프로그램 디자인은 지방자치협의회와 함께 여러 관계자들과 취약한 청소년을 지역사회에서 안전하게 보호하는 방향에 협력하였다. 이들은 문제를 재구성하고 해결방안을 위한 프로토타입을 만들어 이듬 해 아동 청소년 가족을 실질적으로 지원하기 위한 조기 대응 전담팀을 꾸리고 공공부문 프로그램을 디자인하고 운영하였다.

영국이 디자인을 바라보는 관점은 오랫동안 정부의 자문 역할로 출범한 디자인위원회의 역할이 주효했다. 다양한 산업과 경제와 관련 있는 디자인 영역을 발전 및 확장하여 사회문제와 지속 가능한 환경 등을 위한 정책에 디자인이 협력하고 사회 변화와 시스템의 변화를 위한 이니셔티브(Initiative) 영역에서 활용되고 있다.

영국 정부가 운영하는 정책연구소 블로그[14]에는 최근 다양한 '공공정책 디자인(Public Policy Design)'에 대해 안내하고 있다. 행정적 절차와 공공을 위한 서비스 사이에 간극을 좁히는 전략과 실천에 디자인적 접근방법을 시도해나가는 모델을 제안한다.

Design
Council

영국 디자인 위원회와 Brent 지방정부의
취약 아동 가정지원 프로그램 디자인을 위한 문제 재구성
ⓒlocal Government Association, UK

14) 영국 정책디자인연구소 https://publicpolicydesign.blog.gov.uk/

PUBLIC POLICY LAB

미국 공공정책연구소 (Public Policy Lab; PPL)

미국 브루클린에 있는 비영리 단체 공공정책연구소(이하 PPL)는 미 전역의 주와 도시의 연방 및 지방 기관, 서비스 제공단체, 전문가, 공무원, 일반 시민과 협력하여 사람들이 더 나은 삶을 살 수 있도록 지원하는 정책과 서비스를 디자인한다고 설명한다. 아울러 시민들과 함께 사회 시스템을 설계하는 공동 창작 방식으로 실제 생활에 근거를 둔 해결방식을 찾고, 공공서비스 가치 제공 방식을 전환하는 정책과 서비스를 디자인하고 있다.

미국 공공정책연구소 소개와 위탁보호 청소년 정신건강 접근성 향상 'Soul Care' 프로젝트 ©PPL 홈페이지

2023년 뉴욕시 아동서비스국(NYC Administration for Children's Services)은 뉴욕시 시장 산하 지역사회 정신건강실 등 관계 기관과 PPL이 협력하여 뉴욕시 위탁 보호를 받는 청소년과 함께 정신건강 서비스 접근성 향상 디자인 **'소울케어(Soul Care)'** 프로젝트 착수계획을 보고했다. 기존 사회 복지 시스템과 서비스 환경, 제공 기관은 이용자의 요구 사항을 충족하기에 어려움을 겪는 경우가 빈번했다.

위탁 보호 절차 과정에서 아동 및 청소년이 복잡한 트라우마를 겪었다. 이에 다양한 민족, 인종, 문화 배경을 가진 위탁 보호 청소년과 보호자, 그리고 보호 기관 직원, 지역사회 리더가 모두 참여하는 워크숍을 진행하였다. 인간중심의 연구 수행 과정을 2024년 연구소 누리집을 통해 밝히고 있다. 본 시범사업은 새로운 프로그램과 디자인 도구를 활용하여 8월에 착수하고, 2026년 6월까지 실행을 완료 목표를 제시했다.

일본 민간기업 컨센트 (Concent, Inc.)

일본 도쿄의 시부야구에 위치한 서비스디자인 기업 컨센트는 1971년에 '집합소'란 명칭으로 창립하였으며, 자회사 성격으로 2002년 콘센트를 설립하였다. 설립자 하세가와 아츠시는 '일본 공공부문에서 디자인 사고'란 주제로 2018년 디자인코리아에서 강의한 바 있다. 해당 기업은 Public Design Lab에서 공공부문 서비스디자인 커뮤니티를 운영하고 있다.

ABOUT

도쿄예술대학을 중심으로 39개 기관이 연계하여 2023년

'포용적 사회를

만들기 위한 아트 커뮤니케이션 및 공동 창작 센터'를 출범했습니다.

CONCENT

도쿄예술대학과 협력한 공동창작센터 누리집과 '문화 처방' 프로그램 개발 워크숍 ©Concentinc 홈페이지

2022년 컨센트는 초고령화 사회에서 외로움과 고립 문제를 해결하기 위한 비전을 정립하기 위해 도쿄예술대학과 **공동창작센터(Co-Creation Center)**[15]를 개소하고 협력하고 있다. 새로운 프로그램 개발을 위해 워크숍에서 40여 명의 모든 참가자는 지역사회 정신건강 지원 방법으로 예술의 가능성을 재정립하고 비전 선언문을 제시하였다. 예술과 문화를 외로움과 사회적 고립 해결책으로써 '문화 처방' 프로그램[16]의 개발과 실행을 추진하고 있으며 사례를 홈페이지에 보고하고 있다.

---

15) 공동창작센터 https://kyoso.geidai.ac.jp/

16) 다양한 상황에 놓인 사람들이 어느 장소에 모여 느슨하게 연결되며 창의적 경험이 만들어지고 흥미와 재미가 생성된다. 마음이 자유롭고 유희적이고, 편안한 의사소통과 유대 관계가 자연스럽게 형성되도록 촉진한다. 이런 문화 처방은 '사회적 처방'에서 영감을 받아 문화와 예술을 활용한 프로젝트이며, 지역사회 자원을 활용해 사람을 연결하고 전체적인 건강 및 복지를 향상하기 위한 활동 전략이다.

“심리적 접근방법은 지역사회 주민들의 참여를 촉진하고 역량 강화를 지원한다.”

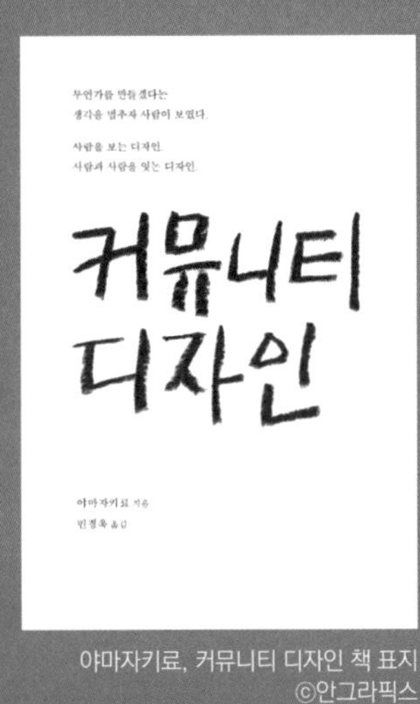

야마자키료, 커뮤니티 디자인 책 표지
ⓒ안그라픽스

공공가치 실현 커뮤니티 디자인

일본 커뮤니티 디자이너 야마자키 료(山崎 亮)는 「커뮤니티 디자인」에서 돈이나 물질에 가치를 찾기 어려운 현대사회에 추구해야 할 것을 언급한다. 바로 자발적인 행동을 하는 사람과 이러한 사람 사이의 역동 중심이 되는 커뮤니티(Community), 즉 공동체 안에서 연대와 유대를 주장한다. 그리고 커뮤니티 디자인에서 의사소통과 공동체 활성화를 위해 주민 참여를 위한 워크숍을 진행할 때 사람 간 역동을 촉진하는 접근법을 활용한다.

여기에는 로렌스 할프린(Lowrence Halprin)의 창조 과정단계를 설명하는 RSVP 사이클[17], 치료사와 환자 보조자의 즉흥 연기를 통해 문제나 이슈를 파악해가는 심리극(Psychodrama), 연극 워크숍 등을 디자인 과정에 함께 활용한다.

또한, 디자인과 예술이 지역사회 주민들의 건강을 돌보고 지원하는 공공서비스나 보건복지 분야와 협업해야 한다고 주장한다. 기존 의료나 보건 및 복지 정책이나 사업 시행 방식은 예술이나 디자인 접근과 다르게 시민에게 있어 재미없는 정보이자 즉각적으로 인식하고 이해하는 영역이 아니기 때문이다. 그러나 디자인적 과정이나 문화예술 접근은 편안, 안전, 아름다움과 같은 정서 반응의 무의식적 사고처리 과정과 직관적으로 연결될 수 있다.

일반적으로 정책이나 서비스 방향이 새롭게 시도될 때 사람들은 즉각적으로 변화를 수용하거나 행동하지 않으며, 인식 변화가 일지 않기 때문에 커뮤니티 활동이나 행동도 변화하기 어렵다. 그러므로 사회서비스, 의료, 복지, 정책 분야는 시민의 참여와 역량 강화, 인식개선이 필요한 가치 실현 중심의 공공디자인 개입으로 창의적이며, 체계적인 접근이 중요한 것이다.

17) Resource(가용자원 파악), Score(과정상 활동 촉진), Valuaction(Valuation + Action) (평가, 피드백, 의사결정 종합), Performance(스코어를 현실에 실행하는 것)의 약자. 창작과정에서 일어나는 행동/움직임 등 과정 체계화함.

SUMMARY

1. 영국, 덴마크, 미국의 디자인 기관은 공공부문 서비스 향상 지원과정에 적극적으로 디자인 활용 중임
2. 우리나라 안전, 복지와 보건을 위한 정책 연계 디자인의 확장 필요
3. 공공서비스를 위한 디자인 과정에서 정서 지원 예술, 인간중심 심리적 접근방법은 공동디자인을 위한 주민참여, 관계 형성, 공동체 유대 촉진

04

사회적 처방 디자인

사회적 처방 디자인(Social Prescribing Design; SPD)이란 지역사회에서 비약물적 환경으로 예술, 문화, 상담, 봉사활동, 경제 및 주거 등 사용자 요구에 적절한 자원을 연계하는 **'사회적 처방(Social Prescribing)'**과 지역사회 관계와 유대를 촉진하고 심리 사회적 안전망을 지원하는 **'지역사회 중심 예술치료(Community based Arts Therapy)'**를 중재 도구 중 하나로 활용하는 협력적 거버넌스 방식의 공공디자인 실천을 의미한다.

오늘날 건강한 사회와 지역사회 돌봄을 지원하는 공공서비스를 사용자 참여로 공동 창작하는 **'사회적 디자인(Social Design)'** 원칙을 통해 사회적 이슈와 문제 상황에 대응하는 실증적인 사회적 처방 디자인 방법론을 제안하였다.(주하나, 이현성, 김주연, 2023) 사회적 처방 디자인을 이해하기 위해서 '사회적 처방'과 '사회적 디자인'과 '지역사회 중심 예술치료' 접근을 우선 파악할 필요가 있다.

과천관 공유·공감 프로그램 ©MMCA

사회적 처방

사회 정서적 요구를 지닌 사람이 지역사회가 제공하는 서비스를 이용하면서 건강 및 웰빙 증진 방법을 스스로 찾아 나가도록 지원하기 위해 비약물적 환경으로 서비스 사용자를 연계해 처방하는 제도를 사회적 처방이라 한다. (WHO, 2022) 보통 처방의 개념은 병원이나 임상 환경에서 환자에게 맞는 치료나 처치 방법을 전문가가 명령을 내리는 방식이지만, 사회적 처방에서 처방이란 자원과 사람을 연결하는 방식을 의미한다.

지역사회의 자원을 발굴하고 서비스 이용자와 연계하는 역할을 하는 인력을 영국에서는 링크 워커(Link Worker)라고 부르며, 의료/치료인력이나 사회복지사와는 다른 지역 전문가 같은 임무를 부여받고 사례를 관리한다.

개인 건강과 지역사회 관계
©영국 공중보건국(gov.uk)

일찍이 영국에서 환자들의 우울 및 사회적 고립을 막고 의료복지 시스템 의존도를 낮춘다는 보고가 있었다. 게다가 병원이나 복지관의 생활에서 더 나아가 지역사회 시민으로서 주변과 상호작용하며 주체적으로 건강 돌봄을 지원하는 목적이 있다. 이에 세계보건기구는 그간 다양한 국가와 지역에서 시행한 사회적 처방 방식을 소개하고 적용할 수 있도록 사회적 처방 안내서를 누리집에 공유하고 있다.[18]

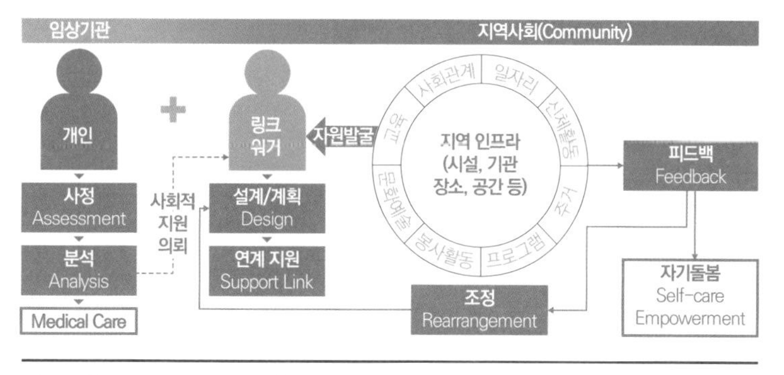

사회적 처방 시스템 프레임워크

18) https://www.who.int/publications/i/item/9789290619765

사회적 처방 관련 정책 세계 동향

보건복지부는 2018년 지역사회에서 고령자 중심의 돌봄, 의료, 복지 서비스를 함께 제공하는 지역사회 통합 돌봄(Community Care) 기본계획 정책브리핑[19]을 발표하고, 삶의 터전 안에서 건강하게 나이 들어가기 정책(Aging In Place)을 펼치기 위한 사업을 운영하고 있다. 이러한 지역사회와 연결된 정책은 비단 고령자뿐만 아니라 청(소)년, 장애인, 취약한 대상을 발굴하고 지원체계와 영역을 확장해 가고 있다.

세계 여러 나라에서는 다음 표에서 보듯, 시민들의 삶의 터전 속에서 정신건강 증진 지원 및 지역사회를 건강하게 활용하는 방안으로 건강의 사회적 결정요인에 바탕을 둔 사회적 처방 관련 정책을 적극적으로 시행하고 있다. 국내 사회적 처방 도입 첫 사례는 지방자치단체에서 건강관리소 개소하에 진행되며, 다양한 지역사회 자원을 발굴하고 사용자와 연계하여 정신 및 신체 건강관리를 지원할 계획이다.

세계 사회적 처방 관련 정책
(주하나 외, 2023 참고 및 재작성)

국가		추진년도	사회적 처방 관련 내용	목표
유럽	영국	2000년대 초	지역사회 내 만성적 환자의 외로움, 고독, 정신건강 증진 지원 시작	영국 건강 의료시스템(NHS)에서 사회적 처방 시행을 2023년까지 전역으로 확대
		2018년	최초 '고독부 장관'직 신설 (사회체육부 장관 겸직)	
		2019년	링크워커를 통한 사회적 처방에 국민건강보험(NHS)의 자금지원	
		2021년	보건사회복지부 산하 공중보건국, '건강증진 및 불균형개선사무국' 발족. 사회적 처방 정책 이관. 지역사회 정원, 예술, 봉사활동, 경제 요소 등 프로그램 지원	
	벨기에	2021년	브뤼셀 시의원 델핀 호우바의 브루그만병원과 브뤼셀 시내 뮤지엄 5곳 연계 방문하는 '뮤지엄 처방' 정책 제안 6개월간 시범사업 운영	코로나19 사회적 거리 두기에 따른 스트레스 해소, 고령자 심리 정서 지원
북미	캐나다	2018년	몬트리올 지역 의료협회에서 몬트리올 뮤지엄으로 환자 의뢰, '예술보건자문위원회'의 시범프로그램 운영	지역사회를 활용한 처방 운영, 대상자 확대
		2020년	온타리오주 내 사회적 처방 시범사업 결과 최종보고서 발표	
	미국	2015년 –18년	플로리다주 문화청, 미국국립예술기금위원회(NEA) 지원, 웰빙과 예술 참여 연관성에 관한 지표 개발	지역사회 보건환경 및 예술 활용성 표준화, 국가 및 전문적 돌봄 영역으로 시민 정신 건강 예방 및 지원 확장
		2019년	미국 아카데미 프레스 '사회적 돌봄을 의료적 돌봄과 통합하기'보고서 발표. 지역사회 의료복지 직종의 협업과 활동 강조	
		2021년	연방 의무감 머시의 '청소년 정신 건강 보호 권고문' 발표. 정신 건강 문제 예방을 위한 의료전문가와 다른 부문의 전문영역과 협력적 수행	
아시아	일본	2021년	코로나19로 인한 우울, 고독, 고립감, 자살률 문제를 다루는 고독 및 고립 담당 장관' 임명	심리사회적 정신건강 문제 감소
	싱가포르	2020년	싱헬스 커뮤니티 병원의 지역사회 서비스 협력 및 사회적 처방 도입. 제1회 사회적 처방 국제 컨퍼런스 개최	고령자의 만성, 재활, 완화 치료 지원에서 대상 확대
	한국	2024년	지자체 첫 사례, 광주 광산구 사회적 처방 연계 건강관리소 개소로 민관학 협력 프로젝트 수행	지역 자원 활용, 고령자 건강 문제 사회적 원인 해결 및 삶의 질 향상 목표

19) https://www.korea.kr/special/policyCurationView.do?newsId=148866645, 2023.02.17.

Herbert Simon
©Philippe Vandenbroeck

사회적 디자인(Social design)

허버트 사이먼(Herbert Simon)은 보다 큰 공익을 위해 기존의 것을 선호하는 상황으로 전환하는 것을 목표로 하는 행동 과정을 고안하는 것이라 사회적 디자인을 설명하였다. 또 다른 연구에서 사회적 디자인 정의에 대해 단지 문제를 해결하고 개선하는 것만이 아니라, 복잡한 사회의 문제 안에 구조와 이슈를 발굴하고 서로 다른 견해를 공공의 관심사로 조명하여 가치를 실천하는 것에 존재한다는 개념을 설명하였다. (Nynke Tromp & Stephane Vial, 2023, p.211)

오늘날 복잡해진 사회 속 시민들의 요구는 다양해지고, 공공 환경 속에서 디자인의 사회적 역할은 매우 필요해졌다. 그리고 그동안의 문제해결 방법으로는 사회 시스템의 구조나 제도가 운용되기 어려운 사악한 문제들(Wicked Problems)이 등장하게 된다.

저출산, 고령화, 정신건강, 지역갈등 등이 그 예다. 사회적 디자인은 사회문제나 이슈에 질문을 던지는 것에서 출발해 당장 해결할 방안을 갖는 것은 아닐지라도 다각도의 사회적 실험(Experiment)이나 적절한 개입(Interventions)을 통해 시민 참여로 함께 만드는 디자인 과정이 중요하다. 결국 사회적 문제와 이슈의 더 나은 방향을 위해 창의적이고 체계적인 사회적 디자인 과정이 필요한 것이다.

---

20) Do it Better Design, (2019.07.04.). Designing For and With Society. Medium.

사회적 디자인 11원칙 [20]

1. 아이디어는 위가 아닌, 안에서 나온다.
2. 질문은 대답보다 더 중요하다.
3. 계획보다 실험에 집중하라.
4. 창조는 문세해결과 다르다.
5. 한계는 새로운 것을 만든다.
6. 사실은 맥락 속에 있다.
7. 참여자 스스로 어떻게 생각하는지가 가장 중요하다.
8. 혁신을 위해 협력이 필요하다.
9. 관용과 포용의 행위는 대화로부터 시작한다.
10. 과정이 바로 전략이다.
11. 사람의 역량이 목표다.

지역사회 중심 예술치료

최근 복지 및 공공기관은 문화예술과 신체활동을 포함한 교육 프로그램을 통해 정신 건강을 지원하는데 주목하고 있다. 이러한 접근이 긍정적인 영향을 미친다는 연구 결과가 많이 보고되면서, 특히 「뮤지엄 미술치료」에서 언급된 커뮤니티 중심 미술치료가 주목받고 있다.

이 방법은 사람과 사람, 그리고 환경 사이의 조화로운 관계를 구축하는 중재자[21)]로서 작용한다. 이는 예술을 통한 감정과 정서의 탐색, 경험과 감각의 연결을 도와 장기 기억에 긍정적인 영향을 미치는 중요한 역할을 한다고 볼 수 있다.

게다가 비침투적이고 덜 위협적인 예술 환경이 지역사회 심리 건강 지원 방향과 만날 때 자연스러운 상호작용이나 공간조성을 가능하게 돕는다. 특히 지역사회 중심의 예술치료 접근은 증상을 없애거나 치료하는 데 목적을 갖는 것이 아니라 공동체의 역량을 키우는데 초점이 있다.

사회의 비일상적인 부분을 찾아 완화하고 항상성(Homeostasis)을 유지하도록 지원하는 접근방식이며, 공동체 전체를 성취동기를 가진 자체적인 하나의 주체로 보아 유대와 조화, 공동체를 강조하는 것이다.

커뮤니티 중심 예술치료 역할

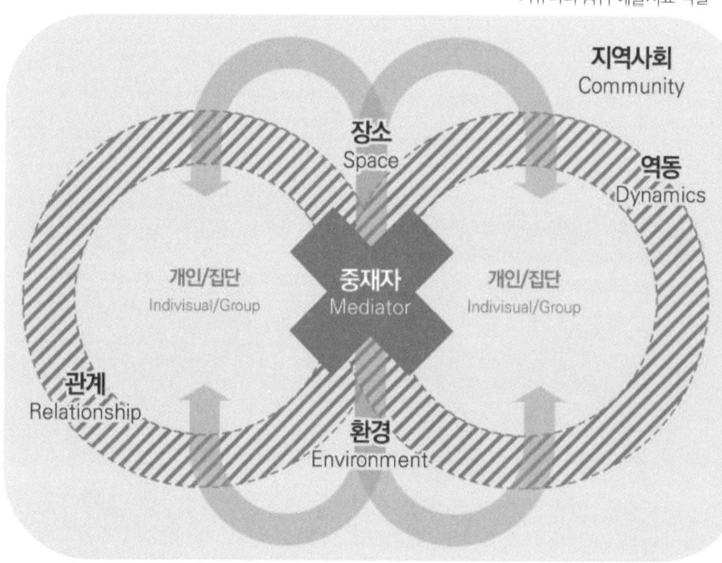

"문화예술 중심 인문학적 접근은 자연스럽게 감성과 연계되어

지역사회 공동체와 조화롭게 만나고 느끼게 하며 건강한 유대감을 촉진한다."

21) 뮤지엄 미술치료, p.201

몬트리올미술관의 아트하이브 프로그램
© MMF

캐나다 몬트리올미술관(이하 MMF)의 교육 및 건강부서[22]는 건강한 지역사회를 지원하기 위하여 관내 대학교와 협력하여 지역사회 스튜디오인 아트하이브(Art Hive)를 개소하고 다양한 심리 정서적 어려움을 가진 사람들을 자연스럽게 조성된 장소에 모여 소통하도록 촉진하고 있다.

해당 장소는 모든 사람이 참여할 수 있으며, 이런 유대 활동을 통해 신뢰감을 쌓고 스스로 봉사 역할도 맡으며 지역사회 연계를 만들어 나가는 것이다. 지역사회 자원을 개인과 공동체가 자유롭게 활용하고 자신의 건강을 돌보는 데 도움이 되는 방식을 이해하고 이를 실천하는 것은 개인을 둘러싼 가정과 친구 관계까지 영향을 미치며 기초적인 심리 안전망을 형성해 나감을 의미한다.

22) Montreal Museum of Fine Arts, Division of Education and Wellness; DEW

사회적 처방 디자인 실천 4원칙

사회적 처방 선행연구 메타분석 연구를 통해 국내외 진행되었던 중재 프로그램들의 공통적인 특징을 살펴보면,
첫째, 장소성(Placeness): 지역사회에서 어떠한 공간이나 환경이 존재하는데, 이는 사람의 참여와 활동을 촉진하고 다양한 연결과 만남이 가능하게 돕는다. 둘째, 접근성(Accessibility): 지역사회 자원이나 서비스, 관계자와 사용자가 쉽게 접근하도록 지원한다.
셋째, 연결성(Connectivity): 지역사회를 잘 알고 여러 자원을 발굴하며 대상자의 요구와 돌봄 방향에 맞는 곳을 함께 찾아 사회적 처방을 설계, 관리하는 인력인 '링크 워커(Link Worker)'가 연계한다.
째, 전체성(Holisticity): 자신의 건강 돌봄을 유지하도록 지역 공동체 유대를 쌓고, 봉사나 일자리, 주거 지원과 같이 총체적으로 관리한다. 처방 디자인 방법론을 실천할 때 이 4가지 주요 요소를 구현할 수 있는 실천 방향은 다음과 같다.

1. 지역사회 자원을 발굴하라!

지역사회 자원을 발굴하기 위한 수단으로 지리적 탐색, 지자체의 통계 지표, 경제적 여건, 역사적 사건과 변천사 등 다양한 맥락에서 파악하여 해당 지역의 자원을 발굴할 수 있다.

인류학자들이 민족을 연구하기 위해 18세기 활용했던 민족지학적 도구인 에스노그라피(Ethnography)방식을 초기 디자인 의사결정 과정에 활용하면 다양한 지역적 인프라와 사람 사이의 역동, 인적자원 및 교류, 의식, 장소, 문화 등을 발견할 수 있다. 책「새로운 디자인 도구들」[23]에서 에스노그라피 디자인 방법을 체계적으로 활용하려면 총 네 단계의 과정이 필요하다고 말한다. 바로 1) 관찰하기, 2) 기록하기, 3) 공유하기, 4) 맥락 파악하기가 그것이다.

지역사회 가용자원 예
: 공원, 자연, 미술관, 박물관, 도서관, 복지센터 축제, 문화예술/건강/교육 프로그램, 봉사자, 청년 모임, 지역 코디네이터, 지역 카페, 홍보 SNS 등

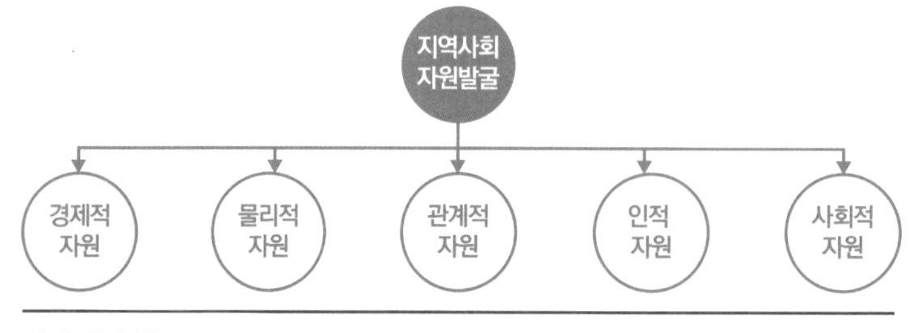

23) 새로운 디자인 도구들, p.41

2. 자원에 쉽게 다가가게 하라!

다양한 자원을 파악하고
스스로 선택하도록 지원
©Hana

여러 지역사회 자원과 맥락적 파악을 마쳤다면, 서비스 사용자 즉 사회적 처방에 참여하는 사람들이 해당 자원을 이해하고 스스로 선택할 수 있도록 돕는 과정이 필요하다. 제3장에서 언급한 미국 정책연구소가 아동 청소년을 돌보는 취약한 가정 지원 프로그램 및 관련 기관을 추천할 때 체계적으로 정보를 공유하고 접근할 수 있도록 기존의 시스템을 사용자 중심 서비스디자인을 통해 개선했다.

영국은 정부와 협력적 거버넌스를 통해 민간 자원의 접근성 개선도 함께 이뤄져 온라인으로 사회적 처방 자원을 파악할 수 있도록 지원한 사례가 있다. 사회적 처방 온라인 애플리케이션, '엘리멘탈 소프트웨어(Elemental Software)' 플랫폼은 지방 당국, 보건 및 복지, 자선단체와 봉사자, 교육자원 등으로 연결된다. 지역사회 관계자가 함께 건강증진을 위해 연계하고 지원하는 민간 협력 방식이다.

이와 같은 온라인 협력망은 국가 위기 상황 대응으로 매우 중요한데, 지난 팬데믹 기간 해당 서비스의 활용도가 급격히 증가했다. 지역사회 사람들이 필요한 정보에 쉽게 다가갈 수 있도록 사회서비스를 제공하려면 정부와 민간의 협력적 대응이 필요한 종합적 지원 시스템을 마련해야 한다.

사회적 처방 정보와 서비스에 쉽게 접근한다 ©elementalsoftware

3. 서로를 연결하라!

여러 가지 자원을 탐색하고 자신이 원하는 기관이나 프로그램에 참여하기위해 문화나 예술처럼 중간자(mediator)적 개입이 필요한 순간이다. 이 과정에 도움이 되는 방향을 앞서 언급한 사회적 디자인의 주요 원칙에 대입해 보면, ①아이디어는 우리에게 있고, ⑦참여자의 생각이 중요하며, ⑨대화를 통해파악해나가고, ⑪사람의 역량 강화에 목표를 두는 것이다.

WHO는 누리집에서 사회적 처방 시스템을 각국에서 받아들일 때 실천할 수있는 방식을 안내하고 있다. 우선 사용자가 자신의 건강 상태와 개인정보, 개입 선호도, 생활방식, 주요 참여기관, 주변 환경 등을 사전에 알리고 링크워커와 함께 평가 및 사정(Assessment)한다.

다음은 링크 워커와 함께 접근할수 있는 자원과 정보를 파악하는 것이다. 자원에 연결된 사용자는 기관을 방문하거나 프로그램에 참여하거나 행사나 이벤트에 자원봉사를 자처할 수도있다. 자신에게 맞는 활동 방식과 생활방식에 적합한 장소나 시간, 공동체나사람을 만날 수도 있다.

이 연결해 나가는 과정에서 사용자는 개인 스스로 정보를 찾아 접근하는 것도 가능하고, 자신이 살고 있는 주변의 자원과 만날 수있으므로 적절한 기회를 마련하여 자기돌봄 가능성이 증가하도록 촉진한다.

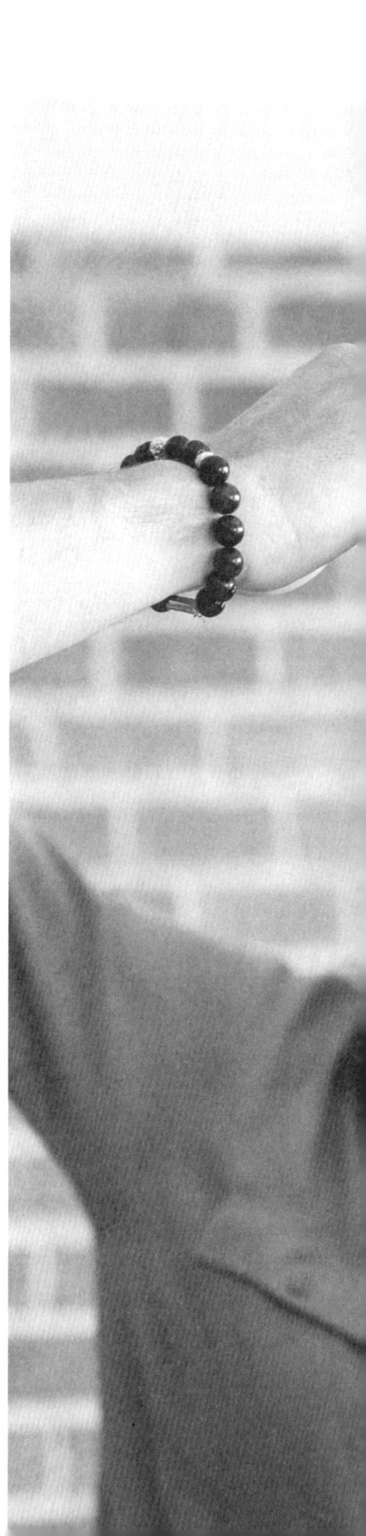

링크 워커를 통해 지역사회 다양한 자원과 연계 ©WHO, 2022

신체 건강, 웰빙 지원
전 생애 학습자
창의적 예술 활동
주거 지원
사회적 관계 지원
경제적 지원
사회봉사 기회제공

"사회가
더 나은 방향으로
발전하려면,
사회를
지탱하는
구성원들이
건강하고
안전해야 한다."
©freepik.com

4. 전체적으로 다루어라!

사회적 처방 디자인은 총체적 중재 절차와 시스템상에 다양한 디자인 도구를 활용할 수 있다. 공동디자인 방식으로 당사자와 함께 서비스 여정 지도를 활용한 자원을 연결하는 과정에서 어려움을 발견하고 개선할 수도 있다.

전문가 워크숍을 통해 디자인적 사고를 활용하여 복지 서비스 방향을 조정할 수도 있다. 참여와 리더십, 총체적 구조도가 포함된 더블 다이아몬드의 사회혁신을 위한 디자인 프레임워크[24)]를 참고할 수도 있다.

개인의 건강 돌봄에서 출발하여 가정과 사회 시스템의 안녕을 위한 방향으로 디자인 개입을 활용하는 것이다. 개인의 정신건강과 삶의 질 관리에서 출발하여 사회 참여, 자발적 봉사활동이나 안전한 일자리와 주거 지원까지 관리하고 피드백을 통해 조정하는 과정이다.

사회적 처방 디자인 프레임워크(안)

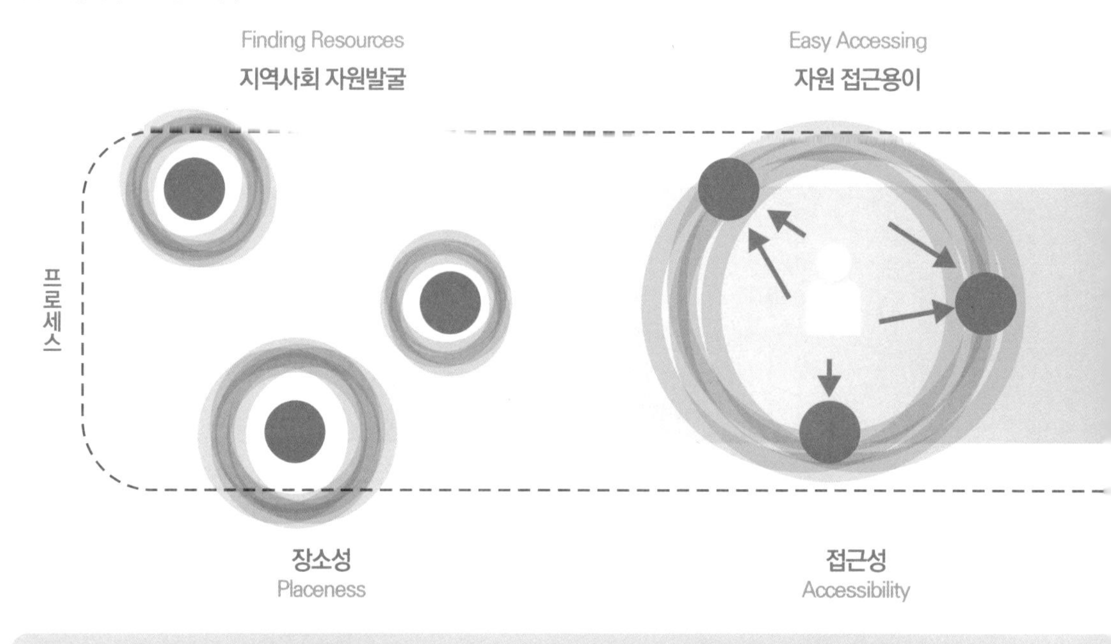

따라서 사회적 처방 디자이너는 개인에서부터 사회 시스템을 아우르는 총체적인 관심과 지역사회 가치 및 자원에대한 인식, 이를 연결해 나가는 창의적 접근과 시도, 이니셔티브 활동 등 전반적인 사회 실험과 같은 개입을 점진적으로 해나가야 한다. 결국 개인의 안녕을 돌보는디자인적 사고는 사회가 안전하고 건강함을 유지할 수 있도록 돕는 기초적인작업이 되는 것이기 때문이다.

사회적 처방 디자인은 건강한 사회를 지원하는 기초적 단위의 개인 건강 돌봄에서부터 공동체 유대와 사회 안전망까지 고려한 총체적 디자인 접근을 지향한다. 그러므로 사회명목론 개념의 자유주의적이고 개인주의적인 시도가 개개인의 건강 돌봄 층위에서 필요하다. 이에 더하여 전체론적인 사고의 디자인 개입은 사회를 유기체적으로 바라보고 역동(Dynamic)을 이해하는 사회 실재론적 방법이 요구된다. 개인과 가정, 사회는 서로 영향을 주고받는 역동 상에 존재하는 것이기에 흑백논리가아닌 종합적으로 디자인해야 한다.

따라서 현재 우리 사회가 직면한 복잡하고 다단한 어려움들이 기초적인 안전망 형성에 심리 사회적 중재 디자인 방법론을 제안하는 사회적 처방 디자인의 프로토콜을 정확하게 파악하고 시도, 실험, 접근, 제도화로 이어질 필요가 있다.

---

24) 사회혁신을 위한 디자인 프레임워크 https://www.designcouncil.org.uk/our-resources/framework-for-innovation/

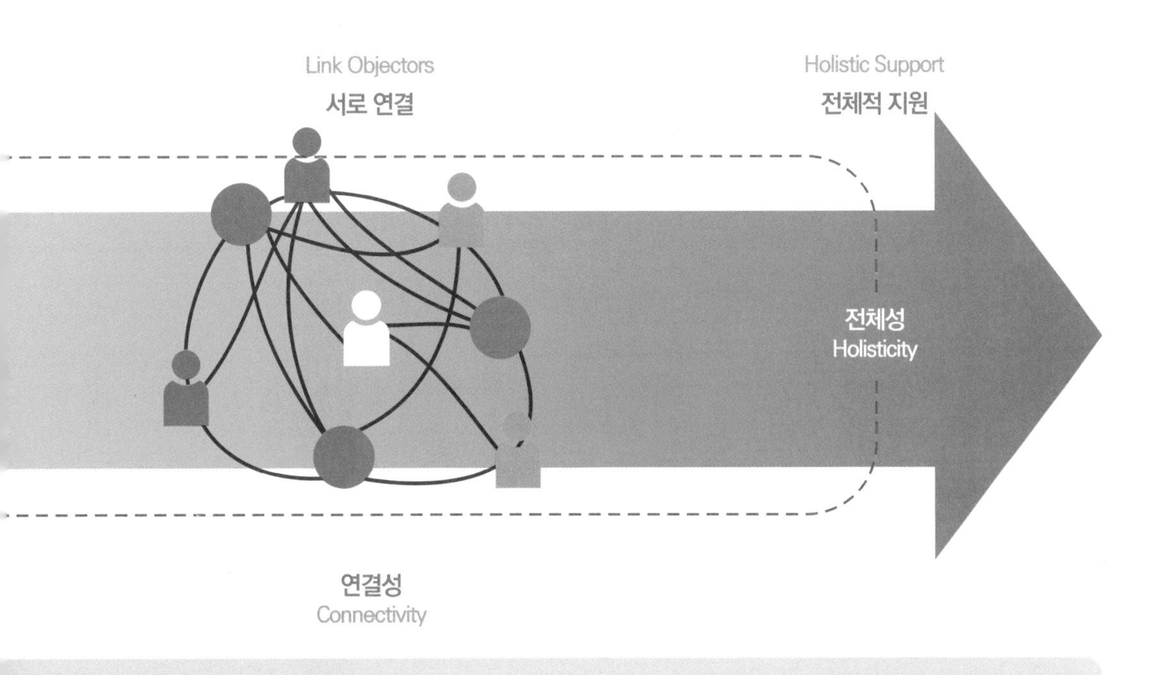

현재 우리나라 사회적 상황과 처한 양상을 조사해보면 점점 정신건강 관련 이슈가 두드러지게 보도된다. 고령자의 사회적 고립, 1인 가구의 고독사, 청(소)년 자살률 증가, 취업에 어려운 사회초년생의 은둔, 지역사회 격차 및 갈등, 부모-자녀 세대 간 갈등, 사회적 고립과 우울 등 심각한 문제들에 직면해 있다.

이러한 사회적문제에 디자인적 접근을 강화하기 위해 핀란드 헬싱키 정부는 보건 및 복지 영역에 디자인 부서를 설치하고 구조적으로 대응하여 사회 복지 서비스에 디자인 중심 접근을 지향하고 있다. 또 영국 런던 정부는 지자체 조직 내에 디자인 전문가들과 전문 디자인팀을 배치하여 공공가치 실현을 위한 디자인 접근을 적극적으로 활용하고 있다.

과거 사회에서는 주로 문제에 대한 즉각적 대처나 해결책을 찾기가 가능했지만, 미래의 사회문제들은 전체적이고 구조적인 측면에서 다루지 않는다면 많은 시간과 비용 부담이 예상된다. 다양한 시각에서 문제를 바라보며 디자인적 사고를 적용하고, 디자이너가 가지는 책임과 공공성을 고려한 디자인 프로세스와 가치 실현이 중요해질 것이다.

사회적 처방 디자인은 단순히 좋은 결과물을 만드는 것이 아니라,지역사회의 자원과 구조를 고려하여 더 나은 가능성을 모색하는 실천(Practices)이다. 이를 통해 사회적인 문제에 대한 기획, 조정, 제안, 해결방안을 디자인하는 것이 중요하다. 안전하고 건강한 사회를 조성하기 위해 사회 복시 시스템을 디자인하는 것은 사회적 처방 디자인이 지향해 나가는 부분이며, 이를 위해서는 관계 각층의 발전된 인식과 이니셔티브 연구 및 사업이 필요하다.

SUMMARY

1. 사회적 처방 디자인은 안전한 사회를 위한 전체적 서비스 지원 공공디자인 실천
2. 사회적 처방 디자인의 4원칙
   ①지역 내 자원발굴
   ②자원 접근향상
   ③서로 연결
   ④전체적 접근 관리
3. 선진형 공공부문 디자인 정책: 정부 부처 내 디자인 전담 기관 설치, 공공서비스와 사회적 안녕을 위한 디자인 중심 접근 강화 지향

차세대 안전디자인으로 가기 위해 생성형 AI를 활용하는 스마트 방법론

만드는 행위에서 선택하는 행위로 안전디자인하기

김성훈 kie009@naver.com / keilkim.com

SEDG Generative A.I. Architect
Gen AI Seoul 2024 Participant
국제인공지능&윤리협회(IAAE) 회원

생성형 AI를 안전디자인의 과정에 적용하여 직접 만드는 방식이 아닌선택을 하는 방식을 통해서 과정에 관여하는 등 영향을 주는 것

©김성훈

옐로 카펫

안전디자인을 위한 새로운 실험의 필요

우리 주변에 안전디자인이라고 하면 어떤 것이 떠오르는가. 대표적으로는 범죄예방을 위해 골목에 의자를 놓고, SOS 비상벨 시설물은 설치하는 것과 교통안전을 위해 옐로우 카펫을 설치하는 것이 있다. 또 무엇이 있었는지 생각해보면 그리 많지 않을 것이다. 그리고 나오는 결과물을 보면 범죄예방 같은 경우 옐로 카펫과 같은 것들을 제외하면, 특별한 차이점이 없을 것이다.

왜냐하면 대부분 시인성을 높이고자 전자기기를 활용하여 감시나 대상의 노출을 증진시키는 형태 또는 신고를 돕는 시설물로 이루어져 있기 때문이다. 전자기기나 토목공사를하며 설치하는 안전 시설물과 다르게 설치가 상대적으로 쉽고, 누구나 다 효과성에 공감하는 옐로 카펫은 매우 좋은 아이디어이다. 하지만 새로운 물건도 시간이 지나면 낡듯이 이제는 새롭거나 신선한 아이디어가 아닌 도시 어디에서나 볼 수 있는 멀어졌다. 오래되면 새롭지 않고 더 창의적이고 좋은 것을 찾는 것은 나쁜것이 아닌 자연스러운 현상이다. 안타깝게도 이런 새로운 아이디어들은 그리 빈번하게 나오지 않는다.

부산 해운초 옐로 카펫 ©초록우산 어린이재단

지킴이집
SOS벨
CCTV

그러면 차세대 안전디자인을 위해서 다양한 실험적인 아이디어들이 개발되고 적용되기 위해서는 무엇이 필요할까. 여기서 중요한 것은 다양한 아이디어는 항상 나오고 어떤 것들은 혁신에 가까운 것도 있었을 것이다. 다양한 아이디어 보다 더 중요한 것은 실험적 도전이다. 아무리 좋은 것들도 추진이 안 되면 없던 것이 되기 때문이다.

기획 중 협의 정도, 디자인의 수준, 주체의 추진력 및 예산 등 다양한 요인들을 있기 때문에 단순히 추진력이라고만 하기는 어렵지만, 담당자와 디자이너들이 다양하고 좋은 아이디어를 실현하기 위해 소통하는 과정에서 공감하고 수용이 되었는지가 실험적인 행위에서 가장 결정적인 요인이라고 본다. 실험적인 행위를 소통하고 추진하는 것은 일반적인 사업을 하는 것보다 훨씬 어렵다. 따라서 일반적이지 않는 차세대 안전디자인을 위해서는 일반적이지 않는 방법론이 필요하다.

마포구 염리동 소금나루 ©객원사진가 김정언

01
AI를 통한 안전디자인

백 마디 말보다 한 번의 실천이 낫다고 하지 않는가. 새로운 아이디어와 분야의 안전디자인은 구구절절한 설명보다 직접 눈으로 보여주는 것이 필요하다. 스마트 방법론 중 시각화 과정을 도와주는 것이 있다. AI가 글을 보고 그림으로 표현하는 것이다. 스마트 방법론을 활용하여 원활한 아이디어 소통에 어떤 식으로 도움을 주는지 직접 보여주겠다. 스마트 방법론으로 범죄예방, 교통안전에 대한 새로운 아이디어 대신 기존에 새로운 아이디어를 접하기 어려웠던 다른 분야의 안전디자인의 예시로 설명하겠다. 왜냐하면 우리 주변에서 흔히 볼 수 있는 범죄예방이나 교통 안전 관련 디자인은 이미 널리 알려져 있는 것에 반해 다른 분야의 안전디자인은 널리 퍼져있지 않기 때문이다. 일례로 (가)급 기관에서 사고를 예방하기 위해 적극적으로 디자인 방면을 도입한 본 저서 내 '대한민국 원자력발전소의 안전디자인'이 있다.

들어가기에 앞서 안전디자인의 다른 분야들은 디자이너를 포함한 종사자들과 지역민들은 관심 분야에 대해서만 단편적으로 접근을 하다 보니 안전디자인 관련 연구자가 아닌 이상 분야와 세부 영역을 구분하기는 어렵다. 따라서 우측 그림 '안전디자인의 범위'에 대한 그림을 참고하면서 읽는 것을 권장한다. 본문에서 스마트 방법론으로 보여줄 안전디자인의 분야는 '안전디자인의 범위'의 ①생활 안전과 ②공적 영역이다. 질적 영역은 법규, 행정 등 정책적인 면으로 시각화에서 제외하겠다.

안전디자인은 크게 생활 안전 영역과 공적 영역 그리고 질적 영역으로 나뉜다. ①생활 안전 영역이라 하면 아래 표와 같이 교통, 생활, 식약품, 스포츠가 해당되며 ②공적[1] 영역은 공수해 방재, 사고 방재 등 다수에 대한 사고를 대상으로 한다.

1) 「안전디자인의 정책 방향에 관한 연구」, 최정수, 2018, 건국대학교 박사학위논문, p.87

대분류	중분류	소분류	세부내용
① 생활 안전 영역	생활 안전 디자인	교통	운행
			보행
			기타
		생활	감전
			추락
			낙하
			기타
		식약품	중독
			질병 유발
			예방
		스포츠	건강 유지
			인간 공학
			레크레이션
② 공적 영역	재해 재난 방재 디자인	풍수해 방재	풍해
			수해
			한파 기타
			가뭄
		환경 오염 방재	수질 오염
			대기 오염
			토양 오염
		사고 방재	화재
			붕괴
			폭발
			기타
		전쟁/테러 방지	전쟁
			테러
	소방 방재	화재	경보
			진압
			운송
	치안 예방 디자인	사건 사고 예방	예방
			후송/수송
			진압
			단속
			분석
	구급 구난	사고	구급
			구난
	매체	정보 매체	지시 유도
		상징 매체	행정 기능

안전디자인의 범위(최정수, 2018)

안전디자인은 상상 이상으로 광범위한 분야이다. 대한민국에서는 범죄 예방과 교통 안전에 초점을 맞추는 경향이 있지만, 실제로 이 분야는 훨씬 더 많은 요소를 포함하고 있다. 이는 우리가 안전디자인을 보다 다양한 방면으로 활성화할 필요가 있다는 것을 느낄 수 있다.

하지만 새로운 디자인 아이디어를 생각해 내는 것은 쉽지 않으며, 설령 아이디어가 떠오른다 해도, 담당자에게 텍스트만으로 그 아이디어를 전달하는 것은 더욱 어려운 일이다. 아래 안전디자인의 각 분야별 예시를 보면, AI가 시각화한 안전디자인 분야별 그림들을 통해, 각 분야에 어떤 디자인이 존재하는지 더 빠르고 쉽게 이해할 수 있을 것이다. 이로써 스마트 방법론이 새로운 디자인을 이해하는 데 큰 도움이 된다는 것을 느낄 수 있을 것이다.

교통(운행)

교통 체증 반응형 신호등

Traffic Congestion Responsive Traffic Light

교통 체증이 심한 출퇴근 시간이나 행사가 있는 곳에 반응하여 원활하고 안전한 운전 환경이 되도록 하는 드론 신호등

fying drone that is traffic lights, traffic lights move in real-time around street based on AI.

스포츠(긴장 유지)

조깅 코스 상태 스크린

Jogging Course Status Screen

미끄럼 상태, 행사, 차량 출현 및 대기 상태 등을 안내하여 안전한 조깅을 할 수 있도록 안내하는 폴대형 상태 스크린

Illustrate an urban pedestrian path with interactive digital signposts and embedded gro-und lights that highlight safe walking routes, with icons in udicating well-lit areas and crosswalks.

교통 체증 반응형 신로등, 조깅코스 상태 스크린 ©김성훈

소방 방재(화재)

외부형 소화 패키지

External Digestion Package

가연성 소재를 많이 사용하는 건물 일대에 외부에서도 임시적으로 소화를 할 수 있는 소화 패키지

modern design transparent relief box it has fire extinguisher and light and speaker to alert

스포츠(건강 유지)

낙하물 위험 예방 조명

Visualizing Fall Hazard Prevention lighting

미끄럼 상태, 행사, 차량 출현 및 대기 상태 등을 안내하여 안전한 조깅을 할 수 있도록 안내하는 폴대형 상태 스크린

Visualize prevention with smart sensors pavement lights and sound alarms when detecting the risk of falling debris on the street or next to construct site on the road, warning walkers and passersby

외부형 소화 패키지, 낙하물 위험 예방 조명 ©김성훈

전쟁/테러(테러 방지)

보호 기능을 겸한 조형물

Dual-Purpose Urban Sculpture Design

일상에서 예술 조형물이면서 총기 및 칼부림 등 테러 행위 발생 시 대피할 수 있는 오브제로 활용 가능한 배리어

Design Disguised stainless steel for protecting earthquake and dropped objects on the side walk as facilitiy, Design urban sculpture that serves dual purposes, such as shelter, art sculptures

매체(지시 유도)

등산로 내 진입금지사인

No Entry Sign on Hiking Trails

야간에 길을 잃은 조난자가 잘못된 길로 들어서지 않고, 구조대들이 지나간 것을 확인할 수 있는 반응형 지시 유도기

Red light small signage and mark 'X', red horiziontal line '-' design on the fobidden route for rise passerby, to gu-ide good way in a forest by memorized, directing rescue teams to lost hikers below, simple design, dieter lambs

보호 기능을 겸한 조형물, 등산로 내 진입금지사인 ©김성훈

구급 구난(구난)

이동형 구난 키오스크

Mobile Rescue Kiosk

재난이 발생한 곳에서 필요한 물자들을 빠르고 쉽게 얻을 수 있는 구난 키오스크

Show a crowded event where public first aid stations have interactive screens guiding bystanders through emergency procedures with step by step videos

구급 구난(구급)

고속 후송 시설

Rapid Transport Facility

고속도로에서 교통사고 시, 중앙 분리대의 레일을 이용하여 빠르게 후송할 수 있는 구급 이동 수단 설치

New transport move along the railway on the highway to rescue people between cars

이동형 구난 키오스크, 고속 후송 시설 ©김성훈

02
디자인의 선택적 미학

과거에 제품, 자동차 등에서 스타성을 가진 천재 디자이너가 있었다면, 교육의 접근성이 좋아지고, 누구나 자신의 능력을 기르고 홍보할 수 있는 시대가 되었다. 심지어 예술 영역에서 조차 'Space Opera Theater'처럼 Ai가 인간의 영역에서 어깨를 나란히 하기 시작했다.[2)]'Space Opera Theater'은 생성형 AI 플랫폼인 Midjourney를 활용하였다.

Midjourney는 생성형 AI 라는 놀랍고 충격적인 행보를 보여주었다. 하지만 자동 생성이라는 의미로 대두되었던 주제보다 본 저자는 AI플랫폼이 디자이너에게 그림을 그려서 제공하고 선택을 할 수 있는 시스템이 더욱 흥미로웠다. 이제 디자이너는 좋은 아이디어나 정보를 다양하게 만드는 것이 아닌 선택하고 소통하는 역할로 바뀌어 간다. 따라서, 디자이너에게도 이제 디자인을 얼마나 잘하느냐가 아닌 좋은 선택이 가능한 디자인적 철학과 비전이 중요시 될 것이다.

그리고 근미래에 사람들에게 스마트한 방법으로 선택지를 제공하는 인공지능과 첨단기술 기반의 비서나 조수가 있을 것이다.[3)]

Space Opera Theater©Jason M. Allen

2) KBS 뉴스(2023. 2. 4.) 「[AI의 습격]② 10년 만에 인간과 나란히 선 기계」
3) Gartner(2023. 5. 11.) 「Generative AI Code Assistants Are Becoming Essential to Developer Experience」

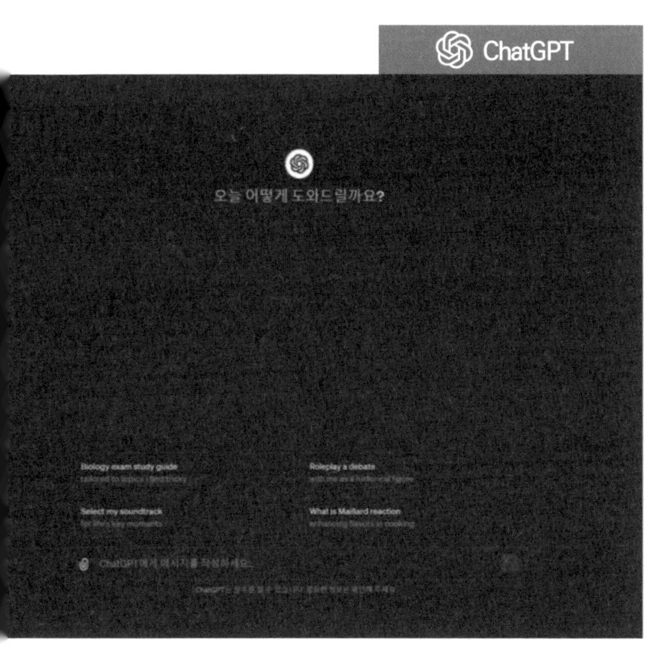

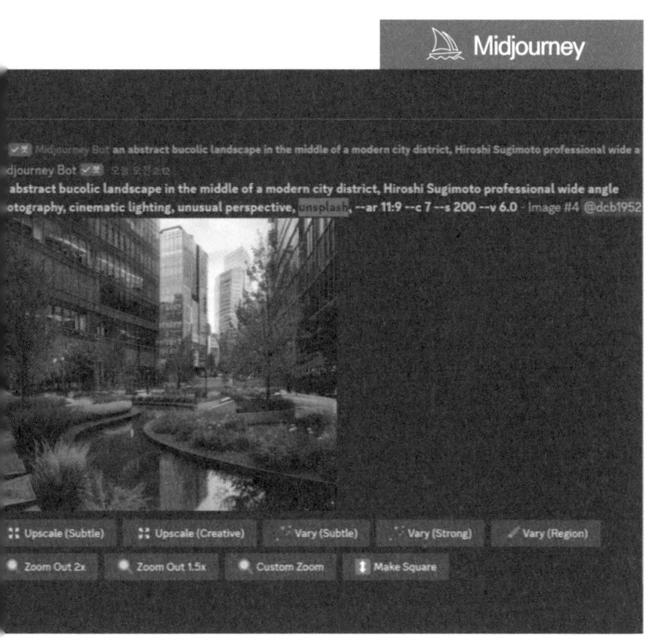

안전디자인은 상상 이상으로 광범위한 분야이다. 대한민국에서는 범죄 예방과 교통 안전에 초점을 맞추는 경향이 있지만, 실제로 이 분야는 훨씬 더 많은 요소를 포함하고 있다. 이는 우리가 안전디자인을 보다 다양한 방면으로 활성화할 필요가 있다는 것을 느낄 수 있다.

하지만 새로운 디자인 아이디어를 생각해 내는 것은 쉽지 않으며, 설령 아이디어가 떠오른다 해도, 담당자에게 텍스트만으로 그 아이디어를 전달하는 것은 더욱 어려운 일이다. 아래 안전디자인의 각 분야별 예시를 보면, AI가 시각화한 안전디자인 분야별 그림들을 통해, 각 분야에 어떤 디자인이 존재하는지 더 빠르고 쉽게 이해할 수 있을
것이다. 이로써 스마트 방법론이 새로운 디자인을 이해하는 데 큰 도움이 된다는 것을 느낄 수 있을 것이다.

스마트 방법론의 중요성과 활용 결과를 보여주기 위해 생성형 AI 방식 중 하나인 Midjourney가 대표적이다. 이것을 통해 생성형 AI 스마트 방법론을 활성화를 위해 안전디자인만의 LLM(Large Language Models)의 필요성과 디자이너의 역할을 상기시키며, 안전디자인을 대상으로 하는 스마트 방법론의 빅데이터인 LLM이 안정적이고 효율적으로 운용되기 위한 Design Learning Operation와 같은 것이 필요함을 보여준다. Design Learning Operation은 스마트 방법론을 활용하여 선택하는 인간이 되기 위한 공동체적 행동의 일례일 뿐이다. 중요한 것은 디자인적 방법론이 어떤 가치를 갖느냐로 시작하는 학문적 태도이며, 끊임없이 제안해 나가고, 신념을 가지는 의지이다.

03

새로운 디자인 방법론 가치

Generative Adversarial Networks

방대한 이미지와 데이터를 기반으로 학습된 생성형(Generative) AI 플랫폼인 Midjourney는 자연어[4] 루 텍스트를 입력하여 사용자가 원하는 그림을 생성해준다. 사용자는 생성된 그림 중 좀 더 변화를 주거나 사용하고자 하는 그림에 가장 가까운 그림을 선택하면서 사용자의 그림에 맞게 발전시켜 나간다.

여기서 사용하는 방식 중 하나가 GAN(Generative Adversarial Networks) 학습 모델로서 한글로 번역하면 '적대적 생성 신경망'이다. '적대적', '생성' 그리고 '신경망' 차세대 안전 디자인을 위한 방법론으로 활용하기에는 굉장히 낯설고 어려울 것만 같다. 반전은 없다. 굉장히 어렵고 복잡한 기능이다. 하지만 약간의 비약을 담아 굉장히 쉽게 전달하자면, 사용자가 주제를 던져주고, 경쟁자 둘을 붙여서 결과물을 사용자가 라운드마다 선택하며 서로 끊임없이 노동시켜 결과물을 얻는 것이다. 이런 것을 '비지도 학습'이라고 한다. '선택'과 '발전'을 반복하기 때문에 GAN 학습 모델을 활용하는 것은 사용자가 원하는 방향의 안전디자인 결과물을 빠르고 정확하게 보기 위한 하나의 방법론에 적용할 모델로써 적합하다.

---

4) 자연어: 사람들이 일상적으로 쓰는 언어를 인공적으로 만들어진 언어인 인공어와 구분하여 부르는 개념, 위키백과

이제 중요한 것은 예쁘고, 그럴싸한 하나의 아이디어로 제안을 하는 것이 아니라 여러 가지의 아이디어를 바탕으로 디자이너가 클라이언트와 즉각적으로 소통하고, 제안하며 결정하는 것이라고 본다. 여기서 '비지도 학습(Unsupervised Learning)'이 있으면 '지도 학습'도 있을텐데 왜 '비지도 학습'을 안전디자인에 할용하고자 하는지는 '군집화(Custering)' 기능에 있다.

안전디자인이라고 하면 어디서부터 어디까지 재난을 위한 것인지, 범죄예방을 위한 것인지 또는 사고를 위한 것인지 아니면 어떤 것들이 재난과 범죄예방을 위한 것인지를 배타적, 중첩적, 계층적 및 확률적 유형으로 분류하며 정보의 유사점과 차이점을 발견하는 것을 수행하기 때문이다.[5] 이 장점으로 인해 차세대 안전디자인을 위해서 '경쟁'과 '선택' 그리고 '군집화'를 수행하는 비지도 학습 모델 'GAN'을 활용하는 방법론은 개인의 한정된 지식과 수행력 및 클라이언트의 상상력의 한계를 벗어나게 하는 안전디자인을 추진하는 과정적 방법론으로서 가치를 가진다.

본 방법론은 문제와 공감 그리고 창의성을 가장 효과적으로 해결할 수 있는 'Design Thinking Process'와 유사한 단계적인인 프로세스 '안전디자인 프로세스'보다 Damien newman이 제시한 'The Design Squiggle'과 같이 리서치, 인사이트 찾기, 창의적인 콘셉트 찾기와 프로토타이핑을 반복하는 과정에서 스마트함을 더하는 방법론이다.

5) IBM, '비지도 학습이란?' https://www.ibm.com/kr-ko/topics/unsupervised-learning

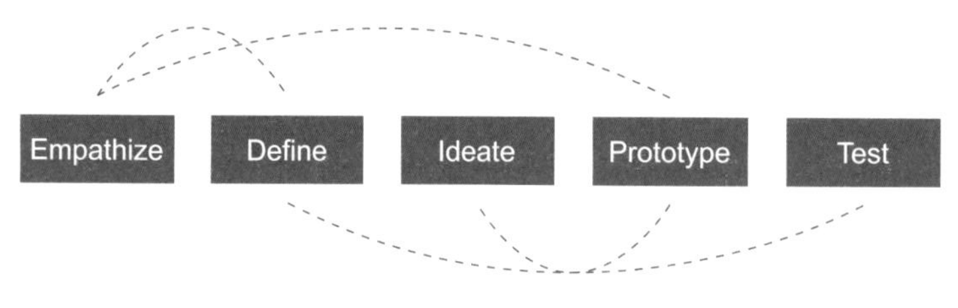

Design Thinking Process(IDEO)

Design Thinking Process

대한민국의 대부분 안전디자인 디자인 계획을 보면 위 'Design Thinking Process'와 유사한 아래 '안전디자인 프로세스' 따라 목차가 구성되어 있다.

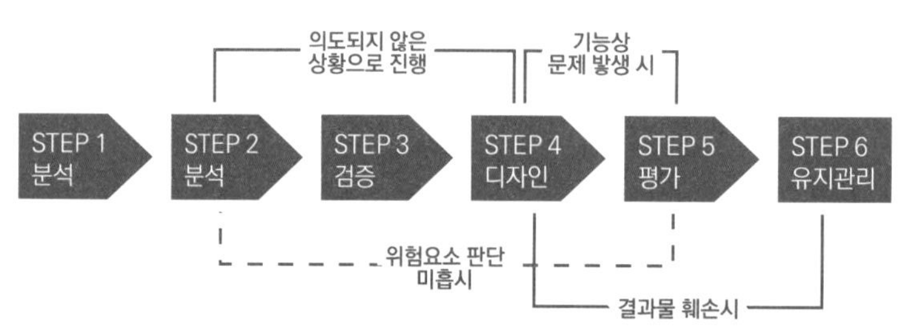

안전디자인 프로세스(한국안전디자인연구소, 2012)

The Design Squiggle

창의성과 근거 확보 그리고 방향성과 피드백을 통한 지속 보완이 중심이라고 볼 수 있다. 'Design Thinking Process'는 고객의 문제를 해결하는 서비스 및 제품에 적합한 방법론이다. 그리고 조금 과해석을 하면 현재 안전디자인의 대상이 공공시설물에 국한[6] 되어 있는 이유는 정책과 예산, 인식뿐만 아니라 제품과 서비스적인 측면의 방법론으로 추진하고 이해하고자 하는 성격에서도 올 수 있다. 또한 현재 안전디자인 사업에 있어서 활용하는 디자인 사례나 구현되는 것들이 비슷하여 위 프로세스는 사실상 근거를 확보하고 공감하는 것 그 이상 의미를 찾긴 어렵다. 따라서, 정체되어가는 현재의 안전디자인에서 일보약진한 차세대 안전디자인을 찾기 위한 시도로서 'The Design Squiggle'을 응용하여 GAN가 개입되며 구체화된 '스마트 방법론'을 제안한다. 미시적으로 보면 단순히 사업의 다양한 제안이겠지만, 차세대 안전디자인에서 GAN 스마트 방법론은 적량과 대량 생산체제 관점에서 더 큰 의의를 두고 있다.

6) 공공디자인 정책의 안전디자인 지표 개발 및 활용에 관한 연구, 김지유, 2022

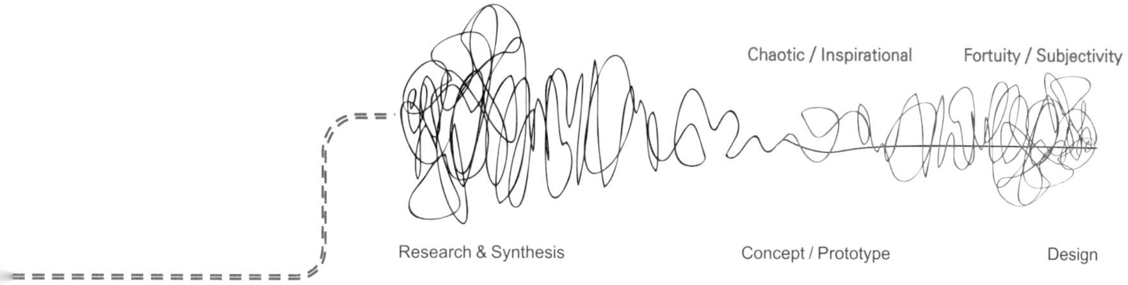

Noise / Uncertainty / Patterns / Insights

Clarity / Focus

Chaotic / Inspirational

Fortuity / Subjectivity

Research & Synthesis

Concept / Prototype

Design

우선 ‘The Design Squiggle’은 갖은 시도들로 Noise / Uncertainty / Patterns / Insights의 성격 난무하는 Research & Synthesis 단계와 Concept / Prototype 단계으로 진행되다가 Design 단계에서는 Clarity / Focus되며 최종 결과물이 도출되는 방식이다. 기존의 ‘The Design Squiggle’은 검은색이고, ‘GAN Smart Method’의 특징은 파란색으로 보이도록 했다. GAN 스마트 방법론은 크게 세 가지 주요 단계로 나뉘며, Concept/Prototype 단계 부터 기존 The Design Squiggle과 다른 양상을 보인다. 첫 번째 단계는 'Concept / Prototype' 단계로, 여기서는 'Clarity / Focus'라는 특성을 가지며, 기초조사 결과 등을 통해 방향을 명확히 하며 대상지의 안전디자인에 대한 초점을 맞춘다. 이 단계에서는 명확성과 방향성이 중요하다.

두 번째 단계는 'Prototype에서 Design'으로 넘어가는 과정에서는 GAN 스마트 방법론 특징인 'Chaotic / Inspirational'가 발현된다. 프로젝트는 다시 난류(Turbulent)에 빠지고, 예측하기 어려운 방향으로 진행된다. 혼란과 순간적 영감을 중심으로 여러 아이디어와 의견이 교환되고, 프로토타입의 지속적인 수정과 변경이 이루어진다. 매우 역동적이고, 구체적인 디자인 방향에 대한 논의가 활발해진다.

마지막 단계인 'Design'의 완성 단계지만, 기존 ‘The Design Squiggle’의 특징이 아닌 'Fortuity / Subjectivity'로 결정된다. 이는 최종 디자인 결정 시 내외부적 요건에 대한 우연성과 주관성이 중요한 역할을 한다는 것을 의미한다. 안전한 디자인에 대한 논리적 접근보다는, 프로젝트의 추진력과 디자인에 대한 감응력과 교감을 높이는 것이 성공적인 프로젝트의 중요한 요소로 작용하는 것을 수용한 것이다.

Midjourney는 크게 'Prompt 작성', '결과물 선택 또는 재생성' 2단계로 구성되어 있다. 공장으로 치면 '제품 제작 주문'과 '제품 디자인 수정 및 결정'로 보면 된다.

1단계
Prompt 작성

2단계
결과물 선택 또는 재생성

제품 제작을 주문하기 전에 가장 먼저 해야 할 것은 어떤 것을 주문하냐이다. 좋은 제작을 위해서는 너무 짧지도 너무 장황하지도 않은 적절하고 깔끔한 설명이 필요하고,[8] 그 전에 콘셉트(Concept), 대상(Target) 등에 대한 부분이 얼마나 명확하냐가 결과물에 영향을 미친다. Midjourney와 같은 플랫폼을 활용하는 단계는 현장조사, 기초조사 등을 통해 도출된 Concept와 대상지 유형(골목, 도로, 아파트 계단 등), 디자인 대상(시설물, 공간, 건축물 내·외부 등) 공간 등 방향 결정된 이후에 추진된다는 것이다.

결정된 이후에서야 'Prompt (재)입력'과 'Output 제공'이 반복되며 기본설계가 진행되기 전까지가 GAN을 활용한 스마트 방법론이 빛을 발한다. 'Midjourney의 활용 시기'이다. 이 시기 안에서 GAN이 활약을 하는 것이다. 하지만 어떻게? '무엇을(What)'과 '어떤 것을(Which)'에 대한 구체적인 내용을 적절하고 깔끔한 문장으로 입력을 하는 것, '최적화'가 'Prompt 전략'이다. 마치 사람도 필자와 독자의 의사소통이 원활하게 이루어지기 위해서는 쉽고 빠르게 이해할 수 있는 글이 효과적이기 때문이다.[9]

효과에 대한 차이를 극적으로 보이기 위해 Prompt에만 의지하는 제로 샷 러닝(Zero Shot Learning)[10] 으로 예시를 들겠다. 활용하고자 하는 Prompt 구조는 아래와 같다. 제로 샷 러닝 방법으로 인해 Image Prompt는 생략되고, Parameters는 Text Prompt의 결과물에 영향력이 크지 않다.

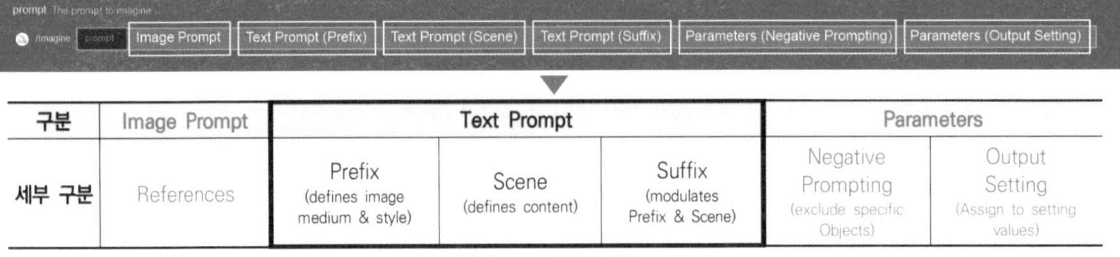

구분	Image Prompt	Text Prompt			Parameters	
세부 구분	References	Prefix (defines image medium & style)	Scene (defines content)	Suffix (modulates Prefix & Scene)	Negative Prompting (exclude specific Objects)	Output Setting (Assign to setting values)

Midjourney 프롬프트 구조

8) 『생성형 AI 모델과 대화하는 프롬프트 엔지니어링』, 삼성 SDS 인사이트 리포트, 2023. 10. 16.
9) 효과적인 글쓰기 방법: 문장 구성을 중심으로, 정혜승, 2003
10) 제로 샷 러닝: 생성하고자 하는 샘플을 관찰하고 해당 샘플이 속한 클래스를 예측하고 맞추는 추론형식의 딥러닝

Prompt 순서는 일반적으로 대상 환경(Environment), 물체(Object), 모양(Shape), 재료 특징(Materials), Artist name(특정 예술가 이름), 특정 예술 양식(Art style), 색상 정보(Color), 공간의 위치(Place), 공간의 모양 및 재료(Environment)를 따르지만, 구어(Colloquialism) 등 다양하게 시도 할 수 있다.

구분	세부 구분	프롬프트
Image Prompt	References	-
Text Prompt	Prefix (defines image medium & style)	Design alley space as CPTED project, alley is between old buildings around jongno-gu in seoul
	Scene (defines content)	facilities design to prevent crime such as flying drone police and putting yellow carpet at specific area on dead-space and adapting owl mascot graphic on the wall, in addition yellow bench with lighting, old man and children walk together in the alley at the night, urban regeneration project to be safe the alley
	Suffix (modulates Prefix & Scene)	3ds max rendering with v-ray, super high sharpness main object, photorealistic, Clear atmosphere and vivid color tone, strong contrast object with background, lens flare, out focusing, eye-level, Jeffrey Zeldman photography, leica m11 camera with Summilux-M 28mm f/1.4 ASPH Black anodized finish, iso 400, aperture f/4.0, shutter speed 400, Bird's-eye view
Parameters	Negative Prompting (exclude specific Objects)	--no trash
	Output Setting (Assign to setting value)	--ar 16:9

Midjourney 프롬프트 구조

Prompt는 제로 샷 러닝으로 구성되어 Image Prompt는 제외하고, 바로 Text Prompt를 작성하였다. Prefix는 결과물에 가장 큰 영향을 미친다. 따라서 장소, 목적을 가능한한 구체적으로 작성한다. 특히 골목과 같은 특정 나라나 지역의 특색이 보이는 장소는 '한국'과 해당 지역의 자세한 묘사가 뒷받침되어야 한다. 주의해야할 점은 외국인들이 아시아의 중국인, 한국인, 일본인을 잘 구분하지 못하는 것과 같이 Midjourney도 구분을 제대로 하지 못하여 전통적인 부분은 지양하는 것을 권장한다. 학습에 대한 문제이기 때문에 충분히 학습을 시켜 개선이 가능하다. 위의 'Design alley space as CPTED project, alley is between old uildings around jongno-gu in seoul'를 설명하자면 '골목 공간을 CPTED 프로젝트로써 디자인해줘'와 '골목은 서울의 종로 일대에 오래된 빌딩 사이에 있다.'는 Prompt이다.

Prefix (defines image medium & style)	Design alley space as CPTED project, alley is between old buildings around jongro-gu in seoul

그다음에는 안전디자인을 하는 디자이너로써 도메인 지식이 필요한 씬(Scene)이다. 여기서는 결과물에서 보여주고자하는 내용을 적는 단계이다. 'facilities design to prevent crime such as flying drone police and putting yellow carpet at specific area on dead-space and adapting owl mascot graphic on the wall, in addition yellow bench with lighting, old man and children walk together in the alley at the night, urban regeneration project, to be safe the alley'는 시설물디자인과 환경상황에 대한 것이다.

Scene (defines content)	facilities design to prevent crime such as flying drone police and putting yellow carpet at specific area on dead-space and adapting owl mascot graphic on the wall, in addition yellow bench with lighting, old man and children walk together in the alley at the night, urban regeneration project to be safe the alley

'facilities design to prevent crime such as flying drone police and putting yellow carpet at specific area on dead-space and adapting owl mascot graphic on the wall'은 한 문장으로 범죄예방을 위한 시설물 디자인을 묘사하였다. 그리고 이서서 drone police와 yellow carpet, owl mascot graphic 설치를 요청한 것이다. 또한 'in addition yellow bench with lighting'으로 노란색 벤치를 섞이지 않도록 별로도 두어 배치 하였다. 'old man and children walk together in the alley at the night, urban regeneration project to be safe the alley'는 어르신과 어린이들이 밤에 함께 걷는 상황과 안전을 위해 도시 재생 프로젝트에 대한 것이다.

Suffix (modulates Prefix & Scene)	3ds max rendering with v-ray, super high sharpness main object, photorealistic, Clear atmosphere and vivid color tone, strong contrast object with background, lens flare, out focusing, eye-level, Jeffrey Zeldman photography, leica m11 camera with Summilux-M 28mm f/1.4 ASPH Black anodized finish, iso 400, aperture f/4.0, shutter speed 400, Bird's-eye view

마지막으로 Suffix는 크게 품질 유형과 이미지 조정, 연출 기법으로 나누어 작성하였다.

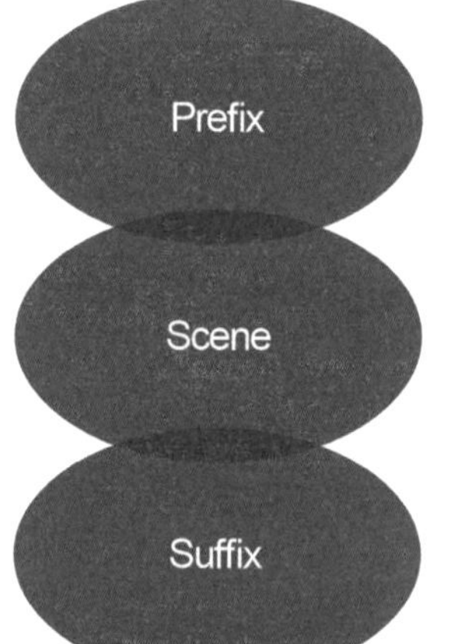

'3ds max rendering with v-ray, super high sharpness main object, photorealistic'으로 3ds max의 v-ray 렌더링 느낌을 주었고, 주요 피사체들이 명확하게 보이며, 실사 느낌이 나도록 하였다. '이미지 조정'을 위해 'Clear atmosphere and vivid color tone, strong contrast object with background'를 입력하여 Midjourney만의 흐릿한 결과물을 최소화 하고자 하였다. 그리고 원하는 카메라와 렌즈 및 테크닉으로 Lens flare와 Bird's- eye view, Out focusing으로 하고 사진작가 Jeffrey Zeldman의 스타일을 빌렸다. 카메라와 렌즈는 leica m11 camera with Summilux-M 28mm f/1.4 ASPH Black anodized finish를 활용하였고, iso 400, perture f/4.0, shutter speed 400으로 촬영한 결과물을 요청하며 장면의 묘사를 마쳤다.

Parameters	Negative Prompting (exclude specific Objects)	--no trash
	Output Setting (Assign to setting value)	--ar 16:9

Parameters는 Text Prompt와 같이 많은 경험을 필요로 하지 않고 Midjourney에서 제공하는 옵션을 보고 작성하면 된다. 상황에 따라 필요한 결과물의 크기와 비율 등을 지정하는 것이기 때문이다. Negative Prompting은 결과물에서 종종 카메라 옵션을 카메라를 넣으라는 오해가 생길 때 -- no camera를 사용하여 제외시키거나 특정 사물 및 색상을 제거하고 싶을 때 활용하면 된다. 경험을 기반으로 한 전문적인 영역은 아니다.

위 예시 프롬프트는 항상 똑같은 결과물을 만들지 않으며, 버전, 스타일화 등 셋팅에 따라 다르게 나올 것이지만, 위 프롬프트는 여러 번 입력하여 검증을 마쳤다. 예시로 형성된 결과물 두 개를 보아도 안전디자인 사례에 대한 구조 및 스타일이 많이 차이가 안 보인다. 하지만 한글이나 중국어 등 아시아권의 2bytes 문자는 인식 및 형성이 어려워 가능하면 지양해야 한다.

조금 더 개선하면 실사와 그래픽의 구분이 어려울 것이다. 하지만 아직까지는 어떤 기능을 요하는 시설물이나 구체적인 상황을 구현하는 것 또는 현장을 기반으로 한 시뮬레이션 등 실시설계에서 활용하기에 한계점을 가지고 있다. 이런 플랫폼을 활용하는 것을 고집하는 것은 효율성이 오히려 떨어질 수 있다. 현재 가능한 역할을 분명히 알고, 제공되는 기술 내에서 활용하는 것이 핵심이다. 기술이 충분히 개발된 뒤 사용하겠다는 생각으로 사용을 지양하다가 갑자기 시작하는 것은 영어 단어를 한 번에 외우는 것과 같다. 구동원리와 지식, 안전디자인 구현을 위한 조율 등이 몸에 스며들어야 비로소 구체적으로 활용하는 것이 가능하다.

점점 인간은 기술의 발달 속도를 따라잡지 못할 것이다.[11)]

Midjourney만 해도 2022년 중순에 오픈베타로 출시되어 1년 반 만에 품질이 비약적으로 성장하였다. 아직은 한계점이 있음에도 명확한 개선 방향이 있기에 시간문제일 것이다. 폭풍이 몰아치듯 변화하는 현재, 누군가는 직접 기술을 배울 것이고, 다른 누군가는 기술을 지속적으로 모니터링하며 변화에 적응하고자 할 것이며, 또 누군가는 인문적인 해석 등에 집중하여 본질적인 디자인에 집중할 것이다. 누구도 잘못된 길을 들어선 것이 아니고, 누구도 도태되는 것이 아니다. 자기 고유의 재능과 적성, 흥미, 지식과 아이디어나 트렌드 등을 활용해 새로운 직부가 창조되는 '창직'의 과정일 뿐이다.[12)]

중요한 것은 관심 있는 이들과 없는 이들 모두 안전디자인을 위해 소통을 가지는 '모임'을 가져야 한다는 것이다. 기술이 발전할수록 더욱 소통하고 끊임없는 고민과 선택 그리고 공유를 통해 사유(思惟)를 해야 한다.

11) 4차 산업혁명 기술과 인간은 어떻게 공존할 것인가, KDI 경제정보센터, 2017. 9월호
12) 대한민국 진로백서

04

스마트 방법론을 위한 LLM

LLM이란 거대 언어 모델을 뜻하는 Large Language Model이다. 한마디로 언어 관련 빅데이터이다. 이런 언어 모델은 Midjourney, ChatGPT 등 기계 학습(Machine Learning)을 기반으로 한 프로그램의 리소스(Resource)이기 때문에 매우 중요하다. 쉽게 말하면, 안전디자인을 위해 스마트 방법론을 활용할 때, 오롯이 안전디자인에 특화된 결과물을 제공하기 위해 Midjourney나 ChatGPT가 활용하는 용어집이다. 다른 언어의 학습은 불순물과도 같을 수 있다. 현재 ChatGPT가 CPTED나 옐로카펫 등의 언어를 사용하면서 안전디자인에 특화된 대답을 하지 못하는 이유는 다양하지만, 언어 학습이 덜 되거나 유사한 언어가 너무 많은 이유도 클 것이다. 그럴수록 힌트를 질문에 섞는 등 결과 값을 도출하기 위해 다각적인 노력을 기울여야 한다.

마땅한 결과가 없으면, '직접 아이디어 도출 했으면 진작에 끝났을 텐데' 라는 후회가 밀려올 수 있다. 이미 누군가도 경험해 봤겠지만, 필자의 경우도 그렇게 야근으로 이어지는 경험이 허다했다. 그만큼 시간을 절약할 수 있는 메리트는 시간이 늘 부족한 디자인 직종에서는 꽤나 크다. 앞으로 스마트 방법론이 안전디자인 관련 직무를 가진 이들의 시간을 절약하는 것만 해도 상당한 변화가 생길 것이다. 1차적인 효과만 해도 충분히 메리트가 있다. 차세대 안전디자인을 위해 스마트 방법론에 활용한 LLM의 개발 가치는 높으며, 그 활용은 무궁무진하다. 심지어 GeoAI 등을 활용하여 시간뿐만 아니라 체계적이고 종합적인 분석이 가능하다.

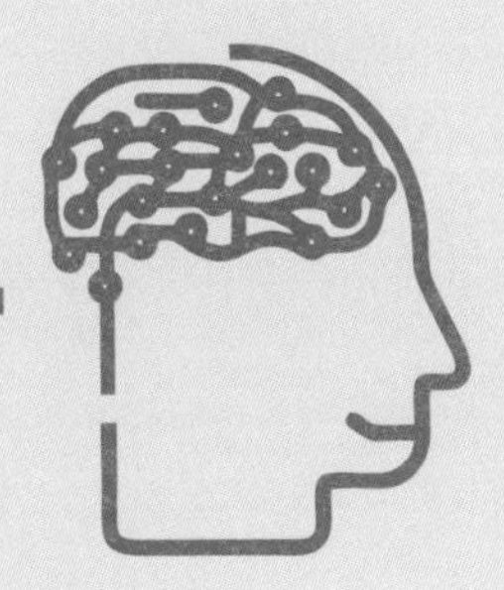

그러나 LLM은 말 그대로 언어 모델이다. 나라별 문화, 정서, 역사, 지역 등의 환경에 따라 같은 계열의 언어라도 안전디자인에 대한 언어 모델이 다르게 나올 수 있다. 예를 들면, 대한민국의 안전디자인은 대부분 범죄예방환경설계(CPTED) 사업과 교통안전 사업이 대표적이며, 안전사업으로 2021년 중순부터 옐로카펫이 확산되었다. 일본의 경우, 지진 등 여러 재해를 대비할 수 있도록 「도쿄방재(Tokyo Bosai)」를 마련하고, 유럽이나 미국은 테러를 대비한 가이드라인이 있다. 여건에 따라 안전디자인을 위한 LLM은 특정 방향에 치우칠 수 있다는 가능성이 있다는 것이다. 즉, 안전디자인을 위한 LLM은 현재 안전디자인이 아닌 많은 논의와 정립, 구체화를 통해 차세대 안전디자인의 언어로 작성해야할 것이다. 여기서 중요한 것은 안전디자인의 시장과 지자체의 정책과 권한 남용, 민간기업 중 기득권을 가진 이들의 담합, 정치적 개입 등을 극복하고 투명한 공익적 거버넌스로 이끌어져야 하는 것이다. 현재 안전디자인의 시장경제에 알맞지 않지만, 차세대 안전디자인으로 넘어가기 위해서는 예산 갈등의 해결, 공정한 참여에 대한 이슈, 특정 기업의 사업 연결과 같은 고통을 견뎌내고 오랜 껍데기로부터 탈피해야 한다. 생성형 AI를 활용하는 스마트 방법론의 적용도 중요하지만, 진정성 있는 스마트 방법론 구축을 위해서는 LLM의 공동 구성은 반드시 필요하다.

The
Love Song of
J. Alfred Prufrock

T. S. Eliot

The Love-Song

The Tyger

Midjourney도 자연어를 이해하기 위해 LLM을 사용한다. ChatGPT 또한 어마어마한 양의 자연어가 학습되고 모델화된 LLM을 활용하여 주어와 연결되는 단어가 통계적으로 가장 높은 확률로 나타나는 것을 보여준다. ChatGPT의 경우 1750억개의 데이터[14] 를 학습하였다고 한다. LLM은 데이터의 양이 매우 중요하다. 왜냐하면 데이터의 양이 어느정 도 크면 창발적 능력이 발현된다.[15] 정확히 창발하는 시점을 예측할 수는 없지만 작은 모델에서는 창발하지 않는다.[16] 다양한 정보를 학습한 LLM이 활용된 hatGPT의 경우도 '쓸 수 있는 정도'가 아니라 아직은 '쓸만하다 정도'이다. 안전디자인을 위한 LLM은 단순히 몇 명에서 그치는 것이 아닌 상당히 많은 전문가들의 의견과 사업들의 기록을 필요로 할 것이다. 창발하는 능력은 훈련 성능 단위가 10^{22}에서 10^{24} FLOPs[17] 까지 증가하는 지점에서 공통적으로 나타났다고 한다.[18] 창발하기 전의 기능은 단순히 데이터를 저장했다가 확률적으로 조합하거나 꺼내 쓰는 것에 지나지 않는다. 한편으로 범죄예방에 관련된 안전디자인이 활성화된 대한민국의 경우, 재난이나 테러 등에 대한 창발적 능력을 안전디자인의 용어로 특화된 LLM에서 기대하기는 어렵다. 반대로 창발적 능력이 너무 높으면 거짓말을 많아진다. 전문 용어로는 '할루시네이션'이라고 한다.

William Blake의 "The Tyger" 또는 T.S.의 "The Love-Song of J. Alfred Prufrock"에서도 엘리엇은 문학적 천재라기보다는 정신 질환의 증거로 간주되듯 창발력은 망상으로도 간주될 수 있다.[19] 창발력이 확보되면서 망상을 줄이기 위해서는 적절히 구분이 가능한 자연어 데이터셋의 적절성, 학습 모델의 구조 수정 및 사후 처리 보완 등이 필요하다. 사람으로 치자면 공감을 가진 적절한 창의력은 천재 같지만, 너무 현실과 동떨어진 의견은 망상처럼 들리는 것과 같다. 기술이 인간보다 계산력, 저장력, 구조적 사고력 등이 앞장서도 결국 인간의 손이 안 들어갈 수는 없다. 단순히 기능적인 측면뿐만 아니라 활용 방면과 데이터셋의 보완 과정, 운영 규칙 등에 대한 논의 또한 필요하다. 따라서 안전디자인의 LLM의 제어 및 운영, 새로운 안전디자인 용어의 수용, 데이터의 정형화, 데이터셋의 안정적 보완 등을 위해 안전디자인 외에도 법률, 보안, 언어학자와 같은 다양한 분야의 전문가들이 필요하다.

14) Everything you need to know about OpenAI's GPT-4 tool, BBC Science Focus, 2023. 12.26.
15) 창발적 능력: 언어 모델의 규모를 점점 키워 가다 보면, 소형 언어 모델에서는 나타나지 않았던 능력들이 대형 언어 모델에서 보이기 시작하는 능력들이다
16) Emergent Abilities of Large Language Models, 2022
17) FLOPs: Floating point operations per second의 약자로 컴퓨터 성능을 측정하는 단위
18) Characterizing Emergent Phenomena in Large Language Models, Jason Wei and Yi Tay, Research Scientists, Google Research, Brain Team, 2022.11.10.
19) Hallucinations and Emergence in Large Language Models, Bernardo H. Sayandev M., 2023.8.

05

진보와 역할의 변화

18세기 후반 영국에서 시작된 석탄과 증기기관을 중심으로 사회와 경제 구조를 획기적으로 변화시킨 1차 산업혁명이 발생했다. 이후 2차 산업혁명이 도래하면서 증기 대신 전기가 새로운 동력원으로 자리 잡으며, 공업 중심의 경제로 각종 제품의 표준화가 형성되었다. 여기서 활발하게 강철, 통신, 자동차 등 우리의 일상생활에서 활발히 이용되는 제품들이 생산되었다. 3차 산업혁명은 흔히들 아는 정보화혁명이다. 그리고 지금 우리는 지능화 혁명이라는 제4차 산업혁명에 이르렀다. 사물인터넷(IoT)을 비롯하여 빅데이터, 바이오, 로봇 기술들이 ChatGPT나 Midjourney처럼 일상에 혁신을 일으키며 활보하고 있는 시점이다.[20] 놀랍게도 인류 역사상 혁명이라고 하는 사건(Event) 중 1차는 A.C 1700년 후반에서야 발생했지만,[21] 2차, 3차 그리고 4차는 불과 300년도 채 안 걸렸다. 혁명의 빈도는 점차 짧아지고 있다고 한다.[22]

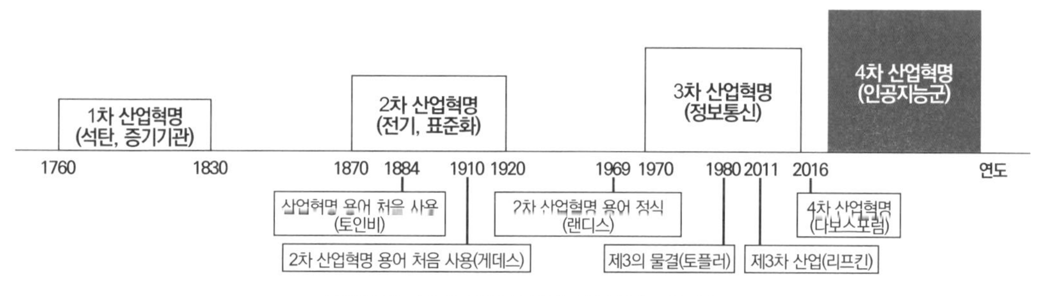

산업혁명 흐름도KDI 경제정보센터, 2017)

인류에 있어서 중대한 사건들은 그 사건들이 일어나기 전에 명명된 것이 아니라 사후에 학자, 커뮤니티, 정부나 기관 등에 의해 정의되고 명명되어왔다. 인류는 과거를 통해 4차 산업혁명을 대중적으로 알렸으나,23) 아직 제4의 물결인지 이미 혁명인지는 후대에서 판단될 것이다. 중요한 것은 판단을 위한 자원의 형성 유무는 우리의 손에 달렸다는 것이다.

지금이야말로 4차 산업혁명에 걸맞은 'Action'과 'Archiving'을 하는 것이 사후에 'Define'을 하는 것보다 더 값진 'Present'임에 틀림없다.

---

20) 국립중앙과학관, 산업혁명 https://www.science.go.kr/board?menuId=MENU00739&siteId=
21) 『영국에서의 18세기 산업혁명 강의』, Arnold J. Toynbee, 1886
22) 『The Third Wave』, Alvin Toffler, 1980)
23) Schwab, Klaus M.

안전디자인은 기술이 발달하는 양상과 다르게 정체되고 있다. 안전디자인은 사업을 발굴하는 방법과 결과물에서 새로움은 점차 사라지고, 기존 사업의 적용과 배치에 대한 부분 그리고 협업 기관이 누구인지, 어떤 민간기업이 참여했는지, 디자인은 어떤지 등 유사한 방식에서 빙빙 돌고 있다. 여기에는 공공시설물과 공공건축물을 중심으로 사업이 추진되고 사업에 대한 인식과 대상자들의 인지에 대한 문제 등 다양한 이유가 있다.[24)]이 문제를 해결하고 차세대의 안전디자인을 발굴하기 위해서는 정책, 예산, 인식, 디자인 역량 등 다양한 것이 요구된다. 현실은 정책과 예산 등을 해결하기보다 수용한 상태에서 안전디자인의 방향과 근거 그리고 디자인을 제공하고 소통하는데 급급하다. 만약 이러한 시간이 확보된다면 안전에 대한 근본적인 문제들을 더 논하고 해결 할 수 있지 않을까. 스마트 방법론은 스마트한 도구를 활용하여 작업과 소통의 시간을 효율적으로 만들어 안전디자인이 차세대로 넘어가기 위한 환경과 차원 높은 역할을 더욱 부여하는 방법이다.

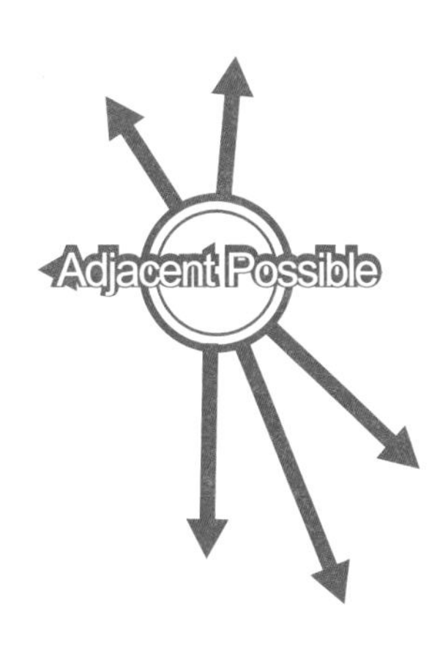

4차 산업혁명은 정의를 넘어 행동과 기록이 필수이다. 스마트 방법론은 효율성뿐만 아니라 창의성까지 영향을 미치는 방법론으로 확장이 가능하다. 도구는 실행하는 수단이었다면, 현재 AI를 활용한 스마트한 도구들은 다시 생각하게 만드는 사고적 수단으로도 작용이 가능해지고 있다. 과거에는창의성이 기술을 발전시킨다고 했지만 이제는 기술 또한 창의성을 발전시키는 상황이 된 것이다. 이러한 관점은 카우프만(Stuart Kauffmann)의 생물학적 진화의 사고방식이자 이론인 "인접가능성(Adjacent Possible)"을 기반으로 한다. "인접가능성"이란 실제와 가능성 사이의 상호 작용에서 발생한다는 개념이다.[25)] 미래에는 스마트 방법론이 더욱 확장되고 스마트한 기술과 디자인의 융합은 필수적이다.[26)]

이와 같이 AI를 활용한 스마트방법론은 앞으로 디자이너들이 차세대 기술과 스마트함을 단순히 효율성으로 생각하는 것이 아니라 인간의 삶을 보다 깊이 이해하고 향상시키는 데 중점을 두어 세상을 다시 인간답게 만드는 방법을 추구하는데 도움이 된다.[27)]

---

24) 공공디자인 정책의 안전디자인 지표 개발 및 활용에 관한 연구, 김지유, 2022
25) TED 『인류의 혁신을 설명하는 '인접가능성' 이론』, Stuart Kauffmann, 2023
26) The Role of Idea Generation Techniques in the Design Process, Milad Hajiamiri, 2018
27) 『Laws of Simplicity』, John Maeda, 2007

에필로그

안전을 위한 디자인의 가치

디자인관점에서 일상속의 아름다움(Everyday Aesthetics)이라는 것은 도덕적-미적 판단의 요소인 '배려'와 '사려'와 같은 사회적 미덕의 구체적 구현이 디자인을 통해 이루어지는 것이다.

우리의 삶이 인공 환경의 지대한 영향을 받고 그에 의해 특징지어진다는 관점에서 볼 때 디자인의 구현을 통한 일상대상에 배려의 역할을 위한 디자인의 적용은 미적차원의 개념과 더불어 삶의 질을 충족시키는데 중요한 요소라 볼 수 있다.

최고의 배려 가치인 안전의 구현을 통해 일상 속의 디자인의 친근한 복지의 실현과 대중화를 기대한다. 우리나라에서 어렵게 시작한 공공디자인의 화두가 단순이 디자인의 한 분류와 사업유형으로서만 끝나는 것이 아니라 우리 삶의 디자인적 진화를 이끌어 낼 수 있는 기회와 촉매가 되는데 안전디자인이 도움이 되길 바란다.

(사) 한국공간디자인학회 기획공공분과
공공디자인으로 안전만들기 저자일동

SAFETY BY PUBLIC DESIGN

[안전을 위한 의제]

[안전을 위한 도시만들기]

장 주 영

현) 공공공간연구소(Spatial Lab) 소장
현) 경기도·화성시·의왕시·연수구 공공디자인 진흥위원
현) 경희대·명지대·수원과학대 겸임교수
홍익대학교 공간디자인전공 박사
국가공인 실내디자이너
2022 대한민국 공공디자인대상 연구부문 우수상
삼성물산 주택사업팀

[안전을 위한 의제만들기]

권 영 재

호서대학교 실내디자인학과 교수, 공간디자인 Ph.D
서울시 사회문제해결디자인 2차 기본계획 책임총괄
2008~2013 Foster and Partners, 노먼포스터 London 본사 Space Design&Planner
2020~2024 서울시 공공디자인 진흥위원회 위원
2017 대한민국 공공디자인 대상 학술연구부문 우수상
2017 International Contest of Design of Architectural Space SPECIAL PRIZE

[안전을 위한 원칙만들기]

이 현 성

홍익대학교 공공디자인전공 교수
(中) 魯迅美術學院 L.A.F.A. Luxun Academy of Fine Arts, Guest Professor
에스이디자인그룹 SEDG 대표소장
(사)한국공간디자인학회 부회장
(사)더나은도시디자인포럼 부회장
제4기 대한민국 열린정부위원회 민간위원
2021 문화체육관광부 공공디자인기획전시 '익숙한 미래' 총괄감독
2019 문화체육관광부 장관 표창
2019 경기도 공공디자인 진흥 유공 표창
2016 대한민국 공공디자인대상 학술부문(연구책임) 대상

[안전을 위한 공간]

[안전을 위한 공공시설만들기]

신 재 령

㈜팍스아이앤디 이사
홍익대 공간디자인 박사
홍익대, 목원대, 한양사이버대 겸임교수
2022 대한민국공공디자인대상 연구부문 최우수상
경기도 경관 및 수원시, 하남시, 의정부시, 화성시
공공디자인 심의위원
종로구 옥외광고물심의위원, 인천광역시 공공건축가,
한국도로공사 기술자문위원
시흥시청 도시디자인팀, 삼성에버랜드 디자인실

이 영 재

㈜팍스아이앤디 대표
홍익대 공간디자인석사수료
울산도시재생센터 도시재생활동가 양성 교육
삼성화재 교통박물관, 한국마사회 등 전시·축제공간 조성
지자체 실내외 공공환경 조성 및 어린이 공간 개선
AT센터 해외한식당 태국지점 자문위원
삼성에버랜드 디자인실

[안전을 위한 진료공간만들기]

권 성 은

현) 서울특별시 서초구청 공공디자인팀장
현) 홍익대학교 대학원 겸임교수
전) 서울특별시 디자인총괄본부 근무
전) 삼성에버랜드 리조트사업부 디자인실 근무
홍익대학교 공간디자인 전공 박사

[안전을 위한 치료공간만들기]

김 세 련

홍익대학교 공공디자인 석사
전 서울아산병원 간호사
2020 대한민국 공공디자인 학술부문 최우수상
2022 강남구 ESG 공공디자인 아이디어 공모전 장려상

[안전을 위한 혁신]

[안전을 위한 주거공간만들기]

김 상 아
엠아이제이오 대표
홍익대학교 공공디자인연구센터 선임연구원
공공디자인 전문 뉴스레터 『The Public Design 365』 에디터
2023 대한민국 공공디자인대상 학술부문 최우수상

[안전을 위한 건축만들기]

김 경 은
(주)세미종합건축사사무소 대표이사/건축사/CVP
충청남도공공건축가/천안시공공건축가
홍익대학교 공공디자인 박사과정 수료
2021 몽골 국가건축상 대상
2021 충청남도 도지사 표창
2019 천안시 건축문화상

[안전을 위한 도로만들기]

강 영 진
정림건축 상무
홍익대학교 공공디자인전공 박사과정
The College of William And Mary Mason School of Business경영학 석사
2018 IBA 국제 비즈니스 어워드
2023 국회 문화체육관광위원장상

[안전을 위한 정보만들기]

표 승 화
(주)에스이디자인그룹 SEDG 공공디자인연구소 소장
홍익대 공간디자인전공 박사
현)시흥시 경관위원회 위원
2022 IF 디자인 어워드 프로페셔널 콘셉트 본상
'넛지효과에 기반을 둔 안전가이드라인 개발 및 실증' 디자인총괄
'서울디자인협력 프로젝트 서울디자인X' 디자인 총괄
'사회문제해결을 위한 강남구 공공디자인 실험실' 디자인 총괄

최 서 윤
한국수력원자력 차장
고려대학교 심리학전공 박사

[안전을 위한 공공실험만들기]

홍 태 의
홍익대학교 공공디자인 박사
홍익대학교 공공디자인연구센터 책임연구원
(주)나인환경디자인 소장
2020 대한민국 공공디자인 학술부문 우수상

[안전을 위한 감정심리만들기]

심 윤 서
부천시청 도시주택환경국 건축디자인과 경관디자인팀
홍익대 공공디자인전공 석사
2022 대한민국공공디자인대상 연구부문 특별상
2021 한국공간디자인학회 추계학술대회 우수논문
2021 한국국토정보공사 ESG 아이디어 우수상
2021 행정중심복합도시건설청 행복도시 공공건축 아이디어 장려상

[안전을 위한 사회적처방만들기]

주 하 나
PSDI 심리사회 디자인연구소장
홍익대학교 일반대학원 공공디자인전공 박사과정
미국심리학회(APA) 국제회원
미국미술치료학회 수퍼바이저(ATR-BC)
문화체육관광부 박물관·미술관 정학예사
보건복지부 고시 미술심리재활사
역서, 「뮤지엄 미술치료: 박물관 미술관이 품은 치유의 힘」, 안그라픽스
「인간중심 관점의 발달/학습장애 미술치료」, 하나의학사

[안전을 위한 스마트방법만들기]

김 성 훈
SEDG Generative A.I. Architect
Gen AI Seoul 2024 Participant
국제인공지능&윤리협회(IAAE) 회원

SAFETY
BY
PUBLIC
DESIGN

공공디자인으로 **안전**만들기

Safety by **Public Design**

초판 1쇄 발행 2024년 5월 10일

기 획 (사) 한국공간디자인학회 회장 이종세

연 구 (사) 한국공간디자인학회 기획공공분과

지 은 이 장주영 / 권영재 / 이현성 / 신재령 / 이영재 / 권성은 / 김세련 / 김상아
김경은 / 강영진 / 표승화 / 최서윤 / 홍태의 / 심윤서 / 주하나 / 김성훈

펴 낸 곳 도서출판 미세움
(07315) 서울시 영등포구 도신로 51길 4

펴 낸 이 강찬석

디 자 인 이현성 / 홍태의

진 행 지 원 김상아 / 김성훈

출 판 등 록 제313-2007-000133호

I S B N 979-11-88602-76-6 93530

정 가 25,000원

본 출판물은 (사)한국공간디자인학회의 학술대회
'공간의 안전과 안정 A Space of Safety and Stablity'를 기념하여 출간되었습니다